教育部高等学校高职高专计算机类专业教学指导委员会优秀教材

21世纪高职高专规划教材

计算机应用基础实例教程

（Windows 7+Office 2007）

主　编　包华林　段利文

副主编　陈　竺　罗　文

中国水利水电出版社
www.waterpub.com.cn

内 容 提 要

本书在设计和编写理念上体现了"以学生能力为本位"的宗旨，在编写过程中贯彻"着眼技术"、"立足实用"、"书薄释浅"等原则，针对课程特点强化了实际操作技能的训练。作者根据长期从事该门课程教学的经验，在本书中，以实训实例的形式引导学生从实际应用入手，采取由浅入深、循序渐进的原则，引导学生掌握计算机基本操作技能，提高学生计算机综合应用能力。

本书内容全面、图文并茂、通俗易懂、实用性强、直观性强，不仅可以作为高等职业院校各专业学生学习计算机基础知识的公共课程教材、通用教材，也可作为社会人员计算机技能培训的入门教材，还可以作为广大计算机爱好者的自学教材。

本书配有电子教案，读者可以到中国水利水电出版社网站和万水书苑上免费下载，网址为http://www.waterpub.com.cn/softdown/和 http://www.wsbookshow.com。

图书在版编目（CIP）数据

计算机应用基础实例教程 : Windows 7+Office 2007 / 包华林，段利文主编. -- 北京 : 中国水利水电出版社，2010.8（2013.7 重印）
21世纪高职高专规划教材
ISBN 978-7-5084-7753-4

Ⅰ. ①计… Ⅱ. ①包… ②段… Ⅲ. ①窗口软件，Windows 7－高等学校：技术学校－教材②办公室－自动化－应用软件，Office 2007－高等学校：技术学校－教材 Ⅳ. ①TP316.7②TP317.1

中国版本图书馆CIP数据核字(2010)第149921号

策划编辑：寇文杰　　责任编辑：张玉玲　　封面设计：李　佳

书　　名	21世纪高职高专规划教材 计算机应用基础实例教程（Windows 7+Office 2007）
作　　者	主　编　包华林　段利文 副主编　陈　竺　罗　文
出版发行	中国水利水电出版社 （北京市海淀区玉渊潭南路1号D座　100038） 网址：www.waterpub.com.cn E-mail：mchannel@263.net（万水） sales@waterpub.com.cn 电话：（010）68367658（发行部）、82562819（万水）
经　　售	北京科水图书销售中心（零售） 电话：（010）88383994、63202643、68545874 全国各地新华书店和相关出版物销售网点
排　　版	北京万水电子信息有限公司
印　　刷	北京蓝空印刷厂
规　　格	184mm×260mm　16开本　24.25印张　600千字
版　　次	2010年8月第1版　2013年7月第6次印刷
印　　数	14001—17000册
定　　价	41.00元

前　言

计算机应用技术已深入到人们的日常生活和学习工作中，运用计算机进行信息处理已成为人们必备的技能。掌握好计算机操作技能，能更好地适应社会，开拓视野，拓展自己的学习和工作空间，提高学习和工作效率。因此，培养和造就一批在学习和工作中娴熟地使用计算机的人才，是我们编写本书的主要目的。

本书内容

第 1 章　计算机基础知识，主要介绍计算机的基本概念、常用数制与编码、计算机系统的组成、计算机病毒、计算机输入法等知识。

第 2 章　Windows 7 的基本使用，主要介绍 Windows 7 操作系统的特点、功能、安装与启动方法、桌面的概貌、Windows 的基本操作、资源管理、常用附件的使用。

第 3 章　认识 Office 2007，主要介绍 Office 2007 套件中的应用程序、Office 2007 的工作界面、文件格式、Office 2007 的基本操作，以及如何获取帮助等。

第 4 章　Word 2007 的使用，主要介绍 Word 2007 的基本操作、文档的编辑和格式化、Word 表格的制作、文档的图文混排等。

第 5 章　Excel 2007 的使用，主要介绍 Excel 2007 的基本操作、公式和函数的使用、数据统计图表的绘制、数据管理和分析等。

第 6 章　PowerPoint 2007 的使用，主要介绍演示文稿的基本操作方法、演示文稿的外观设计、演示文稿的动画效果设置技巧、交互式演示文稿的制作方法等。

第 7 章　Internet 的操作应用，主要介绍计算机网络的基本概念、Internet 的基本知识、常用工具软件的使用方法等。

本书特色

本书在设计和编写理念上体现了"以学生能力为本位"的宗旨，在编写过程中贯彻"着眼技术"、"立足实用"、"书薄释浅"等原则，针对课程特点强化了实际操作技能的训练。

✍ 实例引导、任务驱动

作者根据长期从事该门课程教学的经验，在本书中，以实训实例的形式引导学生从实际应用入手，采取由浅入深、循序渐进的原则，引导学生掌握计算机基本操作技能，提高学生计算机综合应用能力。

✍ 重点突出、内容实用

本书在强调实训操作的同时，把大量的理论知识融入到实例中，让读者在完成实例的同时，也掌握了理论知识，避免长篇的理论叙述和难懂的名词术语让学生失去学习兴趣。

✍ 编排新颖、操作性强

每章由 7 个部分组成：本章简介、学习目标、基础知识、技能训练、能力测试、自测题和学习指导。在技能训练部分，有作者精心设计的若干训练材料，通过详细的步骤对基础知识进行了详尽的讲解；在能力测试部分，有用于评价自己综合知识实际运用能力的测试题；在自测题部分，有用于帮助加深理论知识的理解和掌握的练习题。

本书配有大量插图，实训中的操作步骤简洁明了，难度层层递进，通过学习，读者可以轻松掌握相关技能。

读者对象

本书内容全面、图文并茂、通俗易懂、实用性强、直观性强，不仅可以作为高等职业院校各专业学生学习计算机基础知识的公共课程教材、通用教材，也可以作为社会人员的计算机技能培训入门教材，还可以作为广大计算机爱好者的自学教材。

教学建议

这部分写给以本书作为教材的教师。本课程是实践技能性课程，教学的重点在学生技能的训练上，因此教师要根据教学内容设计相关教学活动，在教学中采用多种方法进行教学，如教师引导或演示、学生演示、小组合作、学生独立完成等。具体方法如下：上课前，老师要具体地设计教学活动、明确教学任务、充分准备学习材料并提前一周发给学生，以便学生预习准备；上课中，教师应通过讲解、提问、小组讨论和评价、实作、演示等方法实现教师与学生、学生与学生间的互动，老师的讲授要与指导学生自学结合，并通过实作完成技能的训练；上课后，教师要布置课外作业和辅导答疑，并作为考核指标项目，如做自测题、上网查询并收集相关资料等。

结束语

本书由包华林、段利文任主编，负责组织策划、统稿、修订和编写工作，陈竺、罗文任副主编，负责主要编写工作，另外参加部分编写工作的还有：龚晓勇、冉学农、吕红、武春岭、林婧、王荣辉、童世华、陈杏环、王静等。

由于时间仓促及作者水平有限，书中疏漏和错误之处在所难免，恳请广大读者批评指正。

编　者

2010 年 5 月

目　录

第1章　计算机基础知识

本章简介

为了适应这个信息技术广泛应用的时代，每个人都必须掌握一些计算机的基本概念和基础知识。计算机发展至今，短短几十年，已经衍生出了许多从未有过的技术，这需要我们系统地了解才能明白，而这也正是本章的目的。

通过本章的学习，初学者能很快学习到计算机的基本概念、常用数制与编码、计算机的软件系统和硬件系统、计算机病毒等知识，在总体上对现代计算机技术有所了解，同时还将对计算机输入法及键盘的正确操作方法有一定的了解。

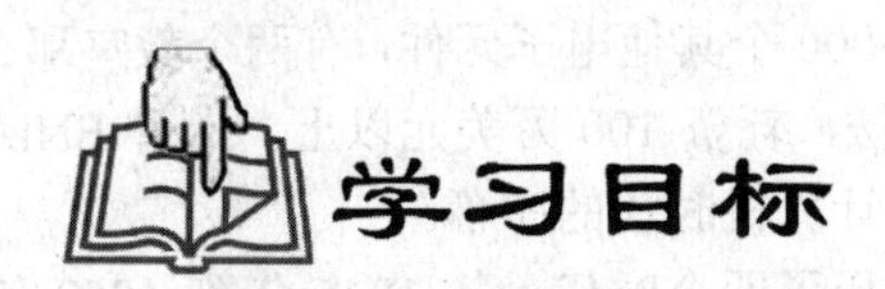

学习目标

- 了解计算机的基本概念、发展、分类、特点及应用
- 了解数制的概念及常用数制，熟练掌握二、八、十、十六进制之间的相互转换
- 了解常见信息编码
- 了解计算机系统的组成及计算机的技术指标
- 了解计算机病毒的基本概念
- 掌握一种计算机输入法

1.1 计算机概论

基础知识

1.1.1 计算机的基本概念

电子计算机又称“电脑”，是一种用电子技术来实现数学运算的计算工具。人们对计算机的概念比较含糊。大众传媒，包括电视和报纸，喜欢把计算机称为电脑，通常在电视上看到的一些节目和广告就是这样。计算机和 IT（信息技术）业界以及官方场合，比较统一和正式的叫法还是叫计算机。

计算机也不再仅仅是一种计算工具，它基本上已经渗透到人类生活的各个方面。因此，比较贴近时代的定义应该是：计算机是一种快速而高效地自动完成信息处理的电子设备。

总的来讲，随着计算机技术的不断发展，计算机的应用范围和应用领域越来越宽广，对人们的生活和整个社会进步的影响也越来越大，充分地掌握计算机技术是对每个在未来社会中工作和学习的人的基本要求。

1.1.2 计算机的发展

计算机的诞生酝酿了很长一段时间。1946 年 2 月，第一台电子计算机 ENIAC 在美国加州问世，它用了 18000 个电子管和 86000 个其他电子元件，有两个教室那么大，运算速度却只有每秒 300 次各种运算或 5000 次加法，耗资 100 万美元以上。尽管 ENIAC 有许多不足之处，但它毕竟是计算机的鼻祖，揭开了计算机时代的序幕。

计算机的发展到目前为止共经历了四个时代，从 1946 年到 1959 年这段时期我们称之为“电子管计算机时代”。

第一代计算机的内部元件使用的是电子管。由于一部计算机需要几千个电子管，每个电子管都会散发大量的热量，因此，如何散热是一个令人头痛的问题。电子管的寿命最长只有 3000 小时，计算机运行时经常会发生由于电子管被烧坏而死机的现象。第一代计算机主要用于科学研究和工程计算。

从 1960 年到 1964 年，由于在计算机中采用了比电子管更先进的晶体管，所以我们将这段时期称为“晶体管计算机时代”。

晶体管比电子管小得多，处理更迅速、更可靠。第二代计算机的程序语言从机器语言发展到汇编语言。接着，高级语言 FORTRAN 语言和 COBOL 语言相继开发出来并被广泛使用。这时，开始使用磁盘和磁带作为辅助存储器。第二代计算机的体积和价格都下降了，使用的人也多起来了，计算机工业迅速发展。第二代计算机主要用于商业、大学教学和政府机关。

从 1965 年到 1970 年，集成电路被应用到计算机中，因此这段时期被称为“中小规模集

成电路计算机时代”。

集成电路（Integrated Circuit，IC）是做在晶片上的一个完整的电子电路，这个晶片比手指甲还小，却包含了几千个晶体管元件。第三代计算机的特点是体积更小、价格更低、可靠性更高、计算速度更快。第三代计算机的代表是IBM公司花了50亿美元开发的IBM 360系列。

从1971年到现在，这段时期被称为“大规模集成电路计算机时代”。

第四代计算机使用的元件依然是集成电路，不过这种集成电路已经大大改善，它包含着几十万到上百万个晶体管，人们称之为大规模集成电路（Large Scale Integrated Circuit，LSI）和超大规模集成电路（Very Large Scale Integrated Circuit，VLSI）。1975年，美国IBM公司推出了个人计算机PC（Personal Computer），从此，人们对计算机不再陌生，计算机开始深入到人类生活的各个方面。

1.1.3 计算机的分类

计算机按照不同的分类依据有多种分类方法，下面介绍几种常见的分类方法。

1. 按处理方式分类

按处理方式分类，可以把计算机分为模拟计算机、数字计算机和数字模拟混合计算机。模拟计算机主要用于处理模拟信息，如工业控制中的温度、压力等，模拟计算机的运算部件是一些电子电路，其运算速度极快，但精度不高，使用也不够方便。数字计算机采用二进制运算，其特点是计算精度高，便于存储信息，是通用性很强的计算工具，既能胜任科学计算和数字处理，也能进行过程控制和CAD/CAM等工作。混合计算机是取数字计算机和模拟计算机之长，既能高速运算，又便于存储信息，但这类计算机造价昂贵。现在人们所使用的计算机大都属于数字计算机。

2. 按功能分类

按计算机的功能分类，一般可分为专用计算机和通用计算机。专用计算机功能单一、可靠性高、结构简单、适应性差，但在特定用途下最有效、最经济、最快速，是其他计算机无法替代的。如军事系统、银行系统属于专用计算机。

通用计算机功能齐全、适应性强，目前人们所使用的计算机大都是通用计算机。

3. 按规模分类

按照计算机规模，并参考其运算速度、输入输出能力、存储能力等因素划分，通常将计算机分为巨型机、大型机、小型机、微型机等几类。

（1）巨型机。巨型机运算速度快、存储量大、结构复杂、价格昂贵，主要用于尖端科学研究领域，如IBM 390系列、银河机等。

（2）大型机。大型机规模次于巨型机，有比较完善的指令系统和丰富的外部设备，主要用于计算机网络和大型计算中心，如IBM 4300。

（3）小型机。小型机较之大型机成本较低，维护也较容易，小型机用途广泛，可用于科学计算和数据处理，也可用于生产过程自动控制和数据采集及分析处理等。

（4）微型机。微型机采用微处理器、半导体存储器和输入/输出接口等芯片组成，使得它较之小型机体积更小、价格更低、灵活性更好、可靠性更高，使用更加方便。目前许多微型机的性能已超过以前的大中型机。

4．按照工作模式分类

按照计算机的工作模式分类，可分为服务器和工作站。

（1）服务器。服务器是一种可供网络用户共享的高性能的计算机。服务器一般具有大容量的存储设备和丰富的外部设备，其上运行网络操作系统，要求较高的运行速度，为此，很多服务器都配置了双 CPU。服务器上的资源可供网络用户共享。

（2）工作站。工作站是高档微机，它的独到之处就是，易于联网，配有大容量主存、大屏幕显示器，特别适合于 CAD/CAM 和办公自动化。

1.1.4 计算机的特点

计算机是 20 世纪人类最伟大的创造发明之一，计算机现已成为当今社会各行各业不可缺少的工具。计算机有许多特长，其中最重要的是高速度、能“记忆”、善判断、可交互。

1．自动控制能力

计算机是由程序控制其操作过程的。只要根据应用的需要，事先编制好程序并输入计算机，计算机就能自动、连续地工作，完成预定的处理任务。计算机中可以存储大量的程序和数据。存储程序是计算机工作的一个重要原则，这是计算机能自动处理的基础。

2．处理速度快

计算机由电子器件构成，具有很高的处理速度。目前世界上最快的计算机每秒可运算百万亿次，普通 PC 机每秒也可处理上百万条指令。这不仅极大地提高了工作效率，而且使时限性强的复杂处理可在限定的时间内完成。

3．“记忆”能力强

计算机的存储器类似于人的大脑，可以记忆大量的数据和计算机程序，随时提供信息查询、处理等服务。早期的计算机，由于存储容量小，存储器常常成为限制计算机应用的“瓶颈”。今天，一台普通的 PC 机内存可达 256MB～1GB，能支持运行大多数窗口应用程序。当然，有些数据量特别大的应用，如大型情报检索、卫星图像处理等，仍需要使用具有更大存储容量的计算机，如大型机或巨型机。

4．能进行逻辑判断

逻辑判断是计算机的又一重要特点，是计算机能实现信息处理自动化的重要原因。冯·诺依曼型计算机的基本思想就是将程序预先存储在计算机中。在程序执行过程中，计算机根据上一步的处理结果，能运用逻辑判断能力自动决定下一步应该执行哪一条指令。这样，计算机的

计算能力、逻辑判断能力和记忆能力三者的结合使得计算机的能力远远超过了任何一种工具而成为人类脑力延伸的有力助手。

5. 很高的计算精度

由于计算机采用二进制数字进行计算，因此可以用增加表示数字的设备和运用计算技巧等手段使数值计算的精度越来越高，可根据需要获得千分之一到几百万分之一甚至更高的精度。

6. 支持人机交互

计算机具有多种输入输出设备，配上适当的软件后，可支持用户进行方便的人机交互。以广泛使用的鼠标为例，当用户手握鼠标时，只需将手指轻轻一点，计算机便随之完成某种操作功能，真可谓“得心应手，心想事成”。当这种交互性与声像技术结合形成多媒体用户界面时，更可使用户的操作变得自然、方便、丰富多彩。

7. 通用性强

计算机能够在各行各业得到广泛的应用，原因之一就是具有很强的通用性。计算机可以将任何复杂的信息处理任务分解成一系列的基本算术运算和逻辑运算，反映在计算机的指令操作中。按照各种规律要求的先后次序把它们组织成各种不同的程序，存入存储器中。在计算机的工作过程中，这种存储指挥和控制计算机进行自动、快速的信息处理，并且十分灵活、方便、易于变更，这就使计算机具有极大的通用性。同一台计算机，只要安装不同的软件或连接到不同的设备上，就可以完成不同的任务。

1.1.5 计算机的主要应用领域

计算机应用已深入到了人类社会生活的各个领域，可以归纳为以下几个方面：科学计算、数据处理、过程控制、计算机辅助工程、人工智能。

1. 科学计算

科学计算可以实现：①人工难以完成的复杂的科学计算；②快速获取运算结果；③按问题的要求获取结果的精确度。

2. 数据处理

如人口统计、档案管理、图书资料管理、金融财务管理、仓库物资管理等都已经用计算机实现。

3. 过程控制

通过专用的、预置了程序的计算机将检测到的信息经过处理后向被控制或被调节对象发出最佳的控制信号，由系统中的执行机构自动完成控制。

4．计算机辅助工程

包括计算机辅助设计（Computer Aided Design，CAD）、计算机辅助制造（Computer Aided Manufacturing，CAM）和计算机辅助教学（Computer Aided Instruction，CAI）等。

5．人工智能

主要内容包括：机器学习、自然语言理解、计算机视觉、智能机器人等。

1.2 数制与编码

基础知识

1.2.1 数制的概念

按进位的原则进行计数称为进位计数制，简称“数制”。在日常生活中经常要用到数制，通常以十进制进行计数，除了十进制计数以外，还有许多非十进制的计数方法。例如，60 分钟为 1 小时，用的是 60 进制计数法；每星期有 7 天，是 7 进制计数法；每年有 12 个月，是 12 进制计数法。当然，在生活中还有许多其他各种各样的进制计数法。

在计算机系统中采用二进制，主要原因是电路设计简单、运算简单、工作可靠、逻辑性强。不论是哪一种数制，其计数和运算都有共同的规律和特点。

1.2.2 数制的特点

1．逢 N 进一

N 进制中所需要的数字字符的总个数称为基数。例如，十进制数用 0、1、2、3、4、5、6、7、8、9 十个不同的符号来表示数值，这个 10 就是数字字符的总个数，也是十进制的基数，表示逢十进一。

2．位权表示

位权是指一个数字在某个固定位置上所代表的值，处在不同位置上的数字符号所代表的值不同，每个数字的位置决定了它的值或者位权。

位权与基数的关系是：各进位制中位权的值是基数的若干次幂。因此，用任何一种数制表示的数都可以写成按位权展开的多项式之和。如十进制数 634.08 可以表示为：$(634.08)_{10}=6\times10^2+3\times10^1+4\times10^0+0\times10^{-1}+8\times10^{-2}$。

位权表示法的原则是：数字的总个数等于基数；每个数字都要乘以基数的幂次，而该幂

次是由每个数所在的位置决定的。排列方式是以小数点为界，整数自右向左0次方、1次方、2次方、……，小数自左向右负1次方、负2次方、负3次方、……。

1.2.3 常用数制进制及其转换

在我们的日常生活中使用了许多的进制，例如1年有12个月，这是12进制；1个月有30天，这是30进制；1个星期有7天，这是7进制等。在计算机科学中，我们使用最多的是2、8、10、16进制。

1．十进制数

十进制是日常生活中最常见的进制，它有如下两个特点：

（1）由0，1，2，….，9十个基本字符组成，即基数为10。

（2）十进制数运算是按“逢十进一”的规则进行的。

十进制数的书写可以在数的右下方注上基数10或在后面加D表示，也可以不加注。

2．二进制数

二进制数有如下两个特点：

（1）它由两个基本字符0，1组成，即基数为2。

（2）二进制数的运算规则是“逢二进一”。

为了区别于其他进制数，二进制数的书写通常在数的右下方注上基数2或在后面加B表示。

例如，二进制数10110011可以写成$(10110011)_2$或10110011B。计算机中的数据均采用二进制数表示，这是因为二进制数具有以下特点：

（1）二进制数中只有两个字符0和1，表示具有两个不同稳定状态的元器件。例如，电路中有/无电流，有电流用1表示，无电流用0表示。类似的还有电路中电压的高和低、晶体管的导通和截止等。

（2）二进制数运算简单，大大简化了计算机中运算部件的结构。二进制数的加法和乘法运算如下：

$0+0=0$　　$0+1=1$　　$1+0=1$　　$1+1=10$

$0\times0=0$　　$1\times0=0$　　$1\times1=1$

由于二进制数在使用中位数太长，不容易记忆，因此人们又提出了八进制数和十六进制数。

3．八进制

八进制数的数码有0，1，2，3，4，5，6，7共8个数，八进制数的进位原则是“逢八进一”。为了区别于其他进制数，八进制数的书写通常在数的右下方注上基数8或在后面加O表示。

例如，八进制数375可以写成$(375)_8$或375O。

4．十六进制数

十六进制数有如下两个基本特点：

（1）它由16个字符0～9及A，B，C，D，E，F组成（它们分别表示十进制数0～15）。

（2）十六进制数的运算规则是“逢十六进一”。

为了区别于其他进制数，十六进制数的书写通常在数的右下方注上基数 16 或在后面加 H 表示。例如，十六进制数 4AC8 可以写成$(4AC8)_{16}$或 4AC8H。

5．进制之间的相互转换

对于计算机中常用的二进制、八进制、十进制、十六进制整数之间的相互转换方法如图 1-1 所示。

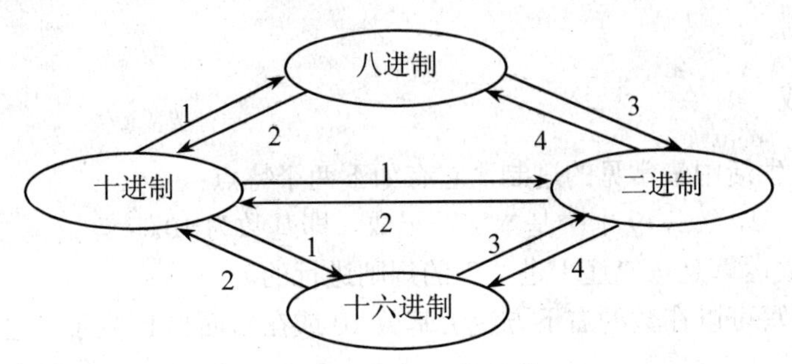

图 1-1　进制之间的相互转换

（1）十进制数转换为二进制数/八进制数/十六进制数（箭头 1 代表的转换）。

转换方法：除基取余，由下往上。将十进制数除以对应进制数的基数，然后将得到的余数从下往上取，注意除基数时要除到商为 0 为止。

【例 1】将 25 转换为二进制数。

解：

```
                余数
2 | 25        ……1
 2 | 12       ……0
  2 | 6       ……0
   2 | 3      ……1
    2 | 1     ……1
        0
```

由下往上取余数，所以 $25=(11001)_2$。

同理，把十进制数转换为十六进制数时，将基数 2 换成 16 即可。

【例 2】将 25 转换为十六进制数。

解：

```
                 余数
16 | 25        ……9
  16 | 1       ……1
       0
```

由下往上取余数，所以 $25=(19)_{16}$。

（2）二进制数/八进制数/十六进制数转换为十进制数（箭头 2 代表的转换）。

转换方法：按权展开。二进制数、八进制数、十六进制数转换为十进制数的规律是相同的：把二进制数（或八进制数、十六进制数）按位权形式展开为多项式和的形式，求出最后的和就是其对应的十进制数，简称“按权展开”。

【例 3】把$(1001)_2$转换为十进制数。

解：$(1001)_2 = 1\times2^3+0\times2^2+0\times2^1+1\times2^0=8+0+0+1 = 9$

【例 4】把$(38A)_{16}$转换为十进制数。

解：$(38A)_{16} = 3\times16^2+8\times16^1+10\times16^0 = 768+128+10 = 906$

（3）八进制数/十六进制数转换为二进制数（箭头 3 代表的转换）。

转换方法：将 1 位八进制数（或 1 位十六进制数）转换为 3 位（或 4 位）二进制数。由于 3 位二进制数恰好有 8 个组合状态（4 位二进制数恰好有 16 个组合状态），即 1 位八进制数与 3 位二进制数是一一对应的（1 位十六进制数与 4 位二进制数是一一对应的），所以八进制数（十六进制数）与二进制数的转换是十分简单的。

十六进制数转换成二进制数，只要将每一位十六进制数用对应的 4 位二进制数替代即可，简称“位分四位”。

八进制数转换成二进制数，只要将每一位八进制数用对应的 3 位二进制数替代即可，简称“位分三位”。

【例 5】将$(4AF8B)_{16}$转换为二进制数。

解：　4　　A　　F　　8　　B

　　0100　1010　1111　1000　1011

所以，$(4AF8B)_{16}=(1001010111110001011)_2$。

（4）二进制数转换为八进制数/十六进制数（箭头 4 代表的转换）。

转换方法：将二进制数从右向左每 3 位（或 4 位）一组，依次写出每组 3 位（或 4 位）二进制数所对应的八进制数（或十六进制数），不足 3 位（或 4 位）用 0 补足，简称“三（四）位合一位”。

【例 6】将$(111010110)_2$转换为八进制数。

解：111　010　110

　　7　　2　　6

所以，$(111010110)_2=(726)_8$。

1.2.4 数据在计算机中的存储单位

在了解数字及信息编码的知识之前，必须先了解一下计算机内数据的存储方式。大家都知道，在计算机的内部，所有的信息都是用二进制的方式存储起来的。那么，这些二进制位是以怎样的方式组织的呢？或者说存储的二进制有哪些单位？单位之间怎样换算？要知道这些，必须先了解一些基本的概念。

1．位、字节、字

位：“位（bit）”是电子计算机中最小的数据单位。每一位的状态只能是 0 或 1。记住，通常我们用 b 来表示“位”。

字节：8 个二进制位构成 1 个“字节（Byte）”，它是存储空间的基本计量单位。1 个字节可以存储 1 个英文字母或者半个汉字，换句话说，1 个汉字占据 2 个字节的存储空间。同样地，我们用 B 来表示一个“字节”。

字："字"由若干个字节构成，字的位数叫做字长，不同档次的机器有不同的字长。例如一台 8 位机，它的 1 个字就等于 1 个字节，字长为 8 位。如果是一台 16 位机，那么它的 1 个字就由 2 个字节构成，字长为 16 位。字是计算机进行数据处理和运算的单位。

2．存储器容量的单位

在知道了基本的单位后再来了解存储器的容量单位就很容易了。我们经常说内存的容量是 512MB 或 1GB，硬盘的容量是 80GB 或 120GB，那么 MB、GB 究竟表示多大的存储空间呢？可以存储多少个二进制位呢？下面让我们一起来了解一下。

KB、MB、GB、TB 之间的换算关系如下：

$1KB = 2^{10} B = 1024B$

$1MB = 2^{10} KB = 1024KB=2^{20} B$

$1GB = 2^{10} MB = 1024MB=2^{20} KB$

$1TB = 2^{10} GB = 1024GB=2^{20} MB=2^{30} KB$

1.2.5 原码、反码、补码

数值在计算机中的表示形式为机器数，由于计算机只能识别 0 和 1，所以计算机中使用的是二进制，而在日常生活中人们使用的是十进制，其实这正如亚里士多德早就指出的那样，今天十进制的广泛采用，只不过是我们绝大多数人生来具有 10 个手指头这个解剖学事实的结果。

1．原码

数值有正负之分，计算机就用一个数的最高位存放符号（0 为正，1 为负），这就是机器数的原码。所以，一个原码表示的机器数可以这样表示：

原码 = 符号位 + 绝对值的二进制

假设机器能处理的位数为 8，即字长为 1 字节，原码能表示的数值的范围为：-127～ -0 和+ 0～127，共 256 个数。

有了数值的表示方法就可以对数进行算术运算。但是很快就发现用带符号位的原码进行乘除运算时结果正确，而在加减运算时就出现了问题，例如假设字长为 8 位。

$(1)_{10}-(1)_{10} = (1)_{10} + (-1)_{10} = (0)_{10}$

进行原码运算：$(00000001)_{原}+ (10000001)_{原} = (10000010)_{原} = (-2)$，显然不正确。

在两个正数的加法运算中是没有问题的，于是就发现问题出现在了带符号位的负数身上。

2．反码

对除符号位外的其余各位逐位取反就产生了反码（对于正数，其反码与原码相同）。反码的取值空间和原码相同，且一一对应。下面是反码的减法运算：

$(1)_{10} - (1)_{10} = (1)_{10}+ (-1)_{10} = (0)_{10}$

进行反码运算：$(00000001)_{反}+ (11111110)_{反} = (11111111)_{反} = (-0)$，有问题。

$(1)_{10} - (2)_{10} = (1)_{10} + (-2)_{10} = (-1)_{10}$

进行反码运算：$(00000001)_{反}+ (11111101)_{反}= (11111110)_{反}= (-1)$，正确。

问题出现在(+0)和(-0)上，在人们的计算概念中零是没有正负之分的（印度人首先将零作为标记并放入运算之中，包含有零号的印度数学和十进制计数对人类文明的贡献极大），于是就引入了补码概念。

3. 补码

负数的补码就是对反码加一，而正数不变，正数的原码、反码、补码是一样的。在补码中用(-128)代替了(-0)，所以补码的表示范围为：-128～0～127，共256个数。

注意：(-128)没有相对应的原码和反码，(-128)＝(10000000)。补码的加减运算如下：

$(1)_{10}-(1)_{10}=(1)_{10}+(-1)_{10}=(0)_{10}$

$(00000001)_{补}+(11111111)_{补}=(00000000)_{补}=(0)$，正确。

$(1)_{10}-(2)_{10}=(1)_{10}+(-2)_{10}=(-1)_{10}$

$(00000001)_{补}+(11111110)_{补}=(11111111)_{补}=(-1)$，正确。

所以，补码的设计目的是：

（1）使符号位能与有效值部分一起参加运算，从而简化运算规则。

（2）使减法运算转换为加法运算，进一步简化计算机中运算器的线路设计。

所有这些转换都是在计算机的最底层进行的，而在我们使用的汇编语言以及C等其他高级语言中使用的都是原码。

1.2.6 信息编码

我们知道，在计算机内部所有的信息都是以二进制的形式存储起来的，但是信息的形式却是多种多样的，除了计算机可以直接表示的二进制信息外，还有其他进制的数字、字母、汉字、声音、图像等多种形式的信息存在。那么，你知道非二进制信息又是如何存储的吗？由于篇幅及本书范围所限，这里不能进行深入而详尽的探讨，我们将仅从三方面来讨论常见的信息编码。

1. 数字编码

这里我们介绍一种最常见的数字编码BCD码。

在数字系统中，各种数据要转换为二进制代码才能进行处理，而人们习惯于使用十进制数，所以在数字系统的输入输出中仍采用十进制数，这样就产生了用四位二进制数表示一位十进制数的方法，这种用于表示十进制数的二进制代码称为二一十进制代码（Binary Coded Decimal），简称为BCD码。它具有二进制数的形式以满足数字系统的要求，又具有十进制数的特点（只有十种有效状态）。在某些情况下，计算机也可以对这种形式的数直接进行运算。常见的BCD码表示有以下几种：

（1）8421BCD编码。这是一种使用最广的BCD码，是一种有权码，其各位的权分别是8、4、2、1（从最高有效位开始到最低有效位）。

【例7】写出十进制数563.97D对应的8421BCD码。

563.97 D=0101 0110 0011 . 1001 0111（8421BCD）

【例8】写出8421BCD码1101001.01011 对应的十进制数。

1101001.01011（8421BCD）=0110 1001 . 0101 1000（8421BCD）= 69.58 D

在使用 8421BCD 码时一定要注意其有效的编码仅十个，即 0000～1001。四位二进制数的其余 6 个编码 1010，1011，1100，1101，1110，1111 不是有效编码。

（2）2421BCD 编码。2421BCD 码也是一种有权码，其从高位到低位的权分别为 2、4、2、1，它也可以用四位二进制数来表示一位十进制数，编码规则如表 1-1 所示。

表 1-1　常见 BCD 编码表

十进制数	8421BCD 码	2421BCD 码	余 3 码
0	0000	0000	0011
1	0001	0001	0100
2	0010	0010	0101
3	0011	0011	0110
4	0100	1000	0111
5	0101	1011	1000
6	0110	1100	1001
7	0111	1101	1010
8	1000	1110	1011
9	1001	1111	1100
10	0001，0000	0001，0000	0100，0011

（3）余 3 码。余 3 码也是一种 BCD 码，但它是无权码，由于每一个码对应的 8421BCD 码之间相差 3，故称为余 3 码，其一般使用较少，故只须作一般性了解，具体的编码如表 1-1 所示。

2．字符编码

人类的语言都是由一个一个的符号组成的，在数以千计的语言中，我们可以按组成语言的符号把语言分为两类：一类是用基本的几十个字母组成的语言，如英语；另一类是由成千上万的象形文字组成的语言，如汉语。显而易见，解决这两类语言在计算机内部的存储相差甚远。我们在这里也将对两种语言的存储分别做出介绍，前者将其归为字符编码，后者单独以汉字编码为例加以介绍。关于字符编码在计算机内的存储标准，Windows 编程圣经《Windows 程序设计》有精彩的论述，这里我们仅以 ASCII 码为例来介绍常见的字符编码。

ASCII 码（American Standard Code for Information Interchange，美国标准信息交换码）是目前计算机中用得最广泛的字符集及其编码，由美国国家标准局（ANSI）制定，它已被国际标准化组织（ISO）定为国际标准，称为 ISO 646 标准，适用于所有拉丁文字字母。ASCII 码有 7 位码和 8 位码两种形式，我们常用的是 7 位 ASCII 码。

因为 1 位二进制数可以表示 2 种状态：0、1；而 2 位二进制数可以表示 4 种状态：00、01、10、11；依此类推，7 位二进制数可以表示 2^7=128 种状态，每种状态都唯一地编为一个 7 位的二进制码，对应一个字符（或控制码），这些码可以排列成一个十进制序号 0～127，所以 7 位 ASCII 码是用七位二进制数进行编码的，可以表示 128 个字符。

在 7 位 ASCII 码中，第 0～32 号及第 127 号（共 34 个）是控制字符或通信专用字符，如控制字符：LF（换行）、CR（回车）、FF（换页）、DEL（删除）、BEL（振铃）等；通信专用字符：SOH（文头）、EOT（文尾）、ACK（确认）等。第 33～126 号（共 94 个）是字符，其

中第48～57号为0～9十个阿拉伯数字；第65～90号为26个大写英文字母；第97～122号为26个小写英文字母；其余为一些标点符号、运算符号等。

我们要牢牢记住常见的几个ASCII码，数字0为48，大写字母A是65，小写字母a是97。

注意

在计算机的存储单元中，一个ASCII码值占一个字节（8个二进制位），其最高位（b7）用作奇偶校验位。所谓奇偶校验，是指在代码传送过程中用来检验是否出现错误的一种方法，一般分奇校验和偶校验两种。奇校验规定：正确的代码一个字节中1的个数必须是奇数，若非奇数，则在最高位b7添1；偶校验规定：正确的代码一个字节中1的个数必须是偶数，若非偶数，则在最高位b7添1。

3．汉字编码

了解汉字编码之前，必须了解几个基本的概念。由于许多教科书都没有对这些概念做出清晰地说明，所以汉字编码往往容易让人混淆不清。汉字的编码总的来说可以分为三种类型：一是交换码，表示每一个汉字的编码，注意这里的“表示”二字，强调了仅仅是汉字的代号，而不涉及具体存储；二是汉字在计算机内部存储时的具体形式的编码，我们叫做机内码；三是存储汉字字型的编码，通常采用点阵的形式来存储，占的空间较大，我们叫做字型码。

（1）交换码。交换码是指汉字信息处理系统之间或通信系统之间传输信息时对每一个汉字所规定的统一编码，我国已指定汉字交换码的国家标准“信息交换用汉字编码字符集——基本集”，代号为GB2312－80，又称为“国标码”。严格意义上讲，不应该说国标码是交换码，而应该说国标码包含了交换码的定义。国标码的定义如下：国标码GB2312－80（1980年）一共收录了7445个字符，包括6763个汉字和682个其他符号。其中一级汉字3755个，以拼音排序；二级汉字3008个，以偏旁部首排序。同时规定汉字区的内码范围高字节B0～F7，低字节A1～FE，占用的码位是72×94=6768，其中有5个空位是D7FA～D7FE。在国标码中所有汉字编码都应该遵循统一的标准，对汉字机内码的编码、汉字字库的设计、汉字输入码的转换、输出设备的汉字地址码等都做出了统一的规定。

在了解国标码的同时，还需要知道区位码的概念，所谓区位码是指将GB2312－80的全部字符集组成一个94×94的方阵，每一行称为一个“区”，编号为01～94；每一列称为一个“位”，编号为01～94，这样得到了GB2312－80的区位图，用区位图的位置来表示汉字的编码。所以，在区位码和国标码中，同样一个汉字的编码是不一样的（相当于同样的内容做了两次不同的编排）。

（2）机内码。虽然国标码规定了汉字的交换码，但是可不可以就用汉字的交换码（注意通常我们所说的“国标码”就是指交换码）当作机内码使用呢？答案是否定的。因为国标码规定的交换码的低字节会和7位的ASCII码相混淆，所以必须对交换码作一定的修改。我们采取的处理方式是这样的：为了避免ASCII码和国标码同时使用时产生二义性问题，大部分汉字系统都采用将国标码每个字节高位置1作为汉字机内码。这样既解决了汉字机内码与西文机内码之间的二义性，又使汉字机内码与国标码具有极简单的对应关系。

现在再简单讨论一下国标码（其实是国标码规定的交换码，注意我们反复强调的这个概念）、区位码、机内码之间的转换关系。

区位码（十进制）的两个字节分别转换为十六进制后加 20H 得到对应的国标码；机内码是汉字交换码（国标码）两个字节的最高位分别加 1，即汉字交换码（国标码）的两个字节分别加 80H 得到对应的机内码；区位码（十进制）的两个字节分别转换为十六进制后加 A0H 得到对应的机内码。

例如，汉字“中”的国标码是 5650H，则它的机内码 = 5650H + 8080H = D6D0H，它的区位码= 5650H-2020H = 3630H。

（3）字型码。汉字要在显示器上显示出来，显然我们除了机内码和交换码之外，还需要存储汉字的字型。在计算机内部存储汉字字型采用点阵的方式，用一个二进制位来表示一个显示汉字的像素点，比如，用“0”表示黑点，用“1”表示白点。这样根据汉字显示时的分辨率就会有各种不同的汉字点阵。比如，16×16 点阵的字型码对应的存储空间是 16×16/8=32 字节；24×24 点阵的字型码需要用 24×24/8=72 字节，其他点阵类推。

显而易见，同一汉字的不同字体对应着不同的字型码，所以一个汉字的字型码所占的存储空间相对于机内码来说要大很多。图 1-2 所示是一个字型码的示意图。

图 1-2　字型码的示意图

1.3　计算机系统的组成

基础知识

1.3.1　计算机系统概述

计算机系统通常是由硬件系统和软件系统两大部分组成的。硬件（Hardware）是指实际的物理设备，包括计算机的主机和外部设备；软件（Software）是指实现算法的程序和相关文档，包括计算机本身运行所需的系统软件和用户完成特定任务所需的应用软件。计算机系统的组成如图 1-3 所示。

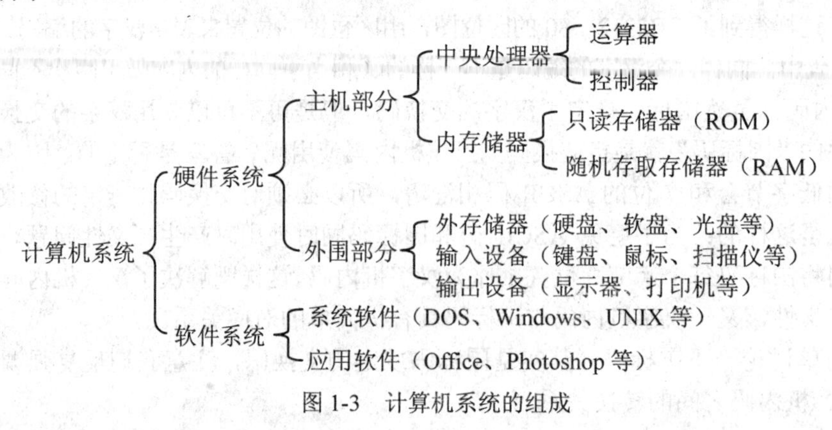

图 1-3　计算机系统的组成

1.3.2 硬件系统的组成

1. 硬件系统的工作原理

计算机硬件由五个基本部分组成：运算器、控制器、存储器、输入设备和输出设备。它采用了“存储程序”工作原理，存储程序的思想即程序和数据一样，存放在存储器中，其工作原理如图 1-4 所示。

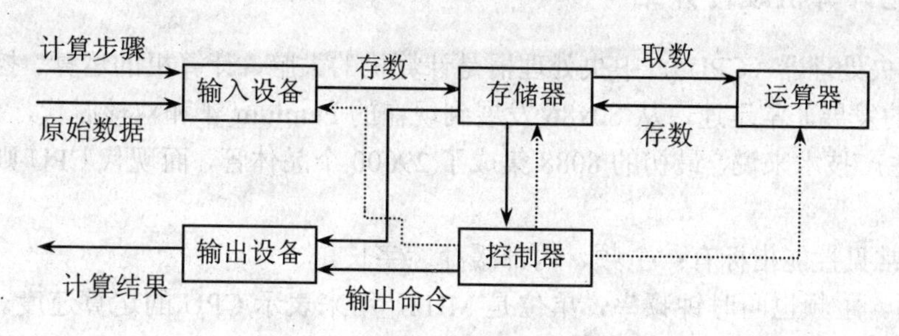

图 1-4 计算机系统的工作原理

图中实线为程序和数据，虚线为控制命令。计算步骤的程序和计算中需要的原始数据在控制命令的作用下通过输入设备送入计算机的存储器。当计算开始的时候，在取指令的作用下把程序指令逐条送入控制器。控制器向存储器和运算器发出取数命令和运算命令，运算器进行计算，然后控制器发出存数命令，计算结果存放回存储器，最后在输出命令的作用下通过输出设备输出结果。

下面对各个部分进行简要介绍。

（1）运算器。运算器是对数据进行加工处理的部件，它在控制器的作用下与内存交换数据，负责进行各类基本的算术运算、逻辑运算和其他操作。在运算器中含有暂时存放数据或结果的寄存器。运算器由算术逻辑单元（Arithmetic Logic Unit，ALU）、累加器、状态寄存器和通用寄存器等组成。ALU 是用于完成加、减、乘、除等算术运算，与、或、非等逻辑运算，以及移位、求补等操作的部件。

（2）控制器。控制器是整个计算机系统的指挥中心，负责对指令进行分析，并根据指令的要求有序地、有目的地向各个部件发出控制信号，使计算机的各部件协调一致地工作。控制器由指令指针寄存器、指令寄存器、控制逻辑电路和时钟控制电路等组成。

寄存器也是 CPU 的一个重要组成部分，是 CPU 内部的临时存储单元。寄存器既可以存放数据和地址，又可以存放控制信息或 CPU 工作的状态信息。

（3）存储器。计算机系统的一个重要特征是具有极强的“记忆”能力，能够把大量的计算机程序和数据存储起来。存储器是计算机系统内最主要的记忆装置，既能接收计算机内的信息（数据和程序），又能保存信息，还可以根据命令读取已保存的信息。

存储器按功能可分为主存储器（简称主存）和辅助存储器（简称辅存）。主存是相对存取速度快而容量小的一类存储器，辅存则是相对存取速度慢而容量很大的一类存储器。

主存储器也称为内存储器，简称内存，它直接与 CPU 相连接，是计算机中主要的工作存储器，当前运行的程序与数据存放在内存中。

辅助存储器也称为外存储器，简称外存，计算机执行程序和加工处理数据时，外存中的信息按信息块或信息组先送入内存后才能使用，即计算机通过外存与内存不断交换数据的方式使用外存中的信息。

注意，当我们从理论上说计算机由五大部分组成时所说的存储器仅仅指内存储器。

（4）输入设备。是将信息从外界传入到计算机系统中的设备，最常见的是鼠标和键盘。

（5）输出设备。是将计算机系统中的信息传送到外部世界的设备，如显示器和打印机。

2．常见计算机硬件介绍

（1）中央处理器（CPU）。中央处理器是计算机的大脑，计算机的运算、控制都是由它来处理的。它的发展非常迅速，从 80x86 发展到现在的 Pentium 4 和双核时代，只经过了 20 年的时间。从生产技术来说，最初的 8088 集成了 29000 个晶体管，而现代 CPU 则集成了几百万个晶体管。

CPU 的常见性能指标有：主频、内部缓存、字长。

1）主频。主频也叫时钟频率，单位是 MHz，用来表示 CPU 的运算速度。CPU 的主频=外频×倍频系数。很多人认为主频就决定着 CPU 的运行速度，这是个片面的看法。主频表示在 CPU 内数字脉冲信号振荡的速度。在 Intel 的处理器产品中，我们也可以看到这样的例子：1GHz Itanium 芯片能够表现得差不多跟 2.66 GHz Xeon/Opteron 一样快，或是 1.5 GHz Itanium 2 大约跟 4 GHz Xeon/Opteron 一样快。CPU 的运算速度还要看 CPU 的流水线各方面的性能指标。

当然，主频和实际的运算速度是有关的，只能说主频仅仅是 CPU 性能表现的一个方面，而不代表 CPU 的整体性能。

2）内部缓存（Cache）。采用速度极快的 SRAM 制作，用于暂时存储 CPU 运算时的最近的部分指令和数据，存取速度与 CPU 主频相同，内部缓存的容量一般以 KB 为单位。当它全速工作时，其容量越大，使用频率最高的数据和结果就越容易尽快进入 CPU 进行运算，CPU 工作时与存取速度较慢的外部缓存和内存间交换数据的次数越少，相对计算机的运算速度可以提高。

3）字长。字长是由数据总线宽度决定的，数据总线宽度决定了 CPU 一次可以存取的数据的位数，现在的 CPU 的字长已经开始向 64 位过渡。

当然，CPU 还有其他一些技术指标，如指令集、晶元体半径等，限于篇幅，这里不再详细展开。

（2）内存储器。内存一般指的是随机存取存储器，简称 RAM。前面提到的 Cache（采用 Static RAM，静态随机存取存储器）用作系统的高速缓存，而我们平常所提到的计算机的内存指的是动态内存，即 DRAM。除此之外，还有各种用途的内存，如显示卡使用的 VRAM、存储系统设置信息的 CMOS 等。总的来讲，可以按内存储器的读写性分为以下两种：

1）ROM（Read Only Memory，只读式存储器），此种内存常被用于存储重要的或机密的数据。理想上认为，此种类型的内存是只能读取的，而不允许擦写。ROM 中的数据是由设计者和制造商事先编制好固化在里面的一些程序，使用者不能随意更改。ROM 主要用于检查计算机系统的配置情况并提供最基本的输入/输出控制程序，如存储 BIOS 参数的 CMOS 芯片。

2）RAM（Random Access Memory，随机存取存储器），此种内存是我们最常接触的，它

允许我们随机地读写内存中的数据。计算机上使用RAM来临时存储运行程序需要的数据，不过如果计算机断电后，这些存储在RAM中的数据将全部丢失。RAM内存储器在计算机中主要作为内存条使用，常见的内存条类型包括：SDRAM、DDR、DDRII等，其中每种类型的内存条又根据工作频率的不同分成许多型号，如DDR 400。

内存 RAM 的特点是读写速度较快，但是停电后内容全部丢失，这就需要另一种存储器——外存储器。外存储器分为硬盘、软盘、光盘等。

（3）硬盘。硬盘就是一种最为常见的外存储器，它好比是数据的外部仓库一样。计算机除了要有“工作间”，还要有专门存储东西的仓库。硬盘由金属材料涂上磁性物质的盘片与盘片读写装置组成。这些盘片与读写装置（驱动器）是密封在一起的。硬盘的尺寸有5.25英寸、3.5英寸和1.8英寸等。有一类硬盘还可以通过并行口连接，是一种方便移动的硬盘。

硬盘的存储速度比起内存来说要慢，但存储容量要大得多，存储容量可以用兆字节（MB）或吉字节（GB）来表示，1GB=1024MB。目前，家用电脑的硬盘的大小有 60GB、80GB、120GB等。

硬盘的常见性能指标如下：

1）硬盘的转速（Spindle Speed）。硬盘的转速是指硬盘主轴电机的转动速度，一般以每分钟多少转来表示（RPM）。硬盘的主轴马达带动盘片高速旋转，产生浮力使磁头飘浮在盘片上方。要将所要存取数据的扇区带到磁头下方，转速越快，等待时间也就越短。随着硬盘容量的不断增大，硬盘的转速也在不断提高。然而，转速的提高也带来了磨损加剧、温度升高、噪声增大等一系列负面影响。

2）硬盘的数据传输率 DTR（Data Transfer Rate）。数据传输率又包括了外部数据传输率（External Transfer Rate，又称突发传输速率）和内部数据传输率（Internal Transfer Rate）两种。

3）硬盘缓存。缓存是硬盘与外部总线交换数据的场所。硬盘读数据的过程是将要读取的数据存入缓存，等缓存中填充满数据或者要读取的数据全部读完后再从缓存中以外部传输率传向硬盘外的数据总线。可以说它起到了内部和外部数据传输的平衡作用。可见，缓存的作用是相当重要的。目前主流硬盘的缓存主要有8MB和2MB两种，一般以SDRAM为主。根据写入方式的不同，有写通式和回写式两种。现在的多数硬盘都采用回写式。

4）硬盘接口。常见的硬盘接口有IDE、SATA、SCSI等类型。

（4）光盘。和硬盘利用磁存储技术不同，光盘主要采用光存储技术。光存储方式有别于计算机技术中常用的磁存储方式，是一种通过光学的方法读写数据的技术。光盘的特点是数据不易丢失、使用寿命长、存储容量大、价格便宜。

按照物理格式，光盘大致可分为以下两类：

1）CD系列。CD-ROM是这种系列中最基本的保持数据的格式。CD-ROM包括可记录的多种变种类型，如CD-R、CD-MO等。

2）DVD系列。DVD-ROM是这种系列中最基本的保持数据的格式。DVD-ROM包括可记录的多种变种类型，如DVD-R、DVD-RAM、DVD-RW等。

按照读写限制，光盘大致可分为以下三类：

1）只读式。只读式光盘以CD-ROM为代表，当然CD-DA、V-CD、DVD-ROM等也都是只读式光盘。对于只读式光盘，用户只能读取光盘上已经记录的各种信息，但不能修改或写入新的信息。

2）一次性写入，多次读出式。目前这种光盘以 CD-R（Recordable）为主。

3）可读写式。目前市场上出现的可读写光盘主要有磁光盘（MOD，Magneto-Optical Disk）和相变盘（PCD，Phase Change Disc）两种。

（5）软盘。软盘全称软磁盘（Floppy Disk），是在早期计算机上用来转移数据的一种载体。软盘的存储容量较小，且随着U 盘等移动存储器的出现，软盘已在 20 世纪 90 年代后期逐渐被淘汰。

软盘分为 5 英寸和 3.5 英寸两种。前者因盘体大，且容量小，早已经被淘汰了。后者虽然比 5 英寸小得多，而且容量也较前者大，但仍然不能满足计算机快速发展带来的大容量数据交流。在 U 盘出现后，迅速地被其代替了。

软盘都有一个塑料外壳，比较硬，作用是保护里边的盘片。盘片上涂有一层磁性材料（如氧化铁），它是记录数据的介质。在外壳和盘片之间有一层保护层，防止外壳对盘片的磨损。

软盘提供了一种简单的写保护方法，3.5 英寸盘是靠一个方块来实现的，拨下去，打开方孔就是写保护了；反之就是打开写保护，这时可以往软盘中写入数据。

（6）键盘。键盘是最常用也是最主要的输入设备，通过键盘，可以将英文字母、数字、标点符号等输入到计算机中，从而向计算机发出命令、输入数据等。

键盘的接口有 AT 接口、PS/2 接口和最新的 USB 接口，现在的台式机多采用 PS/2 接口，大多数主板都提供 PS/2 键盘接口。而较老的主板常常提供 AT 接口，也被称为“大口”，现在已经不常见了。USB 作为新型的接口，一些公司迅速推出了 USB 接口的键盘，USB 接口只是一个卖点，对性能的提高收效甚微，愿意尝试且 USB 接口尚不紧张的用户可以选择。

（7）鼠标。在图形操作系统的界面下，我们需要使用一个叫做鼠标的硬件来移动显示器上的光标来进行相应的操作。鼠标一般有两键和三键两种类型；如果按原理分，还可以分为机械鼠标和光电鼠标。鼠标的接口一般有两种：PS/2 和 USB。

（8）扫描仪。扫描仪（Scanner）是一种高精度的光电一体化的高科技产品，它是将各种形式的图像信息输入计算机的重要工具，是继键盘和鼠标之后的第三代计算机输入设备，是功能极强的一种输入设备。人们通常将扫描仪用于计算机图像的输入，而图像这种信息形式是一种信息量最大的形式。从最直接的图片、照片、胶片到各类图纸图形以及各类文稿资料都可以用扫描仪输入到计算机中进而实现对这些图像形式的信息的处理、管理、使用、存储、输出等。

扫描仪主要由光学部分、机械传动部分和转换电路三部分组成。扫描仪的核心部分是完成光电转换的光电转换部件。目前大多数扫描仪采用的光电转换部件是感光器件（包括 CCD、CIS 和 CMOS）。

1）扫描仪的分类。扫描仪的种类繁多，根据扫描仪扫描介质和用途的不同，目前市面上的扫描仪大体上分为：平板式扫描仪、名片扫描仪、底片扫描仪、馈纸式扫描仪、文件扫描仪。除此之外还有手持式扫描仪、鼓式扫描仪、笔式扫描仪、实物扫描仪和 3D 扫描仪。

2）扫描仪的发展趋势。目前扫描仪已广泛应用于各类图形图像处理、出版、印刷、广告制作、办公自动化、多媒体、图文数据库、图文通讯、工程图纸输入等许多领域，极大地促进了这些领域的技术进步，甚至使一些领域的工作方式发生了革命性的变革。

3）光学分辨率。光学分辨率是指扫描仪物理器件所具有的真实分辨率。扫描仪的光学分辨率是用两个数字相乘，如 600*1200dpi，其中前一个数字代表扫描仪的横向分辨率，后面一个数字代表扫描仪的纵向分辨率或是机械分辨率，但由于各种机械因素的影响，扫描仪的实际

精度（步进电机的精度）远远达不到横向分辨率的水平。一般来说，扫描仪的纵向分辨率是横向分辨率的两倍，有时甚至是四倍，如600*1200dpi。但有一点要注意：有的厂家为了显示自己的扫描仪精度高，将600*1200dpi写成1200*600dpi，因此在判断扫描仪光学分辨率时，应以最小的一个为准。

（9）显示器。显示器是计算机系统中最重要的输出设备，也是我们实际使用计算机必不可少的一部分。

显示器有多种分类方法：按能显示的色彩种类的多少，可分为单色显示器和彩色显示器；按显示器件不同有阴极射线管显示器（CRT）、液晶显示器（LCD）、发光二极管（LED）、等离子体（PDP）、荧光（VF）等平板显示器；按显示方式的不同有图形显示方式的显示器和字符显示方式的显示器；按照显像管外观不同有球面屏幕、平面直角屏幕、柱面屏幕等几种。但是我们在实际使用显示器的时候，通常是按不同的阴极射线管来分，目前市面上最多的是CRT显示器和液晶显示器（LCD）。

显示器的技术指标主要有以下两个：

1）使用分辨率。显示器的各种尺寸因素中，分辨率才是和实际应用直接相关的一个。在它的基础上，综合屏幕尺寸、点距和带宽等因素，我们提出“使用分辨率”的概念，它是指一台显示器能够满足正常使用要求的分辨率大小。通过一些简单而直观的条件我们就可以判断出一台显示器的实际“使用分辨率”，从而绕开那些复杂的数字游戏而直接切中问题的要害。

对于CRT来说，标称的最高分辨率往往没有实际应用价值，能够满足以下条件的方可称为“使用分辨率”：支持85MHz～100MHz以上的屏幕刷新率，以保证使用者的视力不受影响；足够舒适的文字大小和足够清晰的文字效果；图像无失真和丢失细节的现象（对于这些条件是否满足需要通过选购者的主观判断）。CRT显示器的使用分辨率可能不止一个，但过小的分辨率和过大的分辨率一样不适合作为“使用分辨率”。而对于LCD来说，标准分辨率即是其唯一的“使用分辨率”。

2）显示器带宽。带宽是显示器显示能力的综合指标，以MHz为单位，是每秒钟每条扫描线上显示的频点数的总和，表明了显示器的显示能力，带宽越大，所支持的分辨率和刷新频率也越大。17英寸普及型显示器的带宽一般为108MHz左右，高端的可以达到203MHz。当然带宽越高的显像管成本也越高，因此一般108MHz带宽的显示器就足够了。

60MHz的屏幕刷新率对人眼来说是一个临界点，当刷新率高于这个指标时则感觉不到闪烁，不过鉴于当前的技术，我们还是推荐使用不低于85MHz的刷新率。

（10）打印机。打印机也是计算机系统中非常重要的输出设备，显示器可以查看计算机系统的信息，但是断电之后不能保存，打印机则可以把计算机系统的信息输出到纸质介质保存。

从打印机的原理上来说，市面上较常见的打印机大致分为喷墨打印机、激光打印机和针式打印机。与其他类型的打印机相比，激光打印机有着较为显著的几个优点，包括打印速度快、打印品质好、工作噪声小等，而且随着价格的不断下调，现在已经广泛应用于办公自动化（OA）和各种计算机辅助设计（CAD）系统领域，成为了打印机的主流。

随着打印机的发展，国内激光打印机市场占有份额较多的有：惠普（HP）、爱普生（EPSON）、佳能（CANON）、利盟（LEXMARK）、柯尼卡美能达（MINOLTA）、富士施乐（XEROX）、联想（LENOVO）、方正（FOUNDER）等品牌。

打印机的技术参数主要有以下几个：

1）分辨率。所有厂家都用 DPI 来表示，是一个行业标准。它本身表现了在每英寸的范围内喷墨打印机可打印的点数。单色打印时，dpi 值越高打印效果越好，而彩色打印时情况比较复杂，通常打印质量的好坏要受 dpi 值和色彩调和能力的双重影响。由于一般彩色喷墨打印机的黑白打印分辨率与彩色打印分辨率可能会有所不同，所以选购时一定要注意看商家告诉你的分辨率是哪一种分辨率，是否是最高分辨率。微立升也是衡量一台打印机好坏的一个指标，即 1 微立升代表每一滴墨水的体积，微立升只是一个容量单位。

2）打印速度。喷墨打印机的打印速度一般以每分钟打印的页数（PPM，Page Per Minute）来统计。但因为每页的打印量并不完全一样，所以这个数字一定不会准确，只是一个平均数字。

3）几色打印。按使用的墨水的颜色可以分为彩色和黑白，彩色又可以分为 4 色、6 色和 8 色，一般照片级打印机配备的都是 6 色以上的打印墨盒。一般来说，墨盒的色彩数越多打印出来的照片的层次感就越丰富。

4）接口。目前市场上打印机产品的主要接口类型包括常见的并行接口和 USB 接口。USB 接口依靠其支持热插拔和输出速度快的特性，在打印机接口类型中迅速崛起。也有使用 IEEE 1394 接口的，如 CANON 的 MP 150 等。

1.3.3 软件系统的组成

1. 计算机软件系统的层次

计算机软件系统是计算机系统的重要组成部分，是为运行、维护、管理、应用计算机所编制的所有程序和支持文档的总和。计算机软件系统由系统软件和应用软件两大类组成。应用软件必须在系统软件的支持下才能运行。没有系统软件，计算机无法运行；有系统软件而没有应用软件，计算机还是无法解决实际问题。图 1-5 所示是计算机软件系统的构成示意图。

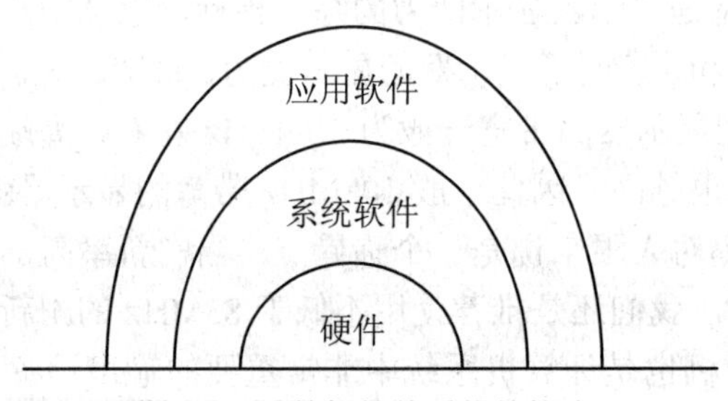

图 1-5 计算机软件系统的构成

2. 系统软件

系统软件是管理、监控和维护计算机资源的软件，是用来扩大计算机的功能、提高计算机的工作效率、方便用户使用计算机的软件，人们借助于软件来使用计算机。系统软件是计算机正常运转不可缺少的，一般由计算机生产厂家或专门的软件开发公司研制，出厂时写入 ROM 芯片或存入磁盘（供用户选购）。任何用户都要用到系统软件，其他程序都要在系统软件的支持下运行。

系统软件主要分为操作系统软件（软件的核心）、各种语言处理程序和各种数据库管理系

统三类。

（1）操作系统。系统软件的核心是操作系统。操作系统是由指挥与管理计算机系统运行的程序模板和数据结构组成的一种大型软件系统，其功能是管理计算机的软硬件资源和数据资源，为用户提供高效、全面的服务。正是由于操作系统的飞速发展，才使计算机的使用变得简单而普及。

操作系统是管理计算机软硬件资源的一个平台，没有它，任何计算机都无法正常运行。在个人计算机发展史上曾出现过许多不同的操作系统，其中最为常用的有五种：DOS、Windows、Linux、UNIX 和 OS/2。

（2）语言处理程序。语言处理程序包括机器语言处理程序、汇编语言处理程序和高级语言处理程序。这些语言处理程序除个别常驻在 ROM 中可以独立运行外，其余都必须在操作系统的支持下运行。

1）机器语言。机器语言是指机器能直接识别的语言，它是由“1”和“0”组成的一组代码指令。例如 01001001，作为机器语言指令，可能表示将某两个数相加。由于机器语言比较难记，所以基本上不能用来编写程序。

2）汇编语言。汇编语言是由一组与机器语言指令一一对应的符号指令和简单语法组成的。例如，“ADD A,B”表示将 A 与 B 相加后存入 B 中，它可能与上例机器语言指令 01001001 直接对应。汇编语言程序要由一种“翻译”程序来将它翻译为机器语言程序，这种翻译程序称为汇编程序。任何一种计算机都配有只适用于自己的汇编程序。汇编语言适用于编写直接控制机器操作的低层程序，它与机器密切相关，一般人很难使用。

3）高级语言。高级语言比较接近日常用语，对机器依赖性低，是适用于各种机器的计算机语言。目前，高级语言已发明出数十种，几种常用的高级语言如表 1-2 所示。

表 1-2　常用的几种高级语言

名称	功能
BASIC 语言	一种最简单易学的计算机高级语言，许多人学习基本的程序设计就是从它开始的。新开发的 Visual Basic 具有很强的可视化设计功能，是重要的多媒体编程工具语言
FORTRAN 语言	一种非常适合于工程设计计算的语言，它已经具有相当完善的工程设计计算程序库和工程应用软件
C 语言	一种具有很高灵活性的高级语言，它适合于各种应用场合，所以应用非常广泛
Java 语言	这是近几年才发展起来的一种新的高级语言。它适应了当前高速发展的网络环境，非常适合用作交互式多媒体应用的编程，它简单、性能好、安全性好、可移植性强

有两种翻译程序可以将高级语言所写的程序翻译为机器语言程序，一种叫“编译程序”，一种叫“解释程序”。

编译程序把高级语言所写的程序作为一个整体进行处理，编译后与子程序库连接，形成一个完整的可执行程序。这种方法的缺点是编译、连接较费时，但可执行程序运行速度很快。FORTRAN 和 C 语言等都采用这种编译方法。

解释程序则对高级语言程序逐句解释执行。这种方法的特点是程序设计的灵活性大，但程序的运行效率较低。BASIC 语言本来属于解释型语言，但现在已发展为也可以编译成高效的可执行程序，兼有两种方法的优点。而Java语言是先编译为Java字节码，在网络上传送到任何一种机器上之后，再用该机所配置的Java解释器对Java字节码进行解释执行。

（3）数据库管理系统。数据库是以一定的组织方式存储起来的、具有相关性的数据的集合。数据库管理系统就是在具体计算机上实现数据库技术的系统软件，由它来实现用户对数据库的建立、管理、维护和使用等功能。目前在计算机上流行的数据库管理系统软件有Oracle、SQL Server、DB2、Access等。

3．应用软件

为解决计算机的各类问题而编写的程序称为应用软件。它又可分为应用软件包和用户程序。应用软件随着计算机应用领域的不断扩展而与日俱增。

（1）用户程序。用户程序是用户为了解决特定的具体问题而开发的软件。编制用户程序应充分利用计算机系统的各种现成软件，在系统软件和应用软件包的支持下可以更加方便、有效地研制用户专用程序。例如火车站或汽车站的票务管理系统、人事管理部门的人事管理系统和财务部门的财务管理系统等。

（2）应用软件包。应用软件包是为实现某种特殊功能而经过精心设计的、结构严密的独立系统，是一套满足同类应用的许多用户所需要的软件。

应用软件根据用途的不同又分为很多类型，例如Microsoft公司发布的Office 应用软件包，包含 Word（字处理）、Excel（电子表格）、PowerPoint（幻灯片）等应用软件，是实现办公自动化的很好的应用软件包。另外，还有日常使用的杀毒软件（KV3000、瑞星、金山毒霸等）、各种游戏软件等。

1.4 计算机病毒

基础知识

1.4.1 计算机病毒的定义

关于计算机病毒目前还没有一个公认的定义，因为从不同的角度有不同的认识。我国公安部计算机安全监察司对计算机病毒的定义是：计算机病毒是指编制或者在计算机程序中插入的破坏计算机功能或者毁坏数据，影响计算机使用，并能自我复制的一组计算机指令或者程序代码。

1.4.2 计算机病毒的特点

1．计算机病毒是一段可执行的程序

病毒程序和其他合法程序一样，可以直接或间接地运行。最可怕之处是它能隐蔽在正常

可执行程序或数据文件中而不易被察觉。

2．计算机病毒的传染性

病毒程序一旦进入系统，就会与系统中的程序接在一起，运行被传染的程序之后又会传染其他程序。于是很快波及整个系统乃至计算机网络。

3．计算机病毒的潜伏性

这是指病毒程序具有依附于其他程序的寄生能力，它能隐蔽在合法文件中几个月甚至是几年，存在时间越长，传染范围就越大。

4．计算机病毒的可触发性

病毒程序一般都有一个触发条件，在一定条件下激活传染机制而对系统发起攻击。

5．计算机病毒的破坏性

病毒程序的破坏性取决于病毒程序设计者，重者能破坏系统的正常运行，毁掉系统内部数据；轻者能降低系统的工作效率。

6．计算机病毒的衍生性

病毒程序往往由几部分组成，修改其中的某个模块能衍生出新的不同于原病毒的计算机病毒。

1.4.3　计算机病毒的分类

计算机病毒的分类方法多种多样，但按病毒的传染渠道来分类最为人们所接受。

1．引导区传染的计算机病毒

主要是用计算机病毒取代正常的引导记录，而将正常的引导记录挪至其他存储空间。由于引导记录在系统一开机时就得到了执行，所以这种病毒在一开始就获得了控制权，传染性较大。

2．操作系统传染的计算机病毒

操作系统是任何一个计算机运行的支持环境，该病毒就是利用操作系统的这一特性将病毒寄生在正常的系统模块中或与系统中的某些模块进行链接，从而使系统染上病毒，从系统一级寻找可传染的宿主程序进行传染，这种病毒目前相当广泛。

3．一般应用程序传染的计算机病毒

这种病毒以应用程序为攻击对象，将病毒寄生在应用程序中并获得控制权，注入内存并寻找可以传染的对象进行传染。由于目前各种应用软件很多，所以这种病毒入侵的可能性相当大。

4．BIOS 病毒

长期以来，人们一直认为病毒只能攻击软件，然而在 1999 年出现了一种名为 CIH 的病毒，在全球造成不小的轰动，它能感染系统设置程序。这意味着病毒程序可能控制硬件工作环境，发作时除了破坏 BIOS 外，还会破坏硬盘数据，格式化硬盘，烧坏主板与 CPU。

1.4.4 预防计算机病毒

就像预防疾病一样，对计算机病毒应着重于预防，下面给出几种简单的预防方法。

（1）经常做文件备份，重要的文件要多备几份。

（2）一旦确认系统被病毒感染，先关闭系统，然后用带有写保护标签的原始 DOS 盘引导，并用该 DOS 盘上的 FORMAT.COM 程序将硬盘格式化，再重新安装系统，然后将新近做的数据和文件备份考入硬盘。

（3）对不进行写操作的软盘都应该用写保护标签保护起来。

（4）将所有的*.COM 和*.EXE 文件赋以“只读”属性。

（5）不要随意将盘片借给他人，尤其是原始系统盘。

（6）能从硬盘引导系统，就绝不用软盘引导。

（7）不要随意让他人使用你的系统，更不要随意让他人使用未经检测的软盘。

1.5 键盘的使用

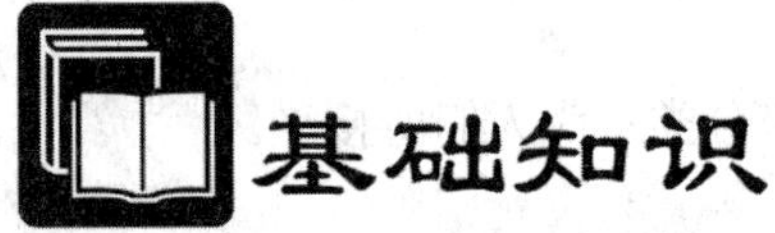

1.5.1 键盘简介

1．键盘的构成

计算机键盘是计算机系统最重要的输入设备，常用的键盘有 101 键盘或 104 键盘，如图 1-6 所示。

键盘分成四个区：

（1）主键盘区：在键盘左下部，由字母键、数字键和控制键组成。

字母键：26 个（A～Z）。

数字键：10 个（0～9）。

符号键：21 个，可输入常用的 32 个符号，如+、%、@等，其中有 10 个符号键与数字键位于同一键位上，位于上部的字符称为上挡键，位于下部的字符称为下挡键。输入上挡键时，要先按住 Shift 键再键入上部的字符。

图 1-6　标准 104 键盘示意图

主键盘区中还有一些具有特殊功能的键，其功能如表 1-3 所示。

表 1-3　主键盘区中的特殊键及其功能

键名	功能
Caps Lock	大小写转换键
Backspace	退格键，删除光标左边的一个字符
Space	空格键，用于输入空位
Tab	表格键，将光标移到下一个制表位
Shift	换挡键（2 个），用于输入上挡字符，也用于组合键
Ctrl	组合键（2 个），只能与其他键组合使用
Alt	组合键（2 个），只能与其他键组合使用
Enter	回车键，常用于命令执行或确认操作

（2）功能键区：包括 F1～F12 和 Esc 键，它们在不同的应用软件中具有不同的功能定义。

（3）控制键区：共有 13 个键，←↑↓→键控制光标向左上下右四个方向移动，其余控制键的功能如表 1-4 所示。

表 1-4　控制键区中的特殊键及其功能

键名	功能	键名	功能
Insert	插入/改写切换键	Delete	删除光标右边的字符
Home	移动光标至行首	End	移动光标至行尾
PageDown	后翻一页	PageUp	前翻一页
PrintScreen	屏幕拷贝	Scroll Lock	锁定屏幕
Pause	暂停屏幕显示		

（4）小键盘区：又称数字键区，共有 17 个键，其中 Num Lock 是数字转换键，按下此键（灯亮），表示可以使用数字键输入数字。

2．复合键的使用

在键盘的操作过程中，有时是单键操作，有时是多个键同时操作，我们把同时进行两键或三键的操作称为复合键的操作。一些复合键的含义如下：

（1）Ctrl+Alt+Del：表示要同时操作三个键，其含义在DOS中是重新启动DOS（又称热启动），在Windows中是弹出“关闭程序”窗口。

（2）Shift+字母键：在小写字母状态下，表示要输入大写字母；在大写字母状态下，表示要输入小写字母。

（3）Shift+数字键：表示要输入上挡键的字符，如Shift+5输入的是“%”符号。

1.5.2 键盘输入的基本方法

1．键盘操作指法

键盘操作指法如图1-7所示。

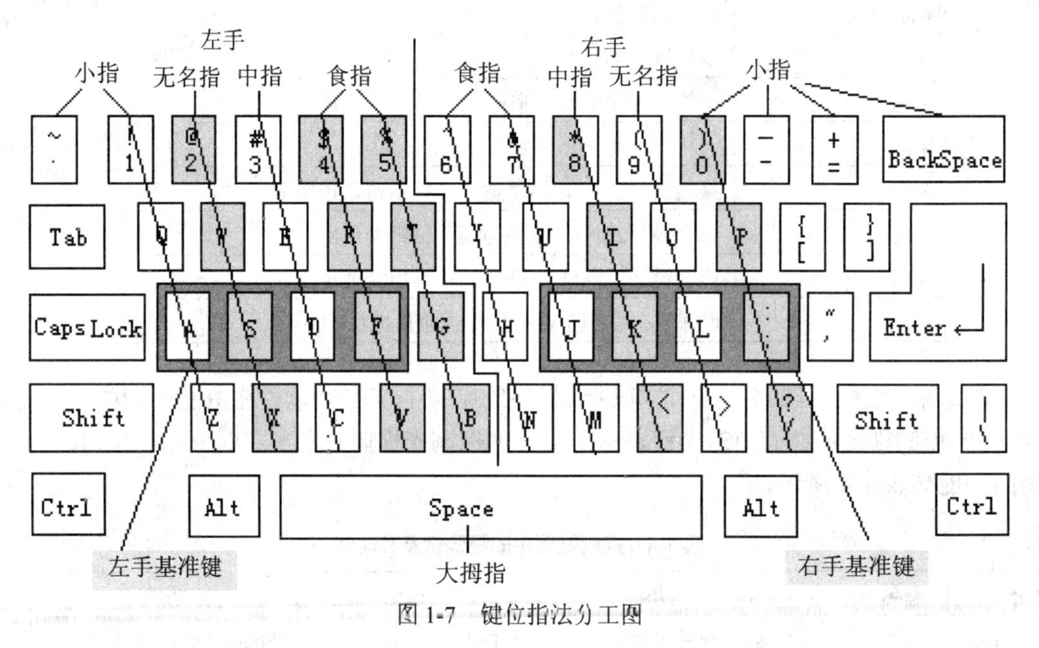

图1-7 键位指法分工图

在键盘录入过程中，基准键的作用是很重要的。它主要用于确定除拇指以外双手各指的基本停放位置，并作为敲击其他键时的参照位置。

2．正确的操作姿态

（1）操作时，挺胸收腹，双脚自然地踏放在地板上。

（2）两肩放松，两臂自然下垂，手肘与手腕抬起。

（3）手掌与键面保持平行，手指自然弯曲，并轻轻放在八个基准键位上；左右手拇指放在空格键上。

3．录入方法

（1）在击某键时，手指垂直向下弹击，动作快而有弹性，并且其他各手指要微微抬起，避免带键。

（2）在击完除基准键以外的其他各键后，手指应立即返回到基准键位。

（3）在击键过程中，眼睛不看键盘只看原稿，并且用心去体会各键的键位方向和位置。

技能训练

实训1 指法练习

一、实训目的

1．熟悉键盘的分布结构。
2．掌握正确的操作姿势和录入方法。
3．熟练各手指指法。

二、实训内容

1．基准键练习
2．食指指法练习
3．中指指法练习
4．无名指指法练习
5．小手指指法练习
6．综合练习

三、实训步骤

【实例】要求在 Windows 的写字板或记事本中输入下面给出的文本，进行指法练习。

步骤

1．基准键练习

jfks adjl sfk; k;ld djks jkal fksa ;sld dka;
jfks adjl sfk; k;ld djks jkal fksa ;sld dka;

2．食指指法练习

thrn	gutb	gfhr	fuhg	ghty	tybn	hyut	tyru	nuby
uvtm	nutb	vbht	urmv	nybt	nmbv	nuby	btny	mytv

3．中指指法练习

deik	cdk，	kedc	idke	ieck	,fck	deck	kide	edic
eki，	kiec	dkce	id,e	ekcd	dkei	c,ke	kice	id,e

4．无名指指法练习

lowx	soxl	xows	lwos	xlo.	s.lw	osxw	wosx	.wox
slow	wx.o	los.	swox	lwso	wsol	s.xw	lowx	xow.

5．小手指指法练习

/z/	/psq	quzp	quzp	f/wq	pzpq	p/q/	zp/q	q/pz
zp/	q/qp	/pzp	zp/q	qap;	;qaz	qap;	;a/q	qa;/

6．综合练习

College of Business Administration
Chongqing University
Chongqing 400030
People's Republic of China
Dec.27， 2005

Dear Davie，

Belatedly, I wish to express my appreciation for the courtesies you extended to me while I was in New York last week.

Thanks to you, my visit to New York turned out to be very successful. Among other things， I found the meeting I had with local businessmen particularly interesting and stimulating, and I wish to thank you most sincerely for the efforts you put into organizing that meeting for me. It was certainly one of the highlights of my entire one-week trip to the U.S.

Again, thank you very much for your hospitality. I hope I will have the opportunity of reciprocating your kindness in the near future.

Sincerely yours，

Jack Wang

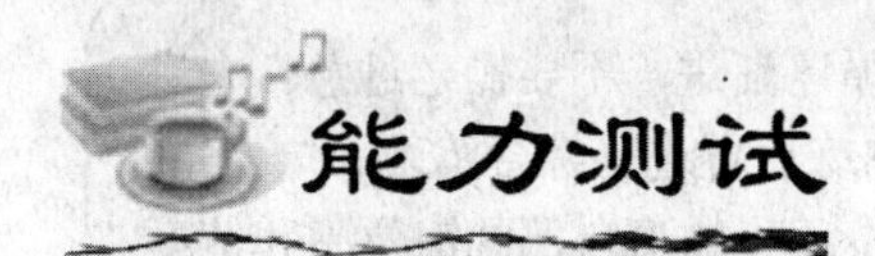

1．1 分钟测试题。

测试题一		
	Sometimes I am good,	20
	Sometimes I'm bad.	38
	When I'm good， my mom is glad,	67
	When I'm bad， my mom is mad.	94
	So I try to be good.	114

测试题二		
	Flower in the crannied wall,	28
	I pluck you out of the crannies,	60
	I hold you here， root and all， in my hand.	100
	Little flower-but if I could understand	139
	What you are， root and all， and all in all,	180

2．2 分钟测试题。

测试题一

On the day of our final exam， we heard that the bookstore had changed its policy and would buy back our college English textbooks. Before class, several of us dashed over to the store and sold our books.

We were seated and waiting for the test when our professor announced that， considering the difficulty of the final，it would be an open-book exam.

测试题二

Bill Gates，Lou Gerstner， and a regular guy are taken hostage by terrorists. The terrorists tell them that they will be executed by firing squad one at a time. First， though，each of them can have a last drink and make a short speech.

Gates says，"I want a white wine，and I want to tell everyone about the Windows operating system."

Gerstner says，"I'll have a martini，and the chance to tell everyone about the benefits of IBM and OS/2 Warp."

The guy says， "I'll have a beer，and please shoot me first."

3．查看记事本、写字板、画图等应用程序的帮助信息。

学习帮助

（1）在进行指法训练时，要注意循序渐进，不要操之过急。先进行各手指的分工练习，并反复练习，熟练后再进行综合练习。

（2）击键时，力求准确、有节奏，逐步加深自己的键位感和节奏感，直至熟练击键。

（3）在练习过程中，要边练习，边记忆各键位中相应的符号。

（4）要提高录入速度，必须多花时间练习，同时可采用打字软件配合练习，如金山打字通、TT 软件等。

自测题

一、选择题

1. CAI 表示（　　）。
   A．计算机辅助设计　　B．计算机辅助制造
   C．计算机辅助教学　　D．计算机辅助军事
2. 计算机的应用领域可大致分为 5 个方面，下列选项中属于这几方面的是（　　）。
   A．计算机辅助教学、专家系统、人工智能
   B．工程计算、数据结构、文字处理
   C．实时控制、科学计算、数据处理
   D．数值处理、人工智能、操作系统
3. 世界上公认的第一台计算机 ENIAC 诞生于（　　）。
   A．1956 年　　B．1964 年　　C．1946 年　　D．1954 年
4. 以电子管为电子元件的计算机属于第（　　）代。
   A．1　　B．2　　C．3　　D．4
5. 以下选项中，（　　）不是计算机的特点。
   A．运算速度快　　B．存储容量大　　C．具有记忆能力　　D．永远不出错
6. 二进制数 110000 转换成十六进制数是（　　）。
   A．77　　B．D7　　C．7　　D．30
7. 与十进制数 4625 等值的十六进制数为（　　）。
   A．1211　　B．1121　　C．1122　　D．1221
8. 下列 4 种不同数制表示的数中，数值最小的一个是（　　）。
   A．八进制数 247　　B．十进制数 169
   C．十六进制数 A6　　D．二进制数 10101000
9. 下列字符中，其 ASCII 码值最大的是（　　）。
   A．NUL　　B．B　　C．g　　D．p
10. 存储 400 个 24×24 点阵汉字字型所需的存储容量是（　　）。

A．255KB　　B．75KB　　C．37.5KB　　D．28.125KB

11．某汉字的机内码是B0A1H，它的国标码是（　　）。

A．3121H　　B．3021H　　C．2131H　　D．2130H

12．计算机之所以能按人们的意志自动进行工作，最直接的原因是采用了（　　）。

A．二进制数制　　B．高速电子元件

C．存储程序控制　　D．程序设计语言

13．微型计算机主机的主要组成部分是（　　）。

A．运算器和控制器　　B．CPU和内存储器

C．CPU和硬盘存储器　　D．CPU、内存储器和硬盘

14．一个完整的计算机系统应该包括（　　）。

A．主机、键盘和显示器　　B．硬件系统和软件系统

C．主机和它的外部设备　　D．系统软件和应用软件

15．计算机的软件系统包括（　　）。

A．系统软件和应用软件　　B．编译系统和应用软件

C．数据库管理系统和数据库　　D．程序、相应的数据和文档

16．微型计算机中，控制器的基本功能是（　　）。

A．进行算术和逻辑运算　　B．存储各种控制信息

C．保持各种控制状态　　D．控制计算机各部件协调一致地工作

17．计算机操作系统的作用是（　　）。

A．管理计算机系统的全部软硬件资源，合理组织计算机的工作流程，以充分发挥计算机资源的作用，为用户提供使用计算机的友好界面

B．对用户存储的文件进行管理，方便用户

C．执行用户键入的各类命令

D．为汉字操作系统提供运行的基础

18．计算机的硬件主要包括：中央处理器（CPU）、存储器、输出设备和（　　）。

A．键盘　　B．鼠标　　C．输入设备　　D．显示器

19．下列各组设备中，完全属于外部设备的一组是（　　）。

A．内存储器、磁盘和打印机　　B．CPU、软盘驱动器和RAM

C．CPU、显示器和键盘　　D．硬盘、软盘驱动器、键盘

20．RAM的特点是（　　）。

A．断电后，存储在其内的数据将会丢失

B．存储器内的数据将永远保存

C．用户只能读出数据，但不能随机写入数据

D．容量大但存取速度慢

21．计算机存储器中，组成一个字节的二进制位数是（　　）。

A．4　　B．8　　C．16　　D．32

22．微型计算机硬件系统中最核心的部件是（　　）。

A．硬件　　B．I/O设备　　C．内存储器　　D．CPU

23．无符号二进制整数10111转换成十进制整数，其值是（　　）。

A．17　　B．19　　C．21　　D．23

24．一条计算机指令中，通常应包含（　　）。

A．数据和字符　　B．操作码和操作数

C．运算符和数据　　D．被运算数和结果

25．KB（千字节）是度量存储器容量大小的常用单位之一，1KB 实际等于（　　）。

A．1000KB　　B．1024 个字节　　C．1000 个二进制　　D．1024 个字

26．计算机病毒破坏的主要对象是（　　）。

A．磁盘片　　B．磁盘驱动器　　C．CPU　　D．程序和数据

27．下列叙述中，正确的是（　　）。

A．CPU 能直接读取硬盘上的数据　　B．CPU 能直接存取内存储器中的数据

C．CPU 由存储器和控制器组成　　D．CPU 主要用来存储程序和数据

28．在计算机的技术指标中，MIPS 用来描述计算机的（　　）。

A．运算速度　　B．时钟频率　　C．存储容量　　D．字长

二、简答题

1．简述计算机病毒的特点。

2．说说如何预防和查杀计算机病毒，你在使用计算机的过程中积累了哪些经验？

第 2 章　Windows 7 的基本使用

本章简介

操作系统是计算机系统必不可少的一种系统软件。本章以常用的中文 Windows 7 为例，介绍了其界面的组成元素、基本操作、文件管理操作、中文输入方法等内容。由于本章的实践性很强，因此在每小节后面都配有相应的实训操作，以便初学者能更快地熟练使用 Windows 7 的基本功能。

学习目标

- 了解 Windows 7 界面的组成元素
- 掌握 Windows 7 的基本操作
- 重点掌握 Windows 7 的文件管理操作
- 掌握磁盘系统维护与管理的方法
- 了解控制面板的使用
- 掌握一种汉字输入法

2.1 Windows 7 的基本操作

基础知识

2.1.1 Windows 7 的界面

1．桌面和图标

登录到 Windows 7 后，用户将进入如图 2-1 所示的用户界面。

图 2-1 Windows 7 桌面

整个屏幕工作区域称为桌面。桌面是 Windows 7 开始工作的地方。

Windows 7 桌面是由一些图标和位于屏幕正下方的“开始”按钮及“任务栏”组成的。桌面上的每个图标代表存放在硬盘中的一个文件或文件夹，系统安装初始使用时，桌面上只有“回收站”图标，用户可根据需要定制自己的图标；每个系统的图标也会因安装的程序的内容不同而有所差异。

：用于查看计算机中的内容。

回收站：用于暂时存放已删除的文件或文件夹，并且这些文件或文件夹还可根据需要恢复还原。

2．任务栏

任务栏由四个部分组成，从左向右依次是“开始”按钮、快速启动图标区、应用程序窗

口按钮区、各种指示器区，如图 2-2 所示。

图 2-2 任务栏

按钮是 Windows 7 的总按钮，通过它可以启动程序、打开文档、设置系统属性、搜索计算机中的项目、寻求帮助、自定义桌面、关闭计算机等。

每当用户启动一个程序后，任务栏上就会显示一个带有程序名称的按钮。处于激活状态的程序在任务栏上显示的按钮呈高亮状态，而处于非激活状态的程序在任务栏上显示的按钮呈昏暗状态。启动多个程序后，单击任务栏中的按钮（或按 Alt+Tab 键或 Alt+Esc 键）可以在不同的窗口中进行切换。

3. 窗口

启动应用程序后，屏幕上会出现一个已定义的工作区，这个工作区称为“窗口”。窗口是应用程序运行的基本框架，每个应用程序或文档都必须在窗口内运行或显示。Windows 7 允许在屏幕上同时打开多个窗口。

不同的窗口具有不同的功能，但多数窗口都具有一些相同的元素和一致的外观。现以“我的电脑”为例说明窗口的组成元素。

多数窗口都有以下一些组成元素：导航按钮、地址栏、搜索栏、菜单栏、快速导航工具栏、导航窗格、状态栏、最小化按钮、最大化按钮、关闭按钮、边框、水平滚动条和垂直滚动条等，窗口中的具体组成要素可以定制，如图 2-3 所示。

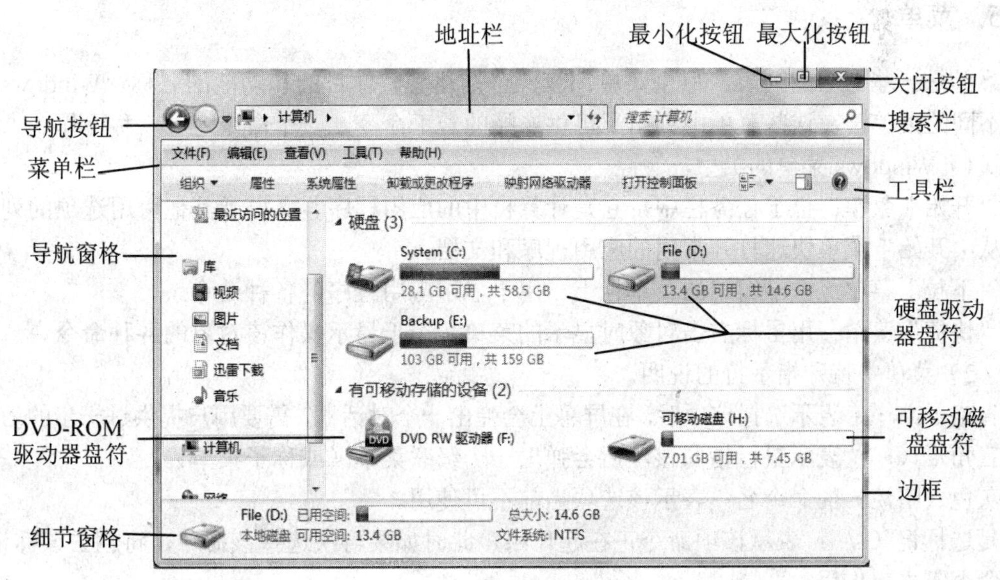

图 2-3 典型窗口的组成

4．对话框

对话框是 Windows 7 与用户进行信息交换的一种特殊窗口。通过对话框，用户可以向程序输入各种信息。

Windows 7 的对话框很多，一般对话框包括以下成分：标题栏、标签、命令按钮、文本框、数字框、列表框、单选按钮（圆钮）、复选框（方钮）等，如图 2-4 所示。

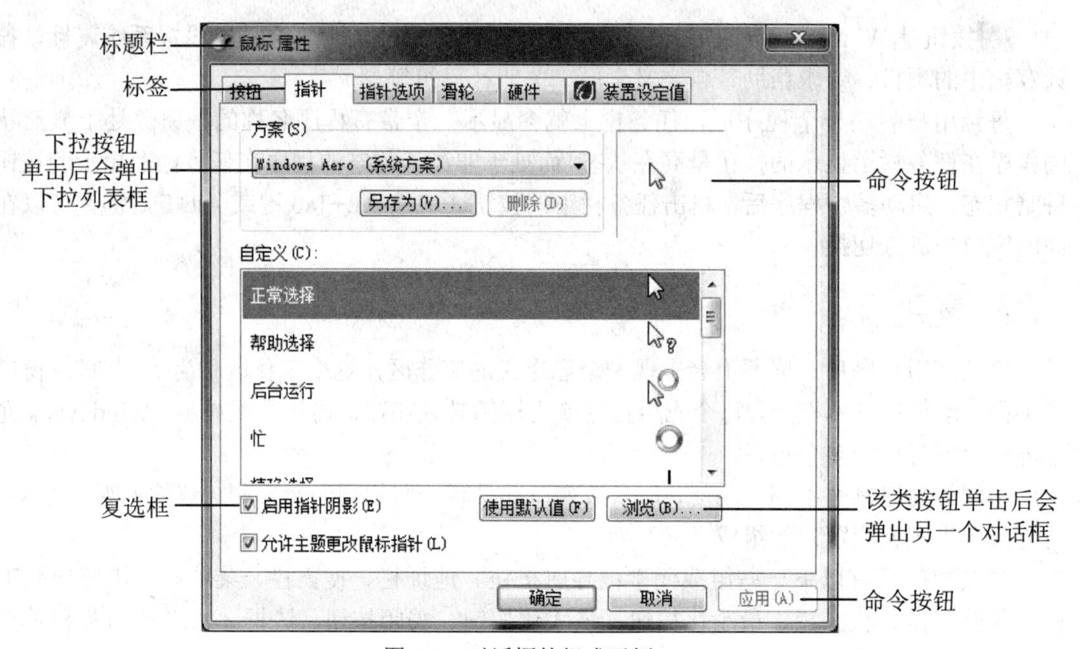

图 2-4　对话框的组成示例

5．菜单

菜单是一些命令的列表，每个菜单都有一个描述其整体目的和功能的名称。Windows 提供了不同的菜单，在这些菜单中列出了可供选择的若干命令，一个命令对应一种操作。

（1）Windows 菜单的类型。

“开始”菜单：位于任务栏中，它是计算机中的应用程序、文档及其他可用选项的列表，可以从“开始”菜单快速打开常用的应用程序和文档。

“下拉”菜单：位于窗口的菜单栏上，用于显示应用程序的各种命令。

“快捷”菜单：用鼠标右击对象时显示的菜单，用于显示操作该对象的各种命令。

（2）菜单中特殊指示符的说明。

省略号（…）：表示选择该项后，在屏幕上会弹出一个对话框，需要用户提供进一步的信息。

三角形（▸）：表示鼠标指向该项后会弹出一个级联菜单（或称子菜单）。

灰色（暗淡）的命令名：表示该选项当前不可使用。

复选标记（√）：表示该项命令正在起作用，此时如果再次选择该命令，将删去该标记，则该命令不再起作用。

键符或组合键符：表示该项命令的快捷键，使用快捷键可以直接执行相应的命令。

2.1.2　鼠标的使用

对于运行 Windows 系统的计算机来说，鼠标是重要的输入设备，Windows 7 的大多数操作可以通过键盘完成，但使用鼠标操作更方便、直观，也更能体现 Windows 系统便于使用的特点。

目前所使用的鼠标主要有三键鼠标和两键鼠标（鼠标上分别有三个或两个按键）两种。在 Windows 环境下，一般只使用鼠标的左、右两个按键，因而这两种鼠标均可使用。对于三键鼠标来说，中间的滚轮按键一般用于页面的前后滚动。

鼠标的操作主要有以下几种：

- 指向：移动鼠标，使屏幕上鼠标的指针指向所要操作的对象。
- 单击左键：用于选择对象。
- 双击左键：用于启动一个程序或打开一个窗口。
- 单击右键：用于弹出一个快捷菜单，以提供该对象的常用操作命令。
- 拖放：可用于移动选定的对象，其操作是：将鼠标指针指向一个对象，然后按住鼠标左键不放并移动鼠标到屏幕上的另一位置后放开左键。

2.1.3　计算机的开关机顺序

开机顺序：先开外部设备（如打印机、投影仪、扫描仪等），再开显示器，最后开主机电源。
关机顺序：先关主机电源（软关机），再关显示器，最后关外部设备。

实训 1　Windows 7 的基本操作

一、实训目的

1．Windows 7 的启动和退出。
2．掌握图标、菜单、窗口、对话框的基本操作。
3．会创建和使用快捷方式。

二、实训内容

1．Windows 7 的启动
2．Windows 7 的退出

3．启动应用程序
4．窗口的基本操作
5．在“计算机”窗口中浏览 C 盘的内容
6．定制使用“计算机”窗口
7．调整桌面图标
8．任务栏的操作
9．设置任务栏属性
10．对话框的操作
11．创建 Word 2007 的快捷方式图标

三、实训步骤

1．Windows 7 的启动

步骤

（1）打开要使用的外部设备。

（2）按下计算机电源开关，系统开始检测内存、硬盘等设备，之后便进入 Windows 7 的启动过程。

（3）正常启动后，便会看到 Windows 7 的登录界面，选择登录用户，根据屏幕提示输入密码，即可进入到 Windows 7 的桌面。

2．Windows 7 的退出

步骤

（1）关闭所有打开的窗口。

（2）单击“开始”→“关机”命令，如图 2-5 所示，计算机将自动关机。

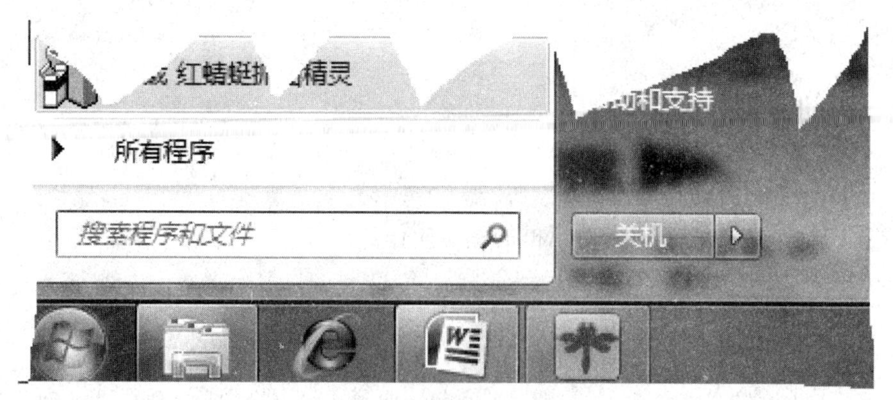

图 2-5 “关闭 Windows”操作

（3）也可以单击“关机”命令右边的三角按钮选择其他的系统命令。

3．启动应用程序

步骤

（1）启动画图、写字板、记事本等应用程序：单击“开始”→“所有程序”→“附件”→“画图”或“写字板”或“记事本”命令。

（2）启动 Word 2007 程序：单击“开始”→“所有程序”→Microsoft Office→Microsoft Office Word 2007 命令。

（3）打开 QQ 聊天程序：双击桌面上的 腾讯QQ 图标。

（4）在“运行”对话框中启动计算器程序：单击“开始”→“运行”命令，在弹出的对话框的文本框中输入 calc.exe，回车确定。

4．窗口的基本操作

步骤

（1）打开窗口：双击某一图标可以打开一个窗口。

（2）移动窗口：将鼠标指向标题栏，再拖动。当拖动到桌面顶部边缘时，窗口自动变为全屏最大化。

（3）缩放窗口：将鼠标指针指向窗口边框，当指针变为 ⇔、⇕、⤢、⤡ 时，拖动边框。

（4）最小化、最大化和关闭窗口：分别单击窗口右上角的最小化按钮、最大化按钮和关闭按钮。

（5）还原窗口：当窗口最大化以后，最大化按钮变成还原按钮，此时单击可以还原窗口。

（6）浏览窗口信息：当窗口内不能显示完所有信息时，会出现垂直滚动条或水平滚动条，此时拖动滚动条或单击滚动按钮可以浏览信息。

（7）平铺或层叠窗口：分别打开多个窗口（如 计算机 、 腾讯QQ 、 回收站 等），右击任务栏空白处，在弹出的快捷菜单中选择“层叠窗口”或“堆叠显示窗口”或“并排显示窗口”命令。

（8）最小化所有窗口：右击任务栏空白处，在弹出的快捷菜单中选择“显示桌面”命令。

（9）切换当前窗口，可以选用以下方法之一：

- 单击任务栏中的窗口按钮。
- 按 Alt+Tab 键。
- 按 Alt+Esc 键。
- 直接单击要激活的窗口。

5．在“计算机”窗口中浏览 C 盘的内容

步骤

（1）双击桌面上的 计算机 图标，会出现如图 2-6 所示的窗口。

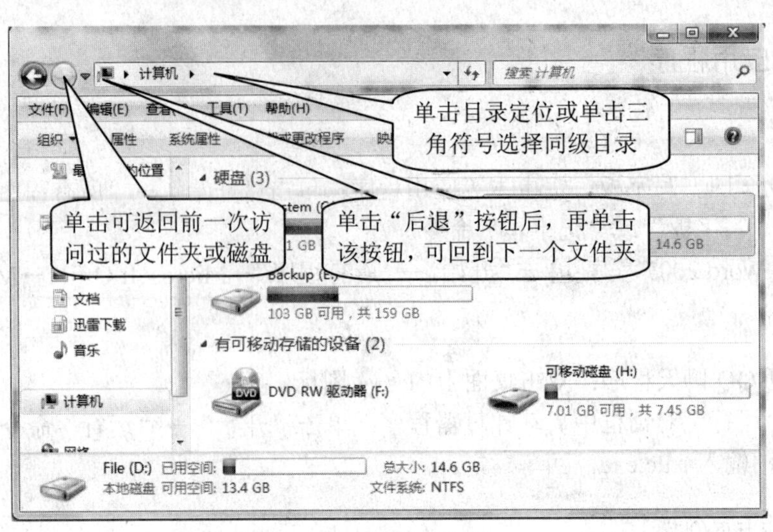

图 2-6　“计算机”窗口

（2）双击 System (C:) 图标。

（3）双击要浏览的文件或文件夹。

（4）单击顶部的按钮，返回到前一次浏览的文件夹或磁盘。

（5）单击工具栏中的按钮，返回后一次选择的文件夹或磁盘。

（6）单击地址栏中的三角按钮，可选择同级目录。

（7）单击地址栏中的任一目录，可定位对应目录。

6．定制使用“计算机”窗口

步骤

（1）在桌面上打开“计算机”窗口后，点选“组织”→“布局”级联菜单，可以控制界面各部分显示区域，如图 2-7 所示。

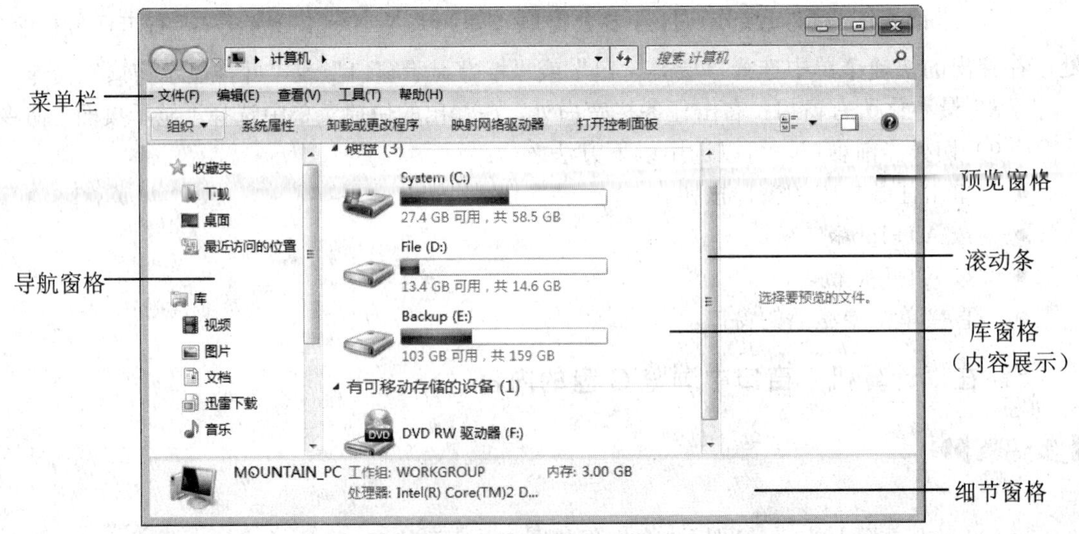

图 2-7　“计算机”窗口

- 单击“组织”→“布局”→“菜单栏”命令，可显示/隐藏菜单栏。
- 单击“组织”→“布局”→“细节窗格”命令，可显示/隐藏细节窗格。
- 单击“组织”→“布局”→“预览窗格”命令，可显示/隐藏预览窗格。
- 单击“组织”→“布局”→“导航窗格”命令，可显示/隐藏导航窗格。

（2）在导航窗格中展开文件夹：单击图标左侧的▷ 图标，可显示其中的子文件夹。

（3）在导航窗格中折叠文件夹：单击图标左侧的◢ 图标，可隐藏其中的子文件夹。

（4）显示某文件夹中的内容，可选用以下方法之一：

- 在导航窗格中，单击文件夹图标。
- 在内容显示区中，双击文件夹图标。

注意

“计算机”窗口是 Windows 7 用来管理系统资源（主要是文件和文件夹）的工具。它以分层的树状结构图形化地显示计算机的整个系统，使用方便、灵活。

“计算机”窗口的导航窗格用来显示文件夹的层次结构，内容显示窗格用来显示当前磁盘或当前文件夹的内容。

如果想改变各窗格的大小，将鼠标指向分界线，当指针变成⟺形状时，左右拖动分界线即可。

7. 调整桌面图标

步骤

（1）随意调整图标：用鼠标直接拖动图标到任意位置即可。

（2）整体移动图标：先选定要整体移动的图标（用鼠标在桌面上拖出一个矩形框），再拖放图标。

（3）排列图标：右击桌面的空白处，在弹出的快捷菜单中选择“排序方式”→“名称”、“项目类型”、“大小”或“修改日期”命令。

（4）保持桌面现状：右击桌面的空白处，在弹出的快捷菜单中选择“查看”→“自动排列图标”命令（选中该项后，图标的其他调整将失效）。

（5）显示/隐藏桌面：右击桌面的空白处，在弹出的快捷菜单中选择“查看”→“显示桌面图标”命令。

（6）显示/隐藏桌面小工具：右击桌面的空白处，在弹出的快捷菜单中选择“查看”→“显示桌面小工具”命令。

8. 任务栏的操作

步骤

（1）向任务栏中添加工具：右击任务栏的空白处，在弹出的快捷菜单中选择“工具栏”，选择要添加的工具（如选择“地址”）或单击“新建工具栏”。

（2）向任务栏中添加快速启动图标：选定某应用程序图标（如 腾讯QQ 图标），拖到任务栏的快速启动区域（同时会出现提示“附到任务栏”，表示添加到任务栏上），释放鼠标；如果需要去掉某个快速启动图标，则右击图标，在弹出的快捷菜单中选择“将此程序从任务栏解锁”命令。

（3）调整任务栏高度：将鼠标指针移到任务栏的边界上，当其变为↕形状时，上下拖动鼠标。

（4）改变任务栏位置：将鼠标指针指向任务栏的空白位置处（此时鼠标指针仍然是↖形状），拖动鼠标到屏幕的上部、左部或右部。

9. 设置任务栏属性

步骤

（1）单击“开始”→“设置”→“任务栏和开始菜单”命令，或者右击任务栏的空白处，在弹出的快捷菜单中选择“属性”选项，弹出“任务栏 属性”对话框。

（2）在此对话框中修改属性（☑表示选中该属性，□表示清除该属性）。

（3）单击“确定”按钮。

注意

对任务栏的高度、位置的调整操作是否可行，依赖于在任务栏属性中的“锁定任务栏”复选项是否被选中。

10. 对话框的操作

步骤

（1）打开一个对话框：打开 IE 浏览器，单击“工具”→“Internet 选项”命令，会出现如图 2-8 所示的对话框。

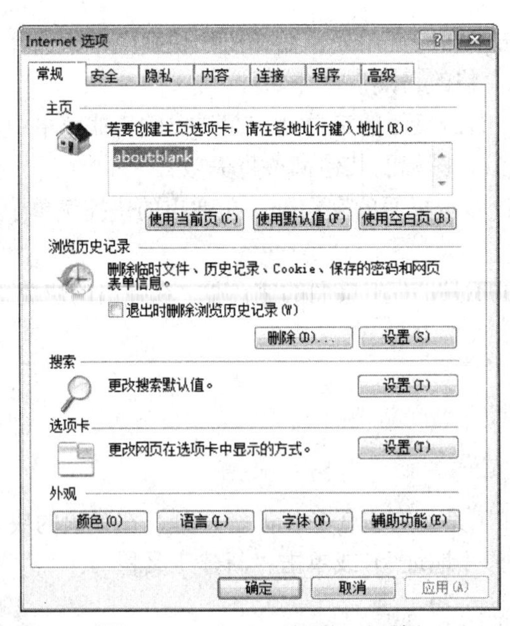

图 2-8 “Internet 选项”对话框

（2）对话框的移动：将鼠标指向标题栏并拖动。

（3）对话框的关闭：单击☒按钮、“确定”按钮或“取消”按钮。

（4）对话框中的求助方法：单击?按钮，将打开 Windows 帮助中心。

（5）在对话框中的移动：鼠标可任意在对话框的各选项之间移动，而键盘可通过以下几种方式在对话框中移动：

- 用 Tab 键可从左到右或从上到下在不同选项之间顺序移动。
- 用 Shift+Tab 键则以相反的顺序移动。
- 在同一组选项中，可用方向键来移动。

（6）执行命令：按 Alt+“下划线字母”来执行相应命令。

11. 创建 Word 2007 的快捷方式图标

步骤

（1）单击“开始”→“所有程序”→Microsoft Office，右击 Microsoft Office Word 2007 命令，弹出快捷菜单。

（2）单击“发送到”→“桌面快捷方式”命令。

注意

快捷方式是访问某个常用项目的捷径，它是快速打开文件的指针。快捷方式并没有改变原文件的位置，如果删除快捷方式，也不会删除原文件。任何程序、文档或打印机都可以以快捷方式的形式放在桌面上。快捷方式图标上一般带有一个箭头↗。

使用鼠标右键单击任何对象将弹出一个快捷菜单，该菜单中包含可用于该项的常规命令，无须使用标准菜单即可找到所需的命令。

2.2 Windows 7 的文件管理

基础知识

2.2.1 文件概述

1. 文件的含义

文件是存放在磁盘上的数据组织形式，是存储数据的基本单位。文件用于管理创建和存储在计算机中的数据。当在程序中创建信息时，会将那些信息保存在文件中，并赋予文件一个可记忆的名称，我们称为文件名。如果要使用文件，可通过文件名来识别该文件，并使用相关的程序打开文件。

2．文件名的组成

文件名由基本名和扩展名组成，基本名和扩展名间用“.”字符分隔。扩展名一般代表着文件的类型。文件名可以包括1～256个字符，文件名中的字符可以是汉字、空格和特殊字符，但不能是以下这些字符：

?　\　/　:　“　*　<　>　|

例如，资料.doc、picture.gif 等都是 Windows 7 中合法的文件名。

在 Windows 7 中，文件还用图标表示，图标上的图片暗示着文件的类型和用处，例如图 2-9 所示。

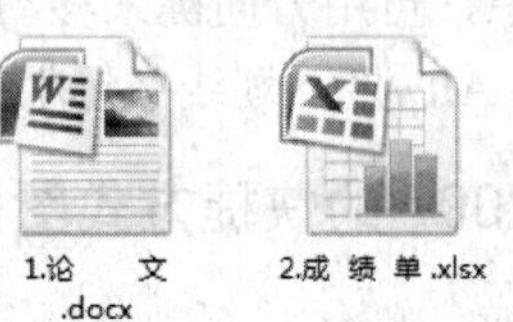

图 2-9　各种文件图标

以上图标分别代表了四种不同类型的文件。

3．文件名中的通配符

在 Windows 7 中搜索文件时，可以在文件名中使用通配符。通配符主要有以下两种：

- *：表示可代替该位置处的若干字符。例如，“*.doc”表示所有的 Word 文档；“a*.bmp”表示以字母 a 开头的 bmp（位图）文件；“*.*”表示所有文件。
- ?：表示可代替该位置处的一个字符。例如，“?1.ppt”表示第 2 个字母为 1 的所有 PPT 文件。

2.2.2　文件管理

1．文件夹的作用

计算机中存储的文件成千上万，那么这些文件是如何进行管理的呢？

在 Windows 7 中，文件是通过文件夹的形式进行管理的。文件夹就像存储文件的抽屉，可以将文件分门别类地存放，以便更有效地对文件进行管理。

在 Windows 7 中，文件夹图标形如 585、职业人物。包含另一个文件夹的文件夹称为父文件夹，父文件夹中包含的文件夹称为子文件夹。

2．文件管理的工具

文件管理就是对组织在不同的文件夹中的各种文件或文件夹进行移动、复制、删除、重命名、查找等操作。

在 Windows 7 中，文件的管理主要是通过“计算机”、“网上邻居”和“回收站”等工具来进行管理的。

- “计算机”负责处理本地计算机上的文件、文件夹、磁盘设备、网络资源等。
- “网上邻居”负责处理网络上的资源，如共享文件、共享打印机等。
- “回收站”负责处理删除的文件或文件夹。

实训 2　Windows 7 的文件管理操作

一、实训目的

1．掌握文件和文件夹的创建、移动、复制、删除、恢复、重命名、查找。
2．了解文件的属性，会查阅和设置文件属性。
3．会设置文件夹的打开方式。
4．会设置文件的查看属性。

二、实训内容

1．改变文件和文件夹的显示方式
2．文件和文件夹的选定与撤消
3．创建新文件夹
4．复制、移动文件和文件夹
5．删除文件和文件夹
6．恢复文件和文件夹
7．彻底删除文件和文件夹
8．重命名文件和文件夹
9．查找文件和文件夹
10．设置文件和文件夹的属性
11．设置文件夹的打开方式
12．设置文件的查看属性

三、实训步骤

1．改变文件和文件夹的显示方式

步骤

（1）打开“计算机”或“资源管理器”窗口。
（2）单击“查看”菜单或工具栏中的按钮，拖动滑动条或单击“超大图标”、“大图标”、“中等图标”、“小图标”、“列表”、“详细信息”、“平铺”、“内容”命令可以选择文件和文件夹的显示方式，如图 2-10 所示。

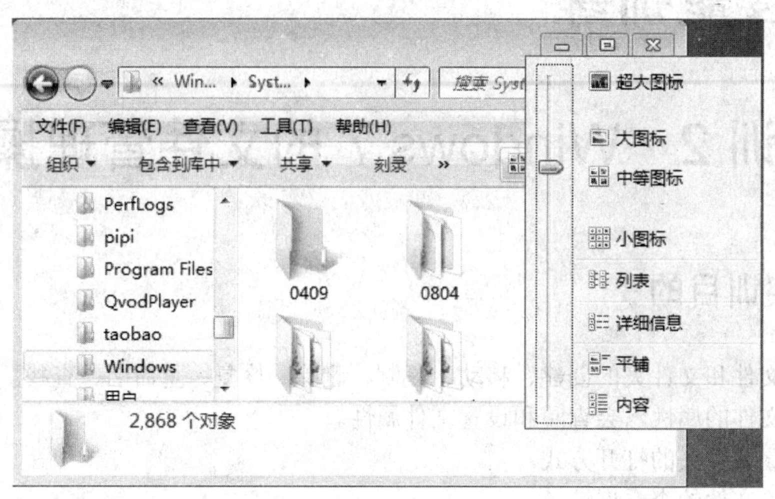

图 2-10 文件和文件夹的显示方式

2．文件和文件夹的选定与撤消

步骤

（1）选定单个对象：单击要选定的对象。

（2）选定连续的多个对象：先单击要选定的第一个对象，按住 Shift 键，再单击最后一个要选定的对象。

（3）选定不连续的多个对象：先按住 Ctrl 键，再依次单击要选定的各个对象。

（4）框选对象：用鼠标在选定区域中拖出一个虚线框，释放后虚线框中的所有文件被选定。

（5）选定所有对象：单击“编辑”→“全部选定”命令或者按 Ctrl+A 组合键。

（6）选定已选定对象之外的其他文件：单击“编辑”→“反向选择”命令。

（7）撤消一项选定：按住 Ctrl 键，单击要取消的项。

（8）撤消所有选定：在已选定文件之外的任意位置处单击。

注意

在 Windows 中，对文件和文件夹的操作必须遵循的原则是：“先选定，后操作”。一次可以选定一个或多个文件或文件夹，选定后的文件以突出方式显示。

3．创建新文件夹

【实例】在 D:盘中创建如图 2-11 所示的文件夹。

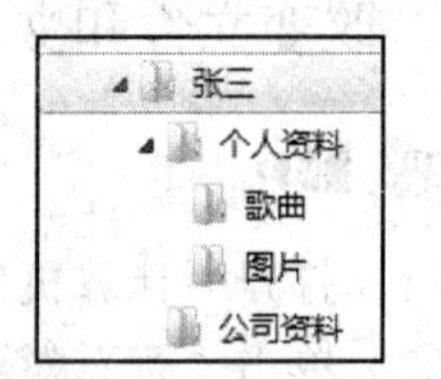

图 2-11 创建的文件夹

步骤

（1）打开“计算机”窗口。

（2）单击导航窗格中的 D:盘符图标。

（3）右击右窗格中的空白处，在弹出的快捷菜单中选择“新建”→“文件夹”命令，则出现 新建文件夹 图标，输入：张三，按 Enter 键。

（4）单击导航窗格中的“张三”或双击右窗格中的“张三”。

（5）重复步骤（3）和（4）的方法，直至五个文件夹均创建完成。

操作提示

初学者在进行文件和文件夹的操作练习时，注意以下两点：

（1）务必在用户盘（一般情况下是除 C 盘以外的盘）上练习。

（2）除了是自己创建的文件和文件夹，切记不要随意删除、移动或重命名其他文件和文件夹，尤其是 Program Files 文件夹或 Windows 文件夹，以免破坏 Windows 系统。

4．复制、移动文件和文件夹

【实例】将“D:\张三\个人资料\歌曲”文件夹移到“D:\张三\公司资料”文件夹中，并将“D:\张三”文件夹复制到“E:\”根文件夹下（说明：文件的复制和移动操作与文件夹类似）。

步骤

方法 1：用菜单命令实现。

（1）在“计算机”窗口中，右击“歌曲”文件夹，在弹出的快捷菜单中选择“剪切”命令。

（2）右击“公司资料”文件夹，在弹出的快捷菜单中选择“粘贴”命令。

（3）右击“张三”文件夹，在弹出的快捷菜单中选择“复制”命令。

（4）右击“E:\”，在弹出的快捷菜单中选择“粘贴”命令。

方法 2：用鼠标拖放实现。

（1）在“计算机”窗口的导航窗格中，单击 ▷ 图标使“歌曲”、“公司资料”文件夹等均可见（注意，不要双击目标盘或目标文件夹图标）。

（2）用鼠标直接将“歌曲”文件夹拖放到“公司资料”文件夹图标上（此时该图标突出显示）。

（3）按住 Ctrl 键，用鼠标将“张三”文件夹拖放到“E:\”盘符图标上。

操作提示

在不同磁盘或相同磁盘间拖动文件或文件夹时，实现的功能是不一样的，比较如下：

当目的文件夹与源文件夹是：	
在同一磁盘时	在不同磁盘时
直接拖动：实现移动操作	Shift+拖动：实现移动操作
Ctrl+拖动：实现复制操作	直接拖动：实现复制操作

5．删除文件和文件夹

【实例】将“E:\张三”文件夹删除。

步骤

（1）在“计算机”窗口中，选定“E:\张三”文件夹。
（2）选用以下方法之一：
- 右击该文件夹，在弹出的快捷菜单中选择“删除”选项。
- 将该文件夹拖放到 回收站 图标上。
- 按 Delete 键。

（3）在确认删除的对话框中单击“确定”按钮。

6．恢复文件和文件夹

【实例】将回收站中的“E:\张三”文件夹恢复。

步骤

（1）打开“回收站”窗口。
（2）右击“E:\张三”文件夹，在弹出的快捷菜单中选择“还原”选项。

操作提示

在 Windows 的默认情况下，删除文件是先进行预删除，被删除的文件放在回收站中，要彻底地从计算机中删除文件，还必须将文件从回收站中删除。

当用户误删除了文件时，可以从回收站中恢复。

7．彻底删除文件和文件夹

【实例】将“E:\张三”文件夹彻底删除。

步骤

方法 1：右击 回收站 图标，在弹出的快捷菜单中选择“清空回收站”选项。
方法 2：在删除文件或文件夹时，同时按住 Shift 键。

8．重命名文件和文件夹

步骤

（1）右击文件，在弹出的快捷菜单中选择“重命名”命令，或者两次单击文件名。
（2）输入新的文件名后按 Enter 键。

操作提示

在一般情况下，对文件和文件夹的操作用以下 3 种方法可完成相应的操作：

（1）利用菜单项：单击菜单栏中的某个菜单项，再选择相应的命令。

（2）利用快捷菜单：右击要操作的文件，在弹出的快捷菜单中选择相应选项。

（3）利用快捷按钮：单击工具栏中的快捷按钮，可以完成相应的操作。

9. 查找文件和文件夹

【实例】在本机中查找扩展名为 jpg 的图片文件。

步骤

（1）打开“计算机”窗口，在地址栏中单击计算机，确保当前打开位置为整个计算机资源，如图 2-12 所示。

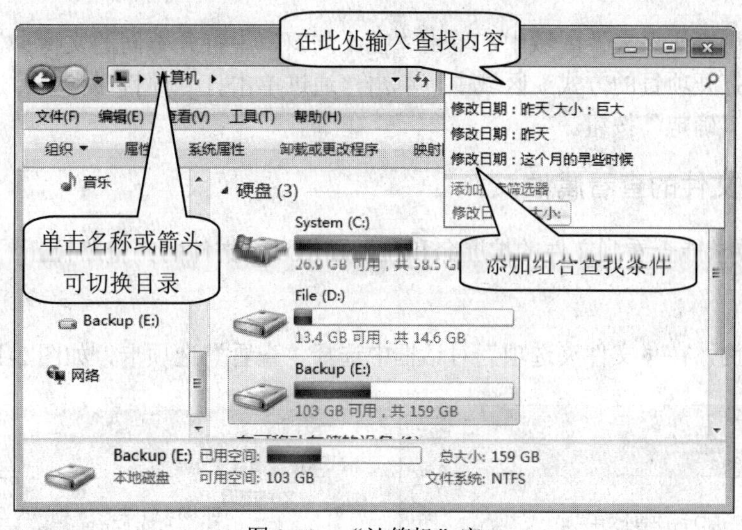

图 2-12 “计算机”窗口

（2）在搜索框中输入全部或部分文件名，这里输入*.jpg，Windows 7 快速搜索满足条件的文件。

（3）若需要其他的查找条件，如修改日期、文件大小等，可单击搜索框下的筛选器。

（4）另外，Windows 7 增加了库管理功能，在导航窗格中展开库可使用库搜索文件。

（5）对找到的任一文件，可在预览窗格中预览，能立即确定文件是否是寻找的文件。

操作提示

Windows 7 中的库不同于文件夹，一个库可能包含来自多个文件夹的文件信息，它往往是一类文件的索引。

在“开始”菜单中也有一个搜索框，它只对建了索引的文件进行搜索。

10．设置文件和文件夹的属性

【实例】将“D:\张三\个人资料”文件夹的属性设置为“只读”和“隐藏”。

步骤

（1）右击“D:\张三\个人资料”文件夹，在弹出的快捷菜单中选择“属性”命令，弹出“属性”对话框。

（2）在该对话框中，勾选“只读”、“隐藏”复选项。

（3）单击“确定”按钮。

11．设置文件夹的打开方式

【实例】要求在浏览文件夹时，单击该对象便可在不同的窗口中打开文件夹。

步骤

（1）在“计算机”窗口中，单击“工具”→“文件夹选项”命令，弹出如图 2-13（左）所示的对话框。

（2）在“浏览文件夹”区域中，单击“在不同窗口中打开不同的文件夹”单选项。

（3）在“打开项目的方式”区域中，单击“通过单击打开项目（指向时选定）”单选项。

（4）单击“确定”按钮。

12．设置文件的查看属性

【实例】要求能查看到文件的扩展名和在标题栏显示文件的完整路径。

步骤

（1）承上例，在“文件夹选项”对话框中选择“查看”选项卡，如图 2-13（右）所示。

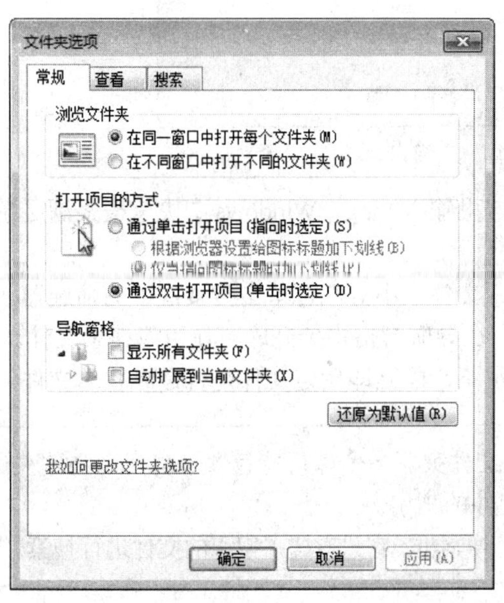

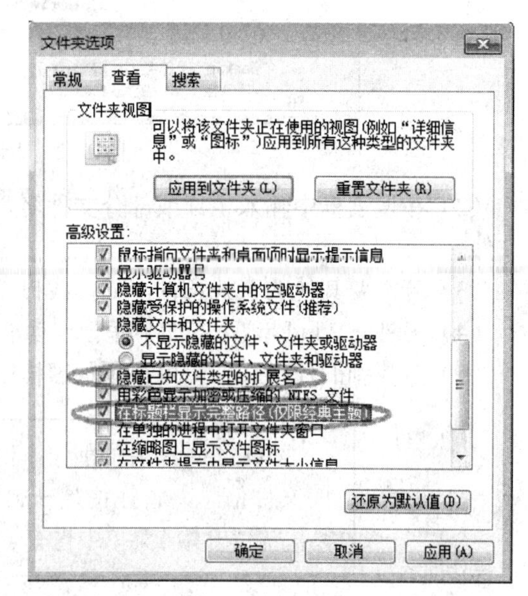

图 2-13　设置文件夹选项

（2）在“高级设置”列表框中，勾选“隐藏已知文件类型的扩展名”和“在标题栏显示完整路径”复选项。

（3）单击“确定”按钮。

2.3　磁盘管理与维护

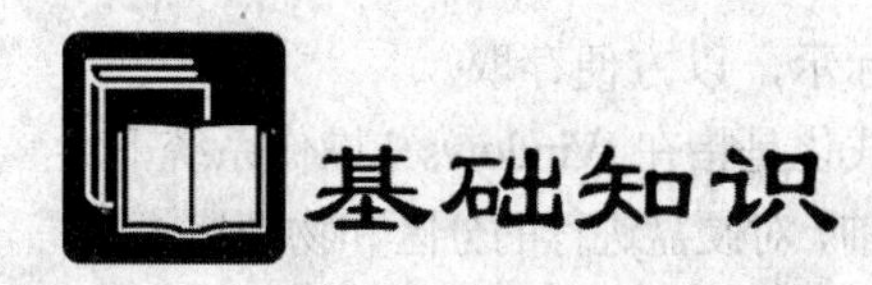

2.3.1　磁盘概述

计算机中的所有文件都是存储在磁盘上的，如果磁盘损坏，就会丢失文件，给用户造成不可挽回的损失。要更好地保护文件，提高计算机的性能，必须了解磁盘的使用和维护。

计算机中的磁盘包括硬盘和软盘。硬盘一般固定在机箱中，但移动式硬盘除外。软盘可随身携带。目前，由于软盘的存储容量很小，已逐渐被淘汰，取而代之的是体积小、质量轻、可靠性高、存储容量较大、数据传输速度快、携带方便的优盘。

在计算机中，软盘的盘符是 A 或 B，硬盘的盘符是 C、D、E 等，其后面是光盘的盘符，若是插接优盘或移动硬盘，则其盘符依次后推。

2.3.2　磁盘管理工具

在 Windows 7 中，系统提供了对磁盘进行管理和维护的相关工具，如磁盘清理、检查磁盘、整理磁盘碎片、格式化磁盘等。

1．磁盘清理

磁盘用久了，会积累大量的垃圾文件，它们占据了大量的磁盘空间。例如，浏览网页时积累的各种临时文件。使用 Windows 7 提供的“磁盘清理”程序能帮助用户释放硬盘驱动器空间，删除临时文件、Internet 缓存文件，可以安全地删除不需要的文件，腾出它们占用的系统资源，以提高系统性能。

2．检查磁盘

计算机使用时间太久后，由于某些原因，硬盘中的文件会在不知不觉中丢失一小片。使用 Windows 7 提供的“检查磁盘”程序可以修复这些细微的文件错误。“检查磁盘”程序最好能定期运行。

3．磁盘碎片整理

磁盘经过长时间使用（经常添加或删除文件）后，难免会出现很多零散的空间和磁盘碎片（磁盘上很小很小的零散的存储空间）。一个文件可能会被分别存放在不同的磁盘空间中，这样在访问该文件时系统就需要到不同的磁盘空间中去寻找该文件的不同部分，从而影响了运行的速度。使用 Windows 7 提供的“磁盘碎片整理”程序可以重新组织文件在磁盘中的存储位置，将文件的存储位置整理到一起，同时合并可用空间（将不连续空间变为连续空间），从而提高磁盘的访问速度。

4. 格式化磁盘

格式化磁盘就是在磁盘内进行分割磁区，作内部磁区标示，以方便存取。

格式化硬盘又可分为高级格式化和低级格式化。高级格式化是指在 Windows 7 操作系统下对硬盘进行的格式化操作，低级格式化是指在高级格式化操作之前，对硬盘进行的分区和物理格式化。

技能训练

实训 3 磁盘管理操作

一、实训目的

1. 熟悉查看硬盘属性的方法。
2. 熟悉“磁盘检查”工具的使用。
3. 熟悉“磁盘碎片整理”工具的使用。
4. 掌握“磁盘清理”工具的使用。
5. 了解“磁盘格式化”工具的使用。

二、实训内容

1. 查看硬盘属性和设置硬盘卷标
2. 检查修复磁盘错误
3. 磁盘碎片整理
4. 磁盘清理
5. 格式化磁盘

三、实训步骤

1. 查看硬盘属性和设置硬盘卷标

步骤

（1）打开“计算机”窗口。

（2）右击本地磁盘（C:）图标，在弹出的快捷菜单中选择“属性”选项。

（3）在弹出对话框的“常规”选项卡中可以看到磁盘空间的使用信息。

（4）在文本框中输入Windows 7。

（5）单击“确定”按钮。

2．检查修复磁盘错误

步骤

（1）在“计算机”窗口中，右击本地磁盘（C:）图标，在弹出的快捷菜单中选择“属性”选项，弹出“属性”对话框。

（2）单击“工具”选项卡，单击“开始检查”按钮，弹出“检查磁盘”对话框。

（3）在其中勾选“自动修复文件系统错误”和“扫描并试图恢复坏扇区”复选项，单击“开始”按钮。

（4）磁盘检查完成，单击“确定”按钮。

3．磁盘碎片整理

步骤

（1）在“计算机”窗口中，右击本地磁盘（C:）图标，在弹出的快捷菜单中选择“属性”选项，弹出“属性”对话框。

（2）单击“工具”选项卡，单击“立即进行碎片整理”按钮，弹出“磁盘碎片整理程序”窗口，如图2-14所示。

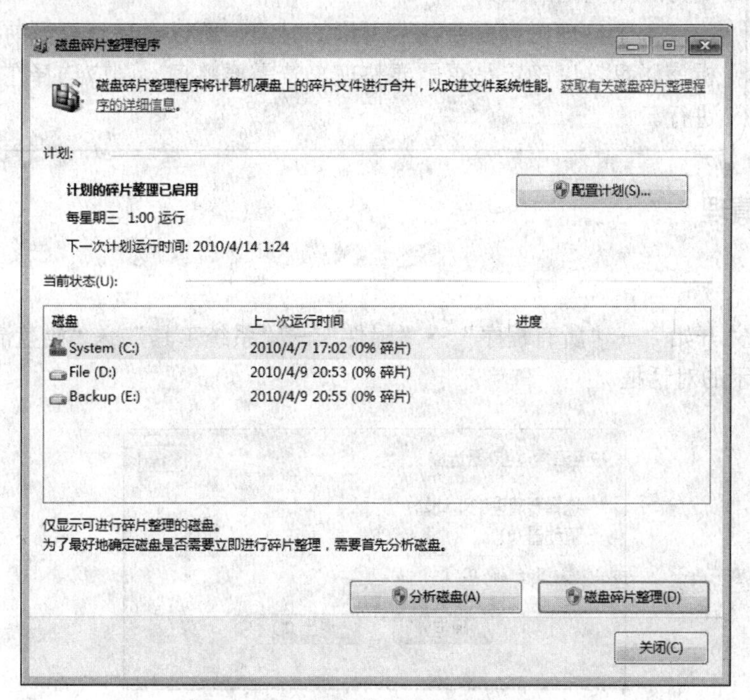

图2-14 “磁盘碎片整理程序”窗口

（3）分别选定 C:盘和 D:盘，单击“分析磁盘”按钮，对不同的磁盘进行分析后会显示相应的碎片比例。

（4）也可以对磁盘整理设定计划操作，单击“配置计划”按钮，弹出如图 2-15 所示的对话框，设置计划操作及对应磁盘。

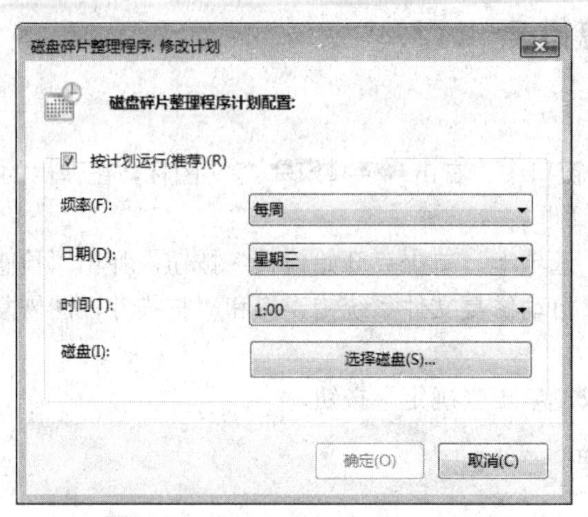

图 2-15　磁盘清理计划设置对话框

注意

磁盘在使用了一段时间后，会产生许多磁盘碎片，从而降低了文件的访问速度。当磁盘中的文件碎片超过 10%时，就应该整理磁盘碎片了，用 Windows 提供的“磁盘碎片整理程序”（可将磁盘不连续空间变为连续空间的工具）。

由于整理磁盘需要花费大量的时间，所以在整理磁盘前，应先分析该磁盘，以确定是否需要整理。若需要整理，则应选择在空闲时间进行。

4．磁盘清理

步骤

（1）单击“开始”→“所有程序”→“附件”→“系统工具”→“磁盘清理”命令，弹出如图 2-16 所示的对话框。

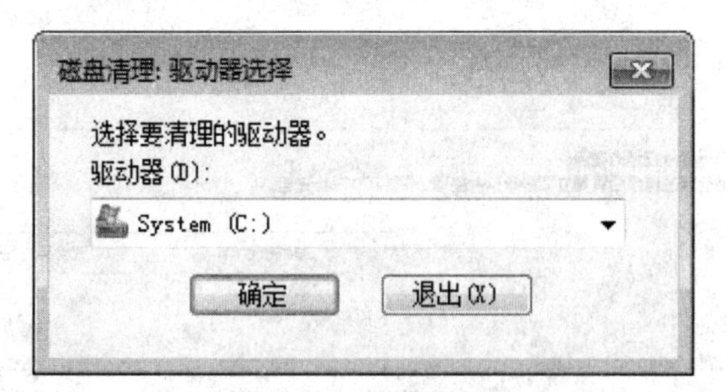

图 2-16　“选择驱动器”对话框

（2）在其中选择要清理的驱动器，单击“确定”按钮，弹出如图 2-17 所示的对话框。

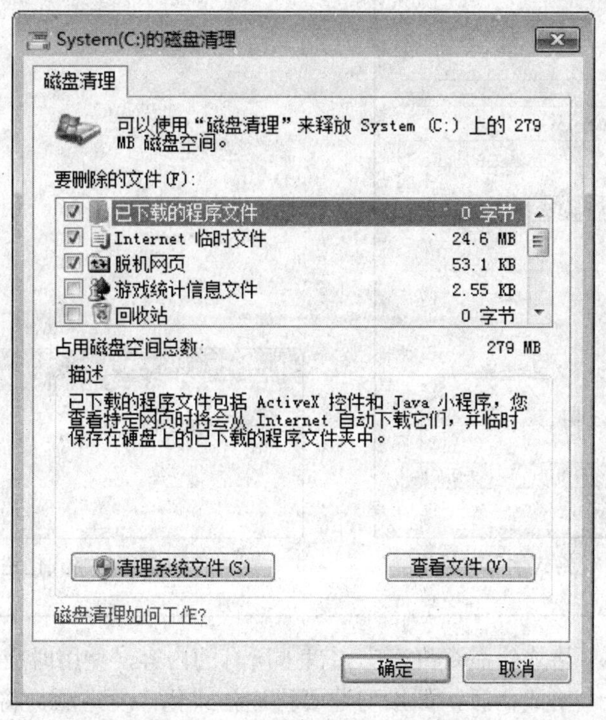

图 2-17 “磁盘清理”对话框

（3）勾选要删除的文件。

（4）单击“确定”按钮。

注意

> 磁盘用久了，会积累大量的垃圾文件，如浏览网页时产生的临时文件等，它们占据着大量的磁盘空间。用 Windows 提供的“磁盘清理”程序能自动搜索用户不再使用的文件，并从磁盘中删除。
>
> “磁盘清理”程序最好能定期使用。

5. 格式化磁盘

步骤

（1）在 USB 接口上插入要格式化的优盘。

（2）在“计算机”窗口中，右击 可移动磁盘 (H:) 图标，在弹出的快捷菜单中选择“格式化”选项，弹出如图 2-18 所示的对话框。

（3）单击“开始”按钮，便开始格式化，格式化完毕时会出现如图 2-19 所示的对话框。

（4）单击“确定”按钮。

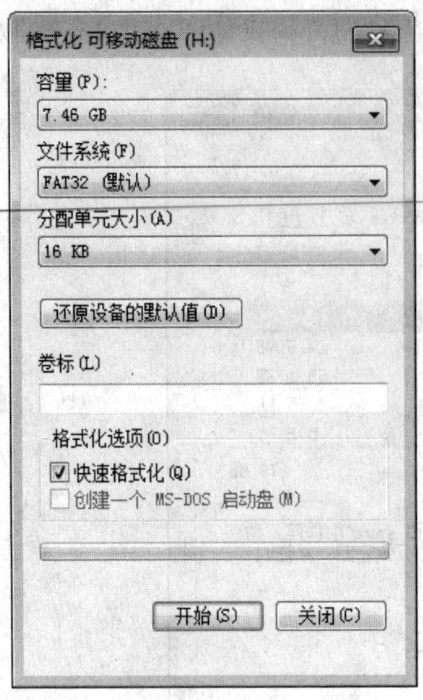

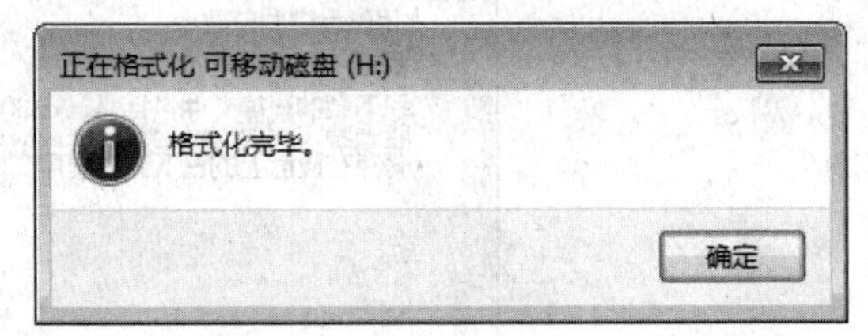

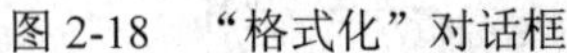

图 2-18　“格式化”对话框　　　　图 2-19　格式化完成对话框

注意

格式化命令将清空磁盘上所有的内容，使用时应特别小心。

格式化时，如果勾选“快速格式化”复选项，将只删除磁盘上的所有内容，而不扫描磁盘上是否有损坏的地方。

在格式化过程中，最好不要中断操作。

2.4　控制面板

基础知识

“控制面板”是 Windows 7 为系统设置提供的一个工具和界面。利用控制面板可以添加/删除程序，设置系统安全和账户信息，设置硬件信息、外观显示信息、操作系统的时间和语言信息、设置 Internet 和网络信息等。

2.4.1　添加/删除程序

“添加程序”并不只是简单地将程序拷贝到硬盘，而是指将程序安装到 Windows 7 系统中，使得应用程序可以在 Windows 7 管理下运行；“删除程序”也不只是简单地将应用程序删除，而是清除相关的程序和信息，又称为“卸载”。

2.4.2 设置显示属性

显示属性包括显示器的分辨率、刷新频率、桌面背景、屏幕保护程序、外观、效果等。

2.4.3 设置鼠标属性

设置鼠标属性可以使鼠标的移动速度、双击速度更符合个人的习惯。

实训 4 控制面板的常用操作

一、实训目的

1. 掌握添加/删除程序的方法。
2. 掌握设置显示属性的方法。
3. 掌握设置鼠标属性的方法。
4. 掌握汉字输入法的添加方法。

二、实训内容

1. 添加程序
2. 删除程序
3. 设置显示器的分辨率
4. 设置桌面背景
5. 设置屏幕保护
6. 设置鼠标属性
7. 添加汉字输入法

三、实训步骤

1. 添加程序

步骤

（1）从 CD 或 DVD 安装程序：将光盘插入光驱，然后按照屏幕上的说明操作。如果系统提示您输入管理员密码或进行确认，请键入该密码或提供确认。

（2）从 CD 或 DVD 安装的许多程序会自动启动程序的安装向导。在这种情况下，将显示“自动播放”对话框，然后可以进行选择运行该向导。

（3）如果程序不开始安装，请检查程序附带的信息。该信息可能会提供手动安装该程序的说明。如果无法访问该信息，还可以浏览整张光盘，然后打开程序的安装文件（文件名通常为 Setup.exe 或 Install.exe）。

（4）如果程序是为 Windows 的某个早期版本编写的，运行“程序兼容性疑难解答”，按提示操作。

2．删除程序

步骤

（1）单击“开始”→“控制面板”命令，出现“控制面板”窗口。

（2）单击“程序”链接，打开如图 2-20 所示的窗口。

图 2-20 “程序”管理窗口

（3）单击“程序和功能”组下的“卸载程序”链接。

（4）在窗口的列表中选定要删除的程序。

（5）单击“卸载”按钮，即可将已经安装的程序从 Windows 7 中删去（卸载）。

3．设置显示器的分辨率

步骤

（1）在“控制面板”窗口中，单击“外观和个性化”组下的“调整屏幕分辨率”链接，如图 2-21 所示。

（2）单击“分辨率”下拉列表框，可以选择适合的分辨率。

（3）单击“应用”按钮后还可继续进行其他参数的设置。

4．设置桌面背景

步骤

（1）在“控制面板”窗口中，单击“外观和个性化”组下的“更改桌面背景”链接，如图 2-22 所示。

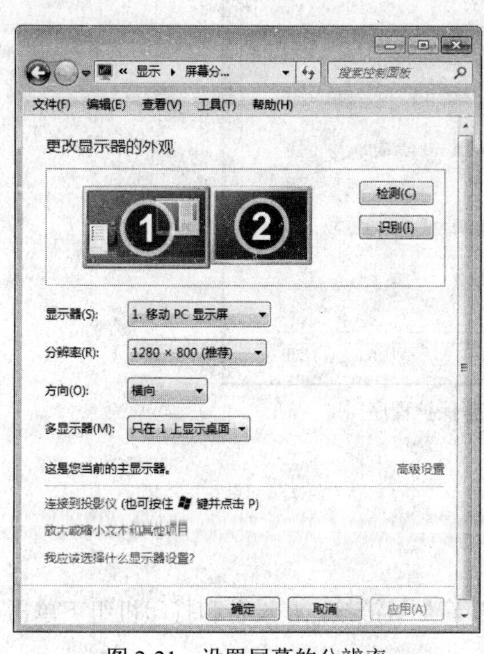

图 2-21　设置屏幕的分辨率

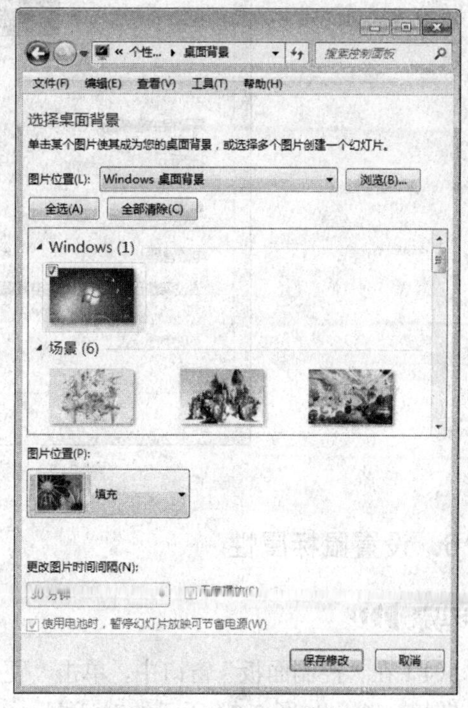

图 2-22　设置桌面的背景

（2）在上部“图片位置”下拉列表框中选择自己喜欢的图片（也可以单击“浏览”按钮从磁盘中选择图片作为墙纸）。

（3）在下部“图片位置”下拉列表框中选择一种图片展示方式。

（4）单击“保存修改”按钮。

5．设置屏幕保护

步骤

（1）在桌面上右击，在弹出的快捷菜单中选择“个性化”命令，单击个性化窗口右下角的“屏幕保护程序”链接，弹出如图 2-23 所示的对话框。

（2）在“屏幕保护程序”下拉列表框中选择自己喜欢的屏幕保护程序，其余参数可以根据需要进行设置。

（3）单击“应用”按钮。

（4）单击“确定”按钮可以保存设置并关闭对话框。

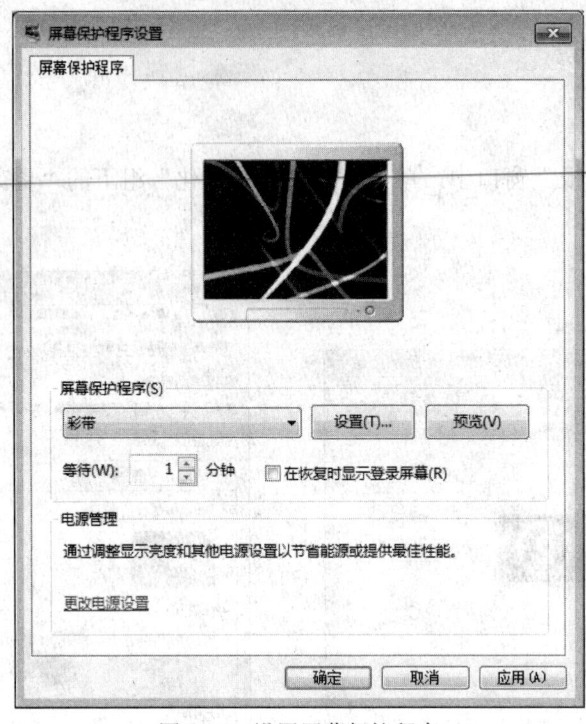

图 2-23　设置屏幕保护程序

6. 设置鼠标属性

步骤

（1）在“控制面板”窗口中，单击“硬件和声音”组链接，在设备和打印机组下单击“鼠标”链接，弹出如图 2-24 所示的对话框。

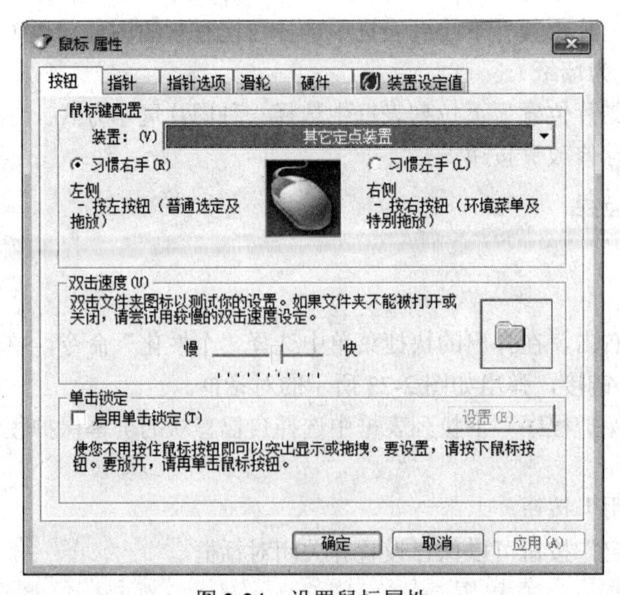

图 2-24　设置鼠标属性

（2）在其中根据自己的需要设置相应的选项。

（3）单击“确定”按钮。

7．添加汉字输入法

步骤

（1）在“控制面板”窗口中，在“时钟、语言和区域”组中单击“更改键盘和其他输入法”链接，在弹出窗口中单击“更改键盘”按钮，弹出如图 2-25 所示的对话框。

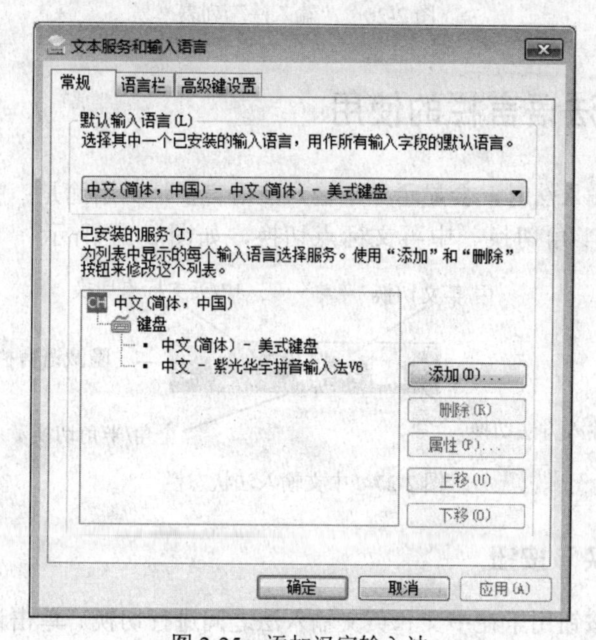

图 2-25　添加汉字输入法

（2）在“默认输入语言”下拉列表框内选择一种已安装的输入法。

（3）单击“添加”按钮即可添加新的输入法。

（4）单击“确定”按钮。

2.5　汉字输入

基础知识

Windows 7 提供了多种汉字输入法供用户使用，如全拼、智能 ABC、郑码、双拼和微软拼音等。使用之前，要先选择，方法有如下两种：

（1）单击任务栏中的▭图标，会弹出如图 2-26 所示的“输入法”列表。

（2）按 Ctrl+Shift 组合键从多种输入法中选择一种要用的输入法。

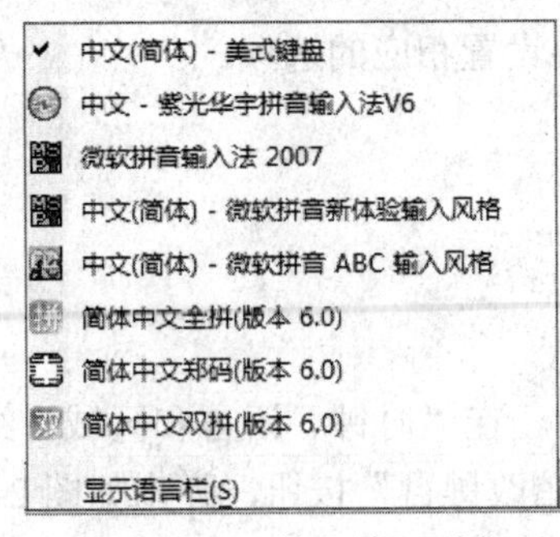

图 2-26 “输入法”列表

2.5.1 输入法语言栏的使用

当切换到某一种输入法时，会显示一个输入法语言栏，其用途是：中/英输入法切换、输入方法切换、全角与半角切换、中英文标点切换，如图 2-27 所示。

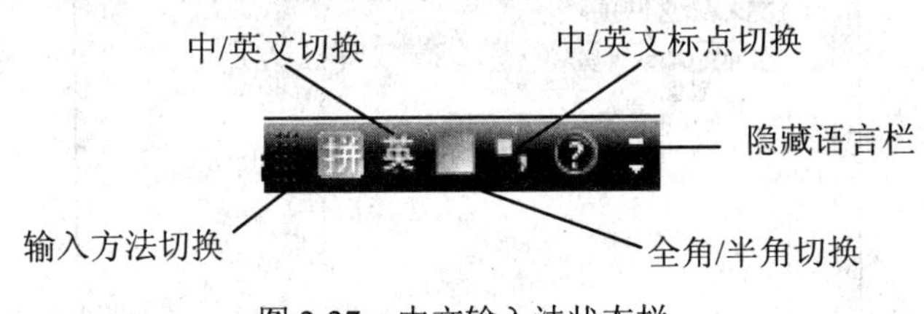

图 2-27 中文输入法状态栏

1．“中英文切换”按钮

“中英文切换”按钮用于在中文和英文输入法之间进行切换。单击该按钮或按 Shift 键，图标变成英，表示转为英文输入状态；再次单击该按钮，将重新切换为汉字输入状态。

2．“功能菜单”按钮

有的汉字输入法自身带有不同的输入选项，单击该按钮，可以作相应的设置。例如，智能 ABC 有“全拼”和“双打”两种输入方式，单击该按钮可以在“输入选项”菜单中实现这两种输入方式之间的切换。

3．“全角/半角切换”按钮

单击该按钮或按 Shift+Space 组合键，可以切换全角与半角状态。在默认状态下是半角，此时输入的英文或数字占据的宽度是汉字的一半，如果是全角状态，此时输入的英文或数字都与汉字等宽。图 2-28 所示说明了全角与半角的不同。

汉　　字：半角状态下，英文或数字只有汉字的一半宽。
全角字符：ＡＢＣＤＥＦＧＨＩ０１２３４５６７８９。
半角字符：ABCDEFGHI0123456789

图 2-28 全角与半角的比较

4．“中英文标点切换”按钮

单击该按钮或按 Ctrl+．组合键，可以在中文标点与英文标点之间切换。在英文状态下，所有的标点与键盘是一一对应的；在中文状态下，中文标点与键盘的对照关系如表 2-1 所示。

表 2-1　中文标点与键盘的对应关系

中文标点符号	键位	说明	中文标点符号	键位	说明
。　句号	.		（　左括号	(	
，　逗号	,		）　右括号	)	
；　分号	;		——　破折号	-	按 Shift+-组合键
：　冒号	:		、　顿号	\	
？　问号	?	中英文相同	—　连接号	&	
！　感叹号	!	中英文相同	￥　人民币符号	$	
“ ”双引号	“”	中文双引号自动配对	《〈　左单双书名号	<	自然嵌套
‘ ’单引号	‘’	中文单引号自动配对	〉》　右单双书名号	>	自然嵌套
·　间隔号	@		……　省略号	^	

5．软键盘

Windows 提供了 14 种软键盘，分别用于输入某类符号或字符，如数学符号、特殊符号、标点符号、单位符号等。默认时，软键盘为 PC 键盘，可以输入正常的文字。如果想使用其他软键盘，可以右击▣按钮，此时会弹出“功能菜单”，选择软键盘如图 2-29（左）所示，选择要用的软键盘后会显示相应的软键盘，如图 2-29（右）所示。

不再使用其他软键盘时，要单击关闭软键盘，否则不能输入正常的文字内容。

6．显示/隐藏输入法语言栏

右击任务栏中的语言栏，屏幕上会弹出如图 2-30 所示的菜单，单击“还原语言栏”命令，可显示语言栏；在语言栏上单击“隐藏语言栏”按钮，可将语言栏隐藏在任务栏中。

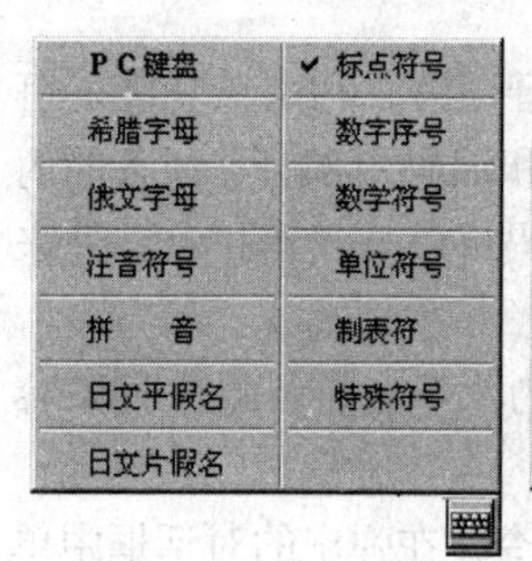

图 2-29　“软键盘”菜单和软键盘

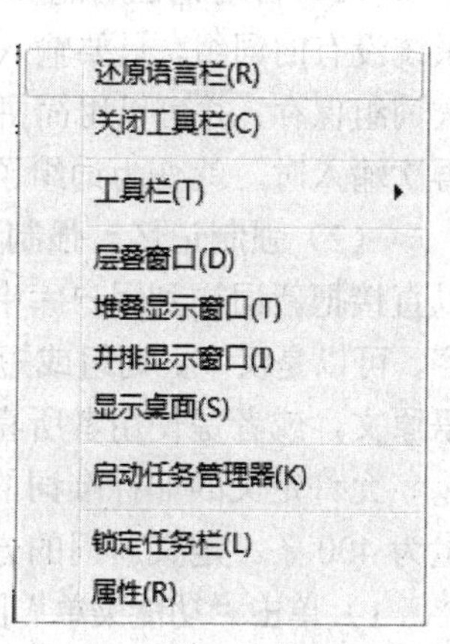

图 2-30　输入法状态菜单

2.5.2 智能 ABC 输入法

智能 ABC 输入法是朱守涛先生研制开发的一种汉字输入方法，属于音形结合码，它可以使用全拼、简拼、双拼、混拼、笔形输入法，还可以使用音形结合输入法。下面仅介绍全拼、简拼和混拼输入法。

1. 输入方法

（1）全拼输入法。对于汉语拼音比较熟练的人，可以采用全拼输入法。全拼输入法可按单字输入，也可按词组输入。

单字输入方法是直接输入汉字的全部拼音，以空格结束，然后再输入所需汉字前对应的数字键。如果所需的汉字不在提示行中，可按“]”或“[”键向后翻页或向前翻页。如果所需的汉字在提示行的第一个位置，则可以直接按空格键来输入。例如，输入“重”字，先输入拼音“chong”，提示行为 1.冲2.重3.虫4.充5.宠6.崇7.茺8.忡 ，再输入数字 2，“重”字就输入了。这种输入法的缺点是重码多、速度慢。

词组输入的方法是将各字的拼音连续输入，用空格结束，若有重码，再按数字键选择。例如，输入“重庆电子科技职业学院”，可以这样输入拼音：chongqing dianzi keji zhiye xueyuan。

（2）简拼输入法。对于汉语拼音把握不太准的人，可以采用简拼输入法。简拼输入法主要用于词组的输入，方法是只输入词组中各个音节的第一个字母，对于 zh、ch、sh 的音节，也可以取前两个字母。例如，输入“计算机”，可输入：jsj；输入“长城”，可输入：chch、cch、chc、cc。

（3）混拼输入法。混拼输入法也主要用于词组的输入，其方法是将组成词组的部分字用全拼，部分字用简拼，目的是减少重码。例如，输入“计算机”，可以输入：jsj、jsuanj、jisji、jsji。

2. 智能 ABC 的输入技巧

（1）自动记忆功能。自动记忆通常用来记忆词库中没有的新词，如人名、地名等。对于系统没有的词组，只要输入一遍以后，系统就自动记忆了。当输入了三遍后，系统将它作为永久词组保存，并可以用简拼输入。例如，输入“电子学院”，只要第一次输入“dianzixueyuan”，再次输入时，就变为词组了，而且还可以用简拼输入。

（2）强制记忆。强制记忆，一般用来定义那些非标准的汉语拼音词语。利用该功能，可以直接把新词加到用户库中。强制记忆一个新词，必须输入词条内容和编码两部分。词条的内容，可以是汉字、词组或短语，也可以由汉字和其他的字符组成；编码可以是汉语拼音、外来语原文，或者是使用者所喜欢的任意标记。

允许定义的非标准词的最大长度为 15 个字，输入码的最大长度为 9 个字符；最大词条容量为 400 条。定义新词的方法如下：

1）单击“功能菜单”图标，在弹出的菜单中选择“输入选项”命令，在弹出的对话框中单击“用户自定义词工具”按钮，弹出如图 2-31 所示的对话框。

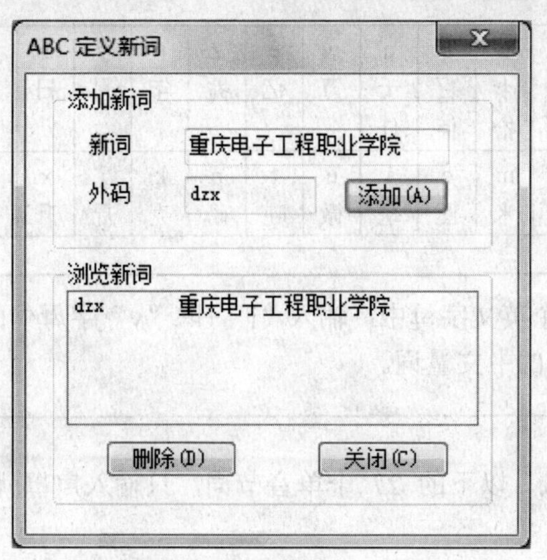

图 2-31 “定义新词”对话框

2）在“新词”文本框中输入所需要记忆的内容。

3）在“外码”文本框中输入其记忆代码。

4）单击“添加”按钮。

定义了新词，以后再输入这些新词时，只需要在外码前加上字母 u 即可输入。例如，要输入“重庆电子工程职业学院”，只需输入：udzx，按空格键即可。

（3）中文输入过程中的英文输入。在输入中文文章的过程中，又要输入英文单词，这时完全可以不必切换到英文方式，方法是：键入字母“v”作为标志符，后面跟随要输入的英文，按空格键即可，英文字母就会出现，而“v”本身并不会出现。例如，在输入汉字过程中，又要输入英文“they”，则只要输入“vthey”，再按空格键即可。如果要输入英文“They”，则可以先输入“T”（用 Shift+T 组合键或 Caps Lock 键来控制输入），再输入“vhey”，按空格键即可。

（4）中文数字和量词的简化输入法。智能 ABC 提供阿拉伯数字和中文大小写数字的转换能力：“i”为输入小写中文数字的前导字符；“I”为输入大写中文数字的前导字符（注意，大写字母 I 用 Shift+i 组合键来控制输入），如下：

前导符	1	2	3	4	5	6	7	8	9
i	一	二	三	四	五	六	七	八	九
I	壹	贰	叁	肆	伍	陆	柒	捌	玖

例如：

输入：i2 + 空格（或回车键）　　显示：二

输入：I2 + 空格　　显示：贰

输入：i2004 + 空格　　显示：二〇〇四

输入：I2004 + 空格　　显示：贰零零肆

对一些常用量词也可简化输入，例如输入“ig”或“Ig”，按空格，都将显示“个”。系统规定数字输入中字母的含义为：

前导符 i I	g 个	s 十 拾	b 百 佰	q 千 仟	w 万	e 亿	z 兆	n 年	y 月	r 日	h 时	f 分	a 秒
i、I	l 里	m 米	c 厘	i 毫	u 微	t 吨	p 磅	k 克	j 斤	x 升	o 度	$ 元	d 第

说明

在 26 个英文字母中，输入“i”+除“v”字母外的其余字母，都可以得到相应的中文量词。

（5）单音节词的输入。以下的 27 个单音节词，只输入声母就可以显示出来。与字母的对应关系如下：

a 啊	b 不	c 才	d 的	e 饿	f 的	g 个	h 和	i 一	j 就	k 可	l 了	m 没	n 年	o 哦
p 批	q 去	r 日	s 是	t 他	u	v	w 我	x 小	y 有	z 在		zh 这	sh 上	ch 出

2.5.3 五笔字型输入法

1．五笔字型输入法的基本思想

五笔字型输入法认为汉字由字根构成，字根是由笔画构成的。汉字的笔画种类繁多，但五笔字型输入法将汉字的笔画分成横、竖、撇、捺、折五类，笔画代号如表 2-2 所示。其基本思想是：从汉字中选出 130 多种常见字根，将它们分布在键盘上，作为输入汉字的基本单位；当要输入汉字时，先把汉字拆分为一个一个的字根，并按书写顺序对其编码，然后通过键盘编码输入。

表 2-2 五笔字型笔画表

笔画	笔画代号	运笔方向	笔画的变化
横	1	左　右	一 ㇀
竖	2	上　下	丨 亅
撇	3	右上　左下	丿
捺	4	左上　右下	丶 ㇏
折	5	带转的笔画	乙 ㇕ ㇉ ㇎ ㇂ ㇆ ㄥ

2．五笔字型字根键盘

（1）字根的含义。所谓字根是指由笔画构成的相对不变的结构。字根是汉字的组成部分，例如汉字地、坏、堆、基等中有相同的部分“土”，汉字好、妈、妮、姚等中有相同的部分“女”，这些相同的部分就是字根。

（2）字根在键盘上的分布。五笔字型输入法将字根分布在键盘的 25 个键位（A～Y）上，

Z 键作学习键使用。这 25 个键位按起始笔画不同分成五个区：1 区（又称横区，即首笔为横的字根分布在该区）、2 区（竖区）、3 区（撇区）、4 区（捺区）、5 区（折区）。每个区又根据字根的特征分成五个位，各区均从中间向左或向右编排位号：1、2、3、4、5。五笔字型字根在键盘上的分布如图 2-32 所示。

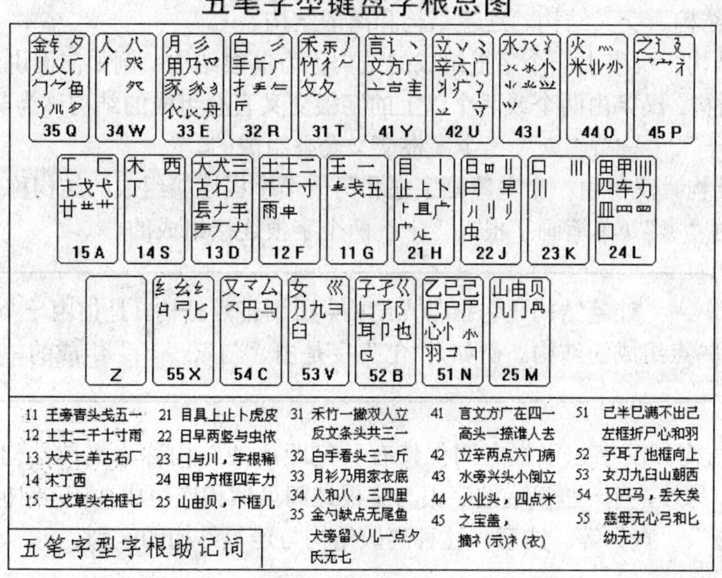

图 2-32　五笔字型字根在键盘上的分布

（3）键名的含义。键盘分区、分位以后，每一键位上就对应了一组字根，键名就是从每一组字根中选出的一些组字能力强、使用频率较高、形体上又具有一定代表性的字根，它们中除“纟”外，本身就是一个汉字。键名的键位分布如图 2-33 所示。

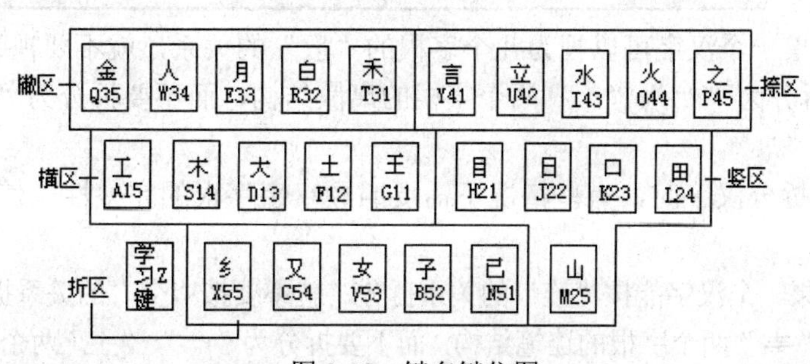

图 2-33　键名键位图

（4）字根键位的特征。每个键位上的字根一般具有以下三个特征，个别除外：

- 与键名形态相近。例如，键名字“土”，与之相近的字根有士、干、十等；键名字“已”，与之相近的字根有已、巳、己、尸等。
- 字根的首笔代号与区号一致，次笔代号与位号一致。例如，D 键的区位号为 13，其上的字根“大、犬、石、厂”首笔笔画为横，其代号为 1，与区号一致；它们的次笔笔画为竖，其代号为 3，与位号一致。
- 字根的首笔代号与区号一致，其笔画数目与位号一致。例如，一、二、三分别位于横区的1、2、3号位上；丶、冫、氵、灬分别位于捺区的1、2、3、4号位上。其余各区也有类似情况。

3．汉字的结构

汉字由字根组成，汉字的字型结构取决于汉字中字根之间的位置关系，由此，可以分为四种类型：单根结构、交叉结构、连笔结构和离散结构。

（1）单根结构。汉字由一个字根组成的结构称为单根结构。例如前面讲过的成字字根。

（2）交叉结构。汉字由两个或两个以上的字根交叉套叠组成的结构称为交叉结构。例如，“夷”字是由“一”、“弓”、“人”三个字根交叉套叠组成的。

（3）连笔结构。汉字由一个单笔画字根和另一个字根连接组成的结构称为连笔结构。例如，“千”字是由“丿”（单笔画字根）、“十”两个字根连接组成的。

注意

> 连笔结构还包括带点结构。所谓带点结构，是指由一个字根和一个点组成的结构。例如，“勺”字是由“勹”、“丶”组成的。

（4）离散结构。汉字的字根之间保持有一定距离的结构称为离散结构。例如，“吕”、“照”、“边”等。另外，有一些汉字的字根与字根之间虽然相连组成，但它们也属于离散结构，例如，“足”、“先”、“直”等。注意，这种离散结构与连笔结构的区别。

4．汉字的拆分原则

在上述汉字字型的四种结构中，单根结构只由一个字根组成，无须拆分，因此拆分原则只针对后三种结构而言。汉字的拆分原则可以概括如下：

能散不连　兼顾直观　能连不交　取大优先

能散不连：如果一个汉字可以视为几个字根的“散”的关系，就不要视为“连”的关系。例如，“午”字可拆分为“𠂉”、“十”两个字根的离散结构，而不要拆分为“丿”、“干”两个字根的连笔结构。

兼顾直观：在拆分汉字时，有些情况下需要照顾汉字字根的完整性，使拆得的字根有较好的直观性。

能连不交：如果一个汉字能按“连”的关系拆分，就不要按“交”的关系拆分。例如，“生”字可拆分为“丿”、“龶”两个字根的连笔结构，而不要拆分为“𠂉”、“土”两个字根的交叉结构。

取大优先：指的是在各种可能的拆法中，优先考虑每次拆出的字根笔画尽可能多、字根个数尽可能少的拆分方法。例如，“京”字可拆分为“古”、“小”两个字根，而不要拆分为“亠”、“口”、“小”三个字根。

5．汉字的输入方法

汉字按其分类和功能的不同，可有六种输入方法：

- 单笔画的输入方法。
- 成字字根（单根字）的输入方法。

- 键名的输入方法。
- 组合字的输入方法。
- 简码的输入方法。
- 词组的输入方法。

（1）单笔画的输入。所谓单笔画是指“一”、“丨”、“丿”、“、”、“乙”五种笔画。输入方法：先击两下单笔画所在的键，再击两下“L”键。例如：

一：击键 GGLL（11、11、24、24）

丨：击键 HHLL（21、21、24、24）

丿：击键 TTLL（31、31、24、24）

、：击键 YYLL（41、41、21、21）

乙：击键 NNLL（51、51、21、21）

（2）成字字根的输入。所谓成字字根是指本身就是汉字的字根。成字字根又叫单根字。输入方法：先击一下成字字根所在的键（俗称“报户口”），再依次击该字的第一笔画、第二笔画和最末笔画所在的键，不足四码时以空格键结束，即成字字根代码+第一笔画代码+第二笔画代码+最末笔画代码。例如，成字字根“西”，输入时键入“SGHG”即可。

（3）键名汉字的输入。输入方法：连续击键名所在的键四下即可。例如，键名字“金”，输入时键入“QQQQ”即可。

（4）组合字的输入方法。由一个字根组成的汉字称为单根字，即前面讲过的成字字根；由二个字根组成的汉字称为二根字；由三个字根组成的汉字称为三根字；由四个或四个以上字根组成的汉字称为多根字；二根字、三根字和多根字统称为组合字。

1）二根字的输入方法：二根字的编码=第 1、2 字根代码+1 个识别码+1 个空格。

2）三根字的输入方法：三根字的编码=第 1、2、3 字根代码+1 个识别码。

3）多根字的输入方法：多根字的编码=第 1、2、3 个字根码+最末笔字根码。

注意

在二根字和三根字的输入中，有的不需要加识别码，而有的一定要加识别码才能输入。

（5）简码的输入方法。为了提高汉字的输入速度，五笔字型输入法取常用汉字编码的开头一个、两个或三个代码作为汉字的编码，这种编码称为简码，原来的编码称为全码。对于这些汉字，既可以用简码输入，又可以用全码输入。简码分为三级：一级简码（高频字）、二级简码和三级简码。

1）高频字的输入。高频字是五笔字型编码中使用频度最高的字，每一键位对应一个，共有 25 个，它们是：

第 1 区：一（G），地（F），在（D），要（S），工（A）
第 2 区：上（H），是（J），中（K），国（L），同（M）
第 3 区：和（T），的（R），有（E），人（W），我（Q）
第 4 区：主（Y），产（U），不（I），为（O），这（P）
第 5 区：民（N），了（B），发（V），以（C），经（X）

输入方法：先击本键位一下，再击空格键一下。

2）二级简码的输入。二级简码是由每一个该字全码中的前两个字根代码组成的。例如，“遇”的全码是 JMHP，但只需打前面两码，因此，它的二级简码是 JM。输入方法：先输入汉字的前两个字根代码，再击空格键。

3）三级简码的输入。三级简码由汉字的前三个字根代码组成。例如，“微”字的三级简码是 TMG。输入方法：先输入汉字的前三个字根代码，再击空格键。

4）无简码汉字的输入。无简码由汉字的前三个字根代码和最后一个字根码组成。例如，“靠”字是无简码的汉字，其全码为 TFKD。输入方法：先输入汉字的前三个字根代码，再击空格键。

（6）词组的输入。词组分为二字词、三字词、四字词和多字词。

1）二字词的输入方法：二字词是由两个汉字组成的词。输入方法：依次键入两个汉字的前两个字根代码。例如：

词	拆取字根	击键
农民	冖𧘇已乚	PENA

2）三字词的输入方法：三字词是由三个汉字组成的词。输入方法：先键入前两个汉字的第一个字根代码，再键入第三个汉字的前两个字根代码。例如：

词	拆分字根	击键
进一步	二一止小	FGHI

3）四字词的输入方法：四字词是由四个汉字构成的词。输入方法：依次键入每个字的首位字根代码。例如：

词	拆分字根	击键
五笔字型	一竹宀一	GTPG

4）多字词的输入方法：多字词是由四个以上的汉字构成的词。输入方法：先键入前三个汉字的第一字根码，再键入最后一个汉字的字根码。例如：

词	拆分字根	击键
中华人民共和国	口亻人口	KWWL

6．识别码

（1）汉字的字型结构。前面已经分析了汉字的四种结构，在这里，我们还将进一步分析汉字的字型结构。根据组成汉字的字根之间的位置关系，还可以把二根字和三根字分为三种字型：左右型、上下型、杂合型，其字型代码如表 2-3 所示。

表 2-3　字型代码表

字型	字型代号	字例
左右	1	江给相
上下	2	字空花
杂合	3	困凶户

左右型：汉字的字根分列左右，左右字根之间有一定的距离。例如肚、怕、汉、根、批、测等。

上下型：汉字的字根分列上下，上下字根可离可连。例如盲、男、党、意、舅等。

杂合型：汉字的字根间既没有左右之分，也没有上下之分，即字根间或相互交叉，或一个字根被另外的字根全包围或半包围。例如连、因、厅、存、风、本、册、圆、鬼等。

（2）识别码的作用。识别码的作用是减少重码，以提高汉字的盲打速度。

（3）识别码的构成。在输入汉字时，有些不同的汉字具有相同的编码，例如，以下三组二根字中，每一组都具有相同的编码。

- KL：另 叻
- SF：杜 杆 村
- KC：吧 邑 吗 叹

为了能区分以上每一组中汉字的相同编码，必须给它们加上识别码。

识别码的全称又叫末笔字型交叉识别码，它由两位数字构成：十位数字是汉字的末笔笔画代号，个位数字是汉字字型的代号。数字代号对应的唯一的一个键位就是该汉字要加的识别码。末笔字型交叉识别码的对应关系如表 2-4 所示。

表 2-4　末笔字型交叉识别码

字型 笔画	左右型 1	上下型 2	杂合型 3
横 1	11 G	12 F	13 D
竖 2	21 H	22 J	23 K
撇 3	31 T	32 R	33 E
捺 4	41 Y	42 U	43 I
折 5	51 N	52 B	53 V

上例字的识别码分别是：另（B）、叻（N）、杜（G）、杆（H）、村（Y）、吧（N）、吗（G）、叹（Y）、邑（B）。

对于末笔的确定，五笔字型输入法作了如下规定：

1）凡有“囗”、“廴”、“辶”字根的汉字，其末笔为被包围的那部分字根的末笔。例如：

困：末笔应取“丶”，识别码为 L。

回：末笔应取“一”，识别码为 D。

连：末笔应取“丨”，识别码为 H。

2）凡有“刀”、“九”、“力”、“匕”字根的汉字，其末笔均为折笔。例如：

券：末笔应取“乙”，识别码为 B。

轨：末笔应取“乙”，识别码为 N。

历：末笔应取“乙”，识别码为 V。

伦：末笔应取“乙”，识别码为 N。

3）凡有“戋”、“戈”字根的汉字，其末笔均为撇笔。例如，藏的末笔应为“丿”。

7．学习键的使用

在五笔字型输入法中，“Z”键称为学习键，又叫做万能键。它可代替其他 25 个字母键中的任一键用于输入汉字。例如，在拆分汉字“槽”时，不清楚这个字的第二、三个字根如何拆分时，可用两个“Z”字母来代替，此时只要键入“SZZJ”，屏幕的提示行中会给出满足要求的所有汉字代码（每次只五个汉字），键入所需汉字前面的数字即可输入该汉字。

技能训练

实训 5　汉字输入练习

一、实训目的

1．掌握 Windows 中汉字输入法的切换方法。
2．掌握智能 ABC 或五笔字型输入方法之一。

二、实训内容

1．单笔画的输入练习
2．成字字根的输入练习
3．键名汉字的输入练习
4．高频字的输入练习
5．二级简码汉字的输入练习（按区位排列）
6．三级简码汉字的输入练习
7．无简码汉字的输入练习
8．加识别码汉字的练习

三、实训步骤

说明

下面提供的是五笔字型输入法的练习材料，对于智能 ABC 输入法的练习材料，读者可自己找文章练习。

步骤

1．单笔画的输入练习

一　丨　丿　丶　乙

2．成字字根的输入练习

五士干十寸雨二犬石古三西厂丁戈早曰止七上川甲四车虫由贝几竹八力夕辛六门乃用手斤儿小米巳己心羽耳了也刀九臼巴马弓匕

3．键名汉字的输入练习

王土大木工目日口田山禾白月人金言立水火之已子女又纟

4．高频字的输入练习

一地在要工　上是中国同　和的有人我　主产不为这　民了发以经

5．二级简码汉字的输入练习（按区位排列）

	11——15	21——25	31——35	41——45	51——55
11	五于天末开	下理事画现	玫珠表珍列	玉平不来	与屯妻到互
12	二寺城霜载	直进吉协南	才垢圾夫无	坟增示赤过	志地雪支
13	三夺大厅左	丰百右历面	帮原胡春克	太磁砂灰达	成顾肆友龙
14	本村枯林械	相查可　机	格析极检构	术样档杰棕	杨李要权楷
15	七革基苛式	牙划或功贡	攻匠菜共区	芳燕东　芝	世节切芭药

	11——15	21——25	31——35	41——45	51——55
21	睛睦　盯虎	止旧占卤贞	睡　肯具餐	眩瞳步眯瞎	卢　眼皮此
22	量时晨果虹	早昌蝇曙遇	昨蝗明蛤晚	景暗晃显晕	电最归紧昆
23	呈叶顺呆呀	中虽吕另员	呼听吸只史	嘛啼吵　喧	叫啊哪吧哟
24	车轩因困	四辊加男轴	力斩胃办罗	罚较　边	思　轨轻累
25	同财央朵曲	由则　崭册	几贩骨内风	凡赠峭　迪	岂邮　凤
31	生行知条长	处得各务向	笔物秀答称	入科秒秋管	秘季委么第
32	后持拓打找	年提扣押抽	手折扔失换	扩拉朱搂近	所报扫反批
33	且肝　采肛	胆肿肋肌	用遥朋脸胸	及胶膛　爱	甩服妥肥脂
34	全会估休代	个介保佃仙	作伯仍从你	信们偿伙	亿他分公化
35	钱针然钉氏	外旬名甸负	儿铁角欠多	久匀乐炙锭	包凶争色
41	主计庆订度	让刘训为高	放诉衣认义	方说就变这	记离良充率
42	闰半关亲并	站间部曾商	产瓣前闪交	六立冰普帝	决闻妆冯北
43	汪法尖洒江	小浊澡渐没	少泊肖兴光	注洋水淡学	沁池当汉涨
44	业灶类灯煤	粘烛炽烟灿	烽煌粗粉炮	米料炒炎迷	断籽娄烃
45	定守害宁宽	寂审宫军宙	客宾家空宛	社实宵灾之	官字安　它
51	怀导居　民	收慢避惭届	必怕　愉懈	心习悄屡忱	忆敢恨怪尼
52	卫际承阿陈	耻阳职阵出	降孤阴队隐	防联孙耿辽	也子限取陛
53	姨寻姑杂毁	旭如舅	九　奶　婚	妨嫌录灵巡	刀好妇妈姆
54	对参　戏	台劝观	矣牟奶难允	驻　　驼	马邓艰双
55	线结顷　红	引旨强细纲	张绵级给约	纺弱纱继综	纪弛绿经比

6．三级简码汉字的输入练习

霖桔裁埋硅磊非桔森柯柑棵枷某勒桂若莫茵娃蜡晶蛔哇呵哩唱品咖别架震堪碴椅禁棋哥菲
蔓颧荔颗曝喷嘲嘻鄙啡嘌嘶喝器嘿辕罪布辐项苫帅跺晤横碍桌填帆坦吊瑞盂贺周蚌距芋莫
财践苫桌帆崭查呀辊森坷莫贺埋硅奔磊非桂桔森柯柑棵枷某勒莽若莫茵蛙蜡晶蛔哇柯咖堪
帅槽垣碍项坦盂坦帧布畦架荔颗喷嘲嘻鄙啡喳嘶噶器嘿辕畸罪莫莫噪矗吊罩辐删瑞距唬横
非癌蔼捍斑亘班梆碑笨舞碧蓖蔽币团辨辩斌病帛裁材操插差拆阐秤冲冲畴馨幢垂簇措担德
敌据店凋掉调路董豆堵暑短盾星蛾峨矾诽峰逢覆复盖缸搞稿搁阁巩托拐捍搞话徊凰谎疾挤
简减槛讲轿谨矩菌咯考拷课坑吭筐捆括辣啦蓝栏谰揽插复莉丽痢撩摞临凛掳路赂略谩棉描
蘑抹谋闹诺捆啤帕排畔乓培赔砰啤拼乒坪苹菩旗乾堑蕃桥乔圈拳壤攘嚷擅坑身巩讲拭试首
寿暑各撕损蓑擅谭特疼图团蛘曦唾微麻蛙瘟雾误晰辆橄席喜峡夏羡箱襄详响哮挟插薪新衅
星幸许熏压衙讶森坷详考医种禹语肮阅咱暂赃乍许摘斋樟哲者蔗振征政症证质种重诸拄著
柱蛀筑桩装撞捉着族醉哎锻价萝霖桔裁埋硅磊非桔森柯柑棵枷某勒周桂柑若莫茵娃蜡晶蛔
哇呵哩唱品咖别架震堪碴椅禁棋哥菲蔓颧荔颗曝喷嘲嘻鄙啡嘌嘶喝器嘿辕罪布辐项苫帅跺
晤横碍桌填帆坦吊瑞盂贺查蚌距芋践苫桌帆莫贺裁埋硅奔磊非桂桔森柯柑棵枷某勒莽若莫
茵蛙蜡亘班梆碑笨舞碧蓖蔽币团辨辩诚震跺布辈匿碴椅禁棋模哥非蔓掉调路董豆堵暑短盾
星蛾峨矾诽峰逢覆复盖缸搞稿搁阁巩托拐许捍搞话徊凰谎村疾挤简减槛讲轿谨靳咎矩菌咯
考拷课坑吭筐捆括辣啦蓝栏谰揽插复莉丽痢撩摞临凛掳路赂略麻谩棉描蘑抹谋闹诺课啤帕
排畔乓培赔砰啤扯拼乒坪苹菩旗乾堑蕃桥乔圈拳壤攘嚷擅坑身讲拭试首寿暑薪族价撕损蓑
擅谭特疼图团蛘曦所唾微瘟雾误晰辆橄席喜峡夏羡箱襄详响锻哮挟插薪新衅星幸许熏压衙
讶详医种禹语肮阅咱暂赃乍许摘斋樟玫萝埋哲者蔗振征政症证质种重诸拄著柱蛀筑桩装撞
捉着族醉哎暇懂恫谍肮肮崔均兢崩觅砍暖殉爽鲜园裔赵铸琢秦豺卵膀摈壳焕羔钞洒否揪糙
祖燥黑凿渡巫补冤谈裨精逝晃味隘氨昂懊邦苞胞雹抱惫辟遍饼拨勃圪怖花沦肠郴臣诚吃滁
除楚础创淳存撮耽氮惮蛋惦殿嘱骑威砌弃沏歧陡读墩吨敦囤惰恩范饭房氛愤俘浮附疙隔棺
馆龟柜熟郭邯池函悍郝吃号痃淳恒喉伺吼厚候钫护沪慌恍恢饥囤悸伺假郊阶尽烬局拒据锯
惧剧倔凯刻窟夸块决蚀恤篱寥陵隆陋炉鹿陆履虑局孪乱迈芒盲毛锰泌密眠悯陌氛恼馁拟离
碾扭陪配烹霹僻聘屏祁起启迄汽枪呛抢禽楚情邱屈趣缺炔埃挨唉按胺案拔靶罢效验爸扳板
扮绊绑背绷彼毕庇辫秉玻波驳惨怪柴掺缠睫撤骋翅宠绸初雏纯绅疵雌殆逮怠弹挡倒稻嫡北
缔丢动锻掇娥珐返沸费芬吩纷汾份佛径痉净究纠厩驹聚娟爵难俊竣骏概康磕垦岿娄缆琅榔
育良浪矛狠练粮泗令琉硫流袭耸笼垄拢陇搂篓碌禄驴缕派轮伦沦论螺骡骆络驾曼砒披琵吡
疲屁贫玻破恼馁拟扭陪配烹霹掐谦侵氢驱娶券却群染妊纫缄绑匣叁嫂涩煞缮韶邵绍蛇慑设
振绅姚婶肾渗食驶始释室受瘦梳返叔熟树鼠竖数恕摔吮楚浪伤纤岵缢袄苔悯陌抬摊滩坛唐
滔绦梯锑迢通桶捅统痛投腿陀娃谈弯婉威巍滩维萎魏稳嗡翁屋侮溪袭系纤嚼讽将肮肮崔均
兢崩觅砍暖殉爽鲜园裔赵铸琢秦豺卵膀摈壳焕羔钞洒否揪糙祖燥黑凿渡巫补冤谈裨精逝晃
味隘氨昂懊邦苞胞雹抱趣缺炔埃挨唉按胺案拔靶罢效验爸扳板扮绊绑背绷彼毕庇辫秉玻波
驳惨怪柴掺缠睫撤骋翅宠绸初雏纯绅疵雌殆逮怠弹挡倒稻嫡缔丢动锻掇娥珐返沸费芬吩纷
汾份佛径痉净履究纠厩驹聚娟爵难俊竣骏概康磕垦岿娄缆琅榔育良浪矛狠练粮泗令琉硫流
袭耸笼垄拢陇搂篓碌禄驴缕楚派轮伦沦论螺骡骆络驾曼砒披琵楚吡疲屁贫玻破沏歧骑威砌

弃掐谦侵氢驱娶券却群染妊纫缄绑匣叁嫂涩煞缮韶邵绍蛇慑设振绅姚婶肾渗食驶始释室受
谈弯婉威巍潍维萎魏稳嗡翁屋侮溪袭系纤嚼讽将肮肮崔均兢崩觅砍暖殉爽鲜园裔赵铸琢秦
豺卵膀摈壳焕羔钞洒否揪糙祖燥黑凿渡巫补冤谈裨精逝晃味隘氨昂懊邦苞胞雹抱趣缺炔埃
挨唉按胺案拔靶罢效验爸扳板扮绊绑背绷彼毕庇辫秉玻波驳惨怪柴掺缠睫撤

7. 无简码汉字的输入练习

辈匿暮墓募薯蠕噪槽韭型删厨桐垣帧矗唬堤贵题帖酮躁幅墟崖域垣砸勤醛露耐酣茬橱踏韩捌
稗痹蹭蝉颤掣痴酬稠筹捶雕痘犊赌端蹲躲罐喊监矫街靠篮酶蔑摸模摹摩牌徘搏撇墙瓤筛善射
甥牲柿肺嗜署酞躺蹄甜筒颓献嗅循鸦雅养跃攒咋蜘智州抓熬傲堡豹蹦逼弊彪鳖濒膊擦猜踩搽
察搀猖常橙穿船椿唇蠢茨蹿搭戴袋诞捣道盗蹬颠滇淀爹侗洞逗遁额遏袱腐糕歌鸽割羹梗够剐
冠浩荷盒貉鸿簧幌辉祸棘裸瞒满猫貌糜勉膜侥救狙撅觉勘窥赖阑猓镰敛两燎裂烈藿期欺签浦
萍坯彭澎躯辱褥塞赛莎燃偷兔挽喂窝熙啥傻裳裴沛棠剔堂探祖踏塔宿速俗嗽颜邀尧莹影俞逾
渝喻峪帜衷猪煮咨资额飘掌遮镇整斜携涎狭辖铣喂揍咨善挺铜蔑勉酶矮俺跋版片被毖编遍畅
惩匙搐传醇戳词聪葱篡郸蹈递垫叠兜都毒钝恶耍孰甚绳摄念冷慧讳惑顿留颅恐咳寇垮侩魁郎
垒患核统流游愚犹悠泳追庸蒸尉纬围违望骚煽鸣爬鸟势舒淑孰婆剩您怜叛凄歉敲撬侄被寝茅
监矫街靠篮酶蔑摸模摹摩牌徘搏撇墙瓤筛善射甥牲柿肺嗜署酞躺蹄甜筒颓献嗅循鸦雅养跃攒
咋蜘智州抓熬傲堡豹蹦逼弊彪鳖濒膊擦猜踩搽察搀猖常橙穿船椿唇蠢茨蹿搭戴袋诞捣道盗蹬
颠滇淀爹侗洞逗遁额遏袱腐糕歌鸽割羹梗够剐冠浩荷盒貉鸿簧幌辉祸棘裸瞒满猫貌糜勉膜侥
救狙撅觉勘窥赖阑猓镰敛两燎裂烈藿期欺签浦萍坯彭澎躯辱褥塞赛莎燃偷兔挽喂窝熙啥傻裳
裴沛棠剔堂探祖踏塔宿速俗嗽颜邀尧莹影俞逾渝喻峪帜衷猪煮咨资额飘掌遮镇整斜携涎狭辖
铣喂揍咨善挺铜蔑勉酶矮俺跋版片被毖编遍畅惩匙搐传醇戳词聪葱篡郸蹈递垫叠兜都毒钝恶
耍孰甚绳摄念冷慧讳惑顿留颅恐咳寇垮侩魁郎垒患核统流游愚犹悠泳

8. 加识别码汉字的练习

正责麦青灭走井击元未声去云套奋页故有矿泵万杆苦草苗艺卡里旱足吗固回连岩见千升自
利和备血冬看牛迫气把逐伍什企余位仅杀尔讨床亩访应京壮兰斗状头章问疗油粒农异改尺
飞孟孔召隶她奴幼乡纹弄吾盏歹玛圭卉址刊雷坝坊垃亏厌硒夯矽丈辜尤厄码杠酉栈杜栖栗
杠朴杏贾枚柏杉粟札匡甘戎戒昔茧匣芹艾匹巾败岁冈汞巨芯茸卓旺旦晒冒申蛊旷蚊蚂曳吐
咕吠叮叭兄咭叹邑囚轧贱冉壬秆竿午舌矢香笛秃舟乏乞私笆皇丘扛皂扯扑拍拥扒斥泉扎肚
肘伏伐仆佣父仿仔仓仇仑鱼句钾铀钡铂勿钥勺锌勾庄讣卞齐吝库庙亢哀亦户亡肪孕舀仁仕
付丹笺讥享亨玄羊闲丫音闽闸痈闷闯疤浅尘汗汁沽汀汇泪汕沂汐兆泣洱汝粕宋冗穴宰刁丑
眉忻翌尿屎忌孜耶奸尹刃丸圣驮驯叉予驰双毋弗幻弘封场奇厘植碓置圆待等告彻程推抗值
住今触剂市美判卷单润悟阻剥刑敖琼赶坤坍霍劫奎砧厕酥朽票框椎巧蕾芜葫茄恭苟芦荤虏
虾蛆晾蛹吁呕哭啄岸贼贴凹屹佳伎仗倡仲仟肩诀扇忘妄诵君恳妒忍徒秸廷刮辞臭囱秧筋愁
捂挂拜皋拈爪捏皑扦卑誓凉拌抖抉拂腮债仰佯岔忿昏钟钒狈锈狄卯犯钓钧钩饯诫讫谁论讹
诌庐谆迹迹谜豪紊闺痔眷眷翔羌酋疟童剖兑竞彦阎凉瘴洼酒湘泄涅溅尚沃雀誉渔汹涧漏粪
炯烂礼怯惜悼惶翟惊忙买屑坠聂绣

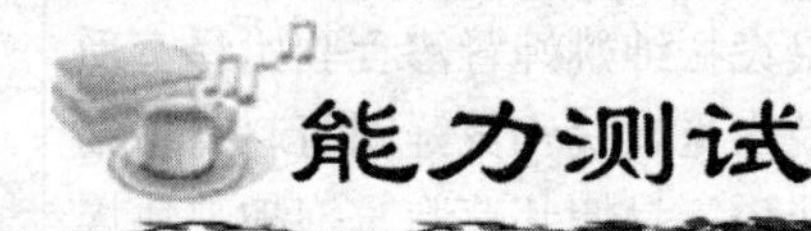

1．在 D:或 E:盘中建立如图 2-34 所示的文件夹结构。

2．在本机中查找扩展名为 jpg 的文件，并复制若干个到自己的姓名文件夹中。

3．查找 C:盘中的 Pbrush.exe 文件，将其复制到自己所建的 Windows 7 文件夹中。

4．通过“网上邻居”将其他机器上的共享文件拷贝到自己的姓名文件夹中。

班级XXX
自己的姓名
Excel2007
PowerPoint2007
Windows7
Word2007

图 2-34　文件夹结构

5．在自己所建的 Word2007、PowerPoint2007、Excel2007 文件夹中分别建立 Microsoft Word 文档、Microsoft PowerPoint 演示文稿、Microsoft Excel 工作表文件。

6．分别查看本机上 C:和 D:盘的容量及剩余的磁盘空间。

7．将自己创建的文件夹中的文件删除，然后再到“回收站”中恢复它们。

自测题

一、选择题

1．下面几种操作系统中，（　　）不是网络操作系统。
　　A．MS-DOS　　B．Windows 7　　C．Windows NT　　D．UNIX

2．在 Windows 7 中查找文件时，如果输入“*.doc”，表明要查找当前目录下的（　　）。
　　A．文件名为*.doc 的文件　　B．文件名中有一个*的 doc 文件
　　C．所有的 doc 文件　　D．文件名长度为一个字符的 doc 文件

3．在 Windows 7 中鼠标的右键多用于（　　）。
　　A．弹出快捷菜单　B．选中操作对象　C．启动应用程序　D．移动对象

4．在 Windows 7 中，任务栏可用于（　　）。
　　A．启动应用程序　　B．修改文件的属性
　　C．平铺各应用程序窗口　　D．切换当前应用程序窗口

5．在 Windows 7 中，要恢复被删除的文件或快捷方式，应（　　）。
　　A．启动 Windows 资源管理器　　B．启动“计算机”
　　C．启动“回收站”　　D．启动查找器程序

6．在 Windows 7“计算机”窗口的文件夹图标上，▷表示（　　），◢表示（　　）。
　　A．该文件夹下只有文件，没有其他文件夹
　　B．一定是个空文件夹
　　C．该文件夹下的文件及文件夹已列出

D．该文件夹下的文件及文件夹尚未列出

7. 在 Windows 7 中，要在 D:\下新建一个文件夹 user，有如下操作，正确的操作顺序是（　　）。

1）在桌面上双击“计算机”图标。

2）选择“文件”→“新建”→“文件夹”命令。

3）双击 D:驱动器图标。

4）在新建文件夹图标下的“新建文件夹”字样上直接输入 user，回车。

A．1）2）3）4）　　B．1）3）2）4）

C．2）3）1）4）　　D．2）1）3）4）

8．用（　　）键可在任务栏的两个应用程序按钮之间切换。

A．Alt+Esc　　B．Alt+Tab　　C．Ctrl+Esc　　D．Ctrl+Tab

9．选择了（　　）选项之后，用户就不能再自行移动桌面上的图标了。

A．自动排列　　B．按类型排列　　C．平铺　　D．层叠

10．能在各种中文输入法之间切换的操作是（　　）。

A．Ctrl+Shift　　B．Ctrl+Space　　C．Shift+Space　　D．Alt+Tab

二、判断题

（　　）1．在中文 Windows 7 中，允许每个文件名最长不超过 8 个字节。

（　　）2．Windows 7 只允许在屏幕上打开一个窗口。

（　　）3．Windows 7 的正常退出，不用关闭系统，直接关闭电源即可。

（　　）4．用组合键 Alt+Tab 可以在多个任务（应用程序）间进行切换。

（　　）5．当应用程序窗口被最小化之后，该程序也就结束运行了。

（　　）6．当 Windows 应用程序菜单中的命令变灰时，说明该命令在当前不能执行。

（　　）7．在 Windows 下删除一个子文件夹，该子文件夹下的所有文件都将被删除。

（　　）8．移动文件到其他文件夹中后，原文件夹内就没有这些文件了。

（　　）9．复制文件到其他文件夹中后，原文件夹内不保留这些文件了。

（　　）10．若菜单选项前有√，则表示该选项正被使用。

学习帮助

（1）汉字输入可以使用打字软件配合练习，如《金山打字通》等。要提高录入速度，只有勤学苦练才是捷径。

（2）练习五笔字型输入法前，必须先熟记字根表，然后再循序渐进地练习。练习智能 ABC 输入法时，注意多练习用词组和简拼来输入。

（3）五笔字型输入法是根据字型进行编码的一种输入方法，它不需要掌握汉字的读音，这对拼音不熟悉的人来说是一种适用的输入方法。这种输入方法很突出的特点是重码少、速度快。因此，它又非常适合专业录入人员使用，有这方面兴趣的学生不妨去学一学。

（4）对于 Windows 7 的系统设置、Windows 7 应用程序的使用，建议同学们自己学习。

第 3 章　认识 Office 2007

本章简介

Microsoft Office 2007 是 Microsoft 公司推出的办公套件，该套件中包括 Word、Excel、PowerPoint、Access、Publisher 和 Outlook 等常见组件。Microsoft Office 2007 较以前版本在用户使用界面上做了彻底的改变，其目的是更好地满足现代办公的需求，同时也极大地提高了办公效率。

通过本章的学习，读者可以快速熟悉 Office 2007 的工作界面，掌握 Office 2007 的新功能和相关操作技能。

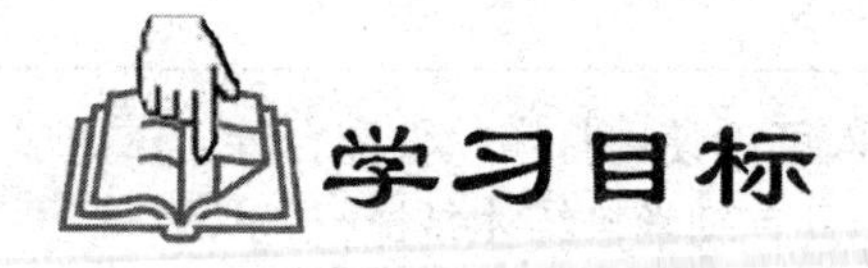

学习目标

- 了解 Office 2007 的应用程序
- 熟悉 Office 2007 的工作界面
- 掌握 Office 2007 的基本操作

3.1 了解 Office 2007 的应用程序

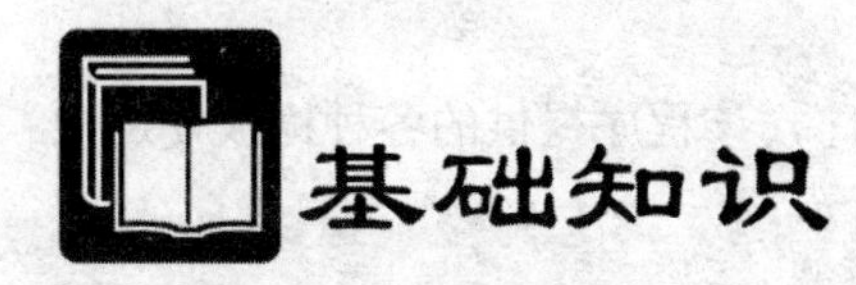

Office 2007 中包括了一组强大的应用程序，如 Word、Excel、PowerPoint、Outlook、Publisher、Access、OneNote、InfoPath 等，它们为人们处理文本、统计数据、展示想法、与人联系等提供了方便。Office 2007 不仅能更好地满足现代办公的需求，而且极大地提高了现代办公的效率。

Microsoft 公司提供了 8 种不同版本的 Office 2007 套件，每个版本包括了不同组合的 Office 应用程序，但 Word、Excel、PowerPoint 在各种版本中都有。

3.1.1 常用的应用程序

1．Word

Microsoft Office Word 2007 是文字处理程序，使用该程序可以完成文字的录入、编辑、格式化工作，还可以用它来创建信函、报表、网页以及复杂的文档。

2．Excel

Microsoft Office Excel 2007 是电子表格程序，该程序提供简化计算的公式和函数，使用户能轻松实现各类计算，如财务计算、销售计算等。

3．PowerPoint

Microsoft Office PowerPoint 2007 是演示文稿程序，该程序是表达信息的一种方式，如展示个人想法、介绍公司产品、教育培训等。

4．Outlook

Microsoft Office Outlook 2007 是用于处理电子邮件、日程安排、联系人信息和待办事项的程序，使用该程序为用户管理日常事务提供了极大的方便。

3.1.2 其他应用程序

在 Microsoft Office 2007 的某些版本中还包括了下面的应用程序。

1．Access

Microsoft Office Access 2007 是数据库程序，它用于管理大量数据，如用户可以输入数据、查询数据、生成报表等。

2．Publisher

Microsoft Office Publisher 2007 是进行出版物设计的程序，该程序提供的各种模板使用户创建出版物不仅更加容易快捷，而且经济实惠，如图 3-1 所示。

3．InfoPath

Microsoft Office InfoPath 2007 是电子表单设计程序，用户可以用它创建表单，以便从组织内外的各种用户收集信息，如图 3-2 所示。

图 3-1　利用 Publisher 模板创建新闻出版物

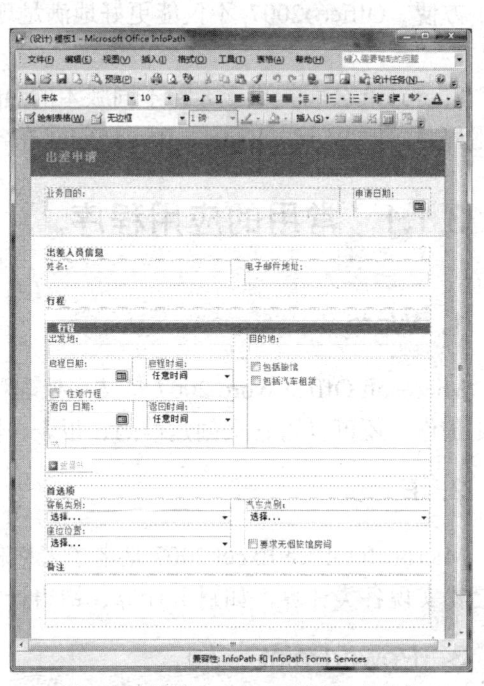

图 3-2　利用 InfoPath 模板创建表单

4．OneNote

Microsoft Office OneNote 2007 是一种面向笔记、参考材料以及与特定活动或项目有关文件的电子剪贴簿，其界面如图 3-3 所示。用户使用它可以更好地组织信息和更有效地工作。

注意

> Office 2007 中的 Publisher、InfoPath、OneNote 应用程序保留了以前版本的菜单和工具栏界面。

图 3-3　OneNote 2007 的初始界面

3.2　认识 Office 2007 的工作界面

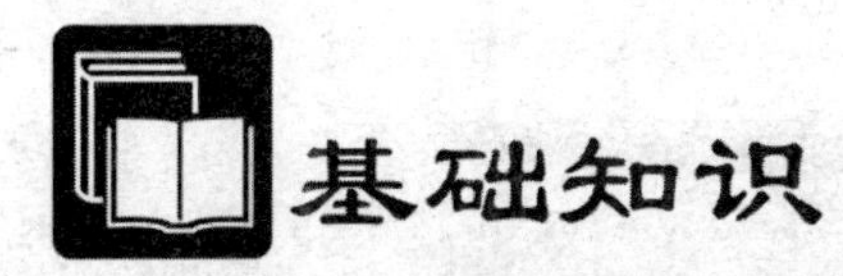

Microsoft Office 2007 是在 Office 2003 基础上进行的扩展，其用户界面是“面向结果”的，能更好地满足用户需要。

3.2.1　Office 2007 的启动菜单

单击“开始”按钮，在弹出的“开始”菜单中指向“所有程序”并单击 Microsoft Office 后，会出现如图 3-4 所示的 Office 2007 的启动菜单。如果要启动 Office 2007 的某个应用程序，再单击对应的程序图标即可。

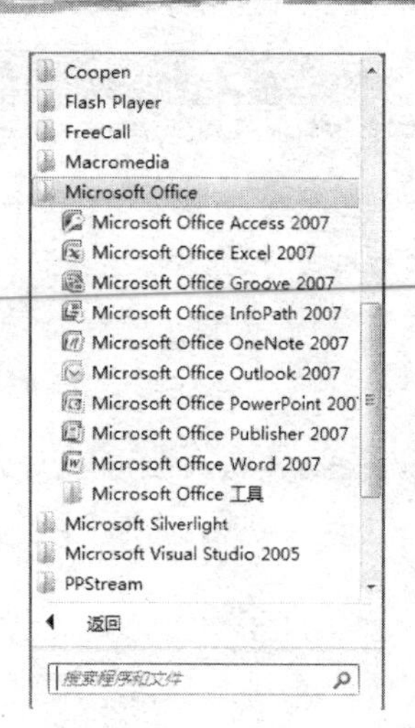

图 3-4　Microsoft Office 2007 的启动菜单

3.2.2　Office 2007 的功能区及组成

Office 2007 与以前的版本相比，有完全不同的工作界面，其核心部分是功能区。图 3-5 至图 3-7 分别是 Word 2007、Excel 2007 和 PowerPoint 2007 的功能区，可以看出三个功能区的风格非常类似。

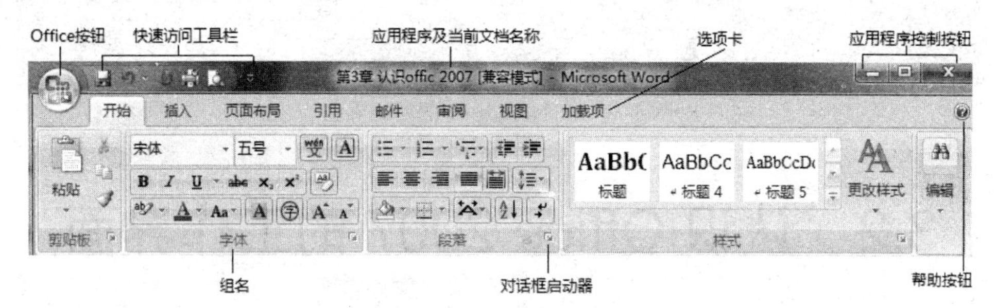

图 3-5　Word 2007 功能区的基本组成

图 3-6　Excel 2007 功能区的基本组成

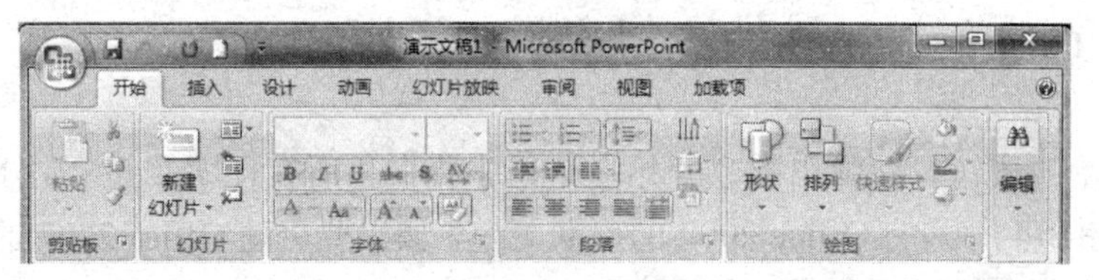

图 3-7　PowerPoint 2007 功能区的基本组成

功能区是展示工具和功能的方式，它包含若干个围绕特定方案或对象进行组织的选项卡，而且每个选项卡的控件又细化为几个组。当单击某个选项卡时，实现特定任务需要的工具会出现在您的眼前，使您更容易发现所需要的工具（这比以前版本需要在菜单中去找更直观）。

注意

在功能区中，选项卡显示的工具多少与显示器大小、屏幕分辨率和应用程序窗口的大小有关，图 3-8 所示是本人机器中看到的“开始”选项卡的最大信息量。

图 3-8 在高分辨率和屏幕最大化下的功能区显示情况

1. 标题栏

Office 应用程序窗口的顶部栏称为标题栏。标题栏中包含快速访问工具栏（可选）、当前应用程序窗口中文档的名称及控制应用程序窗口的按钮，如图 3-9 所示。

图 3-9 Office 应用程序窗口的标题栏

2. 快速访问工具栏

快速访问工具栏用来汇集常用操作的工具。在快速访问工具栏中显示了 Office 2007 已定义的图标按钮，如“保存”、“新建”、“打开”、“打印”等。默认情况下，它位于窗口的顶部，使用它可以快速访问频繁使用的工具。可以将命令添加到快速访问工具栏，从而对其进行自定义，单击“快速访问工具栏”旁的下拉按钮，会弹出如图 3-10 所示的菜单。

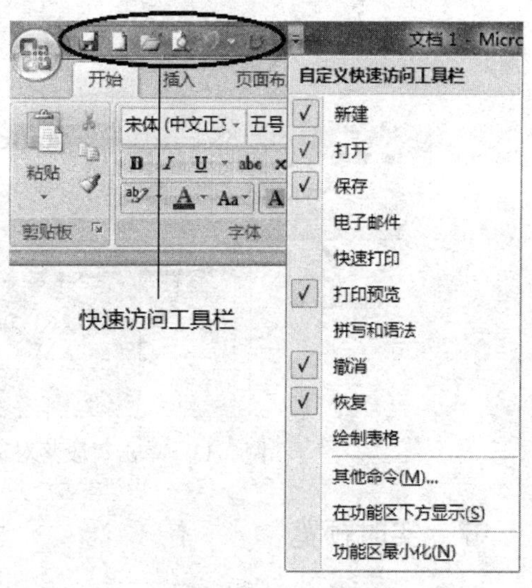

图 3-10 快速访问工具菜单

3. 上下文工具

在功能区中并不是包括了所有的选项卡，有些选项卡只在特定操作中才会显示。例如，在 Word 文档中插入或选中图片时，才会显示图片工具的“格式”选项卡，如图 3-11 所示。

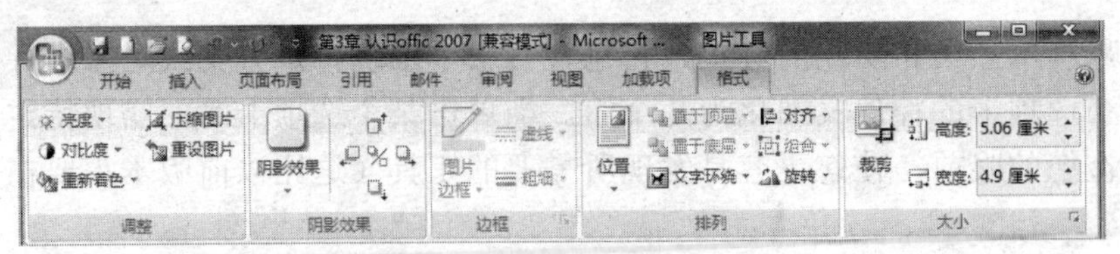

图 3-11　选定文档中的图片时才会出现的“格式”选项卡

4．组

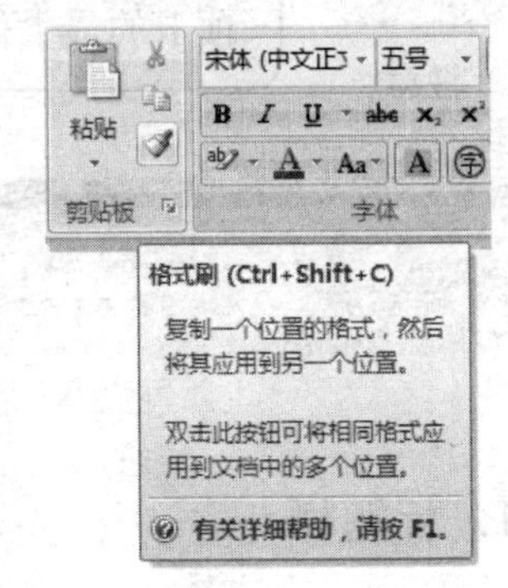

在 Office 2007 功能区的每个选项卡中都有不同的组，如“开始”选项卡中有“剪贴板”、“字体”、“段落”、“样式”、“编辑”组，每个组中包含不同的工具和控件。

5．屏幕提示

在 Office 2007 中，当鼠标指针悬停在一个工具图标上时，将在鼠标指针的下方显示该工具的名称和功能描述，如图 3-12 所示。

图 3-12　“格式刷”工具上的屏幕提示

6．对话框启动器

尽管 Office 2007 的界面是面向结果的，但有一些功能仍然需要从对话框中设置，单击“段落”对话框启动器后将启动相应的对话框，如图 3-13 所示。

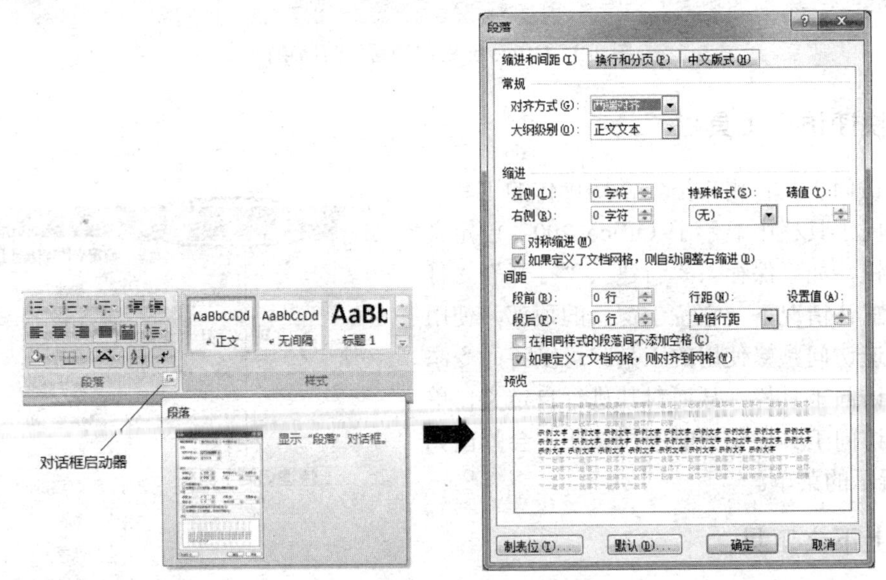

图 3-13　单击“段落对话框启动器”会显示“段落”对话框

7．实时预览

实时预览功能是 Office 2007 的一项崭新功能，该功能将突出显示的格式应用到当前文档的选区，不必实际应用那个格式就能即时地看到效果。例如，选定一个形状，当鼠标指针在绘图

工具“格式”选项卡的形状外观选项间移动时，文档中的形状立即更改其外观，如图 3-14 所示。

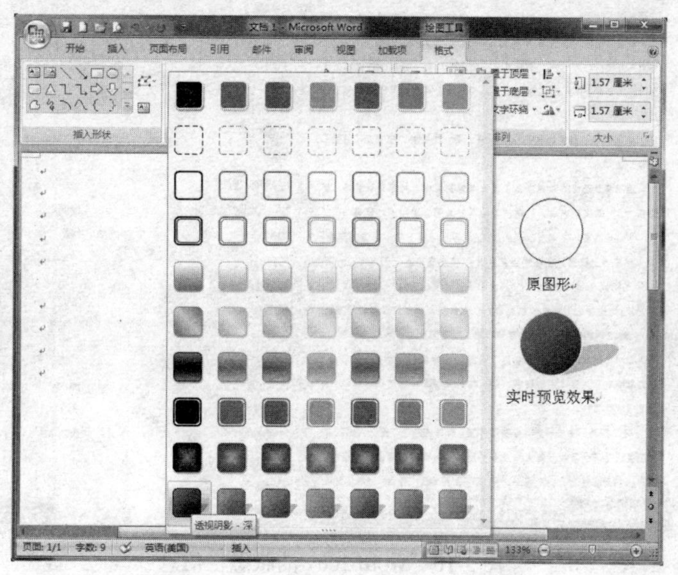

图 3-14 一个圆圈的实时预览效果

说明

“实时预览”功能并没有真正应用该格式，如果要使用该格式，请不要忘记单击需要的格式化命令。

8. 浮动工具栏

浮动工具栏是 Office 2007 的又一项崭新功能，它由一组格式化工具组成。在我们第一次选定文本时，浮动工具栏如幻影一般出现，当鼠标指针逐渐靠近它时，它渐渐变得清晰，如图 3-15 所示。

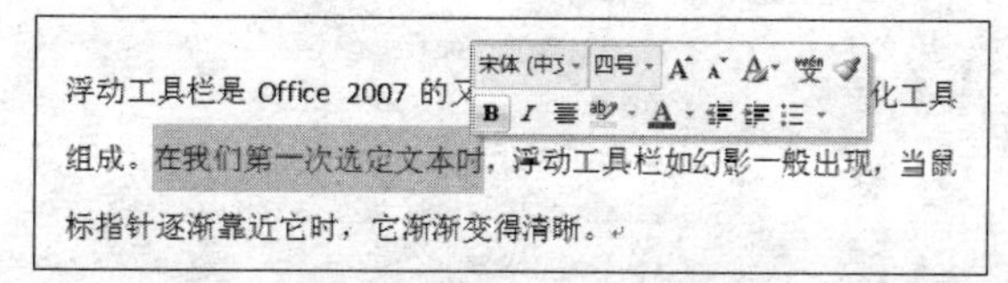

图 3-15 当第一次选定文本时出现浮动工具栏

说明

图形和其他非文本对象没有相应的浮动工具栏。

9. 状态栏

状态栏位于应用程序窗口的底部，其组成取决于使用的应用程序，它提供了若干与当前文档相关的可选信息项，右击状态栏可显示状态栏菜单，图 3-16 所示是 Word 2007 中的状态栏菜单。

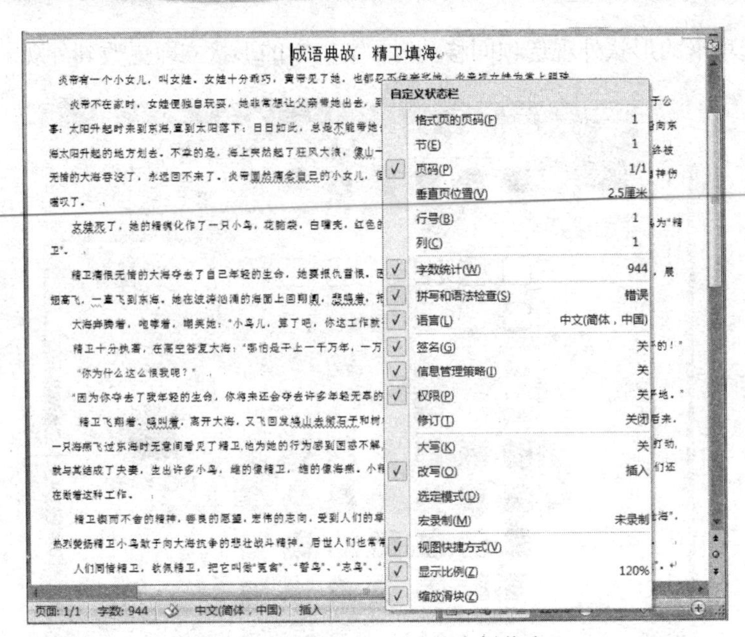

图 3-16　Word 2007 的状态栏信息

3.2.3　Office 按钮

在 Office 2007 的 Word、Excel、PowerPoint、Access 应用程序窗口的左上角都有一个控件，该控件被称为“Office 按钮”。该按钮中集成了大量的顶层命令，并且增加了许多新的功能，如图 3-17 所示。

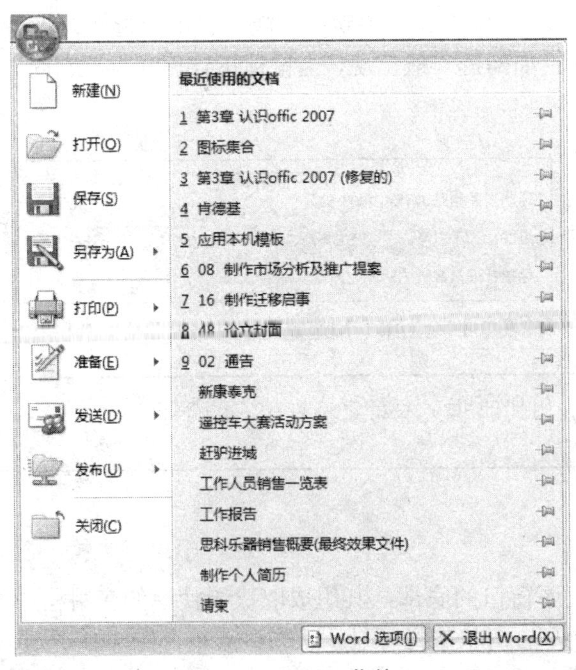

图 3-17　Office 菜单

3.3 了解 Office 2007 的文件

3.3.1 文件格式

在 Office 2007 中，每个程序都以特定的文件格式保存数据，在 Windows 中，这些文件格式通常使用两种方式确定使用什么程序创建文件。

1. 文件图标

在 Windows 文件夹窗口中，根据不同的文件图标可以确定是由 Office 2007 的什么程序创建的文件，如图 3-18 所示。

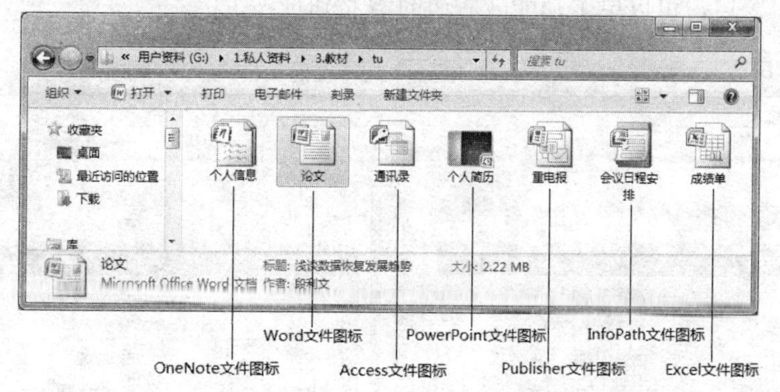

图 3-18 Office 2007 的不同程序创建的文件图标

2. 文件扩展名

由 3～5 个字母构成的文件扩展名也可以确定是由什么程序创建的文件，在 Office 2007 中，Word、Excel、PowerPoint 的文件扩展名包括一个 x：.docx 用于 Word 文档、.xlsx 用于 Excel 工作簿、.pptx 用于 PowerPoint 演示文稿，如图 3-19 所示。

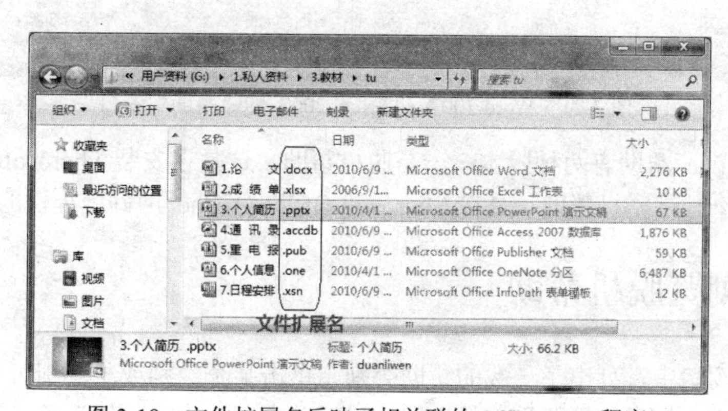

图 3-19 文件扩展名反映了相关联的 Office 2007 程序

3.3.2 Office文件的制作流程

Office程序能创建的文件类型很多，但各类文件的制作流程一般包括如图3-20所示的步骤。

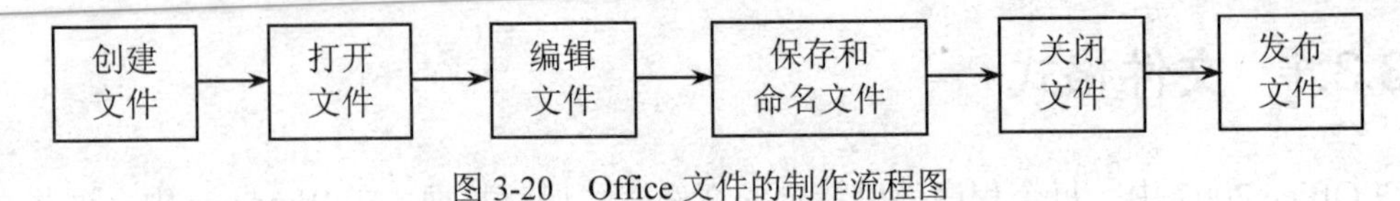

图3-20 Office文件的制作流程图

3.4 获取帮助

Microsoft Office 中的每个程序都有其自己的“帮助”主页，如图3-21所示。要打开应用程序的“帮助”窗口，可以单击功能区右边的按钮或按F1键。

图3-21 Word 2007 和Excel 2007 的“帮助”窗口

Microsoft Office 帮助有两种版本：一是脱机帮助，这是在安装Microsoft Office时安装在计算机中的；另一种是联机帮助，是在Microsoft Office Online 网站上提供的免费内容。

3.4.1 浏览脱机帮助

在“帮助”窗口中，列出了一般的帮助类别，单击某个类别或子类别可查看相应的主题，或者在“搜索”文本框中输入要浏览的主题，然后单击“搜索”按钮也可以查看相应的主题。

3.4.2　搜索 Office Online

如果要搜索联机内容，则要单击“搜索”按钮的下拉箭头，从弹出的菜单中选择“来自 Office Online 的内容”下面的一个选项，如图 3-22 所示。

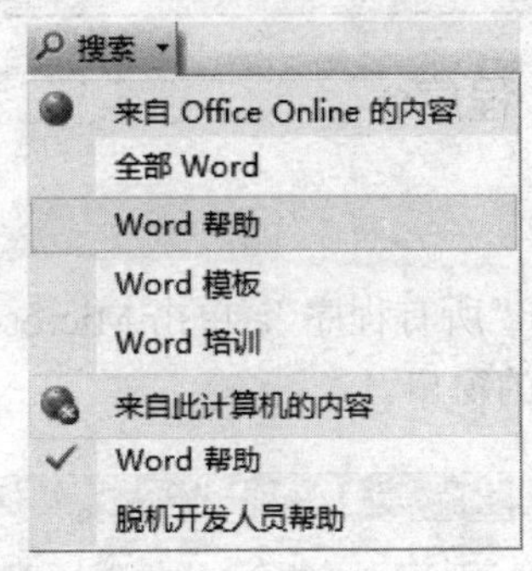

图 3-22　搜索联机内容

实训　Office 2007 的基本操作

一、实训目的

1. 熟悉 Office 2007 的工作界面。
2. 掌握 Office 2007 的基本操作。

二、实训内容

1. 启动/退出 Office 2007 程序
2. 设置快速访问工具栏
3. 自定义快速访问工具栏中的命令
4. 打开/关闭功能区
5. 设置文档保存方式
6. 设置文档窗口的显示比例
7. 诊断与修复 Office 2007
8. 获取主题信息

三、实训步骤

说明

Office 2007 程序的启动和退出方式基本一致，下面以 Word 2007 程序为例进行操作实训。

1．启动/退出 Office 2007 程序

步骤

（1）单击“开始”按钮，指向“所有程序”，单击 Microsoft Office→Microsoft Office Word 2007 命令，会出现如图 3-23 所示的窗口。

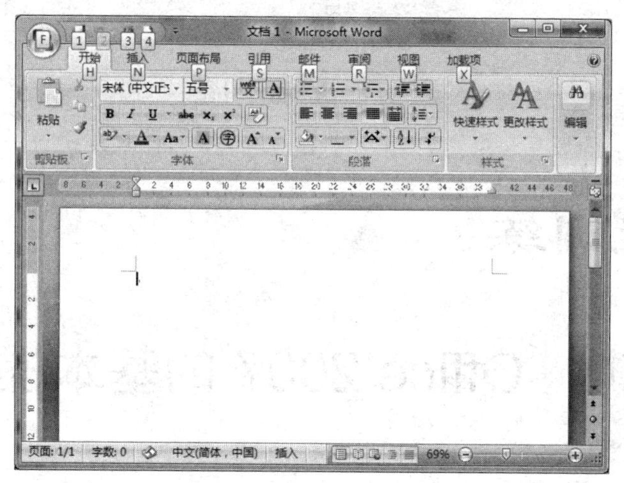

图 3-23　启动 Word 2007 后自动创建的空白文档

（2）如果要关闭 Word 文档，采用以下方法之一即可：

方法 1：单击按钮。

方法 2：单击按钮，再单击“退出 Word(X)”按钮。

方法 3：单击按钮，再单击“关闭”命令。

2．设置快速访问工具栏

步骤

（1）单击“快速访问工具栏”右侧的按钮

（2）在出现的下拉菜单中选择相应的命令。

3．自定义快速访问工具栏中的命令

步骤

（1）单击“快速访问工具栏”右侧的按钮。

（2）在出现的下拉菜单中单击“其他命令”（或单击按钮，再单击“Word 选项(I)”按钮）。

（3）在出现的对话框中单击“自定义”选项，如图3-24所示。

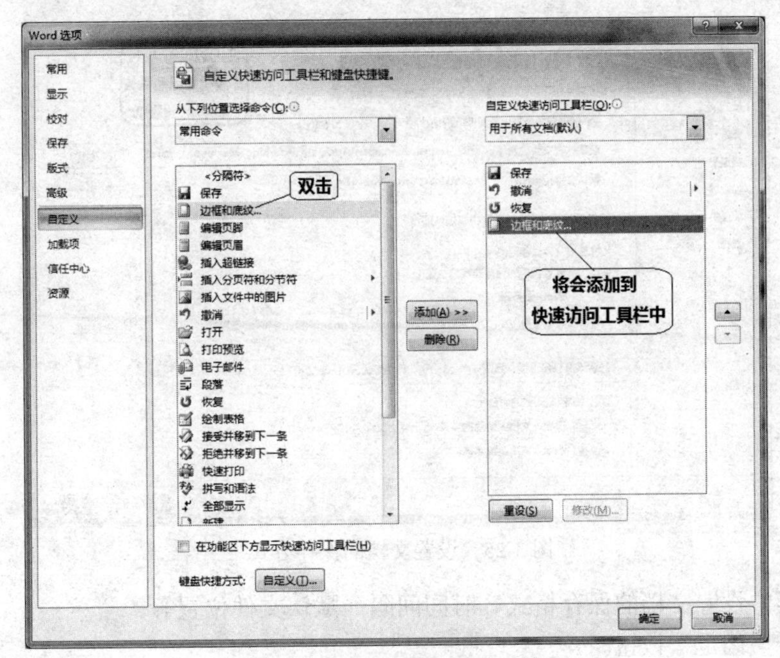

图3-24　“Word选项”对话框

（4）双击要添加的命令（或选定要添加的命令并单击“添加”按钮），会看到该命令出现在对话框右侧的列表中。

（5）单击“确定”按钮。

4．打开/关闭功能区

步骤

方法1：双击功能区中的选项卡名称。

方法2：按Ctrl+F1键。

方法3：单击“快速访问工具栏”右侧的按钮，在弹出的下拉菜单中选择“功能区最小化”命令。

方法4：右击功能区，在弹出的快捷菜单中选择“功能区最小化”命令。

操作提示

> 如果功能区被关闭，单击某个选项卡可临时恢复显示，当使用其中的一个工具后，该功能区又将自动隐藏。

5．设置文档保存方式

步骤

（1）单击按钮，再单击“Word选项”→“保存”命令，会出现如图3-25所示的对话框。

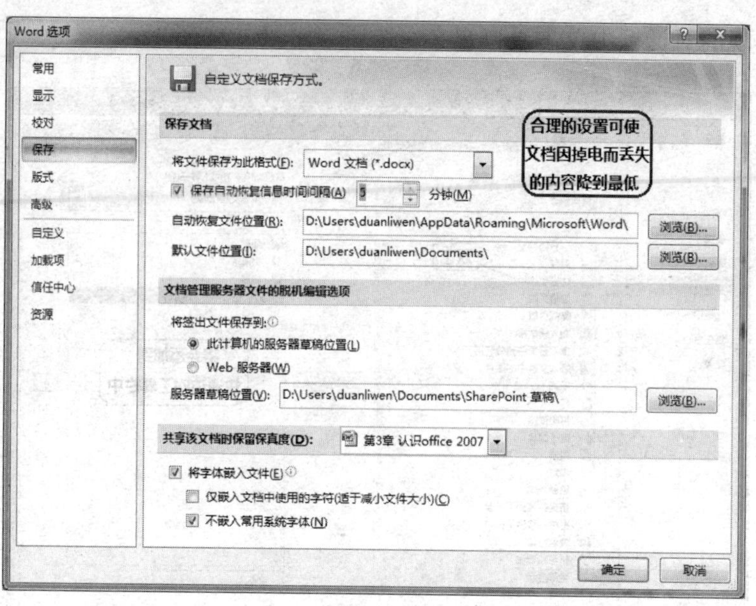

图 3-25　设置文档的保存方式

（2）在其中设置文档的保存格式、时间间隔、默认文件位置等。

（3）单击“确定”按钮。

6．设置文档窗口的显示比例

步骤

方法 1：使用“显示比例控件”设置。

（1）用鼠标拖动“显示比例控件”（在状态栏右侧）上的滑块，可调节文档窗口的显示比例，如图 3-26 所示。

（2）单击该控件左侧的⊖按钮（或右侧的⊕按钮），文档窗口的显示将缩小 10%（放大 10%）。

方法 2：使用“显示比例”对话框设置。

（1）单击“视图”选项卡中的“显示比例”按钮，或单击“显示比例控件”右侧的 100% 数字按钮，会出现如图 3-27 所示的对话框。

图 3-26　显示比例控件

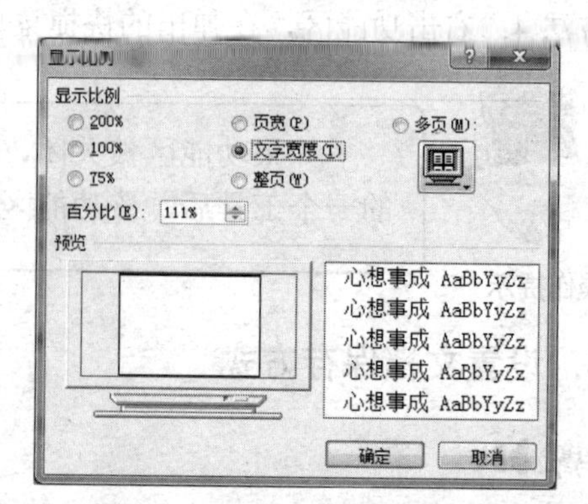

图 3-27　设置文档的显示比例

（2）在其中选择所需的显示比例。

（3）单击“确定”按钮。

7．诊断与修复 Office 2007

步骤

（1）单击按钮，再单击“Word 选项”→“资源”命令，会出现如图 3-28 所示的对话框。

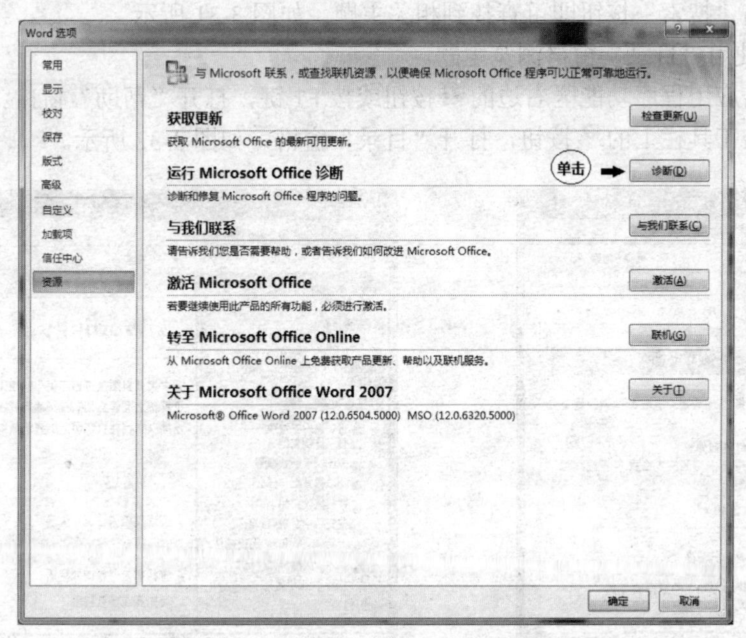

图 3-28　“Word 选项”对话框的“资源”选项卡

（2）单击“诊断”按钮，再单击“继续”按钮，开始进行 Office 诊断，如图 3-29 所示。

（3）诊断完成后，如图 3-30 所示，单击“关闭”按钮。

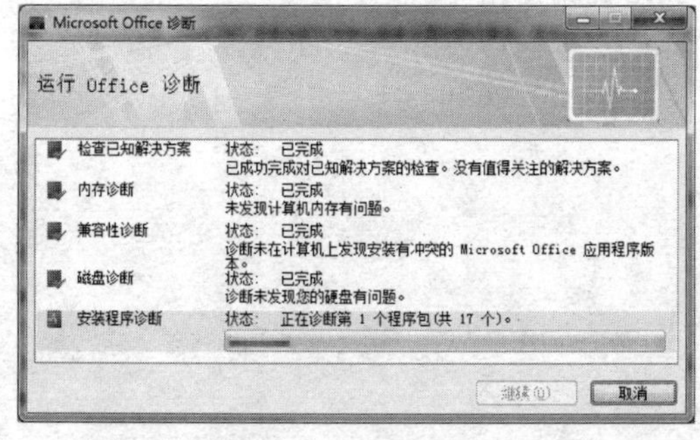

图 3-29　进行 Microsoft Office 诊断

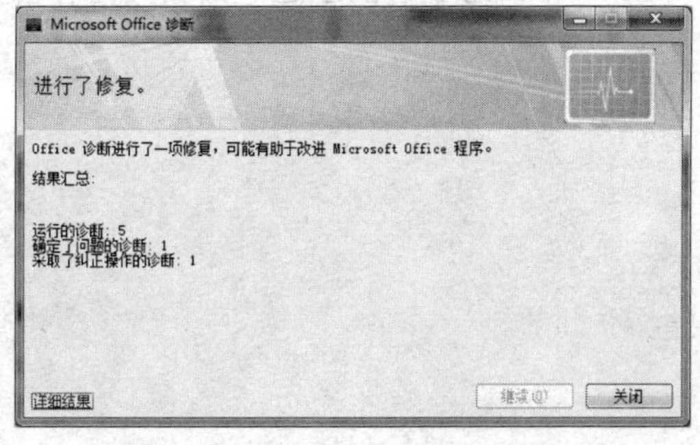

图 3-30　Microsoft Office 诊断完成

说明

Microsoft Office 诊断包含一系列的诊断测试，可帮助发现计算机崩溃（异常关闭）的原因。这些诊断测试可以直接解决一些问题，并可以确定解决其他问题的方法。

8．获取主题信息

步骤

方法 1：使用“搜索”文本框搜索主题。

（1）单击应用程序功能区右边的按钮或按 F1 键，打开“帮助”窗口。

（2）在“搜索”文本框中键入要搜索的主题词，例如“段落”。

（3）单击“搜索”按钮即可查找到相关主题，如图 3-31 所示。

方法 2：使用“目录”窗格浏览主题。

（1）单击应用程序功能区右边的按钮或按 F1 键，打开“帮助”窗口。

（2）单击工具栏上的按钮，打开“目录”窗格，如图 3-32 所示。

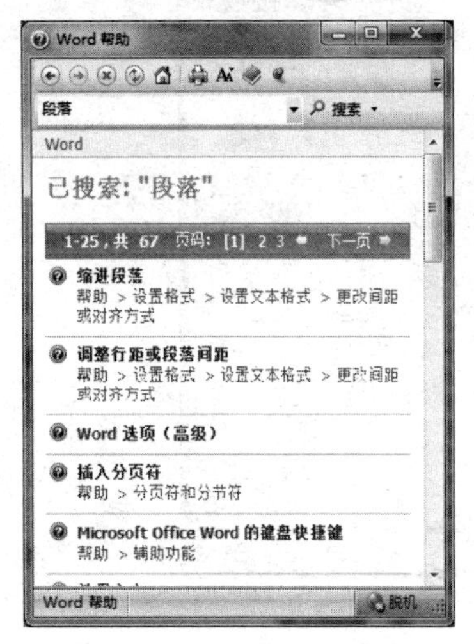

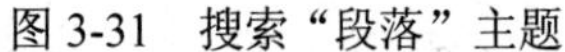
图 3-31　搜索“段落”主题

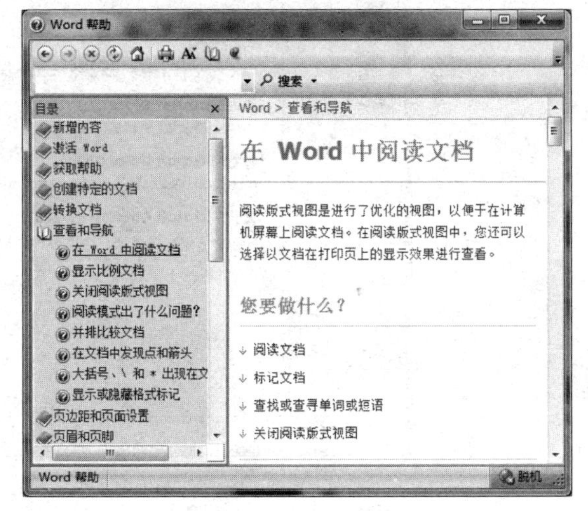

图 3-32　在“目录”窗格中浏览并查找主题

（3）单击“目录”窗格中的类别图标，会展开其中的主题。

（4）单击想了解的主题，其相关内容会显示在右侧窗格中。

第 4 章　Word 2007 的使用

本章简介

Word 2007 是 Microsoft 公司推出的 Office 2007 办公软件中的组件之一。Word 2007 是文字处理程序，其功能强大，用它不仅能够制作各种办公文档，还能满足专业人员制作版式复杂的印刷文档，甚至还可以制作 Web 主页等。随着 Word 功能的不断增强和完善，它越来越受到全球用户的欢迎。

本章将由浅入深地带领读者学会 Word 2007 的基本操作技能，能够熟练快速地制作出专业、精美的 Word 文档。

学习目标

- 了解 Word 2007 的新功能
- 掌握 Word 2007 的基本操作
- 能熟练地编辑处理 Word 2007 文档
- 能制作各种样式的 Word 表格
- 能进行 Word 2007 文档的图文混排
- 能利用 Word 2007 的样式和目录熟练地编排毕业论文

4.1 初识 Word 2007

基础知识

Microsoft Office Word 2007 是文字处理程序，用它可以制作具有专业水准的办公文档或个人文档。Word 2007 的界面和默认文件格式都与以前的版本不同，本节将对此进行介绍。

4.1.1 Word 2007 的主要功能

1．面向结果的界面

面向结果的 Word 2007 界面能在用户需要的时候提供清晰的、条理分明的各种工具，比如在新建一份文档时，与编辑文档相关的工具都展示在功能区的“开始”选项卡中，用户只需点几下鼠标，即可完成字体格式、段落格式、样式等设置工作。

2．轻松实现图文混排

Word 2007 不仅可以将文字、表格、图形进行混排，还可以对图形进行加工处理，使用户能更轻松地创建精美的文档。

3．超强的制表功能

在 Word 2007 中可以自动制表和手工绘表，表格中的数据可以自动计算，表格线可以自动保护。

4．具有拼写和语法检查功能

Office 2007 提供的拼写和语法检查功能对英文文本的正确性进行检查，如果文本有拼写错误，该文本下方将标记红色波浪线；如果文本有语法错误，该文本下方将标记绿色波浪线，使用自动的拼写和语法检查功能可以将错误减到最少。在 Word 2007 中，可以针对一个文档或所有文档禁用拼写和语法检查。

5．提供模板和向导功能

Word 2007 提供了非常丰富且适用的模板，它能帮助用户快速建立相应格式的文档。

4.1.2 Word 2007 的工作界面

启动 Word 2007 后的窗口如图 4-1 所示。

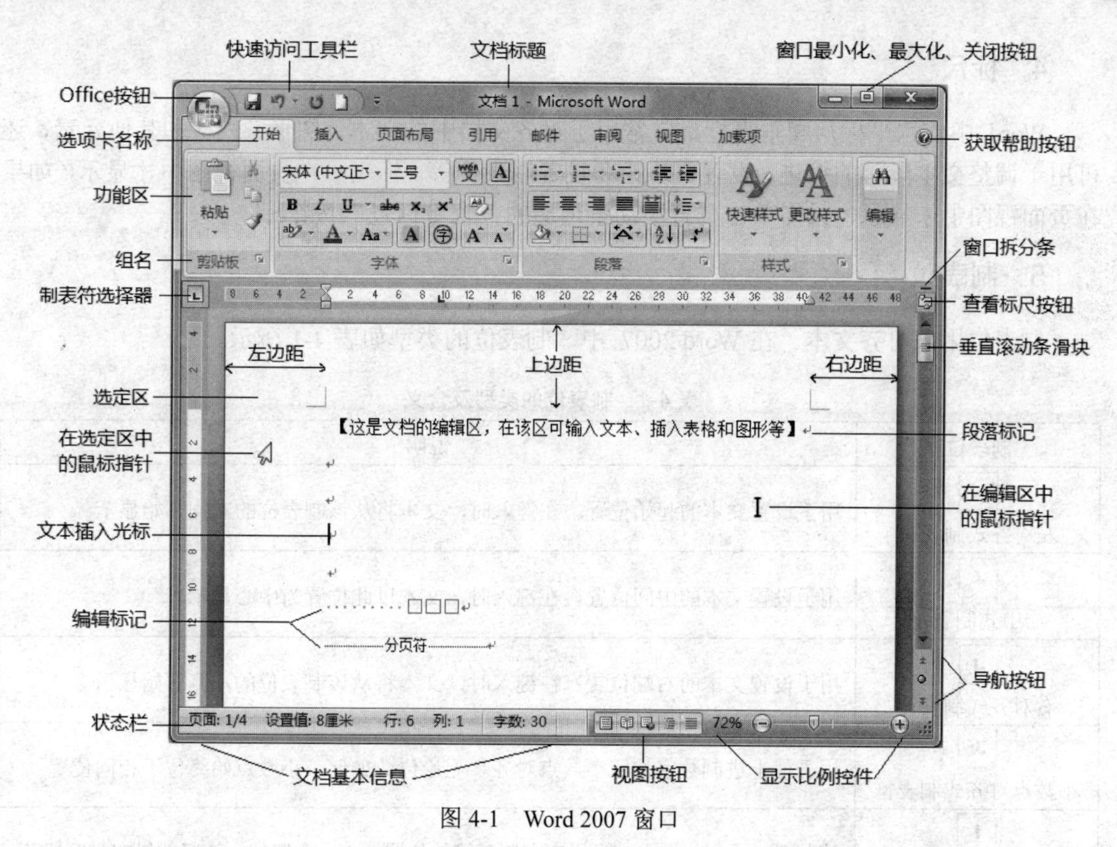

图 4-1　Word 2007 窗口

由于在第 3 章已介绍了 Office 按钮、标题栏、快速访问工具栏、功能区的功能，所以不再重复，本节只对其他部分进行介绍。

1．编辑区

编辑区又称文本区。在该区可以输入文本、表格和图形，还可以进行编辑和排版工作。编辑区中闪烁的“|”称为“插入点”，表示当前输入文字将要出现的位置。当鼠标在编辑区操作时，鼠标指针变成 I 形，其作用是可快速地重新定位插入点。将鼠标指针移动到所需的位置，单击鼠标左键，插入点将在该位置闪烁。

2．选定区

选定区是位于编辑区左端的一个隐含栏，当鼠标指针在该区时将变为↗形状。利用选定区可以很方便快捷地选择文本。

3．滚动条

垂直滚动条可以帮助用户移动文档的页面，当单击滚动条上的▲、▼按钮时，文本可一次上下移动一点；当拖动滚动条上的灰色滑块时，可快速移动文本；当上下拖动滚动滑块时，Word 2007 会跟踪文档中用户要去的地方。

水平滚动条可将文档控制在屏幕的中心位置。拖动水平滚动条上的滑块，可将文本在屏幕上左右移动。

4．标尺

Word 中的水平标尺和垂直标尺常常用于对齐文档中的文本、图形、表格和其他元素，还可用于调整文本段落的缩进、设置页边距和设置制表位等。标尺只在页面视图中才显示，如果在页面视图中未显示，只需单击垂直滚动条顶端的“查看标尺”按钮。

5．制表位

制表位用来对齐文本。在 Word 2007 中，制表位的类型如表 4-1 所示。

表 4-1　制表位的类型及含义

制表位	说明
左对齐式制表符	用于设置文本的起始位置。在键入时，文本将从该制表位的右侧开始显示
居中式制表符	用于设置文本的中间位置。在键入时，文本以此位置为中心显示
右对齐式制表符	用于设置文本的右端位置。在键入时，文本将从该制表位的左侧开始显示
小数点对齐式制表符	用于使十进制数字按照小数点对齐。无论位数如何，小数点始终位于相同位置
竖线对齐式制表符	该制表位不定位文本。可用它在制表符的位置插入一条竖线，该竖线纵向贯穿段落

注意

制表符选择器的最后还有两个选项和，分别用于“首行缩进”和“悬挂缩进”。该内容将在 4.4 节介绍和在实训 6 中操作练习。

6．导航按钮

导航按钮位于垂直滚动条底部，这些按钮可以帮助你移动文档。按钮是选择浏览对象按钮，用它可以选择要寻找的对象（如文档中的特殊文本、图片、图表、页脚等），、按钮可以帮助用户前后寻找。

7．状态栏

状态栏位于窗口的底部，其中包括页数、节、当前所在页数/总页数、插入点所在位置（行和列）、字数、视图按钮、显示比例控件等信息。如果单击状态栏中的各个状态项，会弹出相应的对话框；如果单击视图按钮，会切换到相应的视图。

4.1.3　Word 2007 的视图

为了增加文档的处理方式，Word 2007 提供了多种环境的显示模式，即视图，如页面视图、

阅读版式视图、Web 版式视图、大纲视图、普通视图，用户可根据自己处理文档的需要选择相应视图。

1. 页面视图

页面视图是使用频率最高的视图，用于显示整个页面的分布状况和整个文档在每一页上的位置，包括文本、图形、表格、文本框、页眉、页脚和页码等，不仅能方便地编辑它们，而且能对大部分对象进行实时预览，如图 4-2 所示。它具有“所见即所得”的显示效果，与打印效果完全相同。

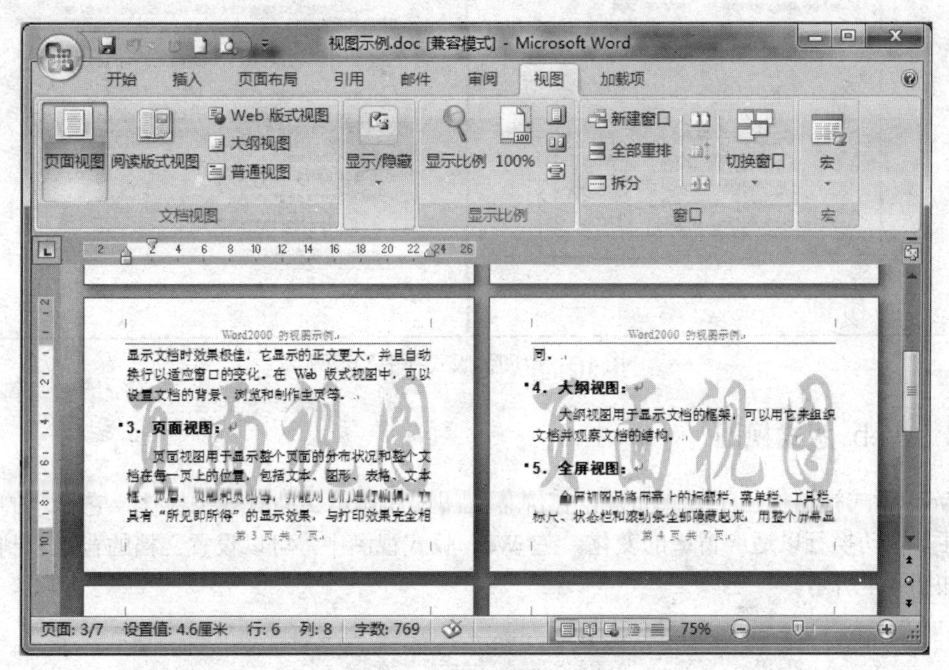

图 4-2 “页面视图”示例

如果功能区被关闭，单击某个选项卡可临时恢复显示，当使用其中的一个工具后，该功能区又将自动隐藏。

操作提示

2. 阅读版式视图

阅读版式视图是为了方便用户在计算机屏幕上进行阅读的一种优化视图，如图 4-3 所示。

在阅读版式视图中，可以通过多种方法查看文档：①单击页面下角的箭头；②按 Page Down 和 Page Up 键或空格键和 Backspace 键；③单击屏幕顶部中间的导航箭头。

操作提示

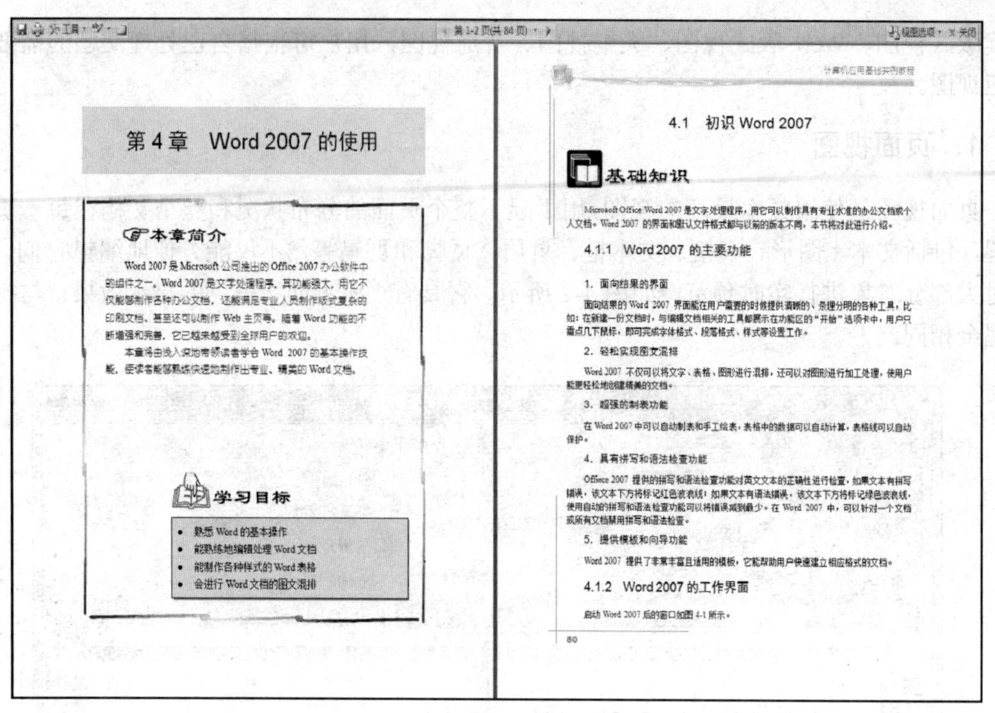

图 4-3　“阅读版式视图”示例

3．Web 版式视图

Web 版式视图优化了版式布局，在屏幕上阅读和显示文档时效果极佳，它显示的正文更大，并且自动换行以适应窗口的变化。在 Web 版式视图中，可以设置文档的背景、制作主页等，如图 4-4 所示。

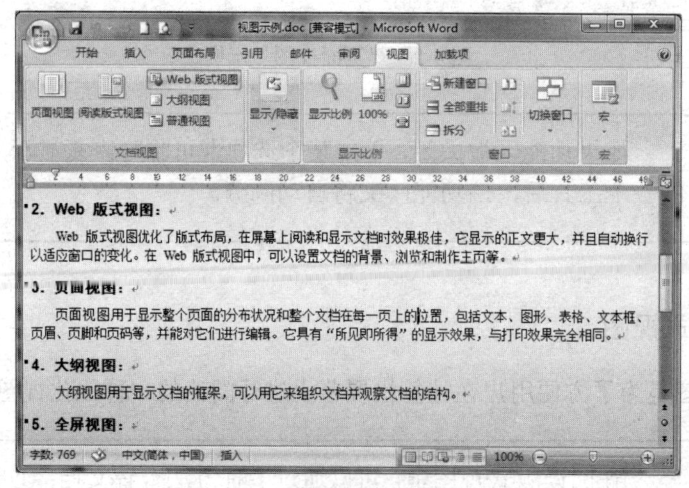

图 4-4　“Web 版式视图”示例

4．大纲视图

大纲视图将根据文本格式的级别来分级显示文档的大纲结构，用它可以很方便地组织文

档并掌控文档的整体结构。在大纲模式中，文本可使用的标题级别有 9 种，但一般可能使用到 3 或 4 个级别。在该视图中，低级别的标题自动缩进，如图 4-5 所示。

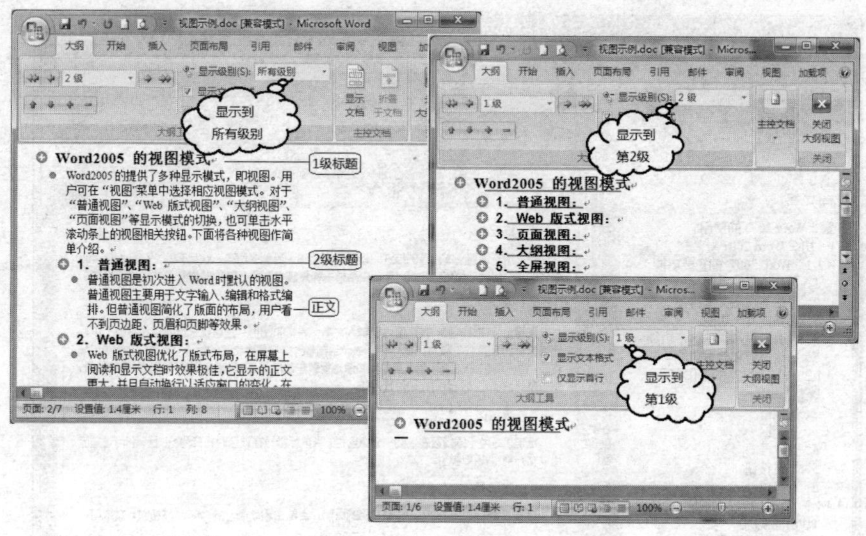

图 4-5　“大纲视图”示例

5. 普通视图

普通视图简化了版面的布局，用户看不到页边距、页眉和页脚等效果。普通视图可以让用户只关注文字输入，从而有效提高文本的输入速度，如图 4-6 所示。

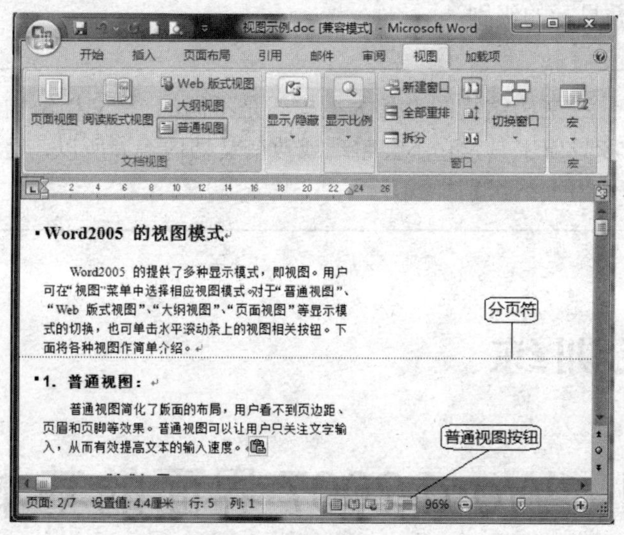

图 4-6　“普通视图”示例

6. 文档结构图

文档结构图是一个显示和导航工具，它以文档标题列表形式显示在一个独立的窗格中。使用“文档结构图”可以对整个文档进行浏览，同时还能够跟踪在文档中的位置。

在“页面视图”、“普通视图”或“大纲视图”中，单击“视图”功能区的“文档结构图”复选框，会显示如图 4-7 所示的文档结构图。

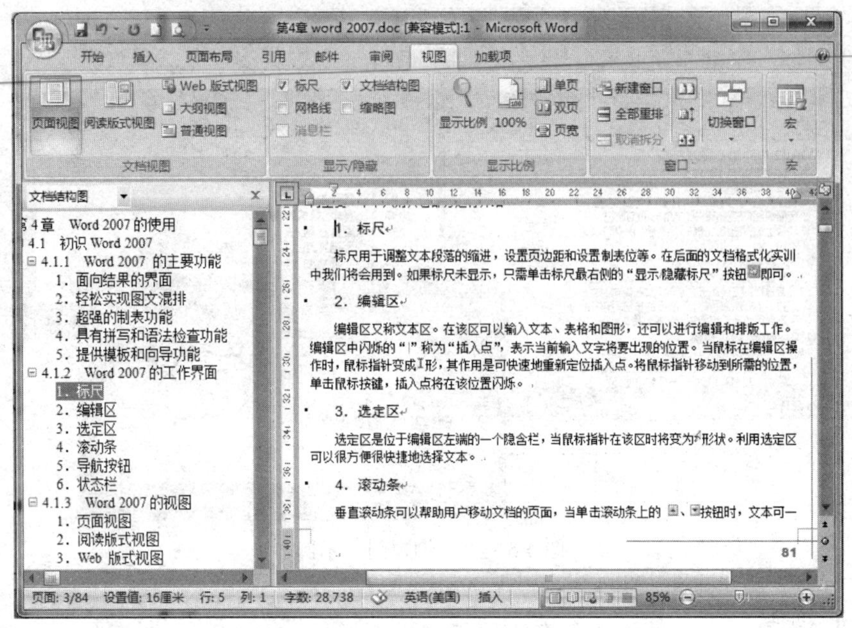

图 4-7　“文档结构图”示例

单击“文档结构图”窗格中的标题后，Word 就会跳转到文档中的相应标题，并将其显示在窗口的顶部，同时在“文档结构图”中突出显示该标题。单击“文档结构图”窗格中的⊞和⊟按钮可以展开和折叠显示的级别。

注意

> “文档结构图”和大纲模式是不同的，“文档结构图”仅是一个显示和导航工具，它不会整理或改变文档内容。所以，文档结构图不能代替使用大纲级别样式。

实训 1　Word 2007 界面的基本操作

一、实训目的

1. 掌握 Word 2007 的启动和退出方法。

2．掌握编辑标记的显示/隐藏方法。
3．掌握制表位的设置方法。
4．了解窗口的拆分方法。

二、实训内容

1．Word 2007 的启动
2．Word 2007 的退出
3．显示/隐藏编辑标记
4．始终显示特定标记
5．显示/隐藏标尺
6．快速设置制表位
7．更改默认制表位的间距
8．显示/隐藏页面的上下边距
9．拆分窗口

三、实训步骤

1．Word 2007 的启动

步骤

方法 1：通过“开始”菜单启动。单击“开始”→“所有程序”→Microsoft Office→Microsoft Office Word 2007 命令。

方法 2：通过快捷图标启动。双击桌面上的 快捷图标。

方法 3：通过文件名启动。在“Windows 资源管理器”窗口中，双击 Word 文档，将启动 Word 程序并打开该文档。

注意

用方法 1 和方法 2 启动 Microsoft Office Word 2007，会出现如图 4-1 所示的窗口，Word 将新建一份名为“文档 1”的空白文档。

方法 3 称为关联启动。所谓关联启动就是双击某个文件，会打开与它相关联的应用程序。例如，双击扩展名为.docx 的文件，会打开 Word 2007 应用程序；双击扩展名为.txt 的文件，会打开“记事本”应用程序；双击扩展名为.xlsx 的文件，会打开 Excel 2007 应用程序；双击扩展名为.pptx 的文件，会打开 PowerPoint 2007 应用程序等。这种方法可以同时打开多个 Word 文件。

方法 4：安全模式启动。在启动 Microsoft Office Word 2007 的同时按住 Ctrl 键，直到出现如图 4-8 所示的对话框，单击“是”按钮以安全模式启动。

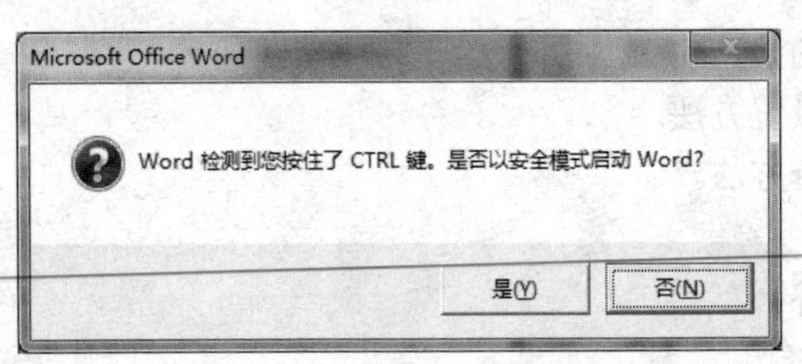

图 4-8　安全模式启动提示信息框

注意

有下面几种情况可以选择安全模式启动 Word：

（1）需要禁止 Word 加载项。

（2）Word 遇到困难并且正在尝试诊断问题。

（3）需要观察 Word 的默认行为。

2．Word 2007 的退出

步骤

方法 1：单击 Word 窗口右上角的按钮。

方法 2：单击按钮，再单击“退出 Word”命令。

方法 3：右击任务栏中要关闭的“Word 文档”窗口按钮，再单击“关闭窗口”命令。

方法 4：按 Alt+F4 组合键。

方法 5：单击按钮，再单击“关闭”命令。

注意

如果在退出 Word 2007 之前，正在编辑的文档还没有存盘，此时系统将提示用户是否将编辑的文档存盘。

方法 5 与前四种方法有所不同：该方法只关闭了 Word 文档窗口，并没有退出 Word 应用程序，如图 4-9 所示。

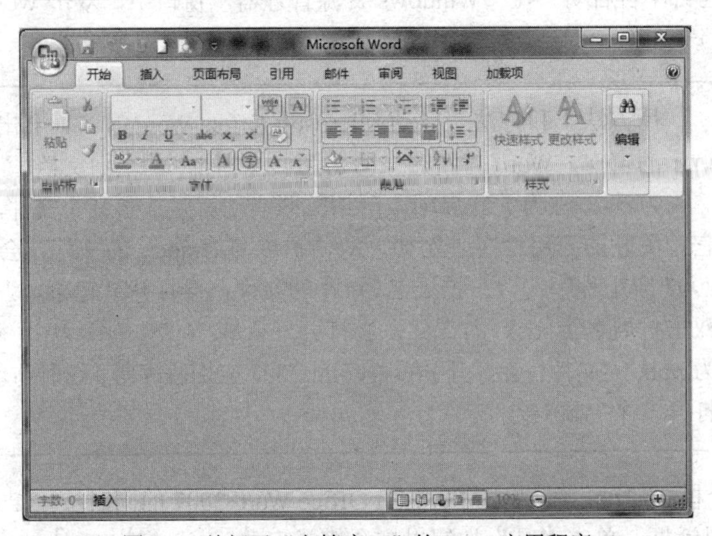

图 4-9　关闭了“文档窗口”的 Word 应用程序

3．显示/隐藏编辑标记

步骤

方法：单击“开始”选项卡，单击“段落”组中的按钮，可以显示或隐藏编辑标记和段落标记。

注意

编辑标记（如空格、制表符、段落标记、格式标记）是一种非打印字符，它能够在文档中显示，但不会被打印出来。

编辑标记的主要作用是便于查看文档的格式设定。

段落标记的主要作用是对段落进行分段，并且将该段落中的所有格式继承到下一个段落中。

如果选择始终显示特定的标记（例如段落标记或空格），“显示/隐藏编辑标记”按钮不会隐藏所有的格式标记。

4．始终显示特定标记

步骤

（1）单击“Office 按钮”，再单击“Word 选项”按钮。

（2）单击“显示”选项，在“始终在屏幕上显示这些格式标记”下方勾选要在文档中始终显示的标记，如图 4-10 所示。

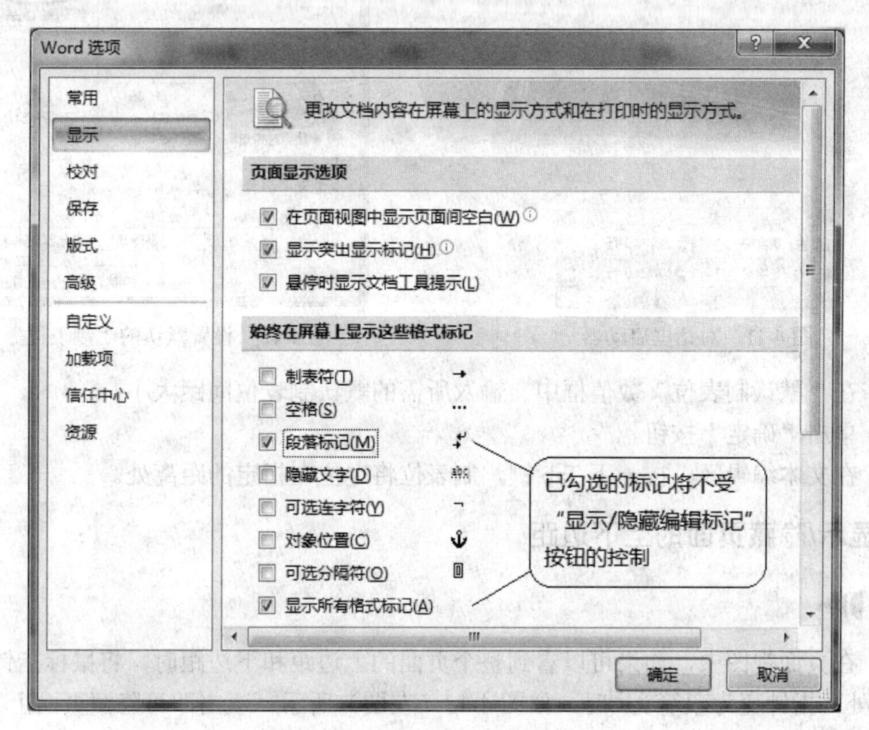

图 4-10　选择始终要显示的标记

5．显示/隐藏标尺

步骤

方法：单击垂直滚动条顶端的“查看标尺”按钮，可显示/隐藏标尺。

6．快速设置制表位

步骤

（1）反复单击水平标尺左端的“制表符”选择器，选择所需的制表符类型。
（2）在标尺上，单击需要设置制表位的位置。
（3）拖动标尺上的制表符，可以将其改变到其他位置。
（4）要删除制表位，可将其向上或向下拖离标尺。

7．更改默认制表位的间距

步骤

（1）在“页面布局”选项卡上，单击“段落”对话框启动器，如图 4-11 所示。
（2）在“段落”对话框中，单击“制表位”按钮，会出现如图 4-12 所示的对话框。

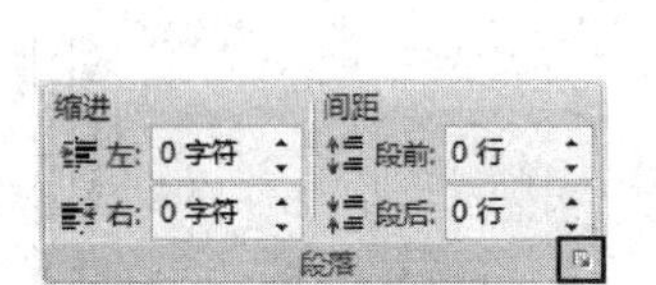

图 4-11　对话框启动器

图 4-12　设置默认的“制表位”

（3）在“默认制表位”数值框中，输入所需的默认制表位间距大小。
（4）单击“确定”按钮。
（5）在文本编辑区，按一下 Tab 键，制表位将定位在指定的距离处。

8．显示/隐藏页面的上下边距

步骤

（1）在页面视图中，如果可以看到整个页面的上边距和下边距时，将鼠标指针指向页面间的空白处，指针变为双箭头时，如图 4-13（左图）所示，双击即可隐藏页面上下边距。

（2）当不显示上边距和下边距时，指向页面间的分隔线，指针变为双箭头时，如图 4-13

（右图）所示，双击即可显示页面上下边距。

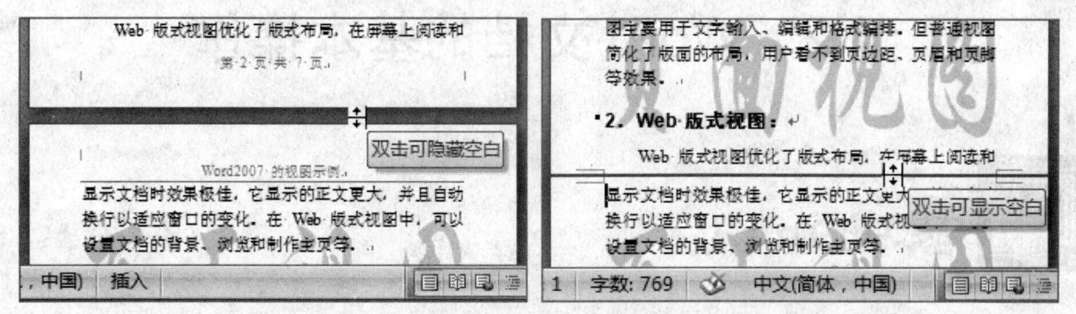

图 4-13　双击可显示/隐藏页面上下边距

9．拆分窗口

步骤

方法 1：使用“窗口拆分条”完成。

（1）指向“查看标尺”按钮上方的“窗口拆分条”，如图 4-14 所示。

（2）将“窗口拆分条”向下拖动，可将窗口分为上下两个窗格，如图 4-15 所示。

窗口拆分条　查看标尺按钮

图 4-14　窗口拆分条

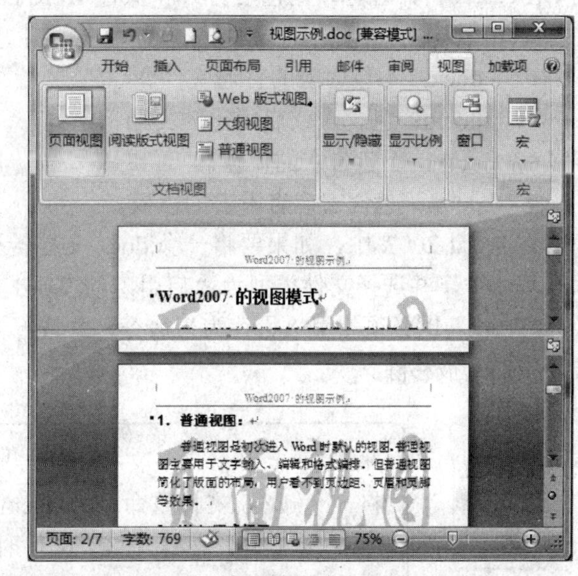

图 4-15　窗口被拆分为上下两部分

（3）将“窗口拆分条”向上拖动，可取消窗口的拆分。

（4）双击“窗口拆分条”，可将窗口分为两个相等的窗格。

方法 2：使用“视图”选项卡完成。

（1）单击“视图”选项卡，单击“窗口”组中的“拆分”按钮，鼠标指针处会跟随一条灰色的分隔条。

（2）移动鼠标，在窗口适当位置单击即可将窗口拆分成上下两部分。

（3）如果要取消拆分窗口，单击“视图”选项卡，再单击“窗口”组中的“取消拆分”按钮。

4.2 Word 文档的基本操作

基础知识

Word 文档的处理一般包括这些基本操作：新建文档、输入文本、保存文档、打开文档、打印文档、发布文档等。

4.2.1 了解 Word 2007 的文档格式

Word 2007 采用一种全新的文件格式，但它仍然支持打开和保存早期格式文件。Word 2007 用户可默认选择早期的格式来保存所有文档。而对于 Word 2000-2003 用户，只要安装了免费的 Office 2007 兼容包，则也可打开和保存 Word 2007 的文件格式。

Word 2007 有 4 种本地文件格式：

- .docx：不包含宏的普通文件。
- .docm：包含宏或启用宏的文档。
- .dotx：不包含宏的模板。
- .dotm：包含宏或启用宏的模板。

在 Word 2007 中，如果要将一个.docx 文档转换为.docm 以使它能包含宏，必须使用“另存为”命令，并选择文件类型为“启用宏的 Word 文档（*.docm）”。如果将一个.docm 文件转换为*.docx，也必须使用“另存为”命令，并选择文件类型为“Word 文档（*.docx）”，此时，文档中的宏被移除。

注意

.docx 和.docm 文档间的转换不能用“重命名”方式完成，无论是将一个.docx 文件重命名为.docm 文件，还是将一个.docm 文件重命名为.docx 文件，在打开这类文件时，Word 2007 都将给出如图 4-16 所示的消息框。

图 4-16　Word 2007 拒绝打开更改了扩展名的.docx 和.docm 文件

4.2.2　创建空白文档

当启动Word 2007应用程序后，系统会自动建立一个名为“文档1.docx”的空白文档；如果此时单击常用工具栏中的“新建”按钮，系统会自动建立一个名为“文档2.docx”的空白文档，依此类推。

1．输入文本

新建一份空白文档之后，便可开始输入文本。在输入文本时，每个字符都在闪烁的竖条光标右侧出现，当文本填满一行时，Word会自动换行，开始新一行的文本输入，直到用户敲Enter键（回车键），才会结束一个段落的输入。

2．新建段落

当用户敲Enter键结束一个段落的输入时，会在段落末尾插入一个段落标记，同时，竖条光标跳到下一行，可以开始另一个段落文本的输入。为了以后便于排版，建议用户一定在每个自然段落结束处才按一次Enter键。

如果将插入点定位在一个段落的首字符前并按回车键，可以在该段落前插入一个空行；如果将插入点定位在一个段落的中间某处并按回车键，可以将该段落分成两个自然段。

操作提示

如果想在文档空白处的任意位置输入文本或插入对象，可采用Word的“即点即输”功能，即用鼠标双击该处后，竖条插入点就定位在此处。该功能只在页面视图中有效。

3．使用默认制表位对齐文本

每一个新建的空白文档都已默认设置了制表位，按Tab键可将文本对齐到默认的制表位。如果多次按Tab键，可增加文本间隔的宽度，如图4-17所示。

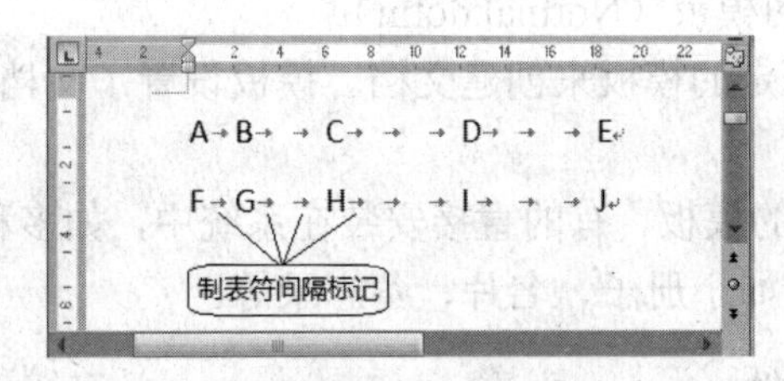

图4-17　利用制表位对齐文本

4．插入与改写

Word 2007有两种文本输入模式：插入模式和改写模式。默认是插入模式，即在输入文本时，如果插入点右边已有文字，这些文字将向右移动以容纳新输入的文字。如果处于改写模式，输入的文本将替换掉插入点右边的文字。

在 Word 2007 中，使用 Insert 键在插入模式和改写模式之间进行切换。如果用户想取消 Insert 键的控制功能，则可单击“Office 按钮”，再单击“Word 选项”命令，在弹出的对话框中单击“高级”命令，按图 4-18 所示清除对“用 Insert 控制改写模式”复选框的选择。

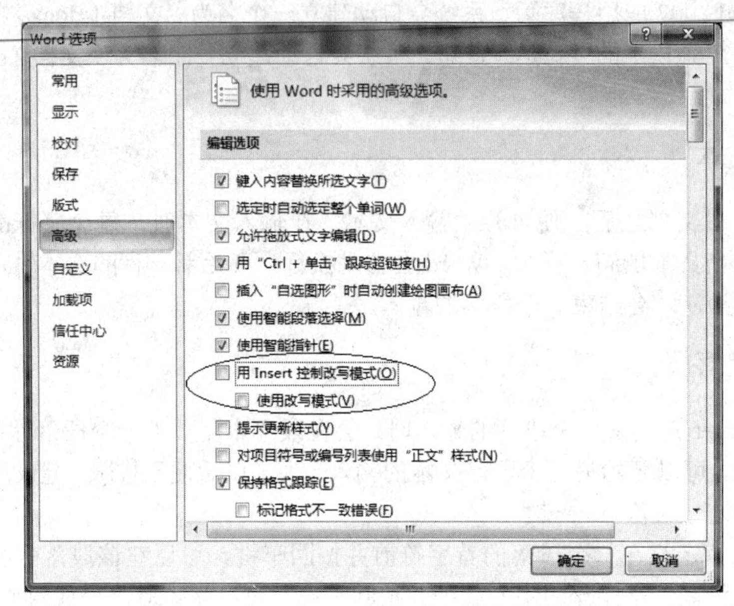

图 4-18　取消 Insert 键对改写模式的控制

4.2.3　使用模板创建文档

用户不必每次从零开始创建文档，对一个初学者来说，使用 Word 2007 提供的模板创建文档是个不错的选择。

1．了解模板

在 Word 中创建的每一个新文档（包括空白文档）都是基于某一个模板的。在新建空白文档时，Word 自动应用默认的模板（Normal.dotm）。

有时，我们需要使用特定的模板来创建文档。模板设置了文档的基本格式，如页面大小、页边距、信息占位符等。

Word 2007 提供了大量的模板，有的直接安装在系统中，如多种信件、简历、传真和报告模板；有的是联机提供的，如小册子、名片、备忘录等。

2．使用模板创建文件

如果要写一份个人简历，可以使用 Word 2007 提供的简历模板来完成。方法如下：

（1）单击“Office 按钮”，再单击“新建”命令，在弹出的对话框中单击“已安装的模板”，如图 4-19 所示。

（2）选择“原创简历”模板后，在右侧窗格中会显示该模板的预览图。

（3）单击“创建”按钮。

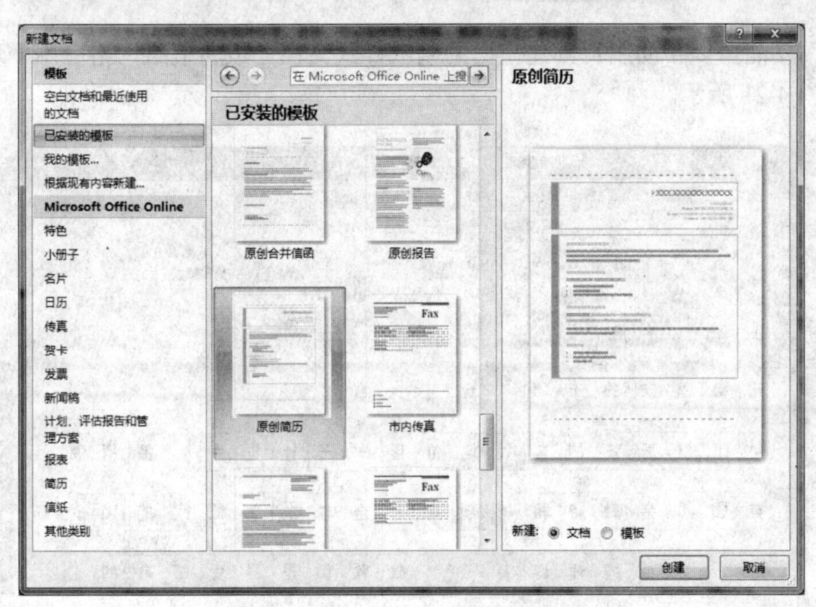

图 4-19　使用模板创建“简历”文档

4.2.4　创建特定的文档

在 Word 2007 中，还可以创建特定的文档，如“书法字帖”、稿纸文档、博客等。

“书法字帖”功能可以帮助用户灵活地创建字帖文档，自定义字帖中的字体颜色、网格样式、文字方向等，然后将它们打印出来，这样就可以获得符合自己的书法字帖，从而提高自己的书法造诣，如图 4-20 所示。

图 4-20　“书法字帖”文档

“稿纸”功能可以帮助用户创建空白的稿纸样式文档，或将稿纸网格应用于现有的 Word 文档中，如图 4-21 所示。

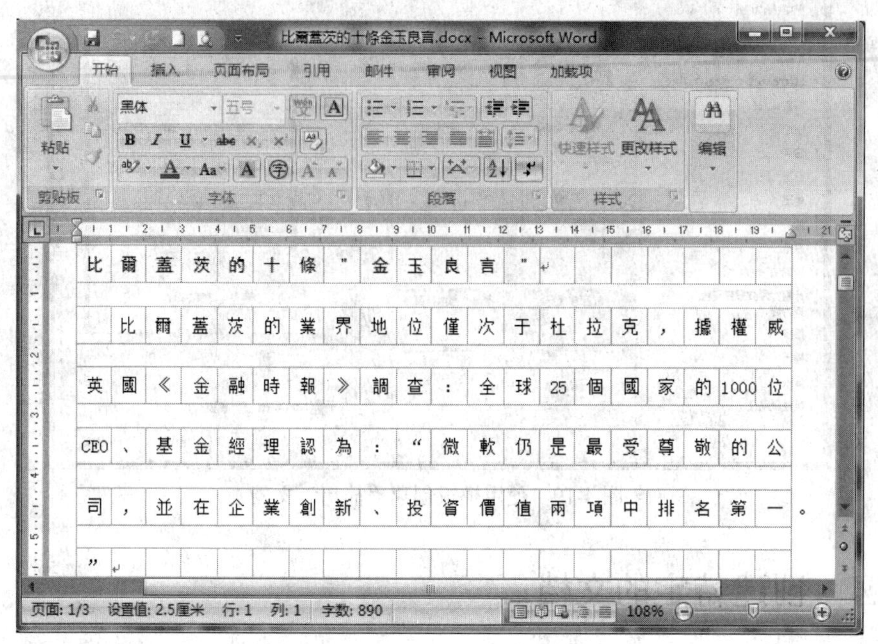

图 4-21　稿纸文档示例

4.2.5　保存文档

如果当前文档不是新文档，单击“快速访问工具栏”上的“保存”按钮，或单击“Office 按钮”并单击“保存”命令，或按 Ctrl+S 键，即可保存文档。但如果当前文档是新文档，单击“保存”按钮后，会出现“另存为”对话框，这时需要指明文件保存的位置、文件名及文件类型等。

1．Word 2007 的其他文件格式

在 Word 2007 中，除了可将文档保存为.docx、.docm、.dotx、.dotm 格式以外，还可以保存为其他格式，如表 4-2 所示。

表 4-2　Word 2007 的其他文件格式

文件格式	说明
doc	早期版本的 Word 文件类型
dot	早期版本的 Word 模板文件类型
txt	纯文本文件类型，不能保存原文件的格式
htm 或 html	网页格式
rtf	大纲格式文档，可以在 PowerPoint 中直接打开编辑
pdf 或 xps	固定版式的电子文件格式，可以保留文档格式并支持文件共享

2. 自动保存和自动恢复

在文本输入过程中，用户应当随时保存文档，主要是为了防止突然断电，或 Word 程序异常关闭，或其他意外事故发生后，引起数据丢失。

在发生意外后，为了将损失降到最低，用户可以启用 Word 的“自动保存”和“自动恢复”功能。但它们不能代替手动方式定期保存文件，即通过单击“保存”按钮保存文件。

3. 设置和保存文档密码

在保存文档前，可以先设置文档的打开密码和修改密码，这样能有效防止别人查看或修改文档内容。

在设置密码时，密码长度应大于或等于 8 个字符，最好使用包括 14 个或更多个字符的密码。如果使用由大写字母、小写字母、数字和符号组合而成的密码，称为强密码；否则，称为弱密码。例如，X4kn*6Tg8 是强密码，而 Hollo12 是弱密码。

4.2.6 打开文档

在 Word 2007 中，可以用不同的方式打开文档，如果要编辑文档，可以打开原始文件；如果只是查看，可以用只读方式打开文档；如果不想在原文件中编辑修改，可以用副本方式打开文档，程序将创建文件的副本，以后所做的任何更改都将保存到该副本中，程序为副本提供新名称，默认情况下是在文件名的开头添加副本(1)。

另外，Word 2007 允许同时对多个文档进行操作，当打开多个文档时，每个文档独占一个窗口，通过任务栏上的窗口按钮可在多个文档之间进行切换。

技能训练

实训 2　制作一份简单的 Word 文档

【实例】创建一个 Word 文档，要求如下：

（1）在 Word 文档中，按照图 4-22 所示输入文本。

（2）将文本保存到“E:\Word 示例”文件夹中，并命名为“排版练习 1.docx”。

（3）将该文档再以“金玉良言.doc”为名保存一份在当前文件夹中。

（4）将 Word 文档的自动保存时间间隔设置为 5 分钟。

（5）给该文档设置打开密码和修改密码。

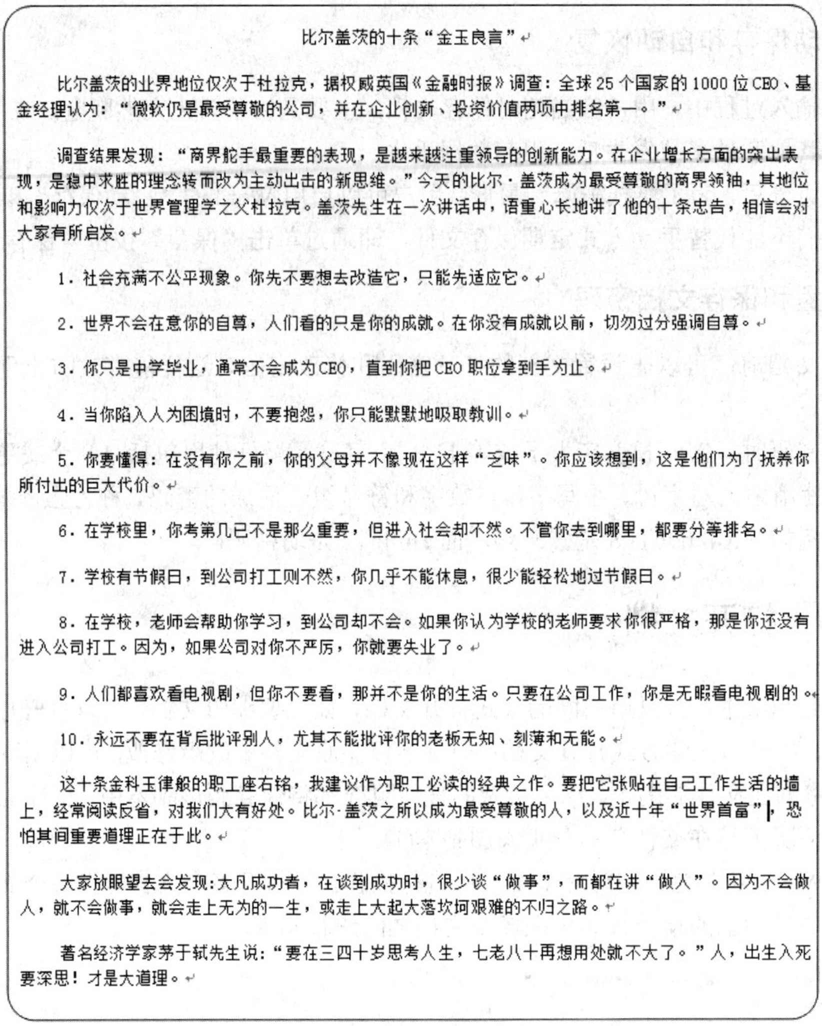

比尔盖茨的十条“金玉良言”

比尔盖茨的业界地位仅次于杜拉克，据权威英国《金融时报》调查：全球 25 个国家的 1000 位 CEO、基金经理认为：“微软仍是最受尊敬的公司，并在企业创新、投资价值两项中排名第一。”

调查结果发现：“商界舵手最重要的表现，是越来越注重领导的创新能力。在企业增长方面的突出表现，是稳中求胜的理念转而改为主动出击的新思维。”今天的比尔·盖茨成为最受尊敬的商界领袖，其地位和影响力仅次于世界管理学之父杜拉克。盖茨先生在一次讲话中，语重心长地讲了他的十条忠告，相信会对大家有所启发。

1．社会充满不公平现象。你先不要想去改造它，只能先适应它。

2．世界不会在意你的自尊，人们看的只是你的成就。在你没有成就以前，切勿过分强调自尊。

3．你只是中学毕业，通常不会成为 CEO，直到你把 CEO 职位拿到手为止。

4．当你陷入人为困境时，不要抱怨，你只能默默地吸取教训。

5．你要懂得：在没有你之前，你的父母并不像现在这样“乏味”。你应该想到，这是他们为了抚养你所付出的巨大代价。

6．在学校里，你考第几已不是那么重要，但进入社会却不然。不管你去到哪里，都要分等排名。

7．学校有节假日，到公司打工则不然，你几乎不能休息，很少能轻松地过节假日。

8．在学校，老师会帮助你学习，到公司却不会。如果你认为学校的老师要求你很严格，那是你还没有进入公司打工。因为，如果公司对你不严厉，你就要失业了。

9．人们都喜欢看电视剧，但你不要看，那并不是你的生活。只要在公司工作，你是无暇看电视剧的。

10．永远不要在背后批评别人，尤其不能批评你的老板无知、刻薄和无能。

这十条金科玉律般的职工座右铭，我建议作为职工必读的经典之作。要把它张贴在自己工作生活的墙上，经常阅读反省，对我们大有好处。比尔·盖茨之所以成为最受尊敬的人，以及近十年“世界首富”，恐怕其间重要道理正在于此。

大家放眼望去会发现：大凡成功者，在谈到成功时，很少谈“做事”，而都在讲“做人”。因为不会做人，就不会做事，就会走上无为的一生，或走上大起大落坎坷艰难的不归之路。

著名经济学家茅于轼先生说：“要在三四十岁思考人生，七老八十再想用处就不大了。”人，出生入死要深思！才是大道理。

图 4-22　“排版练习 1”文档

一、实训目的

1．掌握 Word 2007 文档的创建、保存和打开方法。
2．掌握文本的基本输入方法。
3．掌握 Word 2007 文档的密码设置方法。

二、实训内容

1．创建新文档
2．输入文本
3．保存尚未命名的新文档
4．保存文档的副本

5．设置自动保存文档
6．设置文档的打开密码
7．设置文档的修改密码
8．打开最近使用的文档
9．打开较早先的文件

三、实训步骤

1．创建新文档

步骤

（1）单击“开始”→“所有程序”→Microsoft Office→Microsoft Office Word 2007 命令，或双击桌面上的快捷图标。

（2）Word 启动后，系统会自动建立一个名为“文档 1.docx”的空白文档，用户可以直接在此文档中输入文字。

（3）如果需要再建立一个新文档，可选择以下两种方法之一：

方法 1：单击“快速访问工具栏”中的按钮（如果没有该按钮，则单击按钮从下拉菜单中选择“新建”命令，再单击该按钮）。

方法 2：单击“Office 按钮”，再单击“新建”命令，弹出如图 4-23 所示的对话框，选择“空白文档”，然后单击“创建”按钮。

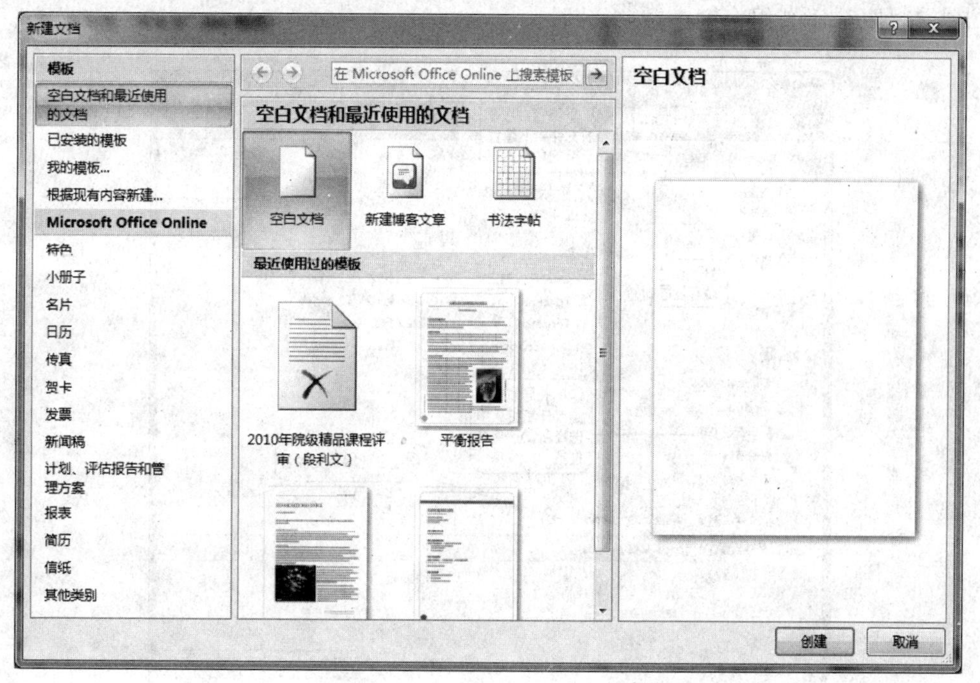

图 4-23　“新建文档”对话框

2．输入文本

步骤

（1）在竖条光标处，使用空格键退后两个汉字或按 Tab 键。

（2）输入第一个段落的文本。

（3）第一段文本输入完毕，按 Enter 键，光标将换到下一行，表示重新开始一个段落。这时，可输入第二个段落的文本。

（4）用同样的方法，将所有文本输入完成。

操作提示

如果要修改文档中的错误，可将插入点定位到错误的文本处，按 Del 键删除插入点右边的字符，按 Backspace 键删除插入点左边的字符。

如果要在文本中间插入内容，可将插入点定位到需要插入内容的地方，然后输入内容。

3．保存尚未命名的新文档

步骤

（1）承前例，选择以下三种方法之一，会弹出如图 4-24 所示的对话框：

方法 1：单击“快速访问工具栏”上的“保存”按钮。

方法 2：单击“Office 按钮”，再单击“保存”命令。

方法 3：按 Ctrl+S 组合键。

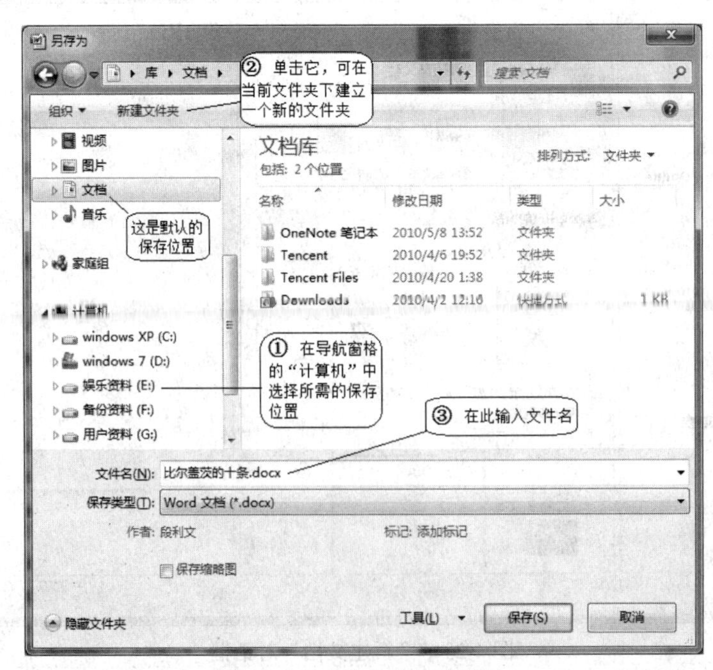

图 4-24 “另存为”对话框

（2）在导航窗格中，选择要保存的位置 E:盘。

（3）单击“新建文件夹”按钮，会在 E:盘中新建文件夹，将其命名为“Word 示例”。

（4）双击“Word 示例”文件夹将其打开。

（5）在“文件名”组合框中输入：排版练习 1.docx。

（6）单击“保存”按钮。

注意

第一次保存某文档时，注意至少要做两件事情：一是为新文档取名；二是选择新文档要存放到什么位置，以便以后查找。

对于已命名的文档，单击“保存”按钮后，系统自动将当前文档的内容保存在同名的文档中，不出现对话框。

4. 保存文档的副本

步骤

（1）承前例，单击“Office 按钮”，指向“另存为”，单击“Word 97-2003 文档”，如图 4-25 所示。

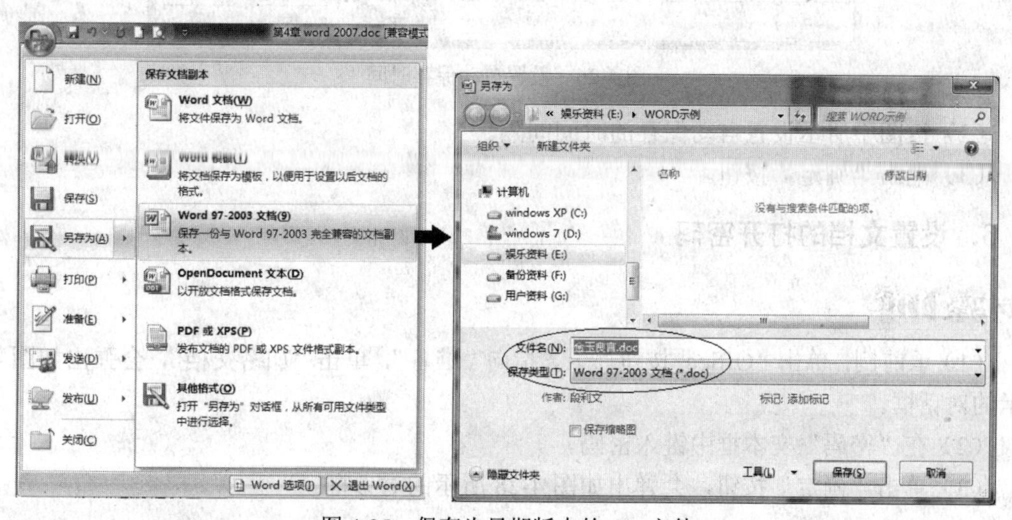

图 4-25　保存为早期版本的 doc 文件

（2）在“文件名”组合框中重新输入：金玉良言.doc。

（3）单击“保存”按钮。

操作提示

如果要永久性“另存为”早期的 doc 格式，则方法如下：

（1）单击“Office 按钮”，再单击“Word 选项”命令，在弹出的对话框中单击“保存”。

（2）打开“将文件保存为此格式”下拉列表框，选择“Word 97-2003 文档（*.doc）”。

5．设置自动保存文档

步骤

（1）承前例，单击“Office 按钮”，再单击“Word 选项”命令，在弹出的对话框中单击“保存”，如图 4-26 所示。

图 4-26　设置自动保存时间

（2）按图中所示设置自动保存的时间间隔。
（3）单击“确定”按钮。

6．设置文档的打开密码

步骤

（1）承前例，单击“Office 按钮”，指向“准备”，单击“加密文档”，会弹出如图 4-27 所示的对话框。
（2）在“密码”文本框中键入密码。
（3）单击“确定”按钮，会弹出如图 4-28 所示的对话框。

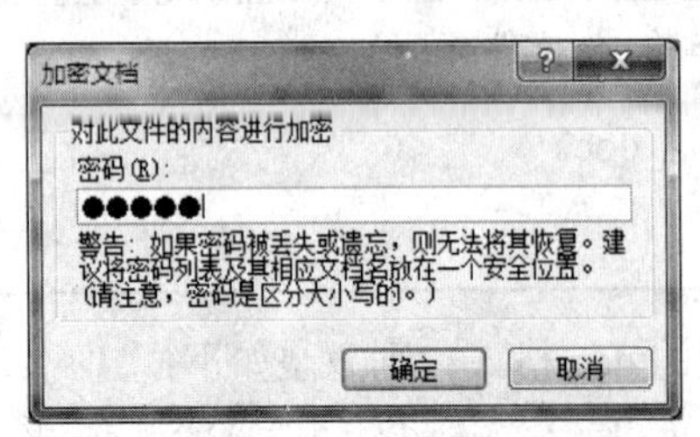

图 4-27　设置打开权限密码

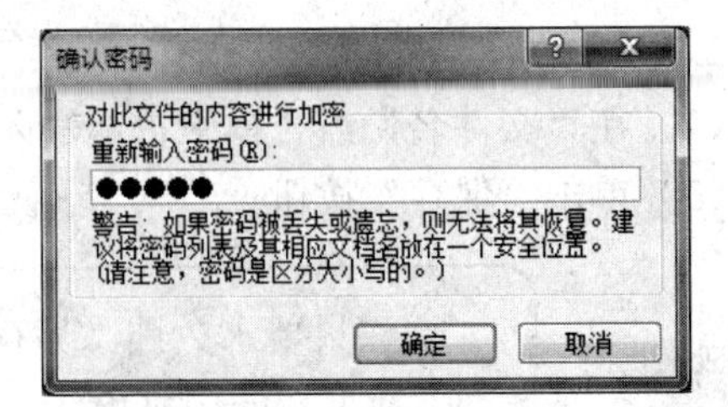

图 4-28　确认打开权限密码

（4）在“重新输入密码”文本框中再次键入密码。
（5）单击“确定”按钮。
（6）保存文件。

7. 设置文档的修改密码

步骤

（1）承前例，单击“Office 按钮”，再单击“另存为”，在弹出的对话框中单击“工具”按钮，如图4-29所示。

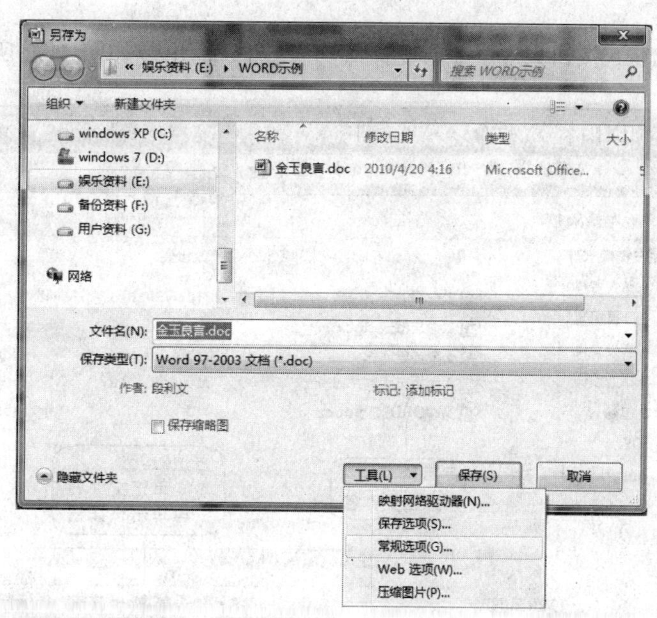

图4-29 “另存为”对话框的“工具”按钮的下拉菜单选项

（2）单击“常规选项”命令，会弹出如图4-30所示的对话框。

（3）在其中输入修改文档时的密码。

（4）单击“确定”按钮，会弹出如图4-31所示的对话框。

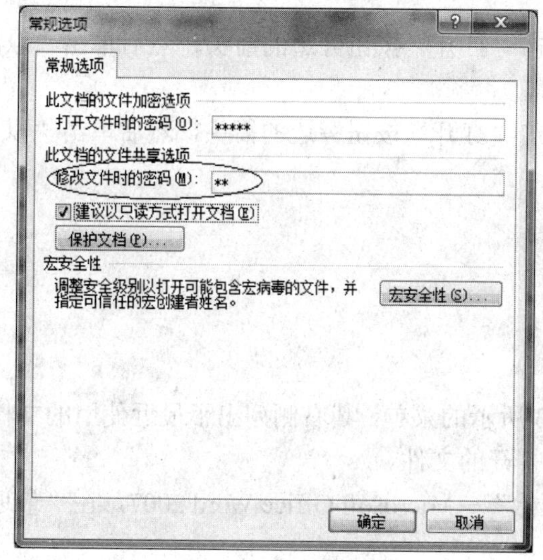

图4-30 设置修改文档密码

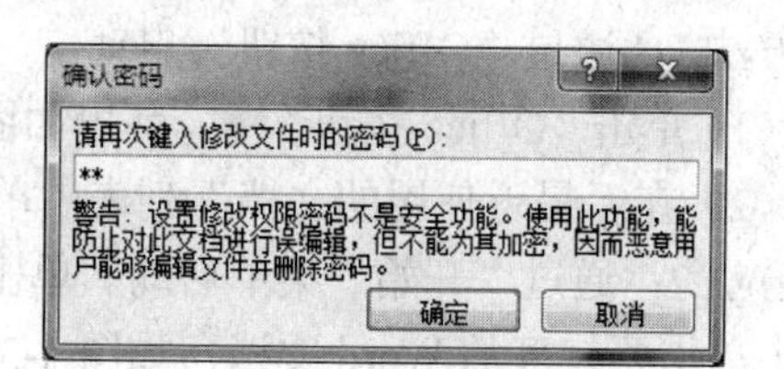

图4-31 “确认密码”对话框

（5）重新键入密码进行确认，单击“确定”按钮。

（6）在“另存为”对话框中，单击“保存”按钮。

（7）如果出现提示，单击“是”按钮以替换已有的文档。

8．打开文档

步骤

（1）单击“Office 按钮”，再单击“打开”命令，出现如图 4-32 所示的对话框。

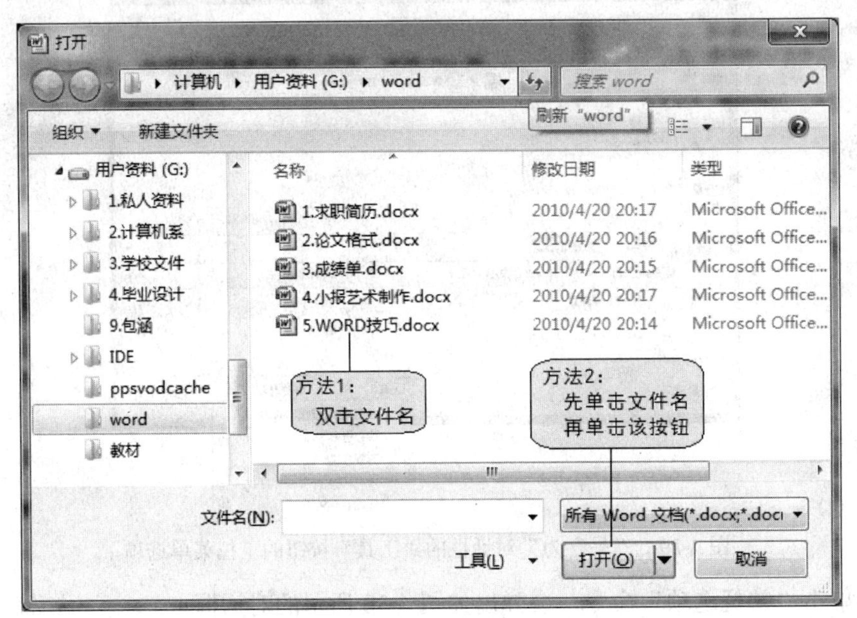

图 4-32 “打开”对话框

（2）打开文件所在的文件夹。

（3）用图中所示的方法打开文件。

（4）如果要以副本方式打开文档，可以单击“打开”按钮旁边的箭头，然后单击“以副本方式打开”。

（5）如果要以只读方式打开文档，可以单击“打开”按钮旁边的箭头，然后单击“以只读方式打开”。

9．打开最近使用的文档

步骤

方法 1：通过“Office 按钮”启动。

（1）单击“Office 按钮”，弹出如图 4-33 所示的菜单，其右侧列出了最近使用的文档。

（2）在“最近使用的文档”列表中单击要打开的文件。

方法 2：通过“开始”菜单启动。单击“开始”→Microsoft Office Word 2007，在“最近”菜单中单击要打开的 Word 文档，如图 4-34 所示。

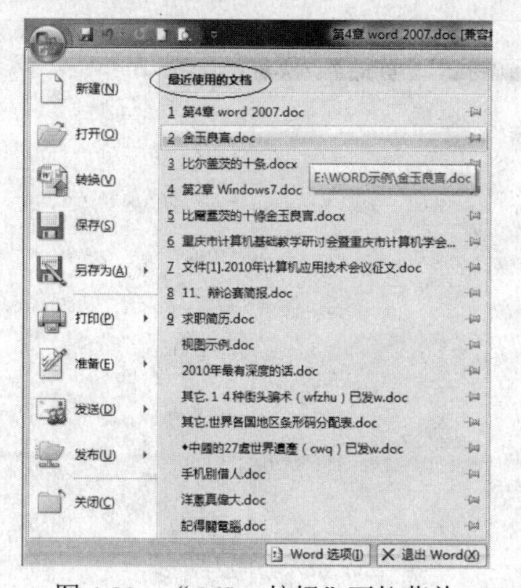

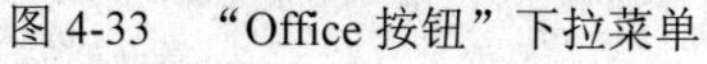

图 4-33 “Office 按钮”下拉菜单

图 4-34 Word 2007 的“最近”菜单

实训 3 制作特定的文档

一、实训目的

1．掌握模板创建文档的方法。
2．了解 Word 2007“书法字帖”文档的创建方法。
3．了解 Word 2007 稿纸的应用方法。

二、实训内容

1．使用模板创建一份个人简历
2．创建一个“书法字帖”文档
3．将现有文档设置为稿纸格式

三、实训步骤

1．使用模板创建一份个人简历

【实例】创建如图 4-35 所示的文档。

步骤

（1）单击“Office 按钮”，再单击“新建”命令，在弹出的对话框中选择“已安装的模板”，如图 4-36 所示。

（2）根据自己的喜好选择一款简历模板。

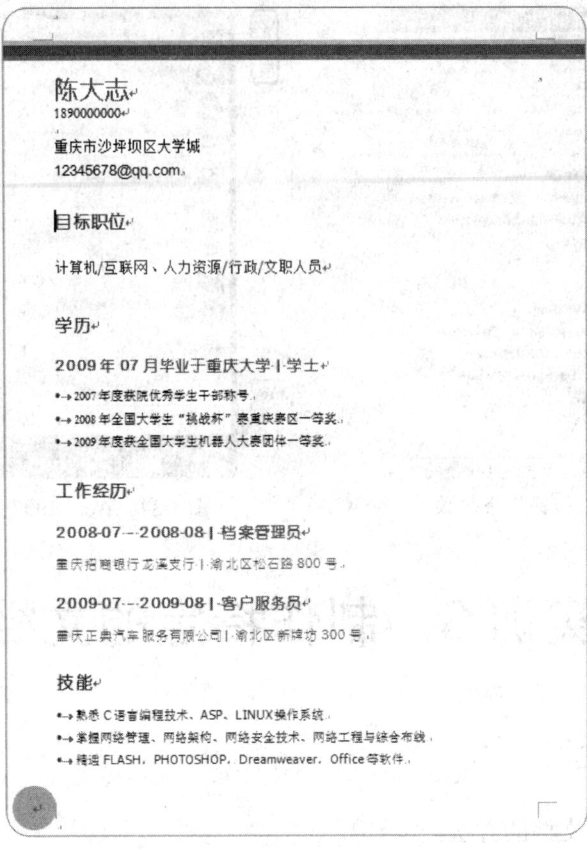

图 4-35　求职个人简历示例

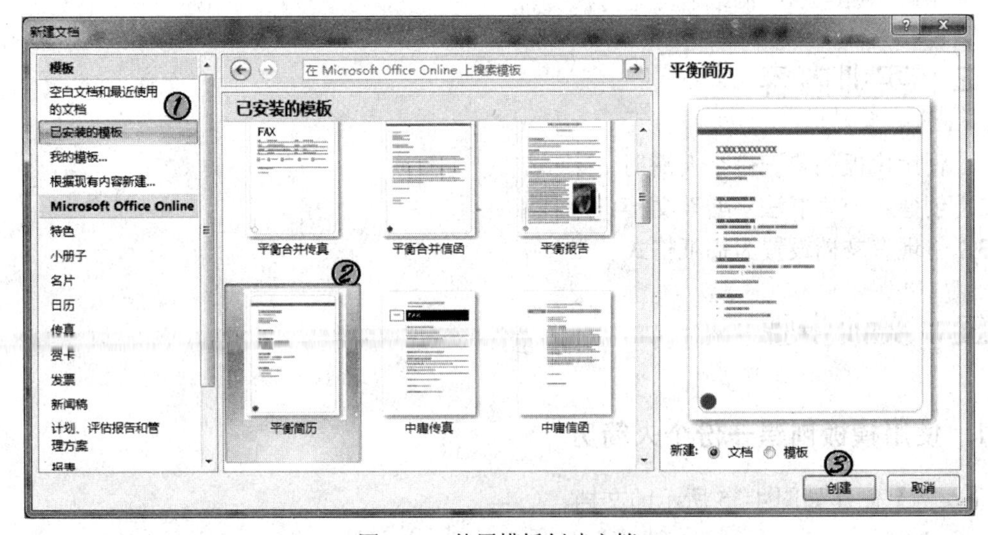

图 4-36　使用模板创建文档

（3）单击“创建”按钮，会创建一份包含格式的文档。

（4）单击文档中的文本占位符，输入自己的个人信息。

（5）完成后，保存该文档。

2．创建一个“书法字帖”文档

【实例】创建如图 4-37 所示的文档。要求：每页显示 6 行，每行 5 个汉字。

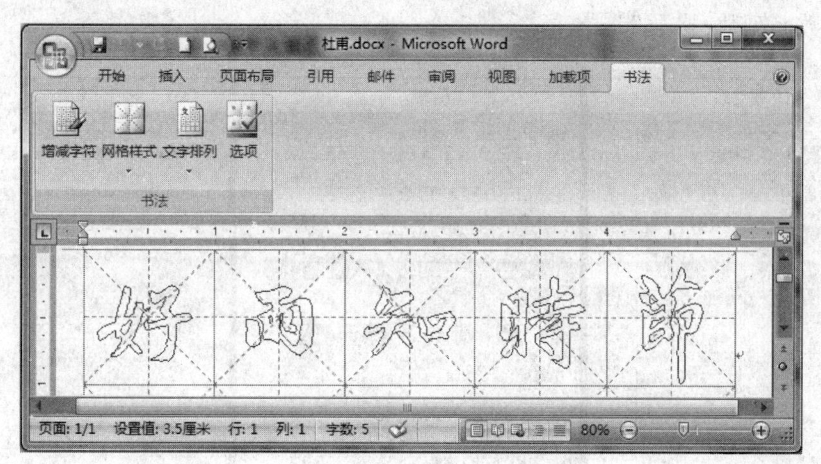

图 4-37　“书法字帖”文档示例

步骤

（1）单击“Office 按钮”，再单击“新建”命令。

（2）在弹出的“新建文档”对话框中，选择“书法字帖”。

（3）单击“创建”按钮，会打开如图 4-38 所示的对话框。

（4）选好需要的文字后，单击“关闭”按钮即可创建一个字帖文档。

（5）单击功能区的“书法”选项卡，再单击“选项”按钮，会打开如图 4-39 所示的对话框。

图 4-38　选择字帖文字

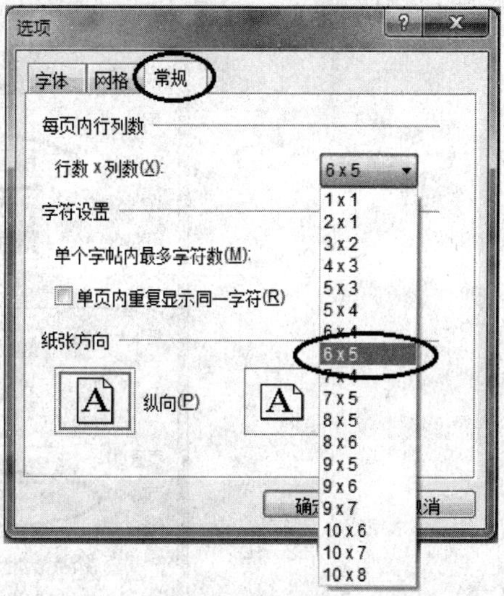

图 4-39　设置字帖每页的行列数

（6）在“每页内行列数”区域的下拉列表框中选择“6×5”，单击“确定”按钮。

（7）完成后，保存文档。

3．将现有文档设置为稿纸格式

【实例】将一个现有的文档设置为稿纸格式，如图 4-40 所示。要求：在稿纸文档的页脚中显示“行数×列数=格数”

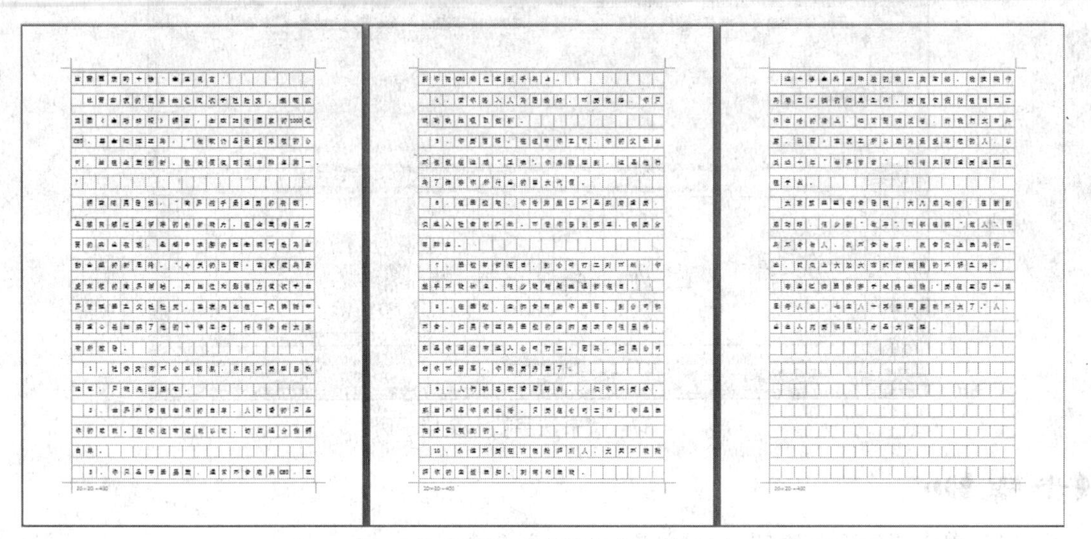

图 4-40　应用了稿纸格式的文档示例

步骤

（1）打开要应用稿纸设置的 Word 文档。

（2）单击“页面布局”选项卡，单击“稿纸”组中的“稿纸设置”按钮，会打开如图 4-41 所示的对话框。

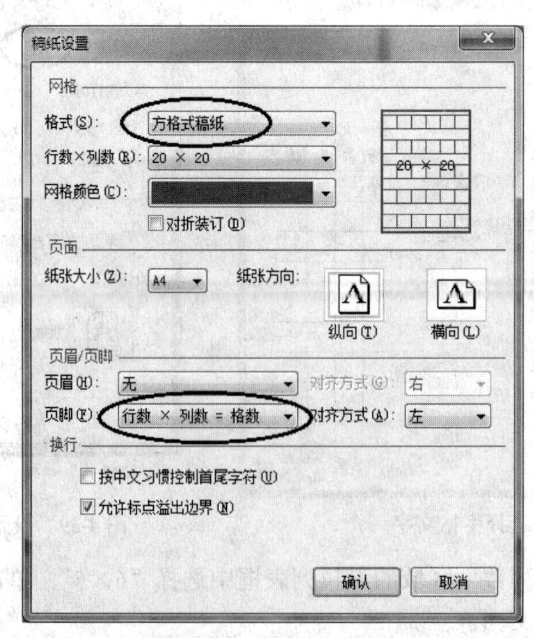

图 4-41　设置稿纸格式

（3）在“格式”下拉列表框中选择“方格式稿纸”样式。

（4）在“页脚”下拉列表框中选择“行数×列数=格数”选项。

（5）单击“确定”按钮。

4.3　Word 文档的编辑

基础知识

在 Word 2007 中，编辑文档主要包括：选定文本、删除文本、移动和复制文本、查找与替换文本、重复与撤消文本、自动更正等。

4.3.1　选定文本

在进行文本编辑操作时，一般要遵循“先选定，后操作”的原则，即先选定要编辑的文本，然后再对其进行操作。被选定的文本会加上底色显示，如图 4-42 所示。

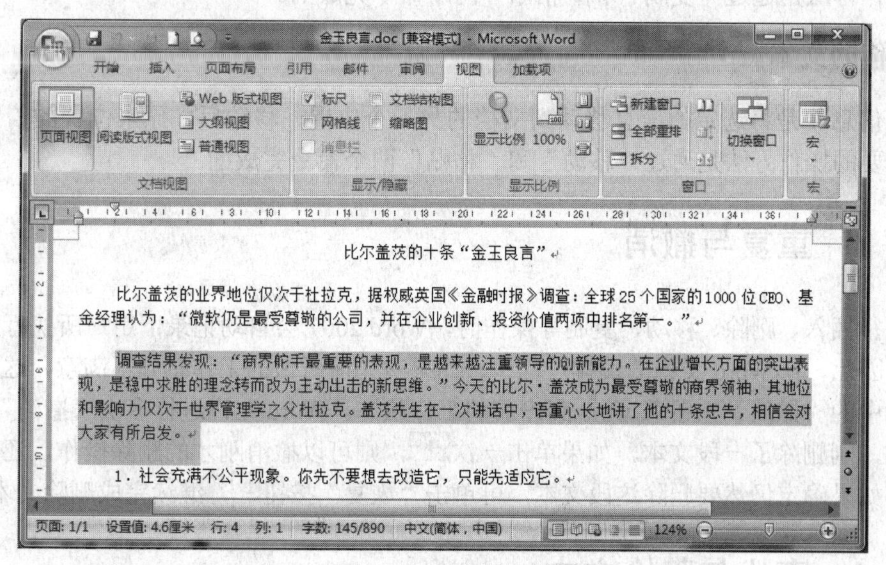

图 4-42　选定的文本

4.3.2　移动和复制

通过移动或复制信息来创建一个文档，可以节省时间，提高文档编辑效率。移动和复制信息都是通过“剪贴板”来完成的。

1．认识剪贴板

剪贴板是系统工作内存中一个临时的存储区域。Windows 剪贴板允许用户在任何两个实际的应用程序之间复制信息，条件是应用程序使用的文件格式相互兼容。方法是：先将要复制或移动的文件信息传输到“剪贴板”，然后再将这些信息从“剪贴板”粘贴到相同文件的另一个位置，或者粘贴到另一个文件中。信息会一直保留在“剪贴板”上，直到复制或粘贴其他内容或关闭计算机。

Microsoft Office 应用程序有自己的“剪贴板”，称为 Office 剪贴板，它的功能更强大。“Windows 剪贴板”只能保存一个复制或剪切项，而“Office 剪贴板”最多可以容纳 24 个项。例如，可以将 Office 文档或其他程序的多个文本和图形项目复制到“Office 剪贴板”，然后将其中一个或全部项目粘贴到另一个 Office 文档中。

单击“开始”选项卡中的“剪贴板”对话框启动器会打开“剪贴板”任务窗格，如图 4-43 所示。

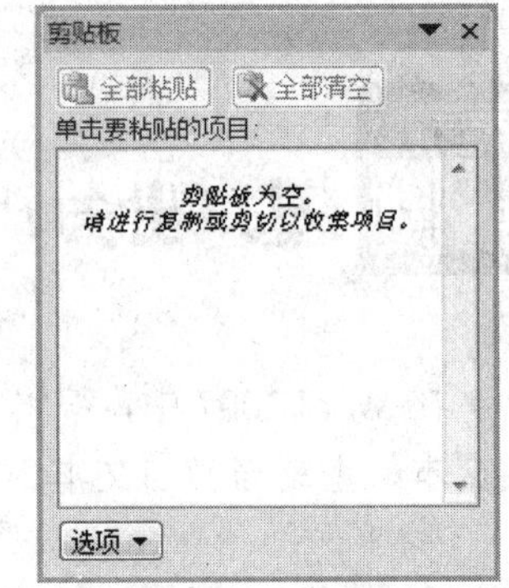

图 4-43　“剪贴板”任务窗格

2．复制信息

复制信息就是将选定的信息复制到另一个位置，复制后，原来位置的信息仍然存在。其主要的操作方法是通过“复制”和“粘贴”两个命令完成的。

3．移动文本

移动信息就是将选定的信息移动到文档的另一个位置，移动后，原来位置的信息不存在了。其主要的操作方法是通过“移动”和“粘贴”两个命令完成的。

4.3.3　重复与撤消

在进行插入、删除、移动、复制等操作时，Word 2007 会自动记录下用户所执行过的每一步操作，因此，在 Word 文档的编排过程中，如果对先前所做的工作感到不满意，这时可以利用工具栏中的“撤消”按钮还原到先前的工作状态。Word 允许进行多次“撤消”操作。

例如，刚删除了一段文本，如果单击一次，则可以撤消刚才的删除操作，还原被删除的文本。如果确定仍然要删除这段文本，可单击“恢复”按钮，继续完成删除文本的操作。

4.3.4　查找与替换文本

Word 的查找功能是非常有用的，如果用户要在文档（特别是长文档）中查找某个信息，使用该功能可以很快找到，而不用逐行查找。例如，想在一个文档中查找“第一节”，根据用户的指令，可以在每次出现“第一节”时停止。这时，用户可以对查找到的内容进行编辑。

当在 Word 文档中有若干处相同的内容要进行修改时，千万不要逐个查找并修改，因为这样做效率很低，而且还有可能漏掉要修改的内容。所以，这时一定要使用 Word 的“替换”功

能，它可以“一次设置，全部修改”，即所谓的“批量修改”。

4.3.5　自动更正

Word 2007 提供了一种自动更正的功能，可以帮助用户更正一些常见的输入错误、拼写错误和语法错误等，这对英文输入很有帮助，对中文输入更大的用处是将一些常用的、比较长的词句定义为自动更正词条，再用一个缩写词条名来代替它。例如，假设文本中经常要输入“重庆电子工程职业学院”这个词，我们可以把它的自动更正词条定义为“CDX”，以后当键入“CDX”加一个空格时，Word 2007 就会自动把它更正为“重庆电子工程职业学院”。

技能训练

实训 4　Word 文本的基本编辑

【实例】将图 4-44 所示的“排版练习 1.docx”原文档按要求进行编辑。要求如下：

（1）在“排版练习 1”文档中，加入标题“自学辅导教学适应教育发展趋势”。

原文档示例

首先，自学辅导教学实验符合我国实施素质教育的趋势。其次，自学辅导教学实验符合终身学习的趋势。第三，自学辅导教学实验符合信息技术发展的趋势。当今世界科技进步日新月异，人类正在快速迈向知识经济时代。面对 21 世纪的到来，各个国家综合国力的竞争日益激烈。但是，所有这些激烈的竞争中，归根结底还是人的素质的竞争。要提高我国国民的素质，比较关键的还是首先提高我们的教育质量。提高教育质量就是利用教育科学研究，用科学的方法遵循教育规律，来提高质量。所以，在这个大背景下，进一步研究和推广自学辅导教学这项实验，更有特殊意义。它的重要意义表现在这项改革实验符合教育发展的趋势。

当前及今后我们教育战线上面临的一项非常重要的任务，就是要全面推进素质教育，要特别重视培养学生的创新精神和实践能力。而旨在培养学生自学能力的自学辅导教学实验是为推行素质教育创造条件的一个重要方面。推进素质教育，减轻学生过重的学习负担，要从改进我们的教学方法和学习方法入手。如果我们用科学方法让学生在有限的时间内能够得到更多的知识，他们的能力成长得更快，那是我们所希望的。而所有能力当中，培养学生的自学能力或者说获取知识的能力，这是使他们终身受益的一项教育基础任务。自学辅导教学实验，其核心是提倡在教师指导下以学生自学为主，老师是引导他们而不是代替他们来学习，因此，进一步研究和实验这项教学改革对于推进我们正在实施的素质教育是有很大意义的。

我国已经明确提出，要逐步完善终身学习体系。终身学习体系，就是说在人的一生当中任何的年龄阶段，在任何的工作岗位上，在任何的时间都有可能不断地学习。在这种条件下，一个人要能不断地学习，他的自学能力就成为他不断获取知识、不断更新知识的一个重要的基础。所以在学校教育中，特别是在基础教育阶段就应高度重视培养学生的学习能力。同时，学习能力也是创新能力的基础。从这个意义上看，从小培养他们自学能力，就成为我们教育中不可回避的一个责任，而目前正在进行的自学辅导教学实验，显然有利于培养他们的自学能力。

现代信息技术的迅猛发展，将会引起 21 世纪新的学习革命、教育方式的革命。人们将有可能在任何时间、任何地点，接受任何形式的教育，所有学习者只要有学习愿望，都将有可能通过网络选择适当的时间、地点，选择学习内容和符合自身学习特点的学习方式。这种学习的主动权就不在教师了，而在学生本人。学习者能不能选择适合他最有效的学习方式、学习内容，这将取决于他的自学能力。

——摘自《中国教育报》

编辑后的文档效果图

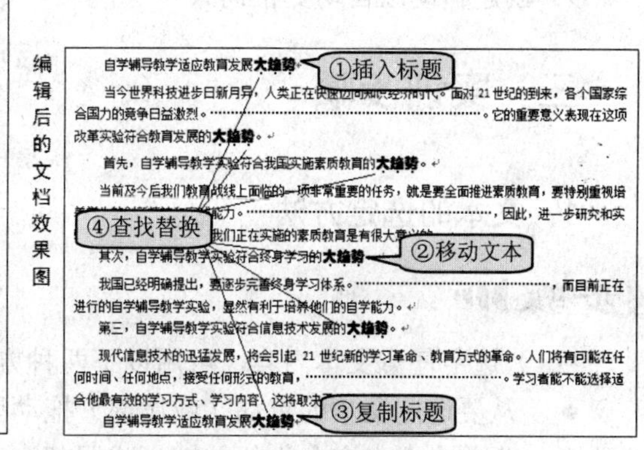

自学辅导教学适应教育发展**大趋势**

当今世界科技进步日新月异，人类正在快速迈向知识经济时代。面对 21 世纪的到来，各个国家综合国力的竞争日益激烈。……………………。它的重要意义表现在这项改革实验符合教育发展的**大趋势**。

首先，自学辅导教学实验符合我国实施素质教育的**大趋势**。

当前及今后我们教育战线上面临的一项非常重要的任务，就是要全面推进素质教育，要特别重视培……能力。……………………，因此，进一步研究和实……我们正在实施的素质教育是有很大意义的。

其次，自学辅导教学实验符合终身学习的**大趋势**。

我国已经明确提出，要逐步完善终身学习体系。……………………，而目前正在进行的自学辅导教学实验，显然有利于培养他们的自学能力。

第三，自学辅导教学实验符合信息技术发展的**大趋势**。

现代信息技术的迅猛发展，将会引起 21 世纪新的学习革命、教育方式的革命。人们将有可能在任何时间、任何地点，接受任何形式的教育，……………………。学习者能不能选择适合他最有效的学习方式、学习内容，这将取决……

自学辅导教学适应教育发展**大趋势**

图 4-44　编辑“排版练习 1”文档

（2）将“排版练习 1”文档进行如下编辑：

- 将第一自然段中的“首先，……。”移动到第二自然段前面。
- 将第一自然段中的“其次，……。”移动到第三自然段前面。
- 将第一自然段中的“第三，……。”移动到第四自然段前面。

（3）将标题“自学辅导教学适应教育发展趋势”复制一份到文章的末尾。

（4）将“排版练习 1”文档中的最后一行文本“——摘自《中国教育报》”删除。

（5）将“排版练习 1”文档中的“趋势”修改为“大趋势”，并且设置为“华文琥珀”、“五号”、“红色”，加“着重号”。

一、实训目的

1．掌握文本的插入和修改方法。
2．掌握文本的删除、移动和复制方法。
3．掌握文本的查找和替换方法。
4．掌握文本的重复与撤消方法。
5．熟悉 Word 自动更正的设置。
6．熟悉 Word 剪贴板的使用。

二、实训内容

1．文本的选定方法
2．插入文本
3．移动文本
4．复制文本
5．剪贴板的使用
6．删除文本
7．查找文本
8．替换文本
9．创建和使用自动更正词条

三、实训步骤

1．文本的选定方法

步骤

（1）选定任意文本内容，可用以下两种方法之一：

- 从要选定文本的首部（或尾部）拖动鼠标到其尾部（或首部）。
- 先单击要选定文本的首部（或尾部），按住 Shift 键不放单击其尾部（或首部）。

（2）选定单字或单词：双击该单词。

（3）选定一个句子：按住 Ctrl 键不放，单击该句子。

（4）选定一个文本行：在选定区，单击该行对应的位置。

（5）选定多个文本行：在选定区，单击某行并向下拖动鼠标。

（6）选定一个段落，可用以下两种方法之一：

- 在选定区，双击该段落对应的位置。
- 在文本编辑区，三击该段落的任意位置。

（7）选定整个文档，选择以下三种方法之一：

- 在选定区，三击鼠标。
- 按住 Ctrl 键不放，单击选定区的任意位置。
- 按 Ctrl+A 组合键。

（8）选定多个文本区域：先选定第一个区域，再按住 Ctrl 键选择其他区域。

（9）选定矩形文本块：先按住 Alt 键，再从该矩形块的左上角拖动鼠标到右下角，如图 4-45 所示。

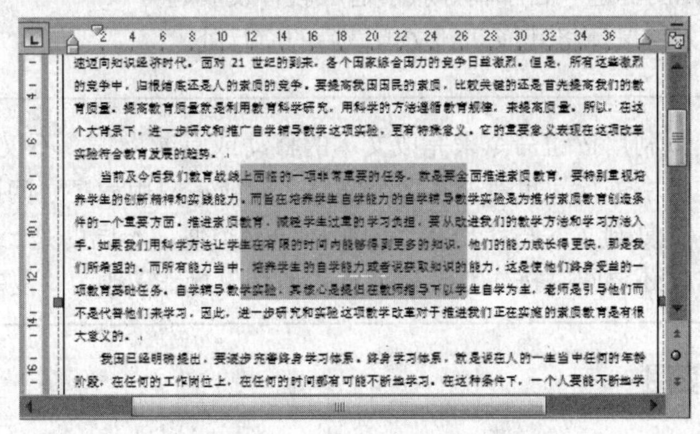

图 4-45　矩形块文本的选定

2．插入文本

步骤

（1）将插入点定位在第一自然段的行首，按 Enter 键，将插入一个空行。

（2）将光标移到增加的空行处。

（3）输入标题内容。

3．移动文本

步骤

方法 1：利用鼠标拖放完成。

（1）将插入点定位在第二自然段的行首，按 Enter 键，将在该段前面插入一个空行。

（2）选定要移动的文本“首先，……”这句文字。

（3）将鼠标指针指向已选定的文本，此时指针变为形状。

（4）按住鼠标左键，指针变为形状时将其拖动到第二自然段前面的空行处。

（5）用类似（1）～（4）的方法，完成其他两句文字的移动。

方法 2：利用按钮命令完成。

（1）分别在第二、三、四自然段的前面插入一个空行。

（2）选定要移动的文本“首先，……。”这句文字。

（3）单击“开始”选项卡中的“剪切”按钮。

（4）将插入点定位在第二自然段前面的空行处。

（5）单击“开始”选项卡中的“粘贴”按钮。

（6）用类似（2）～（5）的方法，完成其他两句文字的移动。

4．复制文本

步骤

（1）将插入点定位在最后一个自然段的末尾处，按 Enter 键将在该段后面插入一个空行。

（2）选定要复制的标题“自学辅导教学适应教育发展趋势”。

（3）按 Ctrl 键，用鼠标将其拖动到文档最后的空行处。

注意

利用按钮命令来完成文本的移动或复制操作，不仅适合在同一个文档中进行，也适合在多个文档之间或在应用程序之间进行。

复制文本与移动文本的操作非常类似，不同的是：在用鼠标拖动时，还要同时按住 Ctrl 键或将“剪切”操作改为“复制”操作。

5．剪贴板的使用

步骤

（1）单击“开始”选项卡中的“剪贴板”对话框启动器打开“剪贴板”。

（2）任意选定一段文本，单击“复制”按钮（或“剪切”按钮），可以看到剪贴板中增加了一项内容。

（3）每重复一次步骤（2），在“剪贴板”中都会增加一个项目。

（4）单击“剪贴板”中的某个项目图标，可将其粘贴到目标位置。

（5）单击“剪贴板”中的全部粘贴按钮，可以将剪贴板中的所有项目粘贴到目标位置。

（6）单击“剪贴板”中的全部清空按钮，可以将剪贴板中的所有项目全部删除。

（7）要控制“剪贴板”的显示方式，单击选项按钮，在下拉菜单中选择所需的显示方式，如图 4-46 所示。

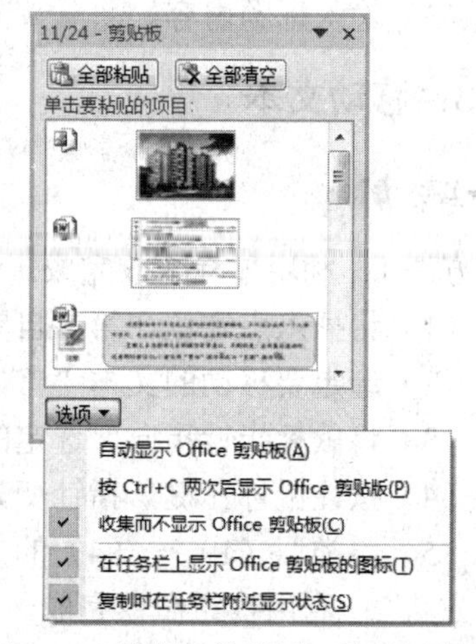

图 4-46　控制“剪贴板”的显示方式

6．删除文本

步骤

（1）将光标移到最末一行文本的选定区。

（2）在选定区单击，可以选定最后一行文本。

（3）按 Del 键或 Backspace 键，可以删除该文本。

7. 查找文本

步骤

方法 1：通过按钮命令查找。

（1）单击“开始”选项卡，再单击“编辑”组中的“查找”命令，在弹出的对话框中单击 “更多”按钮，显示如图 4-47 所示的对话框。

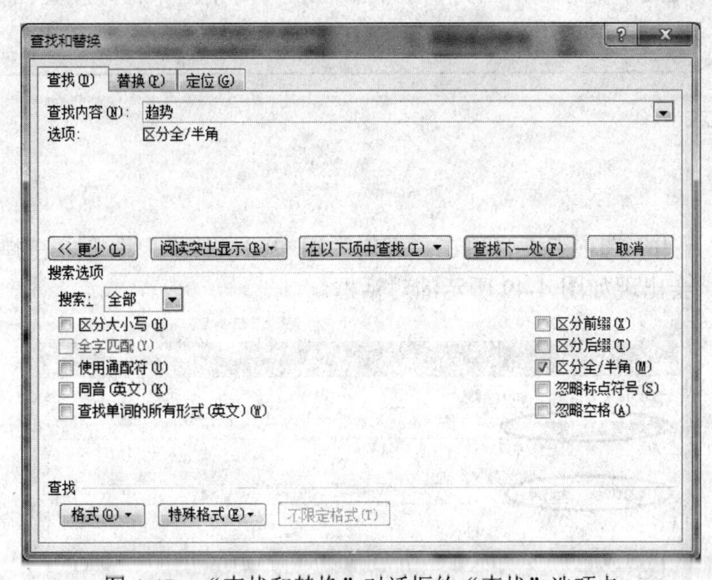

图 4-47 “查找和替换”对话框的“查找”选项卡

（2）在“查找内容”组合框中输入“趋势”。

（3）在“搜索”下拉列表框中选择“全部”。

（4）单击“查找下一处”按钮，Word 将查找到的第一个与之相符的字符串突出显示。

（5）再单击“查找下一处”按钮，Word 继续查找下一个与之相符的字符串；反复单击“查找下一处”按钮，可以查找到所有与之相符的字符串，直至文档结束。

（6）单击“取消”按钮，关闭对话框。

方法 2：通过“选择浏览对象”按钮查找。

（1）单击垂直滚动条下方的“选择浏览对象”按钮，会出现如图 4-48 所示的工具栏。

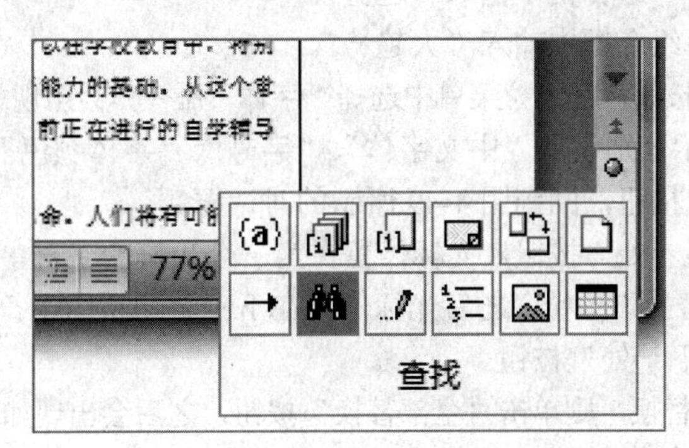

图 4-48 通过“选择浏览对象”按钮查找和替换

（2）单击“查找”图标，会出现如图 4-47 所示的对话框。

（3）其余操作同方法 1 的步骤（2）～（6）。

注意

在方法 2 中，可以用单击垂直滚动条下方的“下一次查找/定位”按钮和“前一次查找/定位”按钮来代替单击“查找下一处”按钮，并且此时可将对话框关闭。这样做的好处就是：用户查阅、编辑查找的文本更方便，因为“查找和替换”对话框不再浮在文档窗口上，也就不再遮挡屏幕了。

8．替换文本

步骤

（1）单击“开始”选项卡，再单击“编辑”组中的“替换”命令，在弹出的对话框中单击“高级”按钮，会出现如图 4-49 所示的对话框。

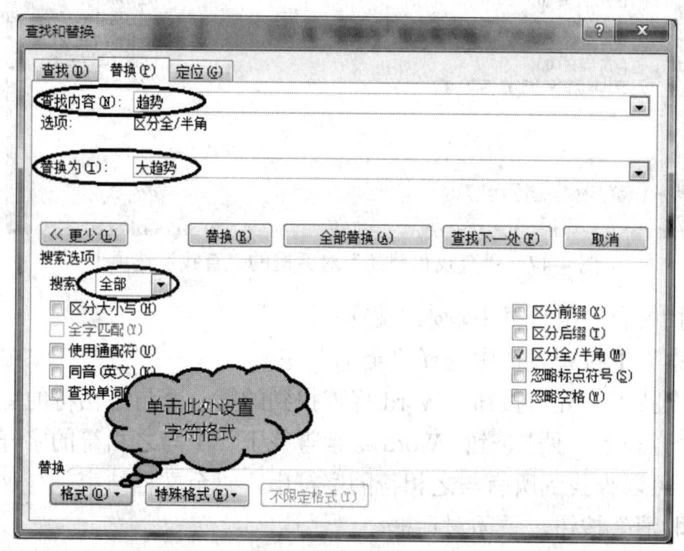

图 4-49　设置要替换的文字

（2）在“查找内容”组合框中输入“趋势”。

（3）在“替换为”组合框中输入“大趋势”。

（4）单击“格式”按钮，在下拉菜单中选择“字体”命令，会出现如图 4-50 所示的对话框。

（5）按图 4-50 所示分别设置“中文字体”、“字号”、“字体颜色”和“着重号”。

（6）单击“确定”按钮，回到图 4-49 所示的对话框。

（7）单击“查找下一处”按钮，光标停留在第一个相符的字符串处并突出显示，若要替换该字符串，则单击“替换”按钮，之后光标停留在下一个相符的字符串处；如果不想替换该字符串，则单击“查找下一处”按钮。

（8）如果不想逐个替换，则单击“全部替换”按钮，之后会出现如图 4-51 所示的对话框。

（9）单击“确定”按钮。

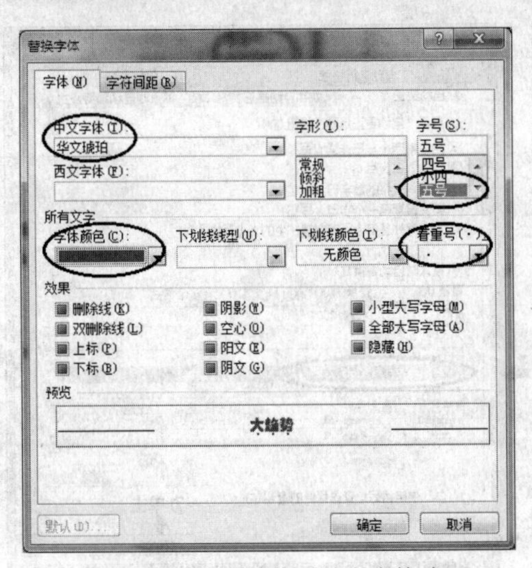

图 4-50　设置替换后的文字格式

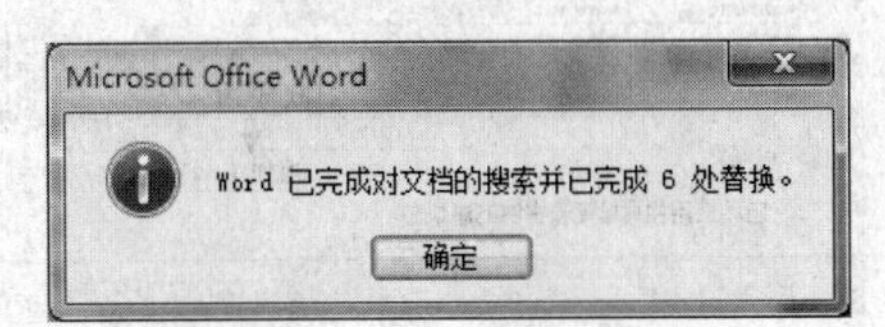

图 4-51　替换完成对话框

9. 创建和使用自动更正词条

步骤

（1）单击按钮，再单击“Word 选项”命令，在弹出的对话框中单击“校对”选项，会出现如图 4-52 所示的对话框。

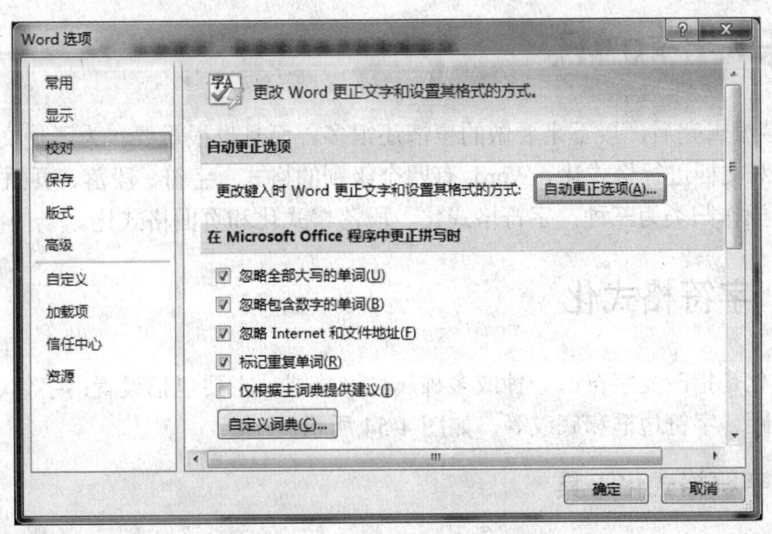

图 4-52　“校对”选项对话框

（2）单击自动更正选项(A)...按钮，会出现如图 4-53（左图）所示的对话框。

（3）分别在“替换”和“替换为”文本框中按图中所示输入文本。

（4）单击“添加”按钮，该词条就添加到了自动更正的列表框中。

（5）单击“确定”按钮。

（6）按 Caps Lock 键切换到大写状态，在文档中输入“W7”，再按 Space 键，Word 即用相应的词条“Word 2007”来代替。

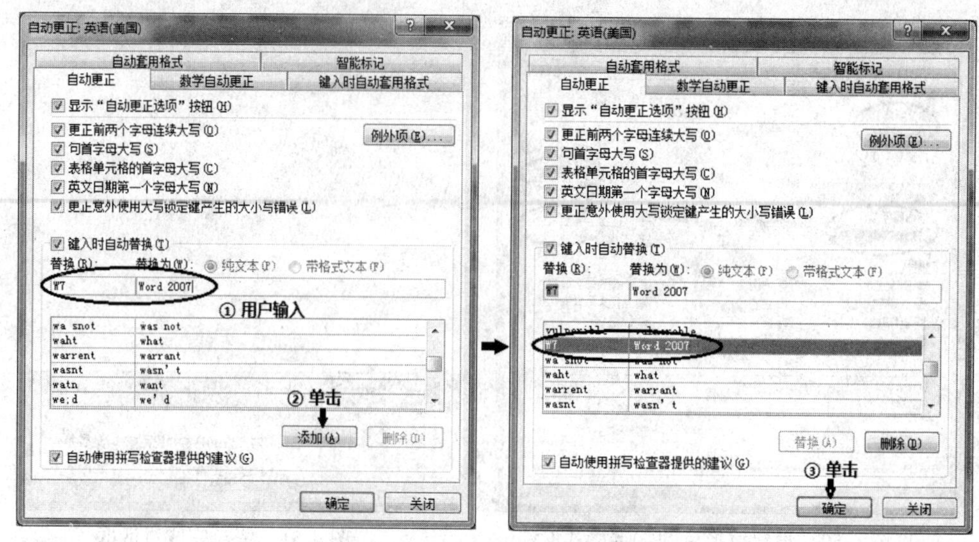

图 4-53　创建“自动更正词条”

4.4　Word 文档的格式化

基础知识

Word 文档编辑完后，接下来要做的事情还很多，而且也很重要。为了使文档看起来很漂亮，我们还要对文档进行格式化。Word 有四个级别的格式：字符、段落、页面（节）和文档。本节把格式化操作归类为三种：字符格式化、段落格式化和页面格式化。

4.4.1　字符格式化

字符格式化是指改变字符的一种或多种属性及格式。主要包括设置：字体、字号、字形、颜色、字符间距、字符边框和底纹等，如图 4-54 所示。

1．了解字符格式化工具

设置字符格式可以用以下方式完成：

- 使用“开始”选项卡中的“字体”组
- 使用“字体”对话框
- 使用“浮动工具栏”（当鼠标悬停在选定的文本上时出现）
- 使用快捷键

大部分字符的格式设置命令都可以在“开始”选项卡的“字体”组中找到，如图 4-55 所示；只有少量的字符格式设置命令要在“字体”对话框中找到，如图 4-56 所示。

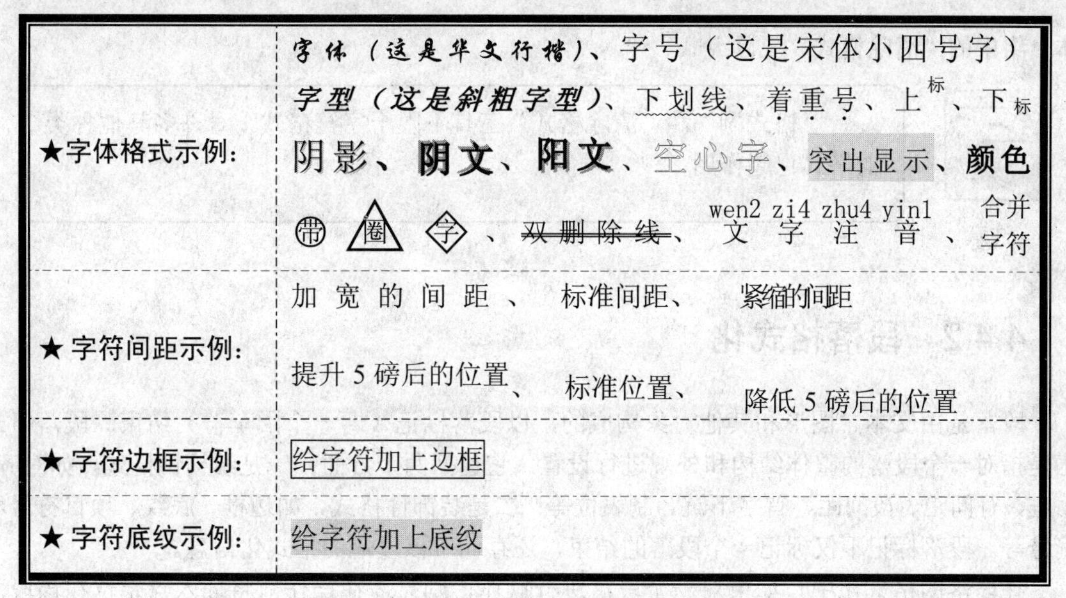

★字体格式示例:	字体（这是华文行楷）、字号（这是宋体小四号字） 字型（这是斜粗字型）、下划线、着重号、上标、下标 阴影、阴文、阳文、空心字、突出显示、颜色 带圈字、双删除线、文字注音（wen2 zi4 zhu4 yin1）、合并字符
★字符间距示例:	加宽的间距、标准间距、紧缩的间距 提升 5 磅后的位置、标准位置、降低 5 磅后的位置
★字符边框示例:	给字符加上边框
★字符底纹示例:	给字符加上底纹

图 4-54　字符格式化示例

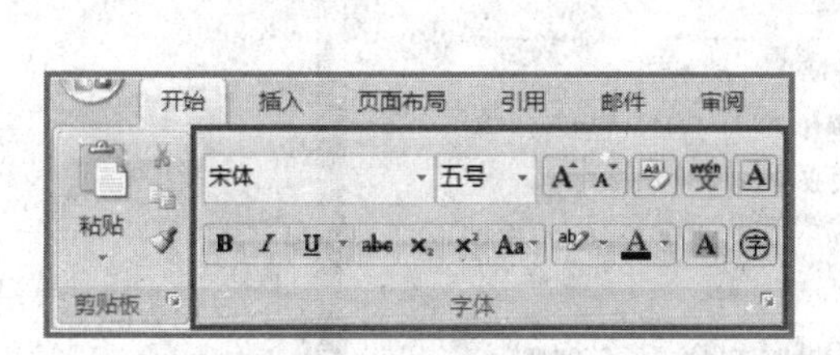

图 4-55　“开始”选项卡中的“字体”组

图 4-56　“字体”对话框

2．复制格式

复制格式就是复制一个位置的格式将其应用到另一个位置。利用“开始”选项卡的“格式刷”工具可以实现格式的复制。

单击“格式刷”，只能进行一次格式的复制；双击“格式刷”，可以进行若干次格式的复制，完成后按 Esc 键或再次单击“格式刷”退出该模式。

3．清除格式

这是 Word 2007 新增加的功能，如果要清除选定文本的格式，单击“开始”选项卡“字体”组中的“清除格式”工具。

“格式刷”和“清除格式”工具不限于字符格式，对许多其他种类的格式也起作用。

4.4.2 段落格式化

段落是由文本、图形和其他对象构成的，以段落标记（即一个回车符）结束。段落格式化是指对一个段落的整体结构和外观进行设置，它包括两个方面：一是结构性格式，如对齐、缩进、行间距、段间距、首字下沉、制表位等；二是装饰性格式，如边框、底纹、项目符号和编号等。段落标记不仅标记一个段落的结束，还存储了该段落的格式化信息。

在段落的格式化中，如果对一个段落进行操作，则只需在操作前将插入点定位在该段落中；若是对几个段落同时操作，则应当选定这几个段落，再进行各种段落的格式化操作。

1．段落的对齐

段落的对齐主要包括：两端对齐、居中对齐、右对齐、分散对齐，段落的对齐效果如图 4-57 所示。

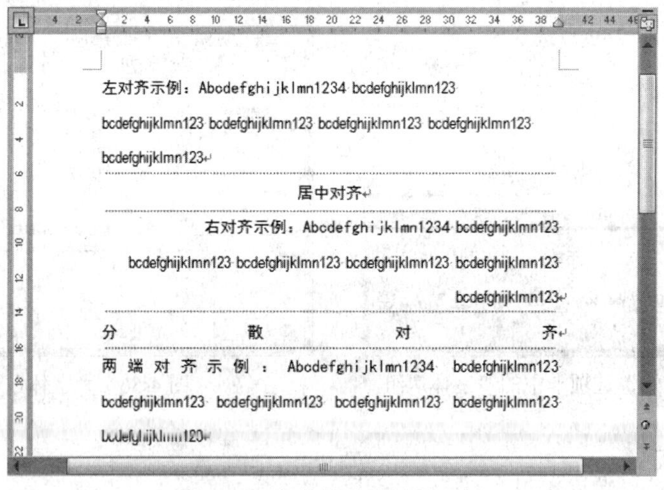

图 4-57　段落的对齐效果示例

2．段落的缩进

段落的缩进是指纸张左右边界到段落左右边界之间的距离。段落的缩进形式主要有：首行缩进、悬挂缩进、左缩进、右缩进，段落缩进的效果如图 4-58 所示。

Word 2007 提供了多种段落缩进的方法：使用标尺、使用“段落”命令、使用快捷按钮等，但最快捷的方法是使用标尺。标尺上的缩进控件如图 4-59 所示。

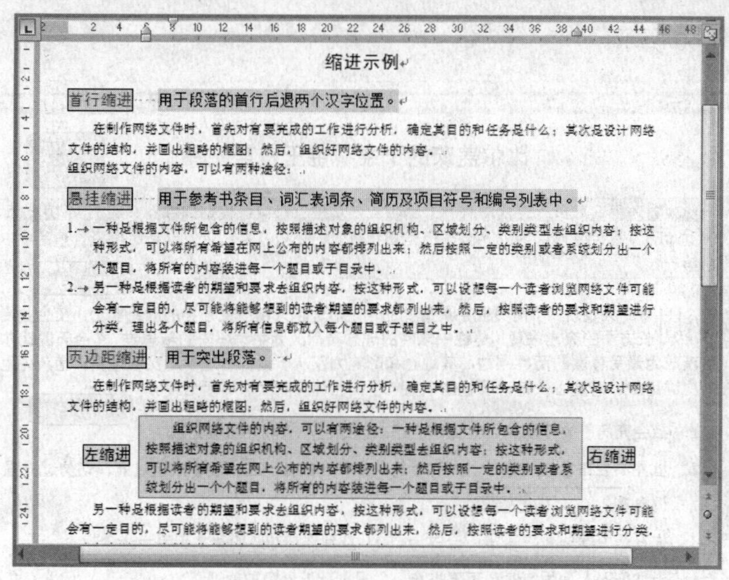

图 4-58　段落的缩进效果示例

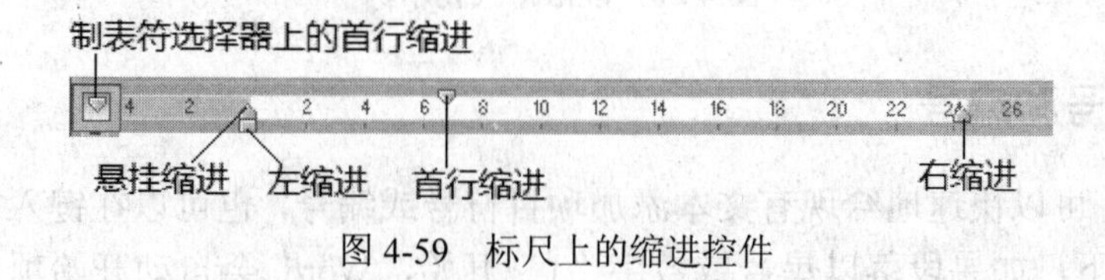

图 4-59　标尺上的缩进控件

注意

制表符选择器上的最后有两个选项▽和⊔，它们是用于缩进的。可以单击这些选项，然后单击标尺来定位缩进，不用在标尺上滑动缩进游标来定位缩进。单击“首行缩进”▽，然后在要开始段落的第一行的位置单击水平标尺的上半部分。单击“悬挂缩进”⊔，然后在要开始段落的第二行和后续行的位置单击水平标尺的下半部

3. 行间距和段间距

行间距是指段落中相邻两行文字之间的距离，段间距是指相邻两个段落之间的距离。行间距包括：单倍行距、1.5 倍行距、两倍行距、多倍行距、最小值、固定值，段间距包括：段前间距和段后间距。效果如图 4-60 所示。

4. 设置段落的边框和底纹

在 Word 2007 中，除了可以为字符加边框和底纹外，还可以为段落加边框和底纹，效果如图 4-60 所示。

5. 首字下沉

首字下沉是将段落的第一个字放大，可用于文档或章节的开头，在新闻稿件中常见这种

排版。效果如图 4-60 所示。

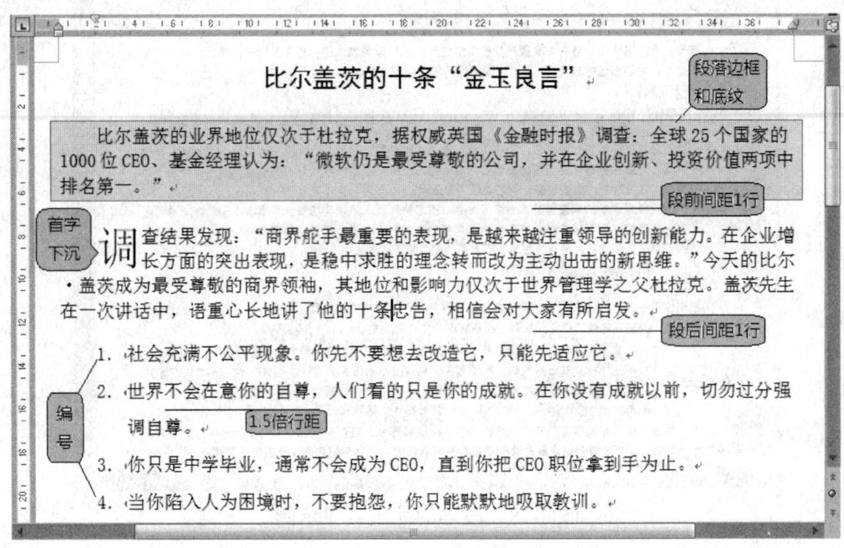

图 4-60　段落格式化示例

6．项目符号和编号

在 Word 中，可以快速地给现有文本添加项目符号或编号，也可以在键入文本时自动创建列表。默认情况下，如果段落以星号或数字“1”开始，Word 会自动开始项目符号或编号列表，如图 4-60 所示。

4.4.3　页面格式化

页面格式化主要包括设置：页面属性、页眉和页脚、页码、分栏、分节、页面边框等。

1．页面设置

页面设置包括：页边距、纸张方向、纸张大小、节的起始位置、页眉和页脚距边界的距离、页面垂直对齐方式、文字方向等属性的设置。

页边距是页面四周的空白区域。页边距分为左边距、右边距、上边距和下边距，如图 4-61 所示。在页边距中可以插入文字和图形，如页眉、页脚和页码等。

纸张方向有两种：纵向和横向，默认为纵向。

纸张大小有若干种：A4、A3、B4、B5、16 开、32 开等，默认的大小是 A4。

页面垂直对齐方式有四种：顶端对齐、居中、两端对齐、底端对齐。

2．页眉和页脚

页眉和页脚是文档中每个页面的顶部、底部和两侧中的区域。在页眉和页脚中可以插入文本或图形。例如，可以添加页码、时间和日期、公司徽标、文档标题、文件名或作者姓名，如图 4-61 所示。

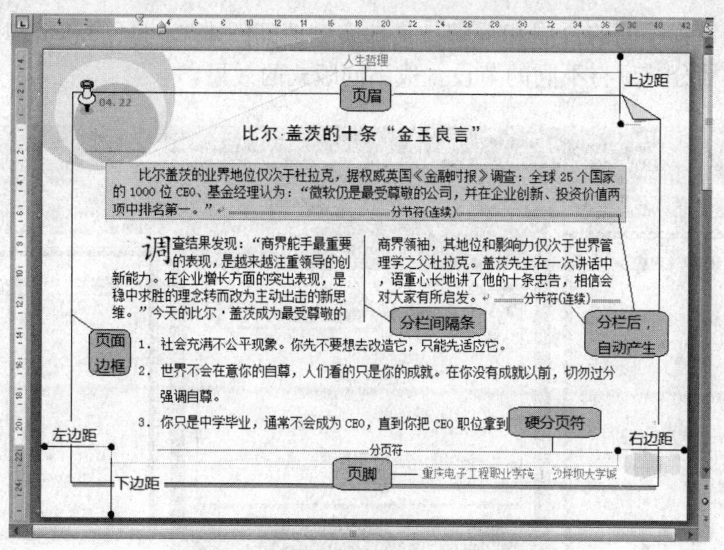

图4-61 页面格式化示例

3．设置分页

Word 2007在处理文档时，若写满一页，会自动插入分页符开始新的一页，这种自动分页叫软分页。用户也可以在需要的特定位置强制地插入分页符，这种分页叫硬分页。在普通视图和Web版式视图中，软分页符显示为虚线，硬分页符显示为虚线加上“分页符”字样；在大纲视图中，不显示软分页符，硬分页符显示为虚线加上“分页符”字样；在页面视图中，硬分页符的显示如图4-61所示。

插入硬分页符的方法是：将插入点定位在要分页处，按Ctrl+Enter组合键或者单击“插入”→“分隔符”命令，在弹出的对话框中选择“分页符”单选项，单击“确定”按钮。

4．分栏

分栏是将文本从左至右逐栏排列。将文本分栏排版后，版面更加生动活泼，这种排版方式常见于报刊杂志中。默认情况下，Word 2007将文本设置成单栏，但用户可以将文本设置成两栏、三栏、多栏等，如果未选定文本进行分栏操作，Word将对整个文档进行分栏；如果选定了文本，Word只对选定的文本进行分栏，并在分栏文本的前后自动插入分节符（连续），如图4-61所示。分栏只在“页面视图”中才能显示，如果在其他视图下建立分栏，Word 2007会自动切换到“页面视图”模式。

5．分节

Word采用分节符将文档分成若干不同的格式部分，每一部分被称为节。初建文档时，文档只有一节，如果需要在同一文档中应用不同的节格式时，才需要对文档分节。分节以后的文档，可以在不同的节应用不同的格式：页眉和页脚、纸张大小、纸张方向、页边距、分栏、脚注、页面边框等。

下面举例说明“分节”的作用。在Word文档未分节前，默认只有一节，所以在设置了页眉和页脚以后，文档的每一页都具有了相同的页眉和页脚。但是，如果我们对文档分了节，则可以对不同的节设置不同的页眉和页脚，具体实例请翻阅本书的页眉和页脚的设置效果。图4-62 所示是对文档分节后将不同的节设置成不同版式的效果。

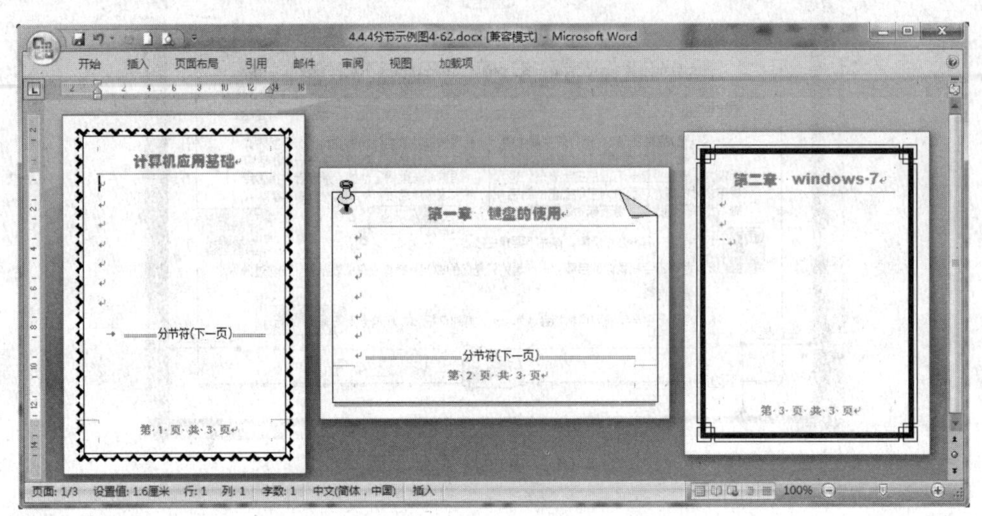

图 4-62　分节后的版式效果

实训 5　文档的字符格式化

【实例】制作一份电脑销售广告单。按图 4-63 所示的文档格式进行字符的格式化。

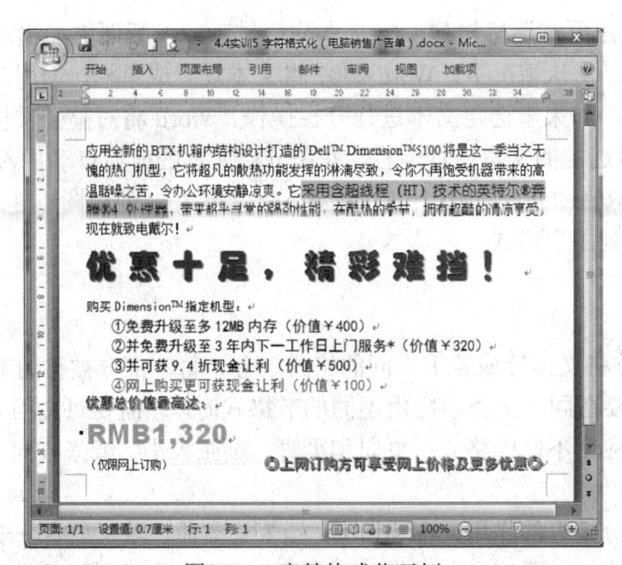

图 4-63　字符格式化示例

说明：

（1）该实例的文本素材保存在“字符格式化示例素材”文档中，请到中国水利水电出版社网站下载。

（2）该文档中的文字颜色可根据自己的喜好自行设计。

一、实训目的

1．熟练掌握Word文档的字体、字号、字形的设置方法。

2．熟悉字符间距、文字效果的设置方法。

3．掌握字符的边框和底纹的设置方法。

4．掌握中文版式的使用。

二、实训内容

1．使用“开始”选项卡“字体”组中的按钮设置字符格式

2．在“字体”对话框中设置字符格式

3．使用“带圈字符”对话框设置®

4．使用“格式刷”复制字符格式

5．设置编号：① ② ③ ④

三、实训步骤

1．使用“开始”选项卡“字体”组中的按钮设置字符格式

步骤

（1）选定要格式化的字符。

（2）单击“字体”组中相应的快捷按钮。

2．在“字体”对话框中设置字符格式

步骤

（1）选定要格式化的文本（例如格式化：**优 惠 十 足 ， 精 彩 难 挡 !**）。

（2）单击“字体”对话框启动器，或者右击选定的文本，在弹出的快捷菜单中选择“字体”命令，弹出如图4-64（左图）所示的对话框。

（3）在其中按图中所示设置字符格式。

（4）单击“字符间距”选项卡，如图4-64（右图）所示。

（5）设置“间距”为“加宽”，“磅值”为5磅。

（6）单击“确定”按钮。

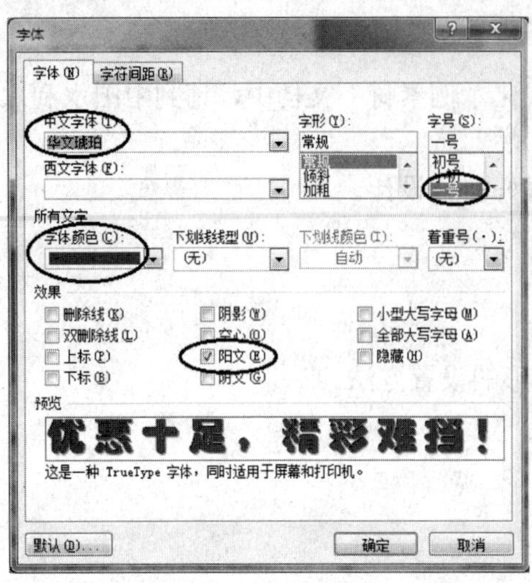
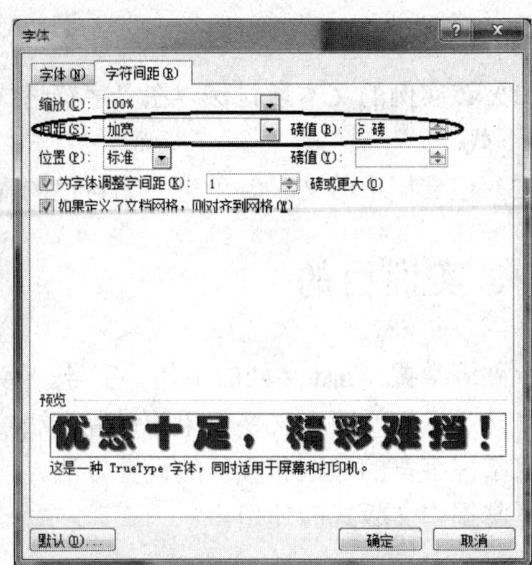

图 4-64　在“字体”对话框中设置字符格式

3．使用“带圈字符”对话框设置®

步骤

（1）选定文档中的字符“R”。

（2）单击“开始”选项卡“字体”组中的“带圈字符”工具，弹出如图 4-65 所示的对话框。

（3）在其中选择“缩小文字”样式。

（4）单击“确定”按钮。

图 4-65　“带圈字符”对话框

4．使用“格式刷”复制字符格式

步骤

（1）选定要复制其格式的文本（例如Dell™中的上标字母）。

（2）单击“格式刷”按钮，此时鼠标指针变为一个刷子。

（3）用鼠标拖过要复制该格式的文本。

（4）如果要复制到多个文本上，则双击按钮，完成格式复制后，再单击按钮则结束。

操作提示

对于®的输入还有另一种方法，就是输入“(r)”或“(R)”，Word 2007 会自动将它更正为®，注意一定是半角的括号。

5．设置编号：① ② ③ ④

步骤

（1）将光标定于需要插入编号的位置。

（2）利用 Windows 输入法的“数字序号”软键盘输入数字“①”，此时，Word 2007 的自动套用格式将该数字设置为编号，如图 4-66（中图）所示。

（3）使用“格式刷”，将该文本的格式复制到其他文本，如图 4-66（下图）所示。

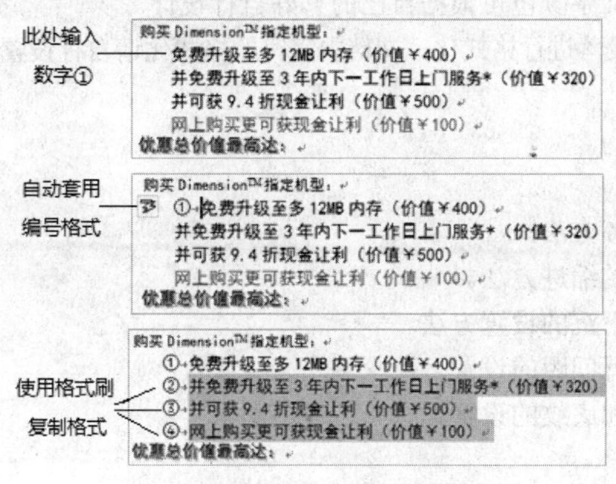

图 4-66　设置编号示例

实训 6　文档的段落格式化

【实例】编排一份小文章。按图 4-67 所示的文档格式进行字符、段落的格式化。

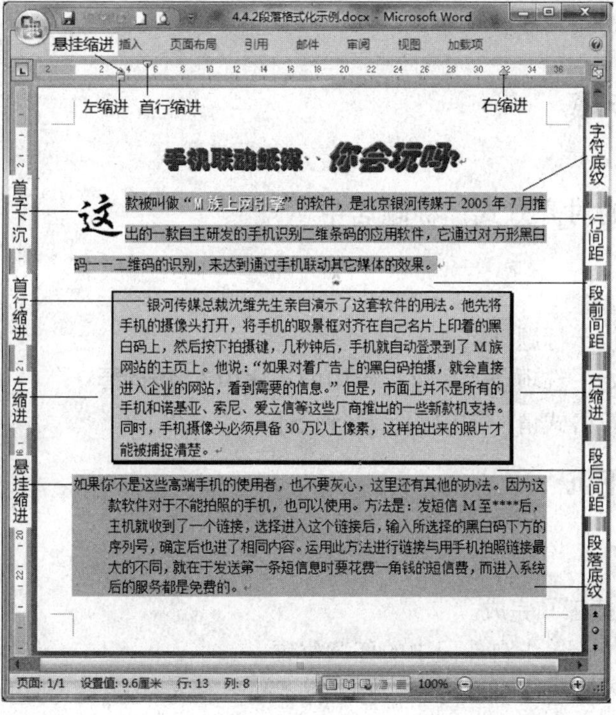

图 4-67　段落格式化示例

说明：

（1）该实例的文本素材保存在“段落格式化示例素材”文档中，请到中国水利水电出版社网站下载。

（2）该文档中的文字颜色可根据自己的喜好自行设计。

（3）本实训只对段落进行格式化，文档中字符的格式化请自行设置。

一、实训目的

1．掌握段落的对齐方法。
2．熟练掌握段落的缩进方法。
3．熟练掌握首字下沉的设置方法。
4．熟悉段间距和行间距的设置。
5．熟悉段落边框和底纹的设置。

二、实训内容

1．设置段落的对齐方式：标题居中
2．设置首字下沉
3．设置段落的缩进方式：首行缩进、悬挂缩进、左缩进、右缩进
4．设置段间距：段前间距、段后间距
5．设置行间距
6．设置段落的边框和底纹

三、实训步骤

1．设置段落的对齐方式：标题居中

步骤

（1）将光标定位于标题处。

（2）单击“开始”选项卡“段落”组中的“居中”按钮 。

（3）标题的字符格式请按图中所示自行设计。

2．设置首字下沉

步骤

方法 1：使用快捷工具完成。

（1）将光标定位于第 1 自然段中的任意位置。

（2）单击“插入”选项卡“文本”组中的“首字下沉”工具，弹出如图 4-68 所示的下拉菜单。

（3）在其中选择“下沉”。

方法 2：使用“首字下沉”对话框完成。

（1）将光标定位于第 1 自然段中的任意位置。

（2）单击“插入”选项卡“文本”组中的“首字下沉”工具，弹出如图 4-68 所示的下拉菜单。

（3）在其中选择“首字下沉选项”，弹出如图 4-69 所示的对话框。

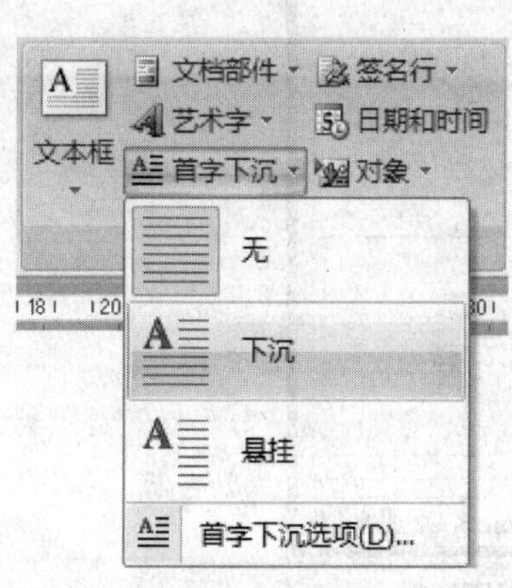

图 4-68 快速设置首字下沉方式

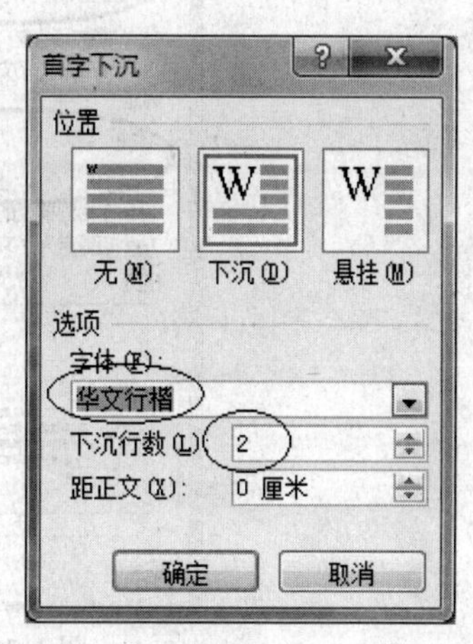

图 4-69 “首字下沉”对话框

（4）按图中所示设置各项参数。

（5）单击“确定”按钮。

3．设置段落的缩进方式：首行缩进、悬挂缩进、左缩进、右缩进

步骤

方法 1：使用“标尺”设置。

（1）如果在 Word 窗口中无标尺，则单击垂直滚动条顶端的“查看标尺”按钮。

（2）将光标定位于第 2 自然段中的任意位置。

（3）将“首行缩进”向右拖动两个汉字位置，或将制表符选择器切换到并在标尺的数字 2 处单击。

（4）将“左缩进”向右拖动三个汉字位置。

（5）将“右缩进”向左拖动三个汉字位置。

（6）将光标定位于第 3 自然段中的任意位置。

（7）将“悬挂缩进”向右拖动三个汉字位置，或将制表符选择器切换到并在标尺的数字 2-4 中间单击。

方法 2：使用“段落”对话框设置。

（1）将光标定位于第 2 自然段中的任意位置。

（2）单击“开始”选项卡的“段落”对话框启动器，弹出如图 4-70 所示的对话框。

（3）按图中所示设置各项参数。

（4）单击“确定”按钮。

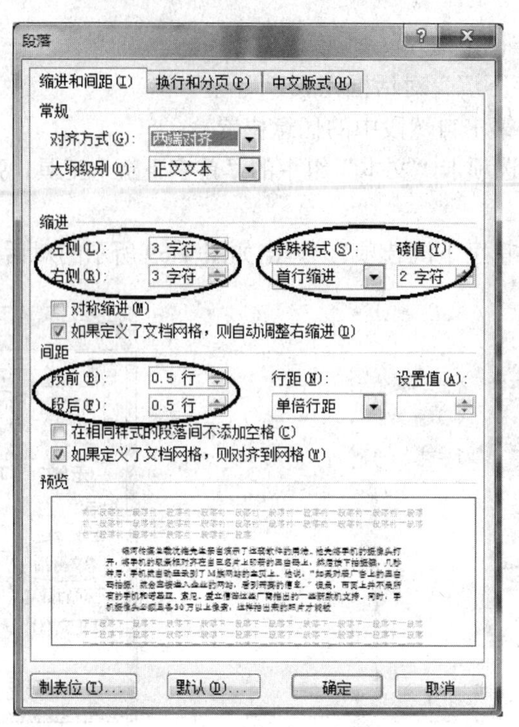

图 4-70　设置段落缩进和段间距

操作提示

对于首行缩进，还有一种更快捷的设置方法，即：将光标定位于段落首行的开始处，每按一次 Tab 键，可以缩进两个汉字位置。之后，再按 Tab 键该段落开始左缩进。

对于左缩进，也有一种更快捷的设置方法，即：将光标定位于要设置左缩进的段落的任意位置，每单击一次“段落”组中的“增加缩进”按钮可以缩进一个汉字位置，而每单击一次“减少缩进”按钮可以减少一个汉字的缩进量。

4．设置段间距：段前间距、段后间距

步骤

方法 1：使用“段落”对话框完成。其操作方法见前例，如图 4-70 所示。

方法 2：使用快捷工具完成。

（1）将光标定位于第 2 自然段中的任意位置。

（2）单击“开始”选项卡“段落”组中的“行距”工具，弹出如图 4-71 所示的下拉菜单。

（3）在其中分别选择“增加段前间距”和“增加段后间距”。

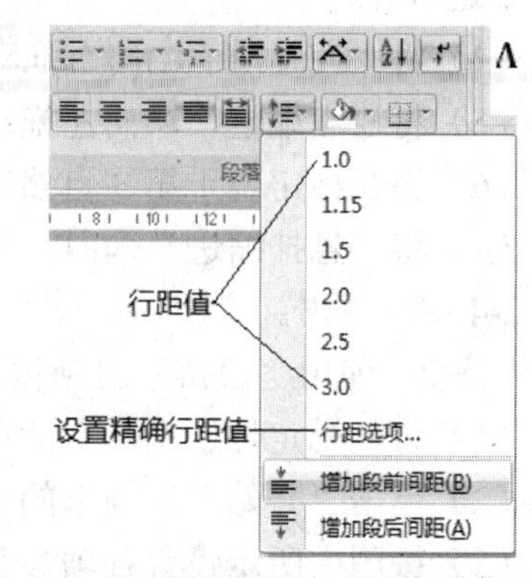

图 4-71　快捷设置行距、段前和段后间距

5. 设置行间距

步骤

方法 1：使用“段落”对话框完成。其操作方法见前例，如图 4-70 所示。

方法 2：使用快捷工具完成。

（1）将光标定位于第 1 自然段中的任意位置。

（2）单击“开始”选项卡“段落”组中的“行距”工具，弹出如图 4-71 所示的下拉菜单。

（3）在其中选择行距为 1.5。

6. 设置段落的边框和底纹

步骤

（1）将光标定位于第 2 自然段中的任意位置。

（2）单击“开始”选项卡“段落”组中的“边框”工具，弹出如图 4-72 所示的下拉菜单。

（3）在其中单击“边框和底纹”命令，弹出如图 4-73 所示的对话框。

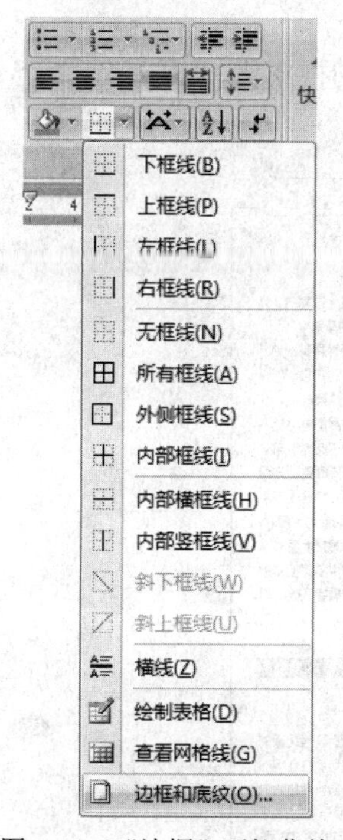

图 4-72 “边框”下拉菜单

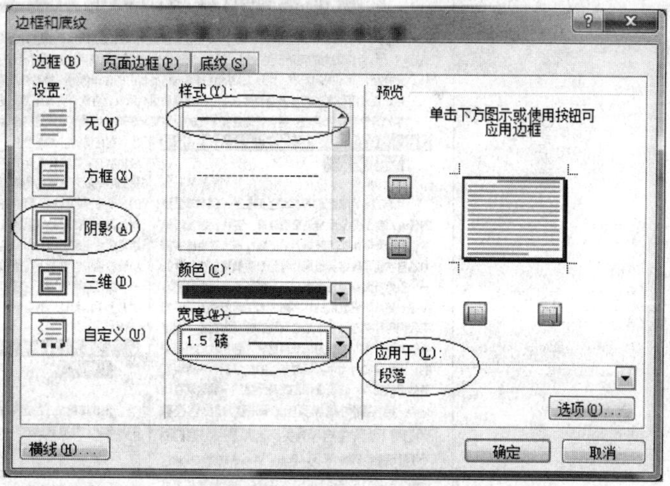

图 4-73 设置段落的边框示例

（4）按图中所示设置各项参数。

（5）单击“底纹”选项卡，如图 4-74 所示。

（6）按图中所示设置各项参数。

（7）单击“确定”按钮。

（8）用同样的方法设置第 3 自然段的段落底纹。

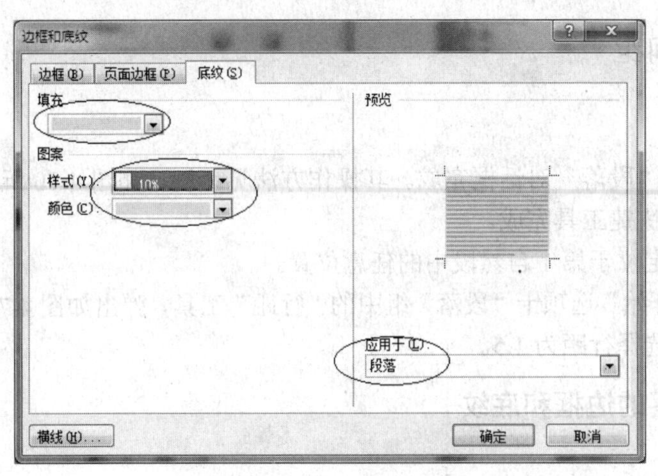

图 4-74　设置段落底纹示例

实训 7　文档的页面格式化

【实例】按图 4-75 所示的文档格式进行字符、段落、页面的格式化。

教育改革专栏　　　　本文摘自《中国教育报》

自学辅导教学适应教育发展大趋势

当今世界科技进步日新月异，人类正在快速迈向知识经济时代。面对 21 世纪的到来，各个国家综合国力的竞争日益激烈。但是，所有这些激烈的竞争中，归根结底还是人的素质的竞争。要提高我国国民的素质，比较关键的还是首先提高我们的教育质量。提高教育质量就是利用教育科学研究，用科学的方法遵循教育规律，来提高质量。所以，在这个大背景下，进一步研究和推广自学辅导教学这项实验，更有特殊意义。它的重要意义表现在这项改革实验符合教育发展的大趋势。

首先，自学辅导教学实验符合我国实施素质教育的大趋势。

当前及今后我们教育战线上面临的一项非常重要的任务，就是要全面推进素质教育，要特别重视培养学生的创新精神和实践能力。而旨在培养学生自学能力的自学辅导教学实验是为推行素质教育创造条件的一个重要方面。推进素质教育，减轻学生过重的学习负担，要从改进我们的教学方法和学习方法入手。如果我们用科学方法让学生在有限的时间内能够得到更多的知识，他们的能力成长得更快，那是我们所希望的。而所有能力当中，培养学生的自学能力或者说获取知识的能力，这是使他们终身受益的一项教育基础任务。**自学辅导教学实验，其核心是提倡在教师指导下以学生自学为主，老师是引导他们而不是代替他们来学习**，因此，进一步研究和实验这项教学改革对于推进我们正在实施的素质教育是有很大意义的。

其次，自学辅导教学实验符合终身学习的大趋势。

我国已经明确提出，要逐步完善终身学习体系。终身学习体系，就是说在人的一生当中任何的年龄阶段，在任何的工作岗位上，在任何的时间都有可能不断地学习。在这种条件下，一个人要能不断地学习，他的自学能力就成为他不断获取知识、不断更新知识的一个重要的基础。所以在学校教育中，特别是在基础教育阶段就应高度重视培养学生的学习能力。同时，学习能力也是创新能力的基础。从这个意义上看，从小培养他们自学能力，就成为我们教育中不可回避的一个责任，而目前正在进行的自学辅导教学实验，显然有利于培养他们的自学能力。

第三，自学辅导教学实验符合信息技术发展的大趋势。

现代信息技术的迅猛发展，将会引起 21 世纪新的学习革命、教育方式的革命。人们将有可能在任何时间、任何地点，接受任何形式的教育，所有学习者只要有学习愿望，都将有可能通过网络选择适当的时间、地点，选择学习内容和符合自身学习特点的学习方式。这种学习的主动权就不在教师了，而在学生本人。学习者能不能选择适合他最有效的学习方式、学习内容，这将取决于他的自学能力。

1

重庆电子职业技术学院

图 4-75　页面格式化示例

说明：

（1）该实例的文本素材已保存在“页面格式化示例素材”文档中，请到中国水利水电出版社网站下载。

（2）该文档中的文字颜色可根据自己的喜好自行设计。

（3）本实例只对页面进行格式化，文档中字符和段落的格式化请自行设计。

一、实训目的

1．熟练掌握页眉、页脚、页码的设置方法。
2．熟练掌握分栏的设置方法。
3．熟练掌握页边距、纸张大小的设置。
4．熟悉页面边框、页面颜色、水印效果的设置。

二、实训内容

1．设置页面属性：页边距、纸张大小、页眉/页脚边距
2．设置页眉
3．设置页脚
4．设置页码
5．设置水印
6．设置页面颜色
7．设置页面边框
8．设置段落的分栏

三、实训步骤

1．设置页面属性：页边距、纸张大小、页眉/页脚边距

步骤

方法 1：使用“页面设置”对话框完成。

（1）单击“页面布局”选项卡的“页面设置”对话框启动器，弹出如图 4-76 所示的对话框。

（2）按图中所示设置页边距。

（3）单击“纸张”选项卡，按图中所示设置纸张大小，如图 4-77 所示。

（4）单击“版式”选项卡，按图中所示设置页眉、页脚距边界的值，如图 4-78 所示。

（5）单击“确定”按钮。

方法 2：使用快捷工具完成。在“页面布局”选项卡的“页面设置”组中，可以使用相应的快捷工具设置页边距、纸张大小等。

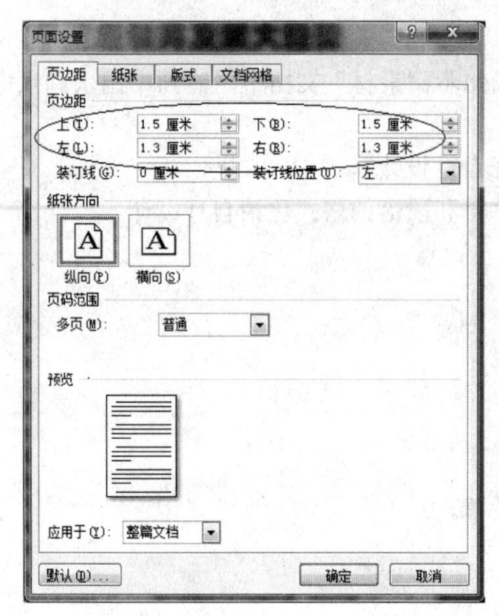

图 4-76　设置上下左右页边距

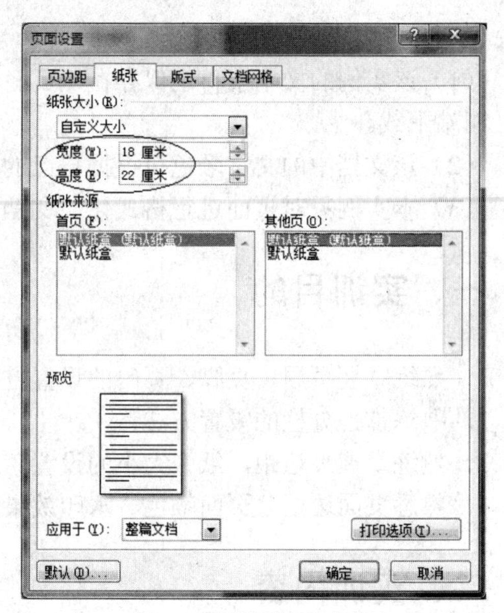

图 4-77　设置纸张大小

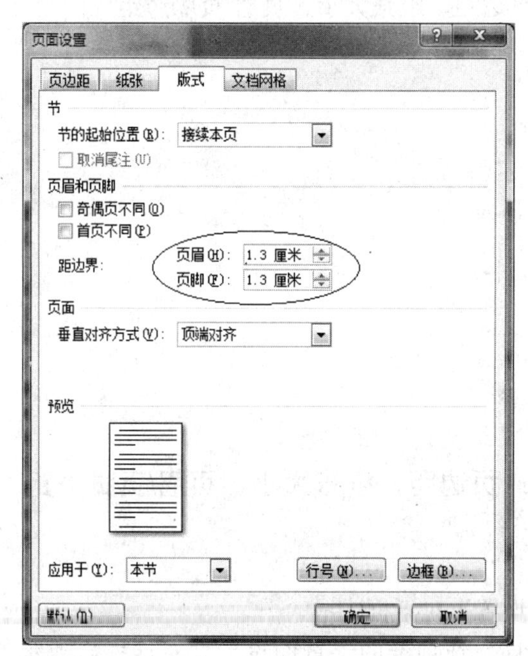

图 4-78　设置页眉、页脚距边界的值

2．设置页眉

步骤

（1）单击“插入”选项卡“页眉和页脚”组中的“页眉”工具。

（2）在弹出的“页眉”下拉菜单中，选择“空白（三栏）”后进入页眉的编辑区，并自动切换到关联出现的“设计”选项卡，如图 4-79 所示。

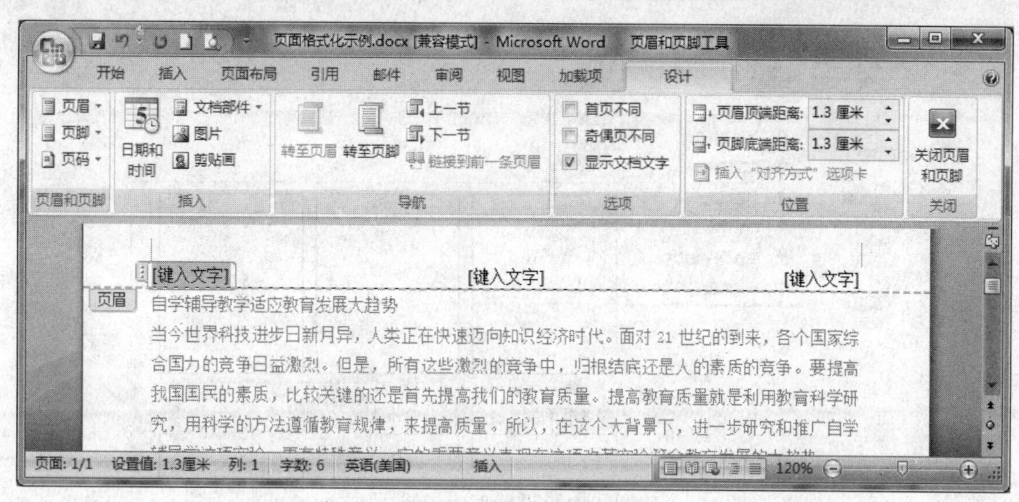

图 4-79　设置页眉示例

（3）分别单击页眉区左右两端的 [键入文字]，输入“教育改革专栏”和“本文摘自《中国教育报》”，并设置样式。

（4）单击页眉中间的 [键入文字]，按 Del 键删除它。

3．设置页脚

步骤

（1）承前例。单击“设计”选项卡“页眉和页脚”组中的“页脚”工具。

（2）在弹出的“页脚”下拉菜单中选择“堆积型”。

（3）在页脚区，单击 [键入公司名称]，输入“重庆电子工程职业学院”，并设置样式，如图 4-80 所示。

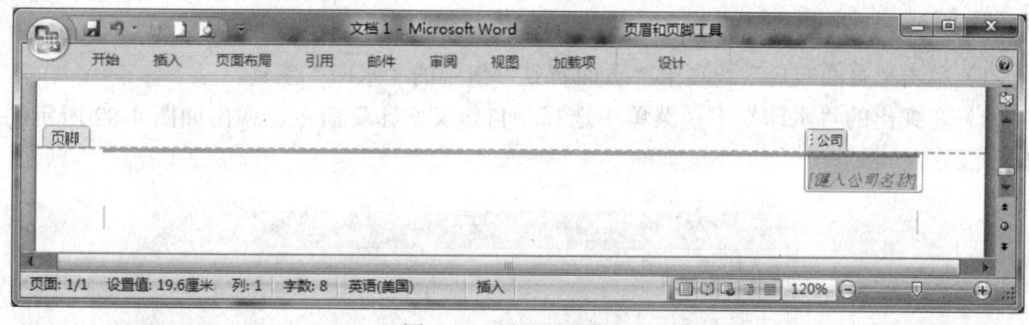

图 4-80　设置页脚示例

4．设置页码

步骤

（1）承前例。单击“设计”选项卡“页眉和页脚”组中的“页码”工具。

（2）在弹出的“页码”下拉菜单中选择“页边距”→“圆（右侧）”，如图 4-81 所示。

（3）将页码调整到适当的位置。

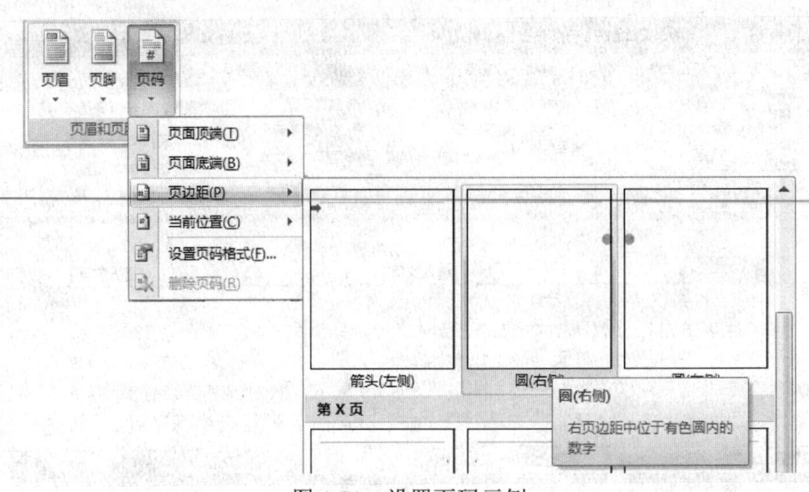

图 4-81　设置页码示例

（4）单击“设计”选项卡中的“关闭页眉和页脚”工具或在文本区双击，可以退出“页眉和页脚”的编辑状态。

操作提示

修改页眉和页脚的方法是：在页面视图中，双击“页眉”或“页脚”处，即可进入“页眉和页脚”的编辑界面。页眉和页脚中的文本同样可以进行字符、段落的格式化。

若要删除页眉、页脚、页码，则分别从“页眉”、“页脚”、“页码”的下拉菜单中选择“删除页眉”、“删除页脚”、“删除页码”命令。

5．设置水印

步骤

（1）单击“页面布局”选项卡“页面背景”组中的“水印”工具。

（2）在弹出的“水印”下拉菜单中选择“自定义水印”命令，弹出如图 4-82 所示的对话框。

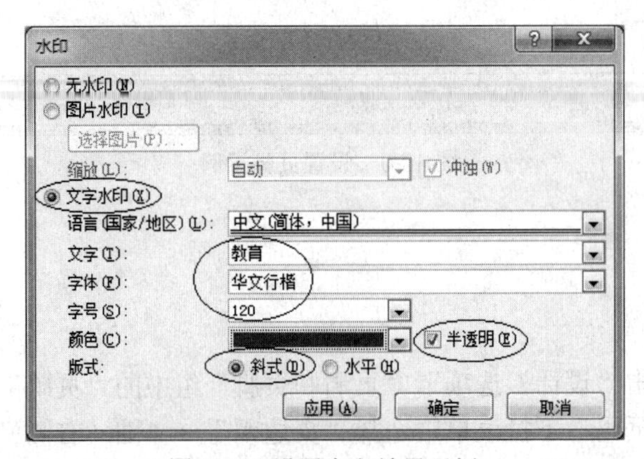

图 4-82　设置水印效果示例

（3）按图中所示设置水印选项。

（4）单击“应用”按钮，观察水印效果，如果不满意，可重新修改选项，直到满意。

（5）单击“确定”按钮。

6．设置页面颜色

步骤

（1）单击“页面布局”选项卡“页面背景”组中的“页面颜色”工具，弹出如图 4-83 所示的下拉菜单。

（2）在“主题颜色”区域选择所需的颜色（如果要设置页面背景的填充效果，可以单击“填充效果”命令，其他操作请自行设置）。

7．设置页面边框

步骤

（1）单击“页面布局”选项卡“页面背景”组中的“页面边框”工具，弹出如图 4-84 所示的对话框。

（2）按图中所示设置各项参数。

（3）单击“确定”按钮。

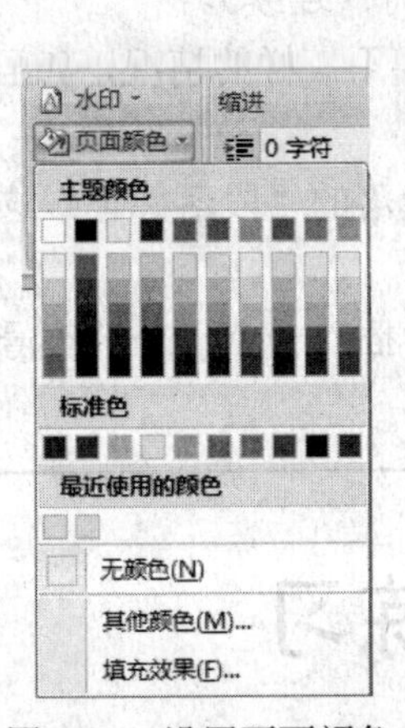

图 4-83　设置页面颜色

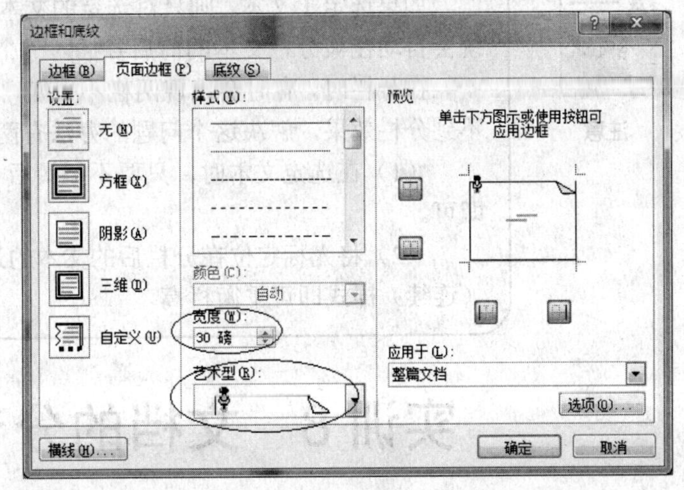

图 4-84　设置页面边框示例

8．设置段落的分栏

步骤

（1）选定要分栏的段落。

（2）单击“页面布局”选项卡“页面设置”组中的“分栏”工具。

（3）在弹出的“分栏”下拉菜单中选择“更多分栏”命令，弹出如图 4-85 所示的对话框。

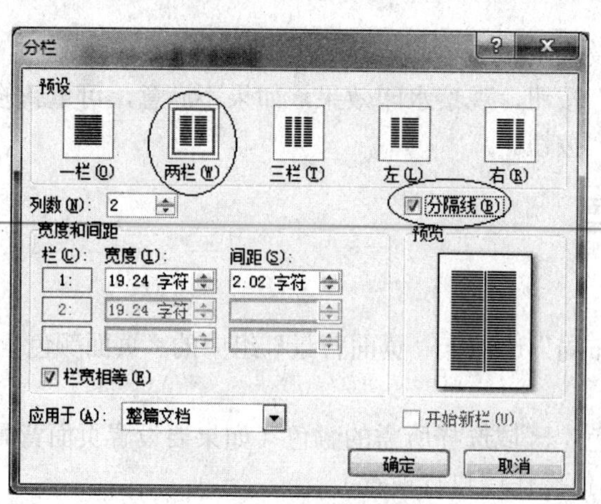

图 4-85　设置分栏示例

（4）按图中所示设置各项参数。

（5）单击“确定”按钮。

注意

在分栏时，如果未选定文本，且文档只有一节，则默认对整个文档进行分栏；如果未选定文本，且文档已分节，则只对光标所在的节进行分栏。

如果选定了文本，则只对选定的文本进行分栏，且分栏完成后，系统会自动在被分栏文本的前后各插入一个分节符（连续）。

在分栏时，有时会出现两栏不平衡，即栏高不一样的情况，甚至看不到分栏效果，解决这个问题的办法有两种：

（1）在选定文本时，只要不把最后一个段落的“段落标记”选中即可。

（2）将光标定位在分栏后的文本的最后，插入一个“分节符号”（连续）样式即可平衡栏高。

实训 8　文档的分节练习

【实例】按图 4-86 所示的文档格式进行页面的格式化。要求：

（1）将文档分成 3 个节，每节中有 3 页。

（2）每节的首页、奇数页和偶数页的页眉和页脚各不相同，内容见图示。

（3）每节首页中的页码居中，奇数页中的页码左对齐，偶数页中的页码右对齐。

说明：

（1）该实例是在一个空白文档中进行页面格式化，目的是使版面更清楚明了，使操作步骤更简洁，它的操作方法对一个正式的文档编排是完全适用的，请翻看本书各章节的版面设计效果。

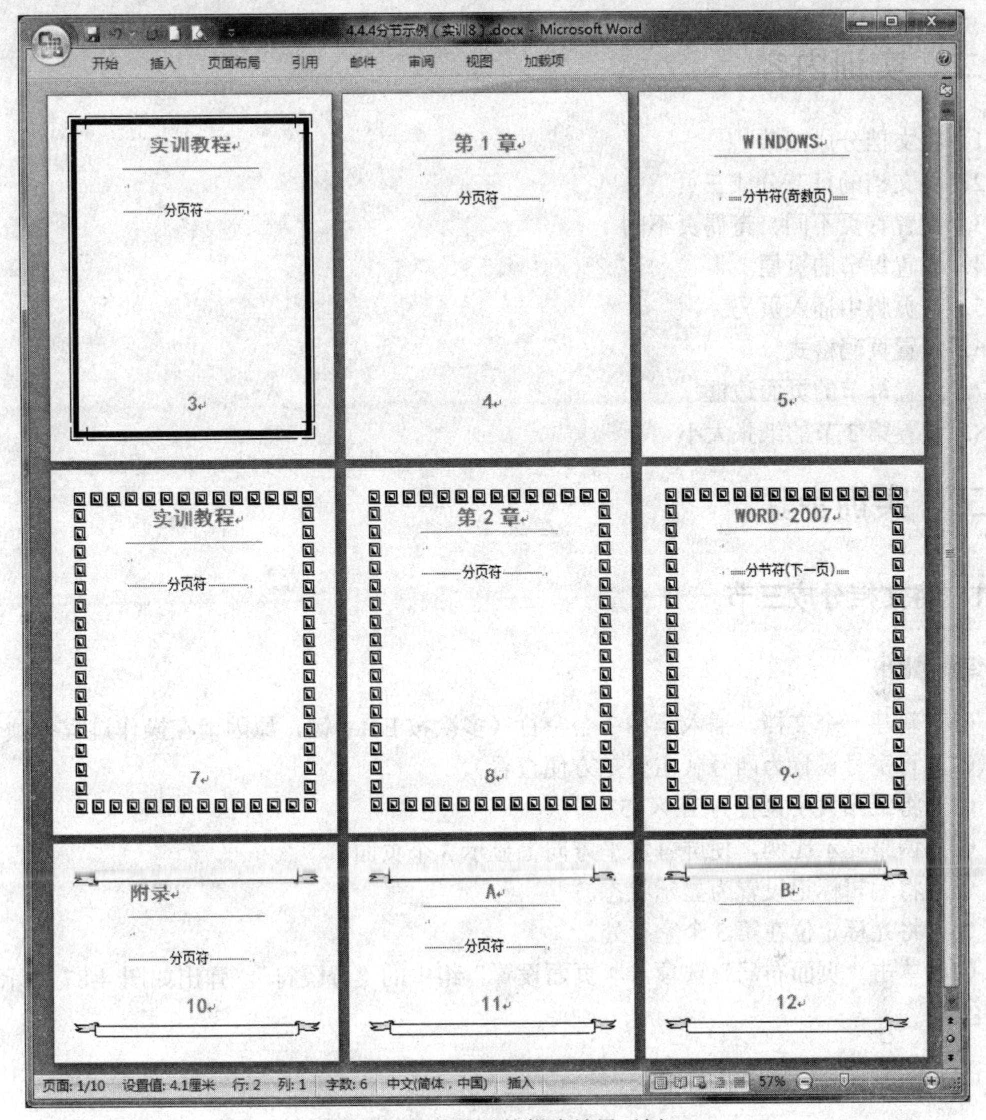

图 4-86　分节后的版式效果示例

（2）为了在练习时便于浏览版面设计效果，请将纸张大小设置为“12×15”，字号设置为“四号”，显示比例可根据自己屏幕的大小适当调整，最好能水平方向显示 3 个页面。

（3）本例的操作顺序和方法并不是唯一的，通过实训，读者在领会的基础上会发现其他的方法。

一、实训目的

1．掌握硬分页的方法。
2．掌握文档分节的方法。
3．熟悉在不同节中将“页眉/页脚”设置成不同内容的方法。
4．熟悉在首页、奇数页、偶数页中将“页眉/页脚”设置成不同内容的方法。

二、实训内容

1．将文档分成三节
2．将文档的每节分成三页
3．设置首页不同、奇偶页不同
4．设置每节的页眉
5．在页脚中插入页码
6．设置页码格式
7．设置每节的页面边框
8．设置第 3 节的纸张大小

三、实训步骤

1．将文档分成三节

步骤

（1）新建一个文档，插入至少 3 个空行（多次按 Enter 键，原因请在操作过程中领会）。

（2）将字号设置为四号（主要是方便查看）。

（3）将纸张大小设置为 12×15。

（4）调整显示比例，使屏幕水平方向上显示 3 个页面。

（5）将编辑标记设置为显示状态。

（6）将光标定位在第 3 个空行处。

（7）单击“页面布局”选项卡“页面设置”组中的“分隔符”，弹出如图 4-87 所示的下拉菜单。

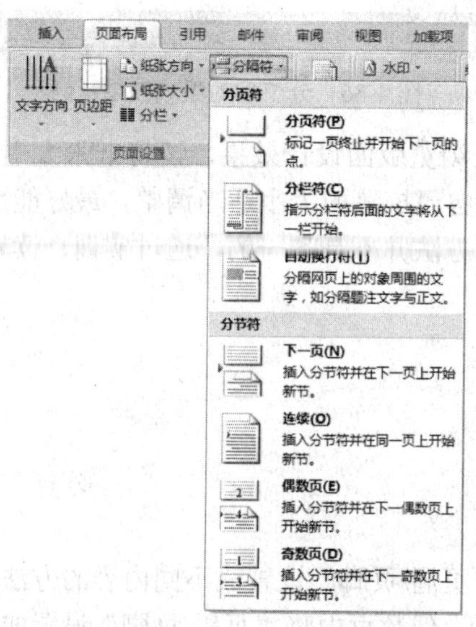

图 4-87　“分隔符”下拉菜单

（8）在其中选择“奇数页”分节符后，在文档中便插入了第一个分节符，文档被分成两节，且为两页。

（9）在第 2 页插入至少 3 个空行，且将光标定位在第 3 行处。

（10）选择“分节符”→“下一页”后，在文档中又插入了第二个分节符，文档总共被分成三节，且为三页。

2．将文档的每节分成三页

步骤

（1）将光标定位于第 1 节的第 1 行（即第 1 页）中。

（2）按 2 次 Ctrl+Enter 键，插入 2 个硬分页符（此时，第 1 节已有 3 个页面）。

（3）将光标定位于第 2 节的第 1 行（此时是第 4 页）中。

（4）按 2 次 Ctrl+Enter 键，插入 2 个硬分页符（此时，第 2 节已有 3 个页面）。

（5）将光标定位于第 3 节的第 1 行（此时是第 7 页）中。

（6）按 2 次 Ctrl+Enter 键，插入 2 个硬分页符（此时，第 3 节已有 3 个页面）。

3．设置首页不同、奇偶页不同

步骤

（1）单击“页面布局”选项卡的“页面设置”对话框启动器，单击“版式”选项卡，如图 4-88 所示。

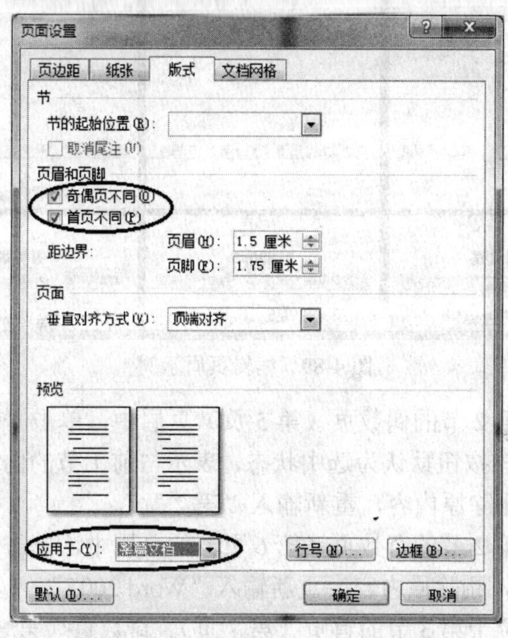

图 4-88　设置首页不同、奇偶页不同

（2）按图中所示设置各项参数。

（3）单击“确定”按钮。

4．设置每节的页眉

【步骤】

（1）将光标定位于第1页。

（2）单击“插入”选项卡“页眉和页脚”组中的“页眉”工具。

（3）在弹出的“页眉”下拉菜单中选择“空白”选项，进入页眉的编辑状态。

（4）在第1节的首页（第1页）、偶数页（第2页）、奇数页（第3页）页眉中分别输入“实训教程”、“第1章”、WINDOWS（字体、字号自行设计），如图4-89所示。

图4-89　编辑页眉示例

（5）将光标定位于第2节的偶数页（第5页）页眉中，单击“设计”选项卡“导航”组中的链接到前一条页眉按钮（该按钮默认为选中状态，表示与前1节的内容相同，此时单击后将取消与前节相同的内容），删除原内容，重新输入“第2章”。

（6）将光标定位于第2节的奇数页（第6页）的页眉中，单击“设计”选项卡“导航”组中的链接到前一条页眉按钮，删除原内容，重新输入“Word 2007”。

（7）将光标分别定位于第3节的首页（第7页）、奇数页（第8页）、偶数页（第9页）的页眉中，采用前面相同的方法，分别输入“附录”、“A”、“B”。

（8）单击“设计”选项卡中的“关闭页眉和页脚”按钮或双击文本区域，退出“页眉和页脚”的编辑状态。

5．在页脚中插入页码

步骤

（1）在页眉或页脚位置处双击，进入“页眉和页脚”的编辑界面。

（2）将光标定位于第 1 节首页的页脚处。

（3）单击“设计”选项卡“页眉和页脚”组中的“页码”工具。

（4）在弹出的“页码”下拉菜单中选择“当前位置”→“普通数字 1”（字体、字号自行设计，居中对齐）。

（5）分别将光标定位于第 1 节偶数页、奇数页的页脚处，重复第 3、4 步的操作。

6．设置页码格式

步骤

（1）承前例。将光标定位于第 1 节首页的页脚处。

（2）单击“设计”选项卡“页眉和页脚”组中的“页码”工具。

（3）在弹出的“页码”下拉菜单中单击“设置页码格式”命令，弹出如图 4-90 所示的对话框。

（4）按图中所示设置参数。

（5）单击“确定”按钮。

（6）双击文本区域退出“页眉和页脚”的设置。

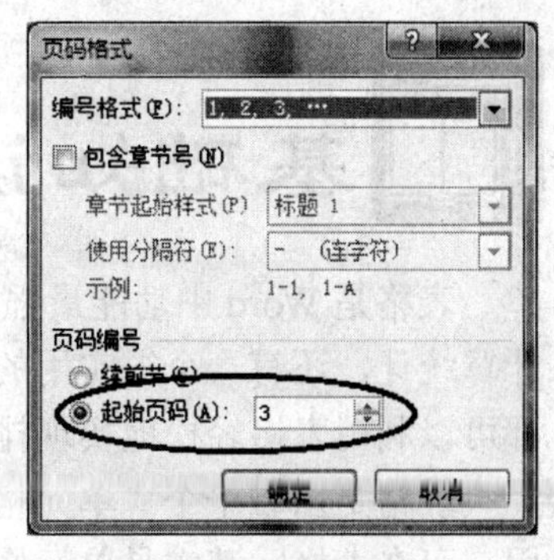

图 4-90　设置页码格式

7．设置每节的页面边框

步骤

（1）将光标定位于第 1 节的任意位置。

（2）单击“页面布局”选项卡“页面背景”组中的“页面边框”工具。

（3）在弹出的对话框中，设置“艺术型”为▬▬▬，宽度为 25 磅，应用于“本节－仅首页”。

（4）将光标定位于第 2 节的任意位置。

（5）单击“页面布局”选项卡“页面背景”组中的“页面边框”工具。

（6）在弹出的对话框中，设置“艺术型”为◪◪◪◪◪，宽度为 20 磅，应用于“本节”。

（7）用同样的方法设置第 3 节的页面边框。

8．设置第 3 节的纸张大小

步骤

（1）将光标定位于第 3 节的任意位置。

（2）单击“页面布局”选项卡的“页面设置”对话框启动器。

（3）在弹出的对话框中单击“纸张”选项卡。

（4）设置纸张大小的高度为 9 厘米，应用于“本节”。

（5）单击“确定”按钮。

操作提示

删除分节符的方法是：选定要删除的分节符，按 Enter 键。

修改分节符的方法是：将光标定位在该节中，单击“页面布局”选项卡的“页面设置”对话框启动器，在弹出的对话框中单击“版式”选项卡，在“节的起始位置”下拉列表框中选择分节符的类型。

如果在视图中看不到分节符标记，可单击按钮。

4.5 Word 表格

基础知识

表格是 Word 中功能最强大和最有用的工具之一。它不仅用来列表数据和对表格数据进行计算统计，还有一个很实用的功能就是用来对文本进行编排。我们经常看到的很复杂的版面，都可以利用表格轻松地实现排版。

表格是由若干个“单元格”（即表格中的每一个方格）组成的。表格就像一个信息容器，用户可在表格（其实是单元格）中随意添加文字、数据、图像和声音等多媒体信息。

制作表格主要包括创建、编辑、格式化、排序和统计等操作。

4.5.1 创建表格

在 Word 2007 中创建表格更加容易和轻松，因为 Word 2007 提供了表格库，用户可以从库中选择适合自己需要的表格，也可以选择非常接近的表格，然后通过增加行或列、合并或折分单元格、手绘表格等操作创建出符合需要的、更复杂的表格。另外，Word 2007 提供的“实时预览”功能使表格处理更加方便。

1. 快速创建表格

Word 2007 提供了很多现成表格和表格样式，利用它可以快速创建表格。例如，创建一份如图所示的月历图表，非常容易。只要单击“插入”选项卡中的“表格”→“快速表格”→“日历 1”，在文档中生成一份如图 4-91（右图）所示的月历图表。将光标定位于表格中，单击“设计”选项卡“表样式”组中的“其他”按钮，在下拉列表中选择喜欢的样式，如图 4-92（左图）所示，可以看到月历表将应用为如图 4-92（右图）所示的样式。

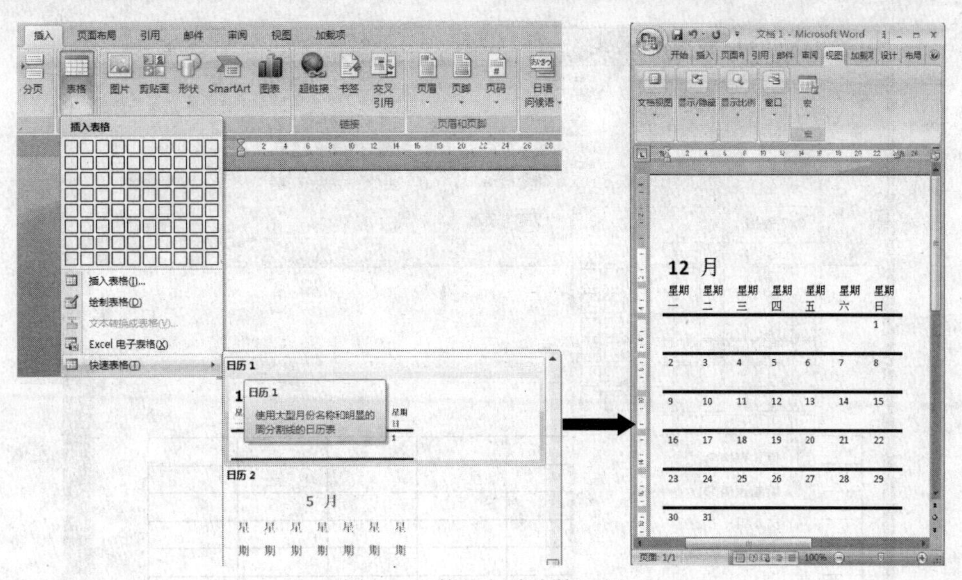

图 4-91 快速创建表格示例

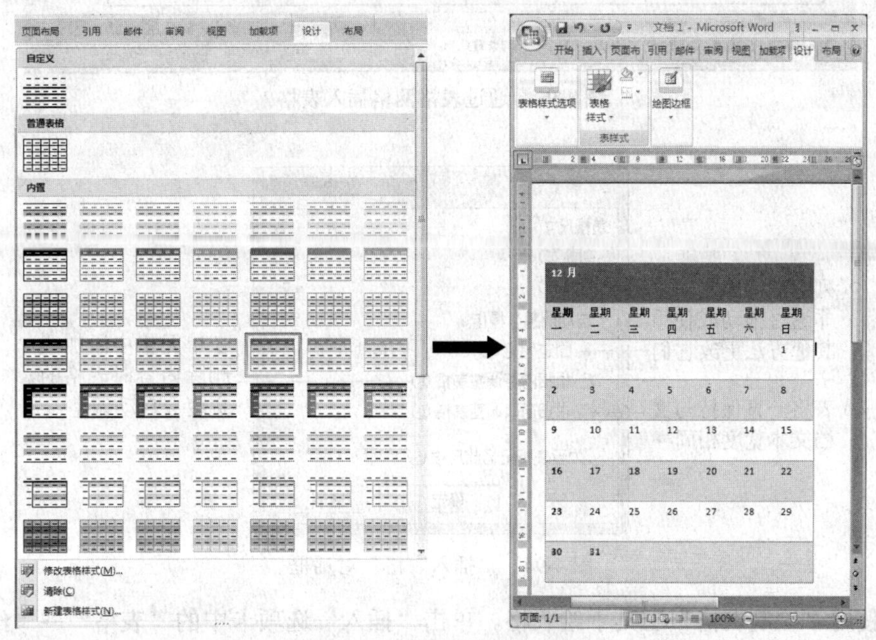

图 4-92 应用表格样式示例

2. 从头开始插入表格

从头开始创建表格有以下 3 种基本方法：

- 使用“表格”工具选择行数和列数。单击“插入”选项卡中的“表格”，在表格网格上移动鼠标，可以看到所选表格的大小不断变化，如图 4-93 所示，单击鼠标即可在文档中创建一份空白表格。
- 使用“插入表格”对话框创建表格。单击“插入”选项卡中的“表格”→“插入表格”命令，弹出如图 4-94 所示的对话框。

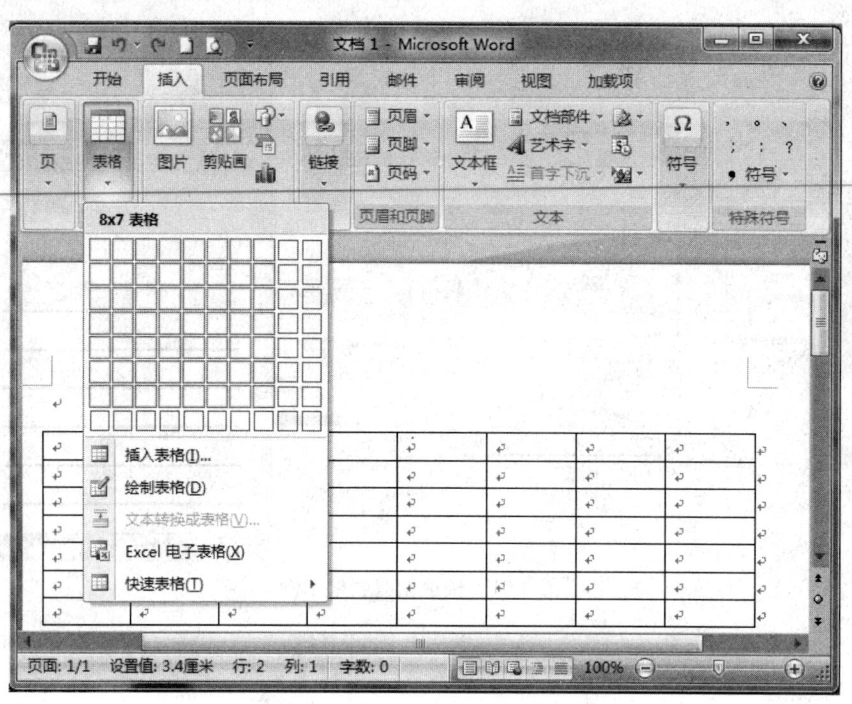

图 4-93　通过表格网格插入表格

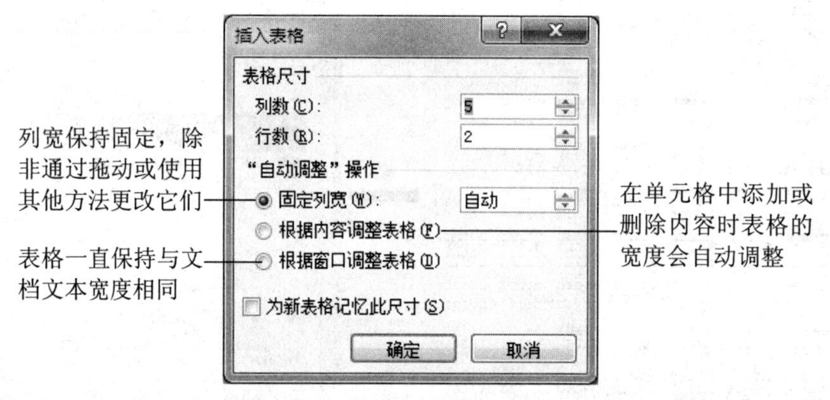

图 4-94　“插入表格”对话框

- 使用“绘制表格”工具手绘表格。单击“插入”选项卡中的“表格”→“绘制表格”命令，鼠标指针会变成✎形状，此时可以在文档中手动绘制表格。手绘表格的操作方法见实训 9。

3. 将现有数据插入表格

Word 2007 提供了将现有文本插入到表格的功能，有以下两种实现方法：

- 将选定的文本直接插入到表格中，单击“插入”选项卡中的“表格”→“插入表格”命令。图 4-95 所示是将文本插入到表格中的例子。
- 使用“文字转换成表格”对话框，具体操作见实训 9。不过这种方法对文本的格式有要求，需要在文本中使用分隔符，这些分隔符可以是段落标记、逗号、空格、制表符等。

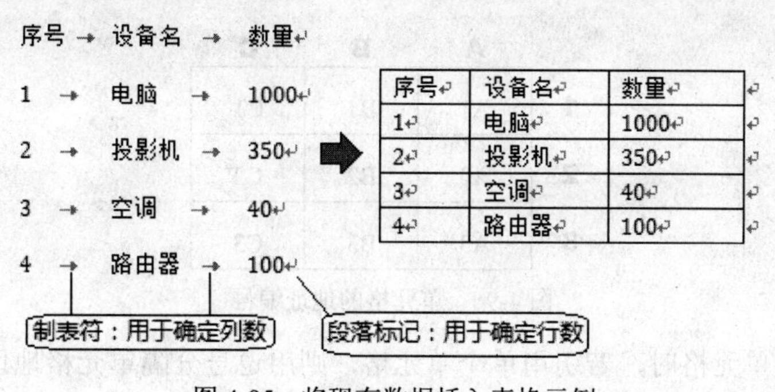

图 4-95　将现有数据插入表格示例

4.5.2　编辑表格

在表格中输入数据时，当一个单元格填写完以后，用鼠标或 Tab 键或方向键都可将光标移到下一个单元格中。

表格的编辑主要包括对单元格、行或列进行插入、删除、复制、移动、改变行高和列宽、单元格或表格合并与拆分等操作。但一定要记住一个原则：在编辑前，必须“先选定，后操作”。

4.5.3　格式化表格

格式化表格实际上就是对表格进行美化修饰，这一点在用表格进行版面设计时尤其重要。

表格的格式化包括设置表格中字符的格式、设置单元格内容的对齐方式、设置表格的对齐方式和环绕方式、设置表格或单元格的边框和底纹等操作。

4.5.4　表格的排序

Word 2007 不仅可以对表格中的数据排序，还可以对不在表格内的列表排序。在表格内可以按拼音、笔画、数值或日期顺序对表格的内容进行升序或降序排序。可同时对多列排序，当第一列（称为主关键字）内容有多个相同的值时，则根据第二列（称为次关键字）排序，依此类推，最多可选择三个关键字排序。

4.5.5　表格的计算

制好表格后，可对表格中的数据进行计算，Word 2007 提供了在表格中进行数值的加、减、乘、除及平均值等计算的功能。

数据的计算有两种方法：一是使用函数进行计算；二是自己创建简单的公式进行计算。

在输入计算公式时，要引用到单元格的地址编号。单元格的地址编号由其“列号+行号”组成。列号分别用 A、B、C……来表示第 1 列、第 2 列、第 3 列……；行号分别用 1、2、3……表示，如图 4-96 所示。例如，A1 表示第 1 行第 1 列的单元格；C5 表示第 5 行第 3 列的单元格。

	A	B	C
1	A1	B1	C1
2	A2	B2	C2
3	A3	B3	C3

图 4-96　单元格的地址编号

在公式中引用单元格时，若引用单个单元格，则用逗号分隔单元格地址；若引用一个连续区域，则用选定区域的首尾单元格地址，且用冒号分隔，如表 4-3 所示。

表 4-3　单元格的引用方法

图例	单元格的引用方法	图例	单元格的引用方法
	(b:b) 表示引用 b 列		(a1:c2)
	(b1:b3) 表示引用 b 列中的三行		(1:1,2:2) 表示引用第 1 行和第 2 行
	(a1:b2)		(a2,b1,c2)

实训 9　制作成绩统计表

【实例】将图 4-97 所示的文本制作成一份成绩统计表（效果如图 4-98 所示）。

```
2004 级图形图像专业学生成绩统计表
制表人：XXX
序号,学号,姓名,网页制作,平面设计,广告设计,三维动画
1,10101,高　飞,87,78,86,68
2,10202,王远炳,69,74,84,70
3,10103,张国立,68,82,79,52
4,10108,黎　丽,83,95,78,77
5,10211,伍友成,90,89,71,66
6,10201,郑佩佩,81,63,77,88
```

图 4-97　示例文本

2010 级某专业学生成绩统计表

制表人：XXX

序号	学号	姓名	网页制作	平面设计	广告设计	三维动画	总分
1	07101	高　飞	87	78	86	68	319
2	07202	王远炳	69	74	84	70	297
3	07103	张国立	68	82	79	52	281
4	07108	黎　丽	83	95	78	77	333
5	07211	伍友成	90	89	71	66	316
6	07201	郑佩佩	81	63	77	88	309
最高分			90	95	86	88	
最低分			68	63	71	52	

图 4-98　Word 2007 成绩统计表示例

要求：

（1）创建表格。

（2）增加“总分”列，并计算每个学生的总分。

（3）按“总分”字段进行降序排列。

（4）增加“最高分”和“最低分”两行，并计算每门课程的最高分和最低分。

一、实训目的

1．能熟练创建 Word 2007 的表格。
2．熟练掌握表格的编辑方法。
3．掌握表格的排序方法。
4．能进行求和、求平均数的计算。

二、实训内容

1．建立表格
2．手动绘表的练习
3．选定表格、行、列、单元格的练习
4．设置表格的行高
5．调整表格的列宽
6．向表格中添加列
7．计算表格的数据：总分
8．表格的排序：按“总分”字段降序排列
9．向表格中添加行

10．合并单元格
11．计算数据：最高分、最低分

三、实训步骤

1．建立表格

步骤

方法 1：将现有数据直接插入表格。
（1）选定给定文本的第 3～7 行。
（2）单击“插入”选项卡中的“表格”→“插入表格”命令。
方法 2：使用“将文字转换成表格”对话框。
（1）选定给定文本的第 3～7 行。
（2）单击“插入”选项卡中的“表格”→“将文本转换成表格”命令，弹出如图 4-99 所示的对话框。

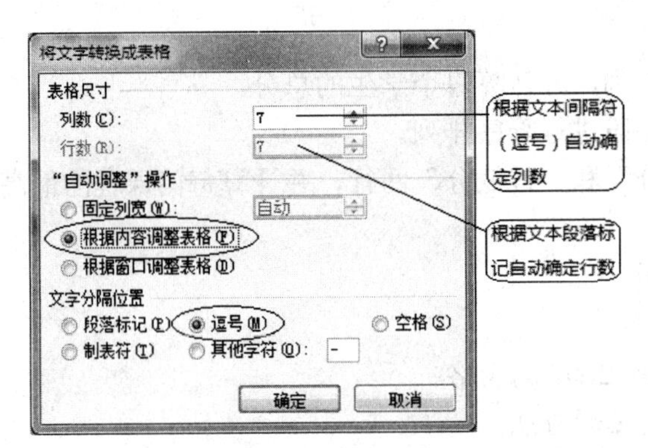

图 4-99　“将文本转换成表格”对话框

（3）按图中所示设置选项，单击“确定”按钮。

操作提示

本例也可以从头开始创建，先创建一个 7×7 的空白表格，然后再在表中输入数据，或将现成的文本复制粘贴到相应单元格中。

2．手动绘表的练习

步骤

（1）单击“插入”选项卡中的“表格”→“绘制表格”命令，此时鼠标指针变为✎形状。
（2）当开始在文档中绘制表格时，在功能区中会出现“设计”和“布局”两个选项卡，并切换到“设计”选项卡，如图 4-100 所示。

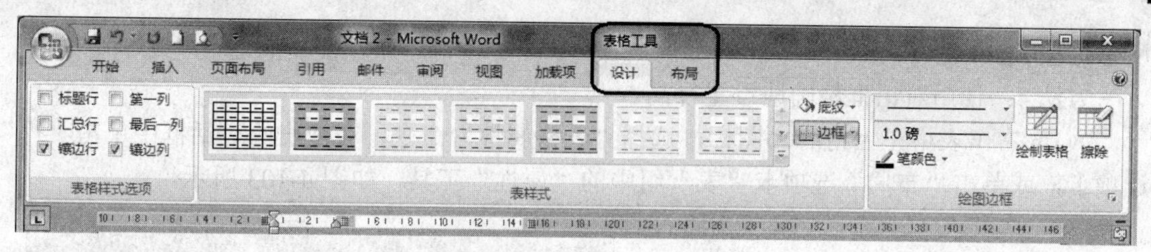

图 4-100　“设计”选项卡

（3）按照图 4-101 所示的顺序绘制表格。

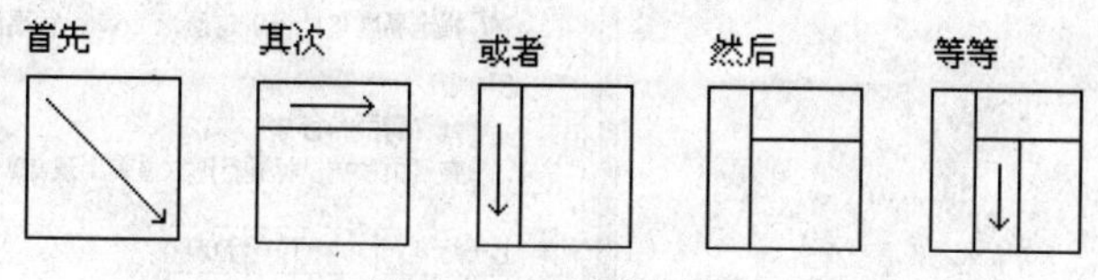

图 4-101　手动制表

（4）如果要删除表线，则单击“设计”选项卡“绘图边框”组中的“擦除”工具，沿着要删除的表线拖动。

（5）绘制完毕，单击“设计”选项卡“绘图边框”组中的“绘制表格”工具或双击鼠标，可结束手动绘表。

3. 选定表格、行、列、单元格的练习

步骤

（1）选定单元格：单击单元格左侧的选定区，在该区的鼠标指针变为↗。

（2）选定行：单击表格左侧的选定区，在该区的鼠标指针变为↗。

（3）选定列：单击列上边界的选择区，在该区的鼠标指针变为⬇。

（4）选定矩形块：用鼠标从一个单元格拖动到另一个单元格。

（5）选定表格：单击表格左上角的⊞图标，在该图标上鼠标指针变为✥。

（6）选定多行或多列：在表格左侧的选定区或列上边界处拖动鼠标。

4. 设置表格的行高

步骤

方法 1：手动调整行高。

（1）将鼠标指向表格的水平间隔线，鼠标指针变为÷。

（2）上下拖动鼠标，可以调整表格的行高。

方法 2：平均分布行高。

（1）用手动方式将表格中的任意几行调成大小不等的行高。

（2）单击“布局”选项卡“单元格大小”组中的“分布行”按钮，表格的行高均匀分布。

方法 3：精确地设置行高为 0.9 厘米。

（1）单击表格左上角的⊞图标选定表格。

（2）单击“布局”选项卡，在“单元格大小”组的“行高”框中输入 0.9 厘米，如图 4-102

所示，按 Enter 键。

方法 4：使用对话框精确地设置行高。

（1）右击表格左上角的⊞图标，选择“表格属性”命令，在弹出的对话框中单击“行”选项卡，或单击“布局”选项卡“表”组中的“属性”工具，如图 4-103 所示。

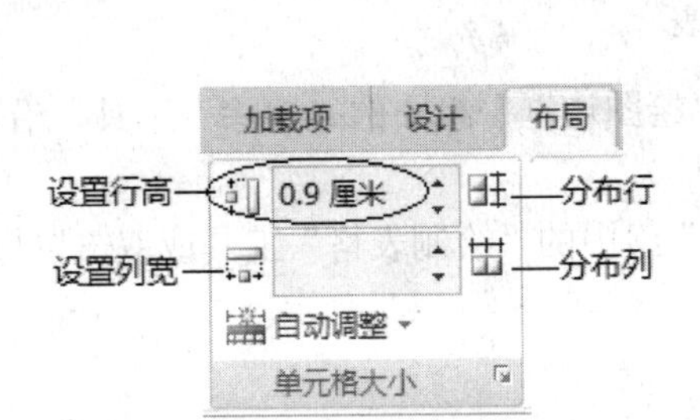

图 4-102　快速设置行高

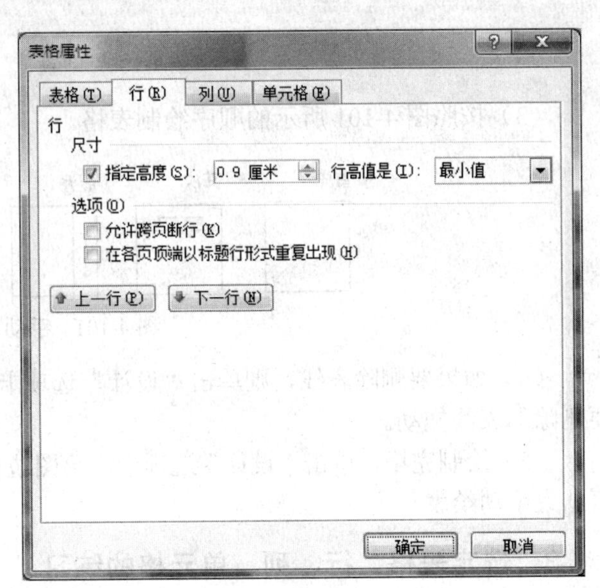

图 4-103　在“表格属性”对话框中设置行高

（2）勾选“指定高度”复选项，参数设为 0.9 厘米。

（3）单击“确定”按钮。

5．调整表格的列宽

步骤

方法 1：手动改变列宽。

（1）将鼠标指针移到列的右边界线上，指针变为⟺。

（2）直接拖动：改变相邻两列的宽度，表格的总宽度不变。

（3）Ctrl+拖动：改变当前列的宽度，右边各列成比例变化，表格的总宽度不变。

（4）Shift+拖动，改变当前列的宽度，表格的总宽度要发生变化。

方法 2：自动改变列宽。

（1）将光标定位于表格中。

（2）单击“布局”选项卡中的“自动调整”→“根据内容调整表格”、“根据窗口调整表格”、“固定列宽”命令，或者单击“分布列”工具，将自动调整表格的列宽。

方法 3：用鼠标自动改变列宽。

（1）将光标定位于要改变列宽的列中，或选定一列，或选定多列。

（2）将鼠标指针移到列的右边界线上，指针变为⟺。

（3）双击可调整列的宽度。

6. 向表格中添加列

步骤

（1）将光标定位于最右边一列的单元格中。

（2）单击“布局”选项卡“行和列”组中的“在右侧插入”工具，在表格最右端增加一列。

（3）在新增加列的第一行单元格中输入“总分”。

7. 计算表格的数据：总分

步骤

（1）将光标定位于要存放“总分”的单元格（即 H2）中。

（2）单击“布局”选项卡“数据”组中的“公式”工具，弹出如图 4-104 所示的对话框。

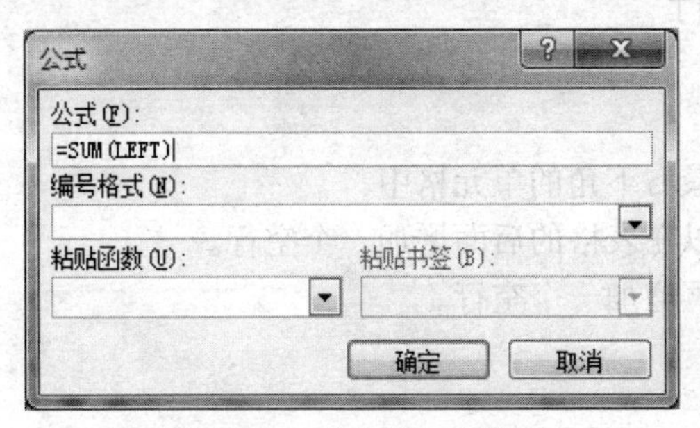

图 4-104 “公式”对话框

（3）在“公式”文本框中输入=SUM(LEFT)，计算左边单元格中的数据。

（4）单击“确定”按钮。

（5）用同样的方法计算其余的“总分”。

注意

如果要对该单元格左边的数据求和或平均数，则输入公式为：=SUM(LEFT)或=AVERAGE(LEFT)。

如果要对该单元格上边的数据求和或平均数，则输入公式为：=SUM(ABOVE)或=AVERAGE(ABOVE)。

在输入公式时，要先输入“=”号。

8. 表格的排序：按“总分”字段降序排列

步骤

（1）将光标定位在表格中。

（2）单击“布局”选项卡“数据”组中的“排序”工具，弹出如图 4-105 所示的对话框。

（3）按图中所示设置各项参数。

（4）单击“确定”按钮。

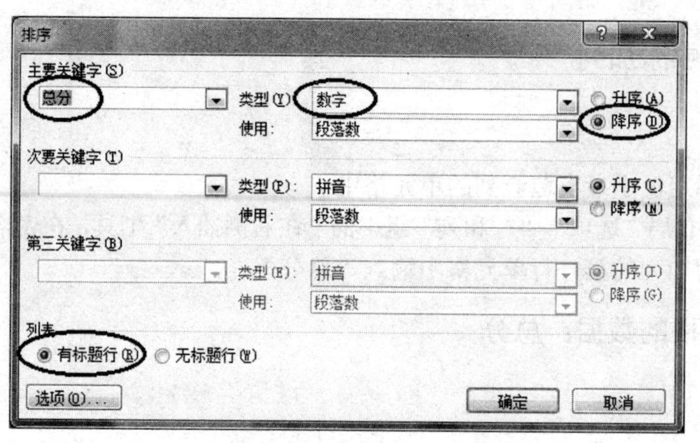

图 4-105　以“总分”降序排列

9. 向表格中添加行

步骤

（1）将光标定位于最右下角的单元格中。
（2）按 Tab 键，可以在表格的后面增加一个空行。
（3）用同样的方法再增加一个空行。

10. 合并单元格

步骤

（1）承上例，选定要合并的单元格（A8:C8）。
（2）右击选定的单元格，在弹出的快捷菜单中选择“合并单元格”命令。
（3）用同样的方法将（A9:C9）单元格合并。
（4）在合并后的单元格中输入相应的文本。

11. 计算数据：最高分、最低分

步骤

（1）承上例，将光标定位于 D8 单元格中。
（2）单击“布局”选项卡“数据”组中的“公式”工具。
（3）在弹出的对话框中设置“公式”为=max(d2:d7)或=max(above)，如图 4-106 所示。
（4）单击“确定”按钮。
（5）用同样的方法计算其余课程的“最高分”。
（6）将光标定位于 D9 单元格中。
（7）单击“布局”选项卡“数据”组中的“公式”工具。
（8）在弹出的对话框中设置“公式”为=min(d2:d7)或=min(above)，如图 4-107 所示。
（9）单击“确定”按钮。
（10）用同样的方法计算其余课程的“最低分”。

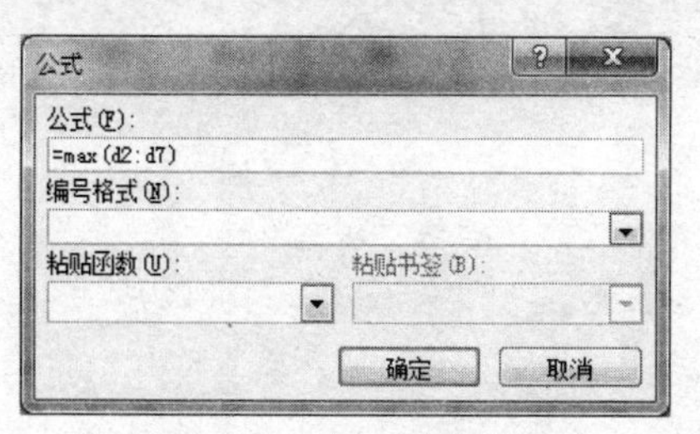

图 4-106　求“最高分”

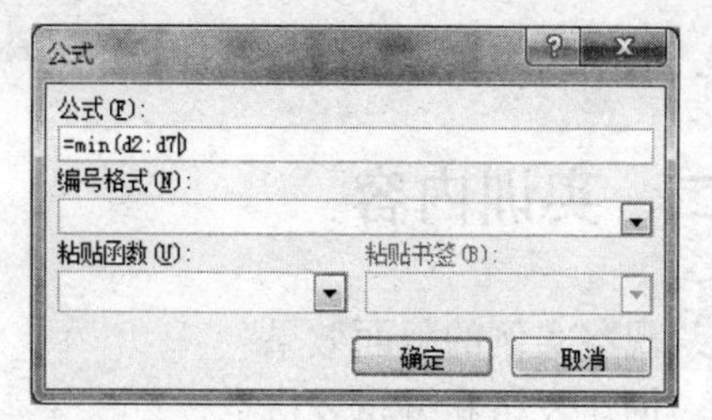

图 4-107　求“最低分”

实训 10　利用表格进行版面设计

【实例】按图 4-108 所示的格式进行版面设计。说明：

（1）本实例的重点在于如何利用表格进行版面设计，因此版面中涉及的“字符格式化”内容将省略不讲，请读者自行设计。

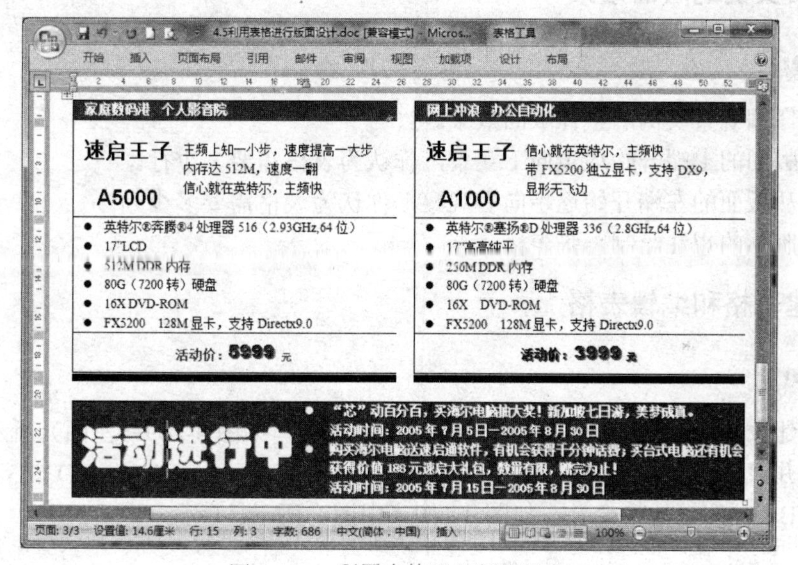

图 4-108　利用表格进行版面设计

（2）版面设计的方法和步骤是多种多样的，所以请读者在练习时应注意领会设计的方法和技巧，淡化步骤。

（3）为了便于版面设计，请将页面设置为“A4”、“横向”。

（4）本实例的文本内容保存在“利用表格进行版面设计素材”文件中，请到中国水利水电出版社网站下载。

一、实训目的

1．熟练掌握表格的编辑方法。

2．熟练掌握表格的格式化方法。

3．能利用表格进行版面设计。

二、实训内容

1．观察实例的版面效果
2．创建表格和编辑表格
3．输入数据并调整列宽
4．设置单元格内容的对齐方式
5．设置表格的边框
6．设置表格的底纹

三、实训步骤

1．观察实例的版面效果

步骤

（1）先仔细观察实例的整体版面效果。
（2）从版面的上端开始逐步向下观察，你认为表格需要多少行。
（3）再从版面的左端开始逐步向右观察，你认为表格需要多少列。
（4）按照你的想法绘制一张表格。

2．创建表格和编辑表格

步骤

（1）创建表格。经过分析，创建一个 6×5 的表格，如图 4-109（左图）所示。

（2）合并表格。分别将（A1:B1）、（A3:B3）、（A4:B4）、（D1:E1）、（D3:E3）、（D4:E4）、（A5:E5）、（B6:E6）单元格合并，如图 4-109（中图）所示。

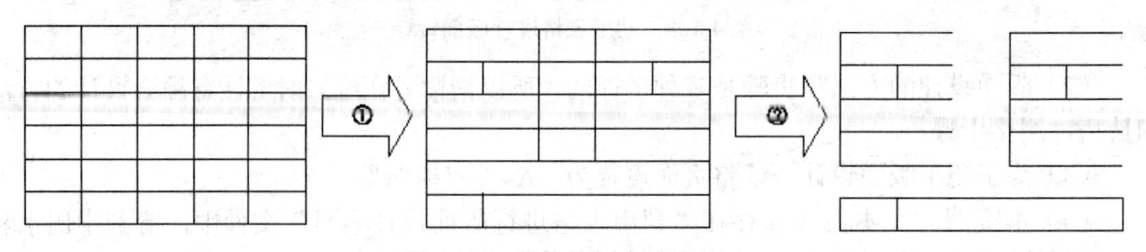

图 4-109　表格的创建过程示例

（3）隐藏部分边框线。

- 在“设计”选项卡的“绘图边框”组中，将笔样式设置为“无边框”，如图 4-110 所示。
- 单击“绘制表格”工具，用✎依次单击（或沿边框线拖动鼠标）要清除的边框线（如果清除不了，可将显示比例放大后再清除），如图 4-109（右图）所示。

图 4-110　设置“无边框”线型

3．输入数据并调整列宽

步骤

（1）向表格中录入文本。可以由读者自己录入，也可以将下载的文本复制粘贴到相应的单元格中。

（2）表格中加入文本后，各列的宽度发生了变化，请双击各列的右框线（自动调整），将自动使该列的宽度与文本内容匹配。

（3）最后一行第一列的列宽不要用“自动调整”方式，请直接用鼠标向右拖动列框线，如图 4-111 所示。

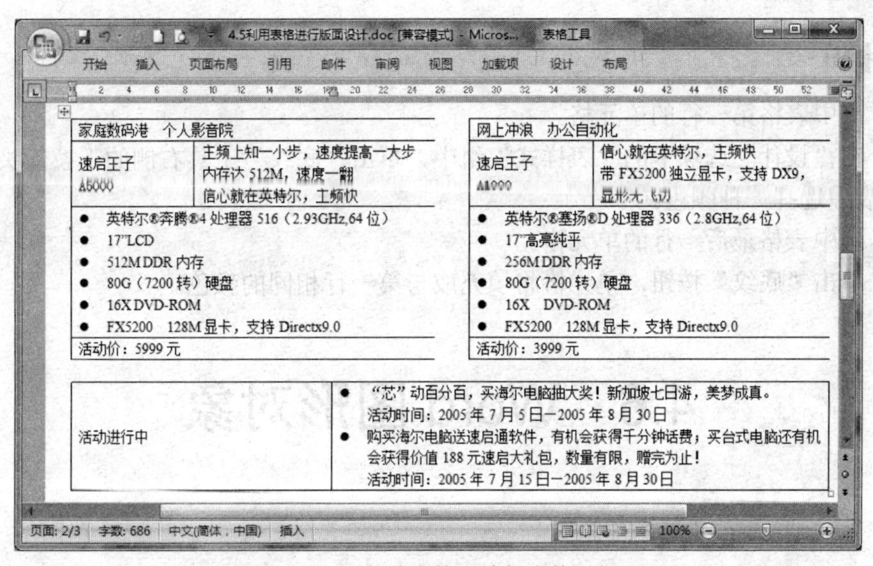

图 4-111　创建表格和编辑表格示例

4．设置单元格内容的对齐方式

要求：

（1）观察表格中的文本，看看各单元格中采用了哪些对齐方式。

（2）按自己的想法设计各单元格内容的对齐方式。

步骤

（1）右击单元格，在弹出的快捷菜单中选择“单元格对齐方式”命令，会显示如图 4-112 所示的工具栏。

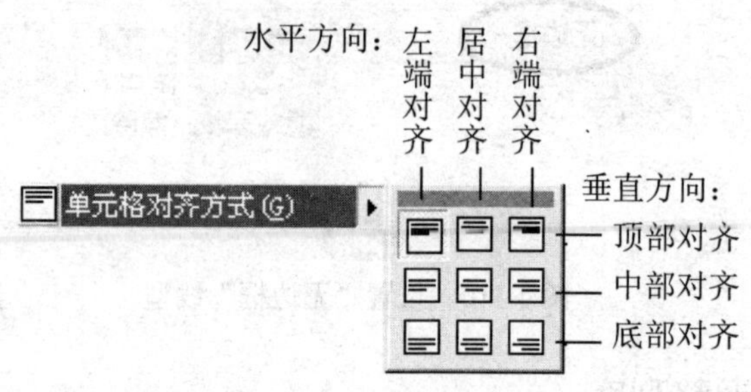

图 4-112　单元格的对齐方式

（2）从工具栏中选择需要的对齐方式。

5. 设置表格的边框

步骤

（1）在“设计”选项卡的“绘图边框”组中，将笔样式设置为═══，参数为 3 磅。

（2）用工具在第 4 行的单元格中重新绘制下框线的线条。

6. 设置表格的底纹

步骤

（1）选中表格第一行的单元格。

（2）在“设计”选项卡的“表样式”组中，单击“底纹”工具右侧的下拉箭头，从弹出的颜色列表中选择一种颜色。

（3）选中表格最后一行的单元格。

（4）单击“底纹”按钮，单元格将填充成与第一行相同的颜色。

4.6 Word 图形对象

基础知识

Word 提供了强大的图文混排功能，它可以插入多种格式的图形文件，使文档生动形象，大大增强了文档的吸引力。

Word 将图片、剪贴画、自选图形、公式、艺术字、图文框、文本框等都作为图形来处理，这些图形的处理方法是相似的，包括调整大小和位置、进行图像控制、改变图形与文字的关系等。合理设置图形与文字的关系，可以编排出图文并茂、整齐美观的文档。

4.6.1　图形的类型

1. 图形对象

常见的图形对象形式有：形状、艺术字、文本框、SmartArt 图形等。这些图形对象都是 Word 文档的一部分。

（1）形状。

Word 2007 提供了线条、基本形状、箭头、流程图、标注、星与旗帜等形状，单击“插入”选项卡“插图”组中的“形状”，会弹出如图 4-113 所示的下拉列表；对于各种形状，Word 2007 为用户提供了形状样式库，单击“格式”选项卡“形状样式”组中的“其他”按钮，会弹出如图 4-114 所示的下拉列表。

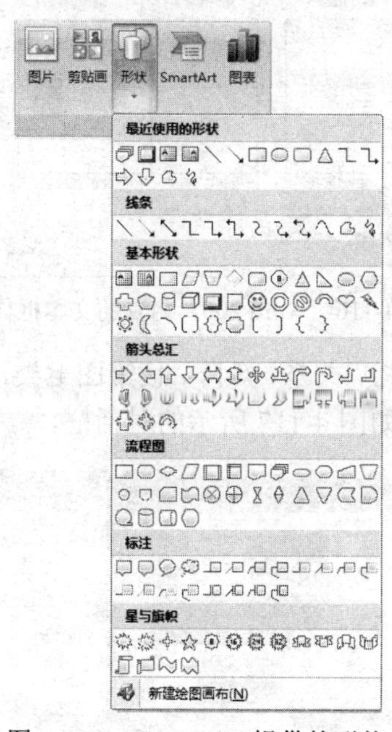

图 4-113　Word 2007 提供的形状

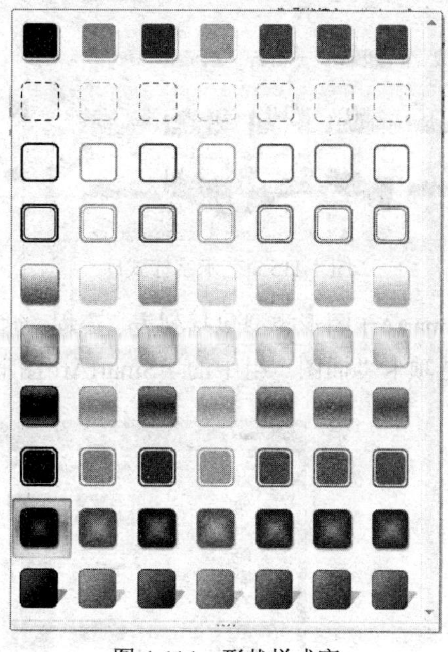

图 4-114　形状样式库

（2）艺术字。

艺术字是一个文字样式库，单击“插入”选项卡“文本”组中的“艺术字”，会弹出如图 4-115 所示的样式库列表。在文档的排版过程中，可以使用 Word 的“艺术字”功能来创建具有特殊视觉效果的标题文字。

（3）文本框。

文本框是一种可移动、可调大小的文字或图形的容器，有横排文本框和竖排文本框两类。Word 2007 内置了多种预设格式的文本框，单击“插入”选项卡“文本”组中的“文本框”，会弹出如图 4-116 所示的下拉列表。使用文本框处理文本能轻松地实现复杂版面的排版。

（4）SmartArt 图形。

Word 2007 提供了全新的专业水准的图形——SmartArt 图形，它是信息和观点的视觉表示

形式。用户使用 SmartArt 图形和其他新功能，如“主题”，只需单击几下鼠标，即可创建具有设计师水准的插图，从而快速、轻松、有效地传达信息。

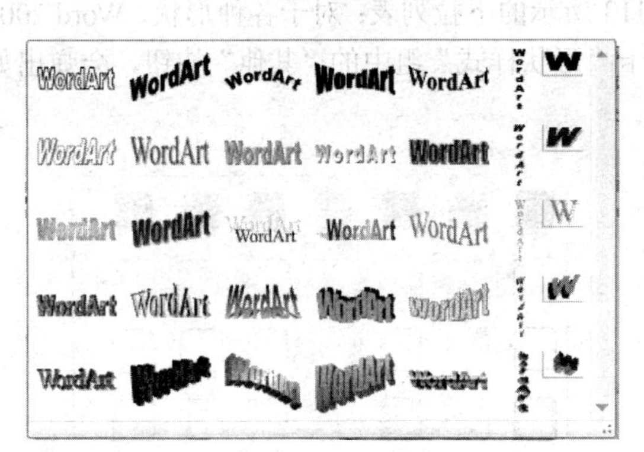

图 4-115 艺术字样式库

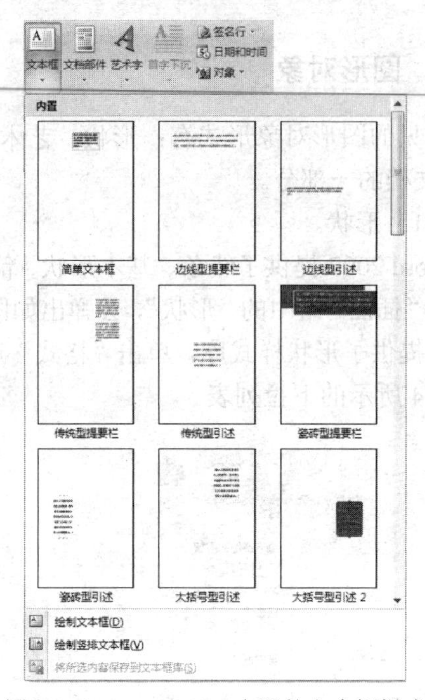

图 4-116 Word 2007 内置的文本框样式

SmartArt 图形类型包括列表、流程、循环、层次结构、关系、矩阵、棱锥图七类，单击“插入”选项卡“插图”组中的“SmartArt 图形”，会弹出如图 4-117 所示的对话框。

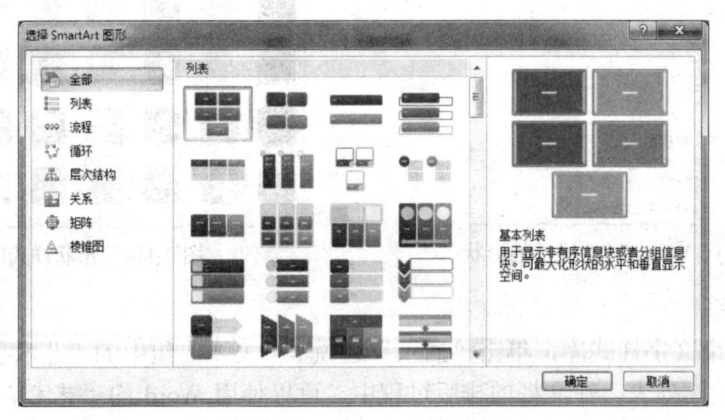

图 4-117 SmartArt 样式库

在创建 SmartArt 图形时，应该考虑哪些类型最适合表现数据的意义和最易于理解。用户可以尝试不同类型的不同布局，以便从中找到一个最适合的 SmartArt 图形。

- 列表：用于无序信息。
- 流程：用于显示任务或工作流程、时间线中的顺序步骤。
- 循环：用于显示阶段、任务或事件的连续性。
- 层次结构：用于创建组织结构图，显示非序化的层次关系或层次递进关系。

- 关系：用于对连接进行图解。
- 矩阵：用于显示部分与整体的关系。
- 棱锥图：用于显示各部分之间的比例关系、互连关系或分层关系。

2. 图片

图片是由其他文件创建的图形，包括 Windows 位图文件（.bmp）、Windows 图元文件（.wmf），以及扫描的图片、照片、剪贴画等。

（1）剪贴画。

在 Word 的剪辑库中包含有大量的剪贴画，如图 4-118 所示。它们是经过专业设计的图形，在 Word 文档中插入这些剪贴画可以增强文档的版面效果和视觉效果。

图 4-118　剪辑库中的剪贴画

（2）其他图片文件。

在 Word 文档中除了插入 Office 2007 自带的剪辑库图形外，还可以插入由其他软件制作的多种格式（如 jpg、gif、bmp、png 等）的图形文件。

操作提示

> 若按 Alt+Print Screen 组合键，可将当前正在编辑的窗口图片拷贝到剪贴板中；按 Print Screen 键，可将整个屏幕的图片拷贝到剪贴板中，然后再粘贴到文档中。

4.6.2　图形的显示方式

Word 文档有不同的层次：文字层和绘制层。文字层主要放置文本，但也可以放置图形；绘制层用于放置图形。绘制层可以在文字层的上方和下方，插入在文字层上方的图形将覆盖文字，插入在文字层下方的图形则作为文本的背景。插入到 Word 文档中的图形可以分成两类方式显示：浮动式和嵌入式。

1．浮动式

浮动式图片放在绘制层中，它与文本有六种环绕方式，即四周型、紧密型、浮于文字上方、衬于文字下方、穿越型和上下型，如表 4-4 所示。

表 4-4　图片的显示方式

显示方式	效果
嵌入型	嵌入在文字层中，图形可以被拖动，但只能从一个段落标记移动到另一个段落标记
四周型	文字环绕在图形周围，其环绕的形状类似一个“正方形”，文字和图形之间留有一定间隔，可以将图形拖动到文档中的任意位置
紧密型	文字环绕在图形周围，其环绕的形状与整个图形轮廓相似，可以将图形拖动到文档的任何位置
衬于文字下方	嵌入在文档绘制层的底部或后方，可以将图形拖动到文档的任何位置。通常作水印或页面背景图片，文字浮于图形上方
浮于文字上方	嵌入在文档绘制层的顶部，可以将图形拖动到文档的任何位置，文字衬于图形下方，通常在其他图片上面使用可以创造特殊效果
穿越型	文字环绕在图形周围，其环绕的形状与整个图形轮廓相似，且文字可以位于图形的空白区域，但实际上不能达到此要求，该方式产生的效果和行为与“紧密型”环绕一样
上下型	文字位于图形的上方和下方，不在图形的左右两侧，可以将图形拖动到文档的任何位置

2．嵌入式

嵌入式图片放置在文字层中，占据了文本位置，如表 4-4 所示。

图 4-119 所示是图形与文字的环绕效果示例。

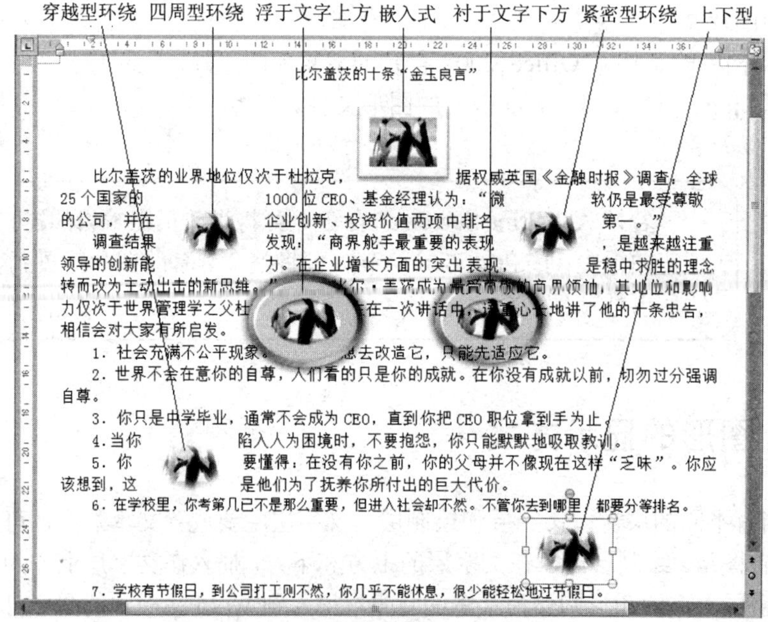

图 4-119　图形的显示方式示例

实训 11 图形的基本操作

一、实训目的

1. 掌握图形的基本操作。
2. 掌握图形属性的更改方法。
3. 掌握多个图形的组合方法

二、实训内容

1. 插入来自文件的图片
2. 改变图形的环绕方式
3. 调整图形的大小
4. 拖动和微移图形位置
5. 裁剪图片
6. 设置图片效果
7. 设置图片格式
8. 设置图形在页面上的位置
9. 组合多个图形

三、实训步骤

1. 插入来自文件的图片

步骤

（1）单击“插入”选项卡“插图”组中的“图片”，会弹出如图 4-120 所示的对话框。
（2）在其中找到要插入的图片。
（3）单击“插入”按钮。

2. 改变图形的环绕方式

步骤

（1）选中图形（如果双击图形，会自动切换到图片工具的“格式”功能区）。

图 4-120　插入来自文件的图片

（2）单击“格式”选项卡“排列”组中的“文字环绕”工具。

（3）从弹出的下拉菜单中选择环绕方式，如图 4-121 所示。

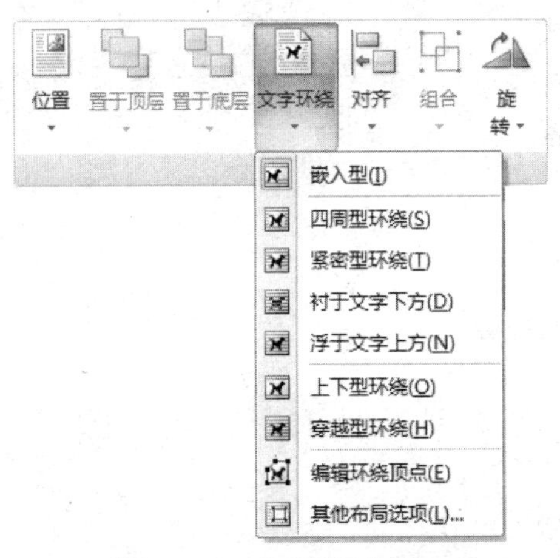

图 4-121　图形的环绕方式

3．调整图形的大小

步骤

方法 1：手动改变图形大小。

（1）选中图形（此时，图形四周会有八个控点）。

（2）当鼠标指针指向图形四条边的控点，鼠标变为↕或⟺指针时，拖动控点可拉伸或压缩图形。

（3）当鼠标指针指向图形四个角的控点，鼠标变为⤡或⤢指针时，拖动控点可锁定图形纵横比调整大小。

（4）当鼠标指针指向图形中心上方的绿色控点，鼠标变为指针时，移动控点可使图形旋转。

方法 2：快速改变图形大小。

（1）双击图形。

（2）在“格式”选项卡的“大小”组中，直接输入图形的高度和宽度，如图 4-122 所示。

方法 3：使用对话框改变图形大小。

（1）双击图形。

（2）单击“格式”选项卡的“大小”对话框启动器，会弹出如图 4-123 所示的对话框。

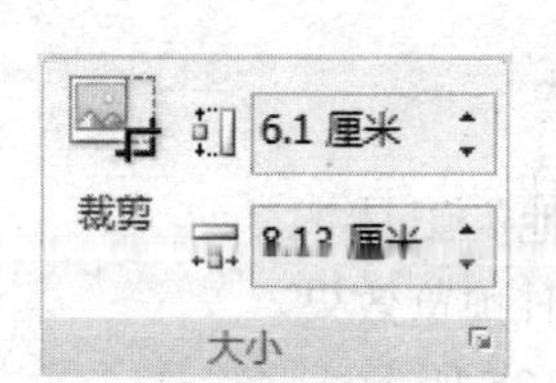

图 4-122　直接设置图形高度和宽度

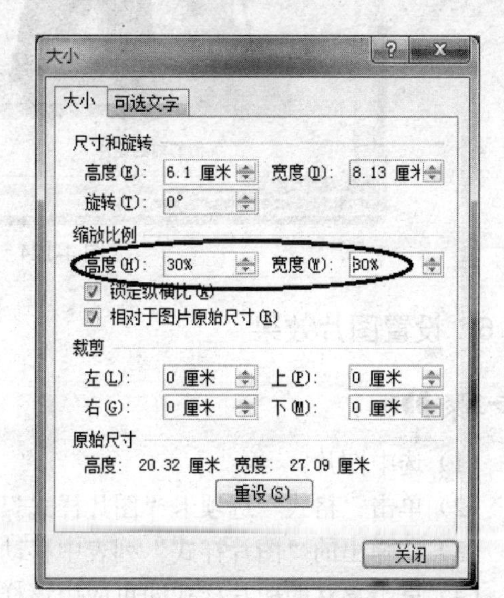

图 4-123　在“大小”对话框中设置缩放比例

（3）按图中所示设置图形大小。

（4）单击“确定”按钮。

4．拖动和微移图片位置

步骤

（1）选中图片。

（2）当鼠标指针指向图形变为指针时，拖动图形到需要的位置。

（3）按键盘上的方向键可以移动图形，如果按住 Ctrl+方向键则可以更小幅度地微移图形。

5．裁剪图片

步骤

（1）选中图片。

（2）单击“格式”选项卡“大小”组中的“裁剪”工具，图片四周会出现裁剪控点，如图 4-124 所示。

（3）将指针移动到 8 个裁剪控点的任一处拖动，可删除要隐藏的图片部分。

图 4-124　图片裁剪示例

6．设置图片效果

步骤

（1）选中图片。

（2）单击“格式”选项卡“图片样式”组中的“其他”工具。

（3）在弹出的“图片样式”列表中移动鼠标，可实时预览效果。

（4）单击喜欢的图片样式即可应用该样式，如图 4-125 所示。

图 4-125　应用内置的“图片样式”

（5）此时，单击“图片效果”工具，可再在已有的图片样式基础之上应用所选的图片效果，如图4-126所示。

图4-126　应用内置的“图片样式”后再应用“图片效果”

操作提示

在图片上，除了应用内置的“图片样式”和“图片效果”以外，还可以在此基础上应用“图片形状”、“图片边框”，这些应用组合起来可以达到上万种应用效果。

7．设置图片格式

步骤

（1）选定图片。

（2）单击“格式”选项卡的“图片样式”对话框启动器，弹出如图4-127所示的对话框。

（3）在其中可以设置多种图片样式和效果（它支持“实时预览”功能）。

8．设置图形在页面上的位置

步骤

（1）选中图形。

（2）单击“格式”选项卡“图片样式”组中的“位置”工具，会弹出如图4-128所示的下拉列表。

（3）单击所需的位置效果。

图 4-127 在“设置图片格式”对话框中设置图片效果

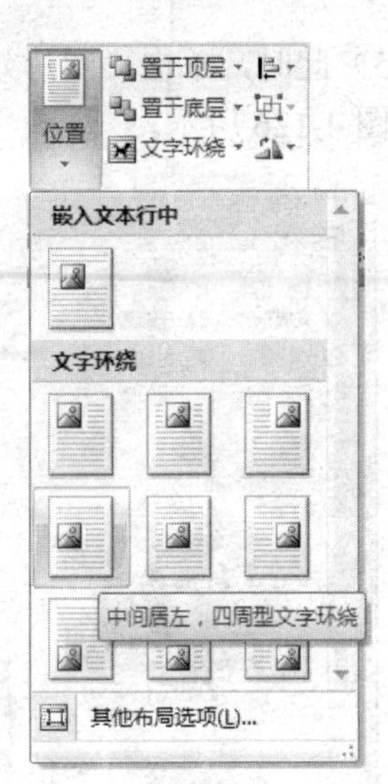

图 4-128 设置图片在页面中的位置

9. 组合多个图形

步骤

方法 1：使用“组合”命令完成。

（1）按住 Shift 键，分别单击多个图形对象。

（2）右击选定的多个对象，在弹出的快捷菜单中选择“组合”→“组合”命令。

方法 2：使用画布完成。

（1）单击“插入”选项卡“插图”组中的“形状”按钮。

（2）在弹出的下拉列表中选择“新建绘图画布”命令，将在文档中显示如图 4-129 所示的画布。

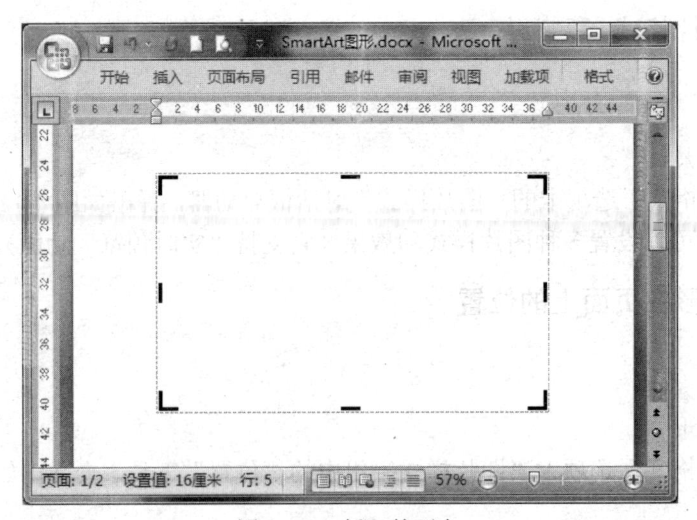

图 4-129 插入的画布

（3）选中画布，在画布内可插入图片、文本框、剪贴画、形状等，如图 4-130 所示。

图 4-130　在画布内组合多个图形

实训 12　艺术字和 SmartArt 图形的应用

【实例】创建如图 4-131 所示的 SmartArt 图形。

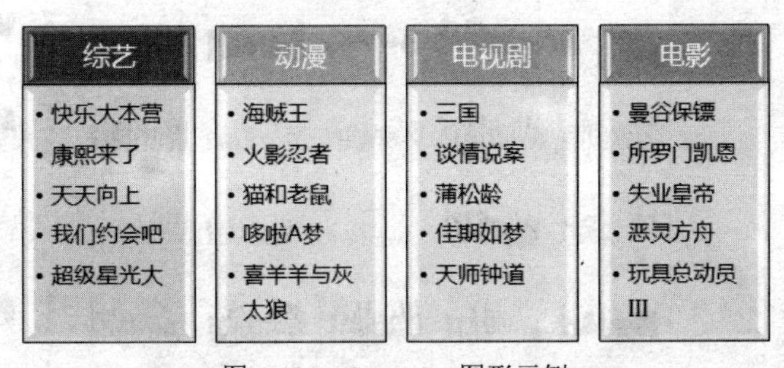

图 4-131　SmartArt 图形示例

一、实训目的

1. 掌握艺术字、SmartArt 图形的创建。
2. 掌握艺术字的属性设置。
3. 掌握 SmartArt 图形的设计应用。

二、实训内容

1．插入“艺术字”
2．修改“艺术字”形状
3．创建 SmartArt 图形
4．添加 SmartArt 图形元素
5．更改 SmartArt 图形的颜色和样式
6．显示或隐藏“文本”窗格
7．在 SmartArt 图形中添加项目符号
8．在 SmartArt 图形中输入文本
9．调整 SmartArt 图形的大小

三、实训步骤

1．插入“艺术字”

步骤

（1）单击“插入”选项卡“文本”组中的“艺术字”工具，弹出如图 4-132 所示的对话框。

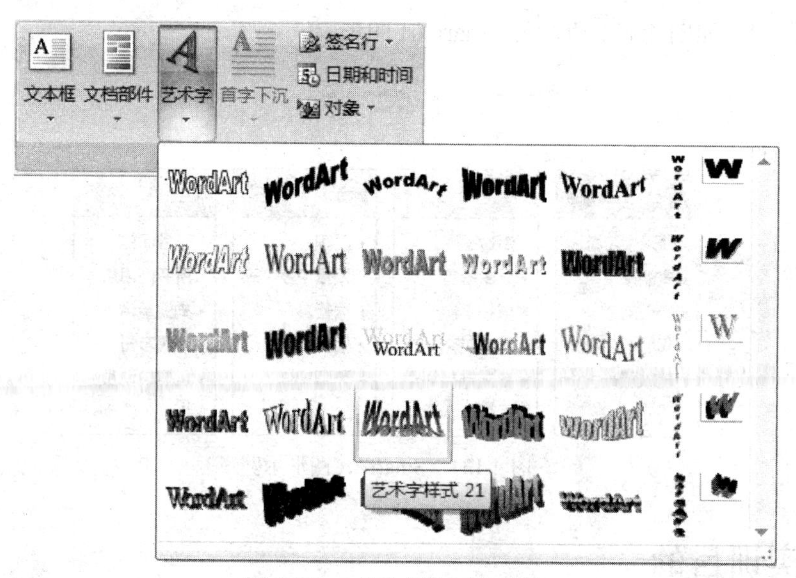

图 4-132　“艺术字”样式库

（2）选择“艺术字样式 21”（第 4 行第 3 列），弹出如图 4-133 所示的对话框。
（3）按图中所示输入文字，设置为：黑体、36、加粗。
（4）单击“确定”按钮。

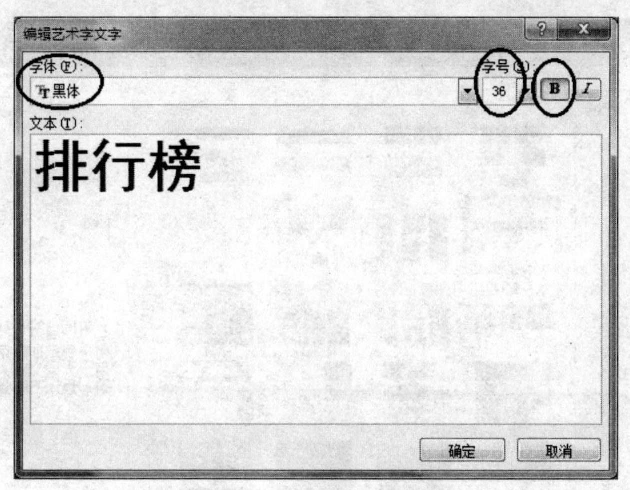

图 4-133　编辑艺术字

2. 修改"艺术字"形状

步骤

（1）选中"艺术字"。

（2）单击"格式"选项卡"艺术字样式"组中的"更改艺术字形状"工具，弹出如图 4-134 所示的下拉列表。

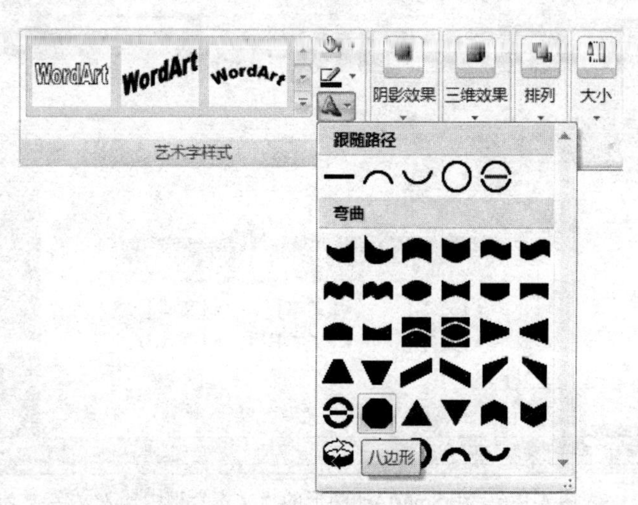

图 4-134　更改"艺术字"形状

（3）选择"八边形"（第 5 行第 2 列）。

（4）根据需要，可适当拉伸"艺术字"，直到满意为止。

3. 创建 SmartArt 图形

步骤

（1）单击"插入"选项卡"插图"组中的 SmartArt，会弹出如图 4-135 所示的对话框。

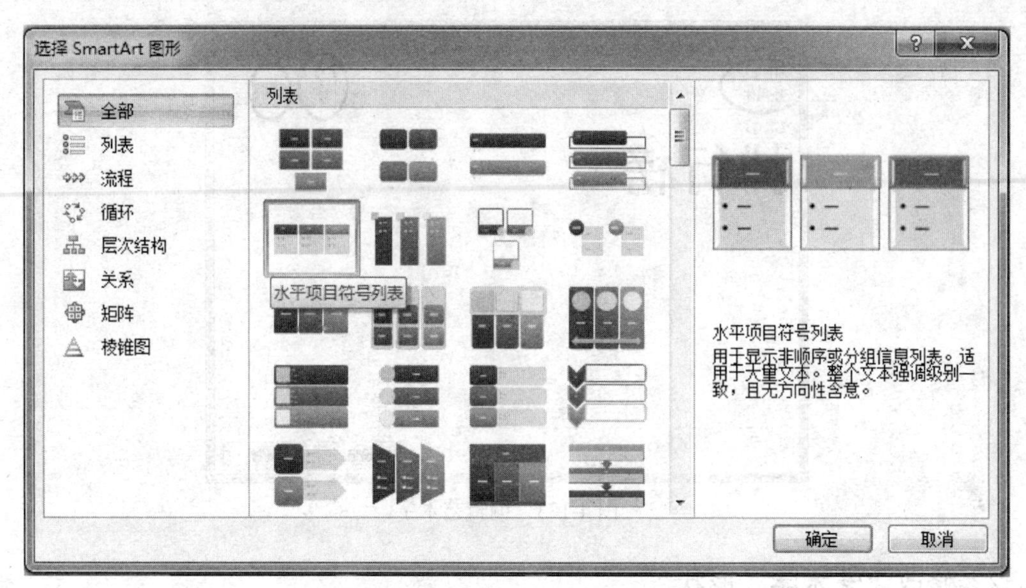

图 4-135 “选择 SmartArt 图形”对话框

（2）选择“水平项目符号列表”类型。

（3）单击“确定”按钮后，在文档中插入如图 4-136 所示的 SmartArt 图形。

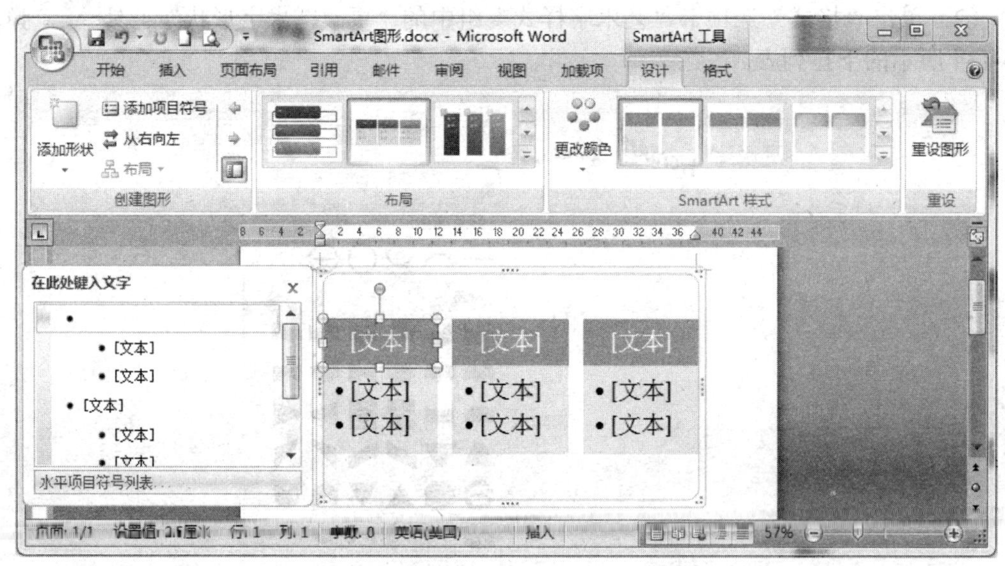

图 4-136 在 SmartArt 图形的“文本”框中输入文字

4．添加 SmartArt 图形元素

步骤

（1）单击 SmartArt 图形。

（2）单击“设计”选项卡“创建图形”组中的“添加形状”。

（3）在下拉菜单中选择“在前面添加形状”命令，如图 4-137 所示。

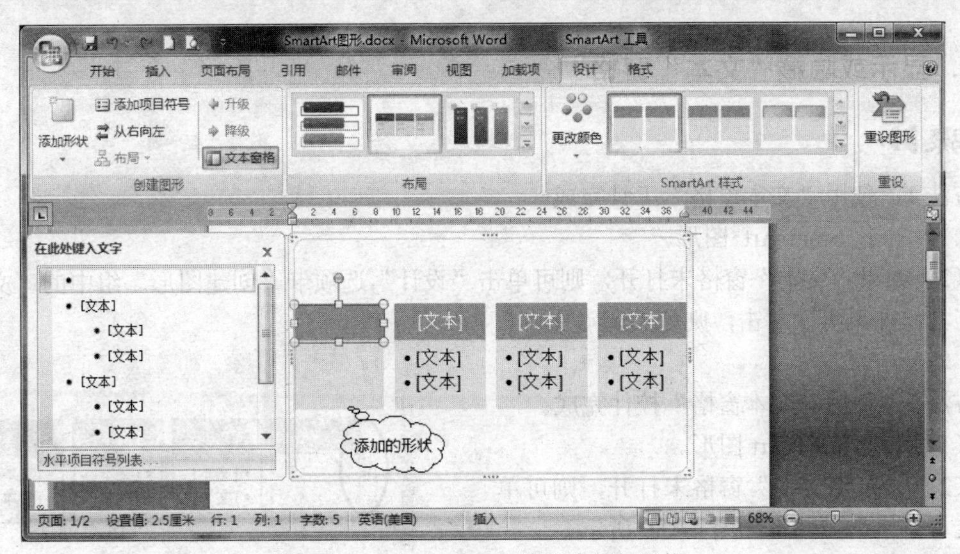

图 4-137　在 SmartArt 图形中添加形状

5．更改 SmartArt 图形的颜色和样式

步骤

（1）单击 SmartArt 图形。

（2）单击“设计”选项卡“SmartArt 样式”组中的“更改颜色”。

（3）在下拉列表中按图 4-138（左图）所示单击所需的颜色。

（4）单击“设计”选项卡“SmartArt 样式”组中的“其他”工具。

（5）在下拉列表中按图 4-138（右图）所示单击所需的样式。

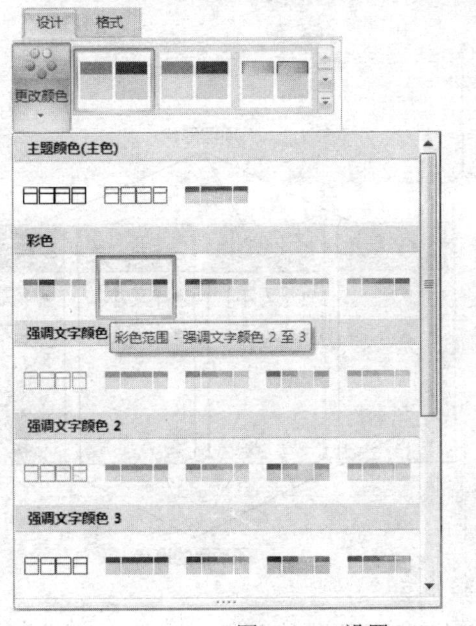

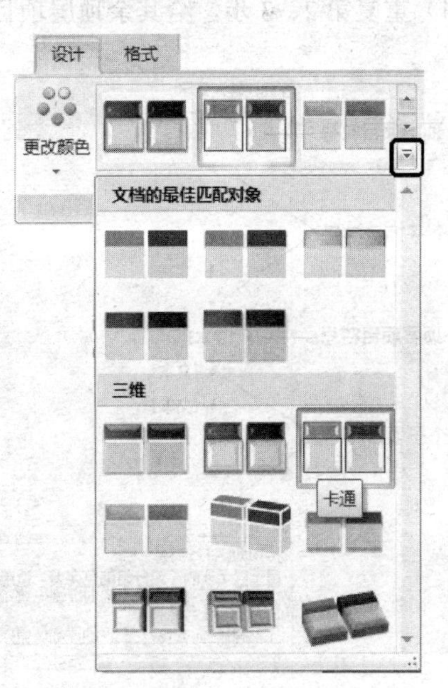

图 4-138　设置 SmartArt 图形的颜色和样式

6．显示或隐藏“文本”窗格

步骤

方法 1：使用“文本窗格”工具完成。

（1）单击 SmartArt 图形。

（2）如果“文本”窗格未打开，则可单击“设计”选项卡“创建图形”组中的“文本窗格”工具；如果再次单击，则可关闭“文本”窗格。

方法 2：使用“文本窗格”控件完成。

（1）单击 SmartArt 图形。

（2）如果“文本”窗格未打开，则可单击“文本窗格”控件，如图 4-139 所示。

（3）单击“文本”窗格右上角的“关闭”按钮或按 Alt+F4 键，可以关闭“文本”窗格。

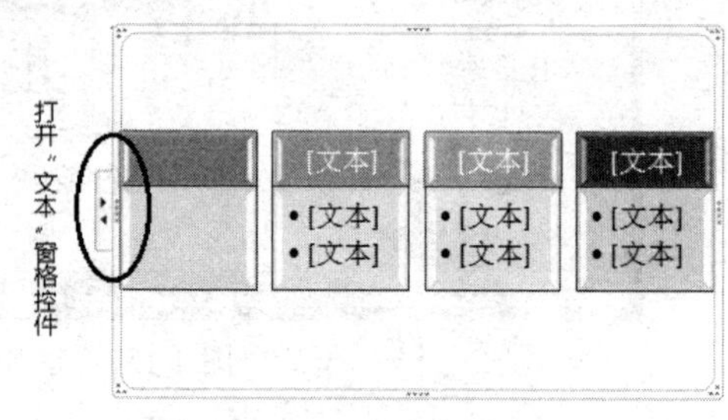

图 4-139　“文本窗格”控件

7. 在 SmartArt 图形中添加项目符号

步骤

（1）单击 SmartArt 图形。

（2）将光标定位在“文本”窗格的第 1 个顶层项目符号处。

（3）单击“设计”选项卡“创建图形”组中的“添加项目符号”工具共 5 次（注：每单击 1 次，将添加 1 行子项目符号，本例中每个顶层项目都有 5 个子项目符号）。

（4）重复第 2、3 步，给其余顶层项目添加子项目符号，如图 4-140 所示。

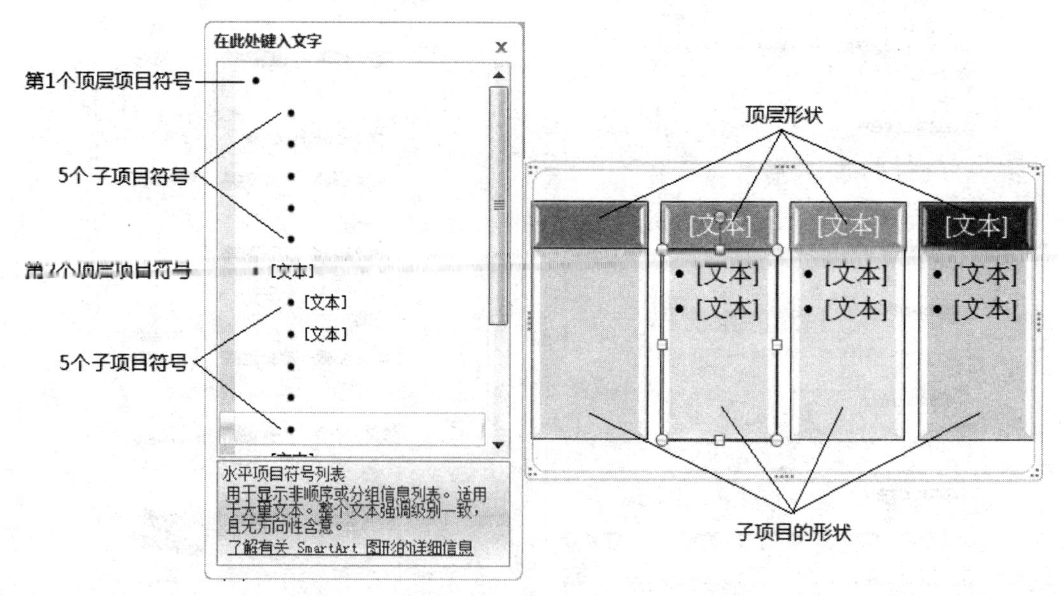

图 4-140　添加项目符号

注意

"文本"窗格的工作方式类似于大纲或项目符号列表，该窗格将信息直接映射到 SmartArt 图形。每个 SmartArt 图形定义了它自己在"文本"窗格中的项目符号与 SmartArt 图形中的一组形状之间的映射。

8. 在 SmartArt 图形中输入文本

步骤

（1）分别选中 SmartArt 图形中的形状，自行设置各形状中文本的字体、字号、颜色等格式。

（2）选择下列操作之一输入文字：

- 单击 SmartArt 图形中的一个形状，键入文本。
- 单击"文本"窗格中的"文本"，键入或粘贴文字。
- 从其他程序复制文字，单击"文本"，粘贴到"文本"窗格中。

操作提示

按 Tab 或 Alt+Shift+向右键，可缩进文本。
按 Shift+Tab 或 Alt+Shift+向左键，可逆向缩进文本。
按 Enter 键，可新建一行文字。

9. 调整 SmartArt 图形的大小

步骤

（1）单击 SmartArt 图形。

（2）将光标置于 SmartArt 图形边框的四个角的控件上，鼠标指针变为⤡或⤢时，拖动鼠标可锁定纵横比调整图形大小。

（3）将光标置于 SmartArt 图形四条边的控件上，鼠标指针变为⇕或⇔时，拖动鼠标可拉伸图形，如图 4-141 所示。

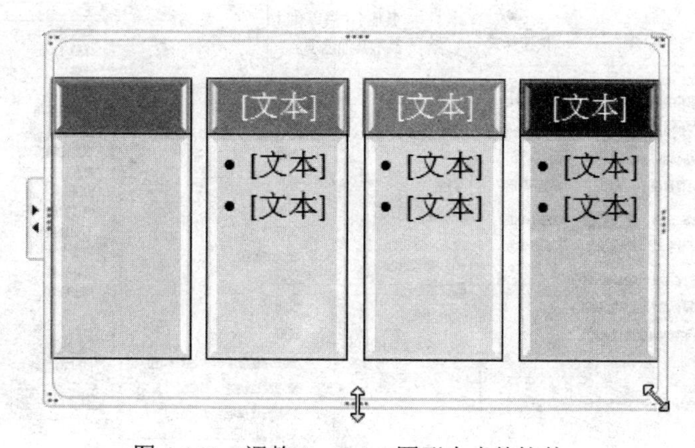

图 4-141　调整 SmartArt 图形大小的控件

4.7 样式和目录

基础知识

4.7.1 样式

样式是 Word 的强大功能，使用样式来格式化文档非常方便和灵活。

样式是可应用于文档中文本的格式属性的集合。样式包含的信息不仅有字体、字号、文字颜色、阴影、边框、加删除线、上标、下标、加下划线等，还包含间距、缩进、换行与分页操作、编号和项目符号等。使用样式可以将多种格式属性一次应用于某类文字，从而节省时间，使文档前后风格一致。

1. 样式类型

Word 2007 有两种基本样式类型：字符样式和段落样式。字符样式表示字符级别的格式信息并且可应用于文档中任何选中的文字，段落样式只能应用于一个或多个完整段落并影响整个段落。

2. “样式”组

在 Word 2007 的“开始”选项卡的“样式”组中包括有 4 个控件：快速样式库、样式集、扩展库、“样式”任务窗格启动器，如图 4-142 所示。

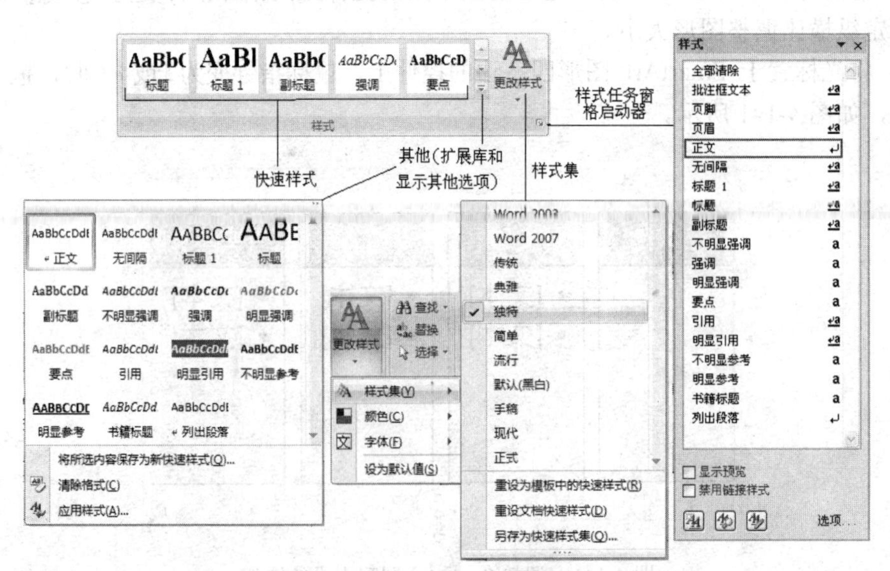

图 4-142 “样式”组中的控件

3. 标题样式

在首次编辑 Word 文档时，自动采用默认样式，即“正文”。但对于文档的不同部分应当应用合适的样式。例如，当键入标题时，可以使用标题样式，如“标题 1”、“标题 2”、“标题 3”等。

标题样式是在 Word 中书写长文档时最有用的内容之一，使用它不仅能快速访问 Word 2007 的大纲，还能用于创建目录。

Word 2007 的标题样式有两类：内置标题样式和自定义标题样式。

要应用样式，可单击“快速样式库”中的样式，或单击“样式”组中的“其他”按钮，选择所需样式，如图 4-143 所示。

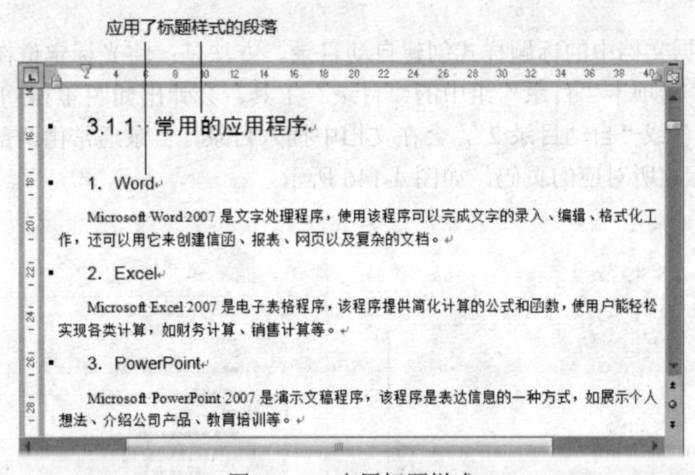

图 4-143　应用标题样式

要修改样式，可右击“快速样式库”中的样式，选择“修改”，将弹出如图 4-144 所示的对话框。

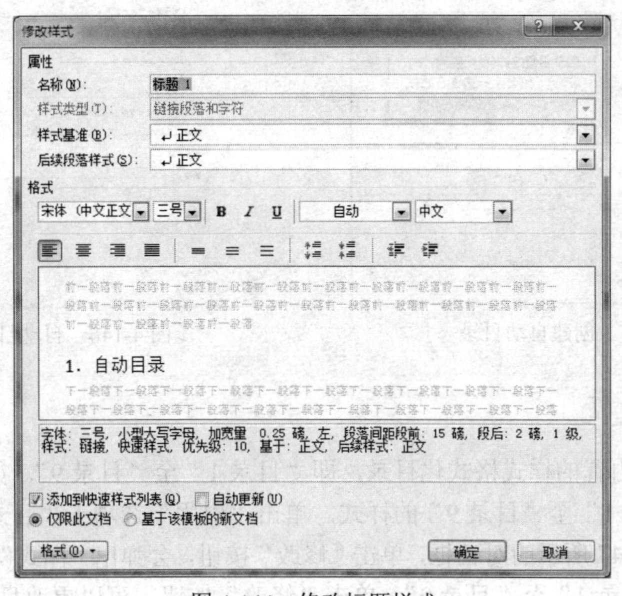

图 4-144　修改标题样式

4.7.2 目录

目录是长文档（如书籍、毕业论文）非常重要的一个部分，是文档中面向标题的列表，列表中显示了每个标题所处的页码。如果文档中有了目录，用户能很容易地了解文档的结构内容，并快速定位到需要查询的内容处。

对于电子文档或在线文档来说，目录为文档的其他部分提供了超链接。如果指向某个目录项目（对应相应标题），按 Ctrl+单击标题，可以定位到文档中的此标题。

1. 自动目录

Word 可以根据文档中的标题样式创建自动目录。方法是：将光标定位在要插入目录的位置，单击“引用”选项卡“目录”组中的“目录”工具，会弹出如图 4-145 所示的下拉列表，选择“自动目录 1”或“自动目录 2”，会在文档中插入目录，目录通常由两部分组成：左侧的目录标题和右侧标题所对应的页码，如图 4-146 所示。

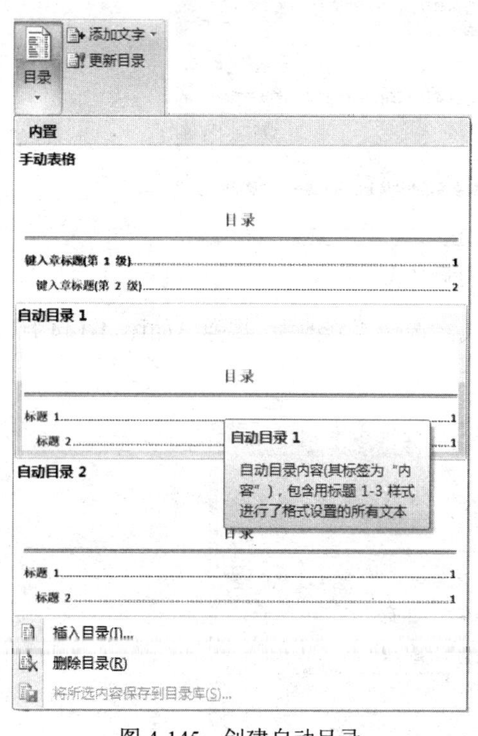

图 4-145 创建自动目录

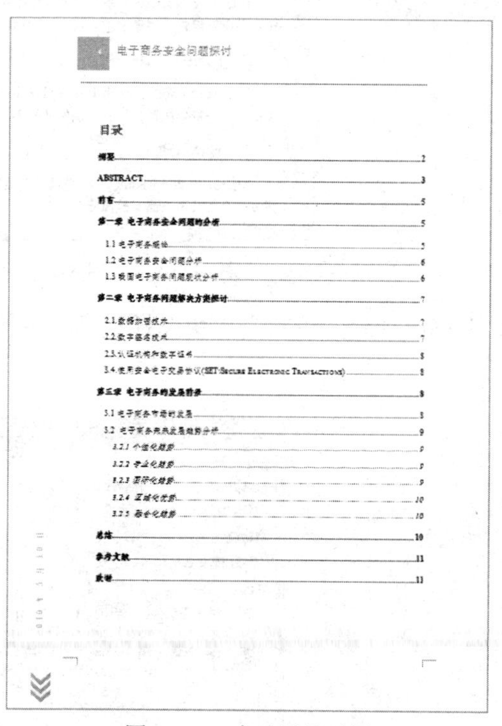

电子商务安全问题探讨

目录

摘要 2
ABSTRACT 3
前言 5
第一章 电子商务安全问题的分析 5
1.1 电子商务概论 5
1.2 电子商务安全问题分析 6
1.3 我国电子商务问题现状分析 6
第二章 电子商务问题解决方案探讨 7
2.1 数据加密技术 7
2.2 数字签名技术 7
2.3 认证机构和数字证书 8
3.4 使用安全电子交易协议(SET:Secure Electronic Transactions) 8
第三章 电子商务的发展前景 8
3.1 电子商务市场的发展 8
3.2 电子商务未来发展趋势分析 9
3.2.1 个性化趋势 9
3.2.2 专业化趋势 9
3.2.3 国际化趋势 9
3.2.4 区域化趋势 10
3.2.5 融合化趋势 10
总结 10
参考文献 11
致谢 11

图 4-146 自动目录示例

2. 目录样式

Word 使用 9 种内置的样式格式化目录，即“目录 1”至“目录 9”。如果不满意目录的外观，可以修改“目录 1”至“目录 9”的样式。单击“引用”选项卡“目录”组中的“插入目录”，会弹出如图 4-147 所示的对话框，单击“修改”按钮，会弹出“样式”对话框，如图 4-148 所示，分别选定“目录 1”至“目录 9”，单击“修改”按钮，可以更改目录的样式。

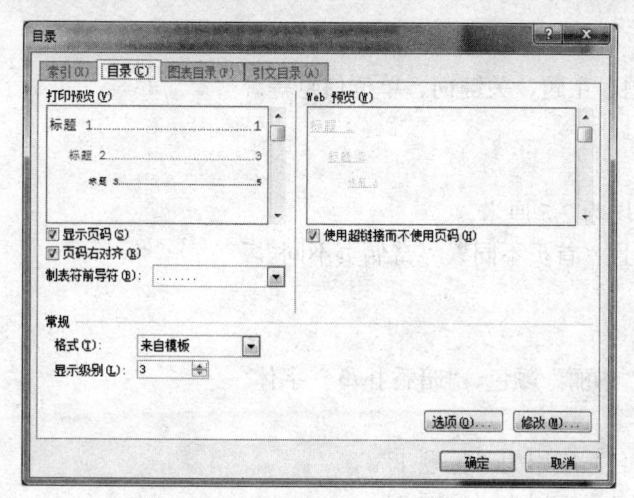

图 4-147　“目录”对话框

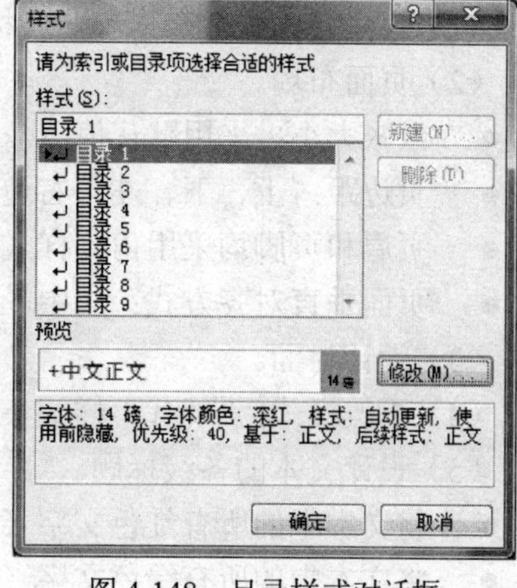

图 4-148　目录样式对话框

技能训练

实训 13　毕业论文格式编排

【实例】按图 4-149 所示的格式排版毕业论文。

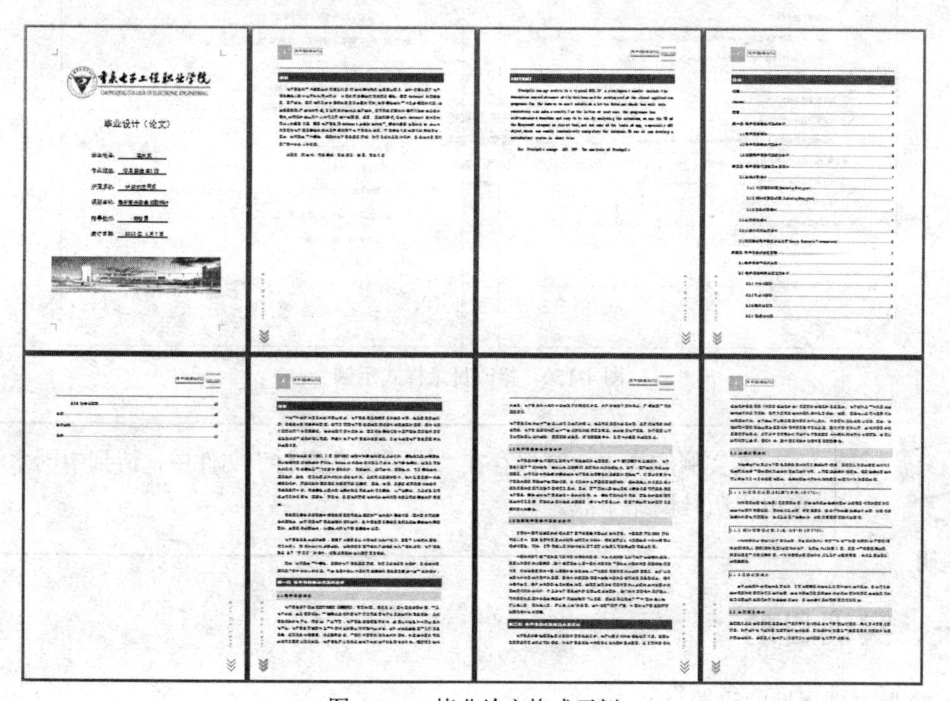

图 4-149　毕业论文格式示例

排版顺序及具体要求如下：

（1）设置文档属性：作者名、标题、主题、关键词、单位信息等。

（2）页面布局。

- 纸张大小：采用默认值 A4。
- 页边距：上、下、左、右边距均为 2.5 厘米。
- 页眉和页脚均采用内置样式，且“首页不同”、“奇偶页不同”。
- 页面垂直对齐方式：居中。

（3）设计封面。

（4）更改样式：“现代”样式集、“华丽”颜色、“暗香扑鼻”字体。

（5）设计文本的各级标题。

- 将文本中的所有红色文字（章名）应用为“标题 1”。
- 将文本中的所有绿色文字（节名）应用为“标题 2”。
- 将文本中的所有蓝色文字（小节名）应用为“标题 3”。

（6）插入自动目录。

（7）修改目录的样式，如图 4-150 所示。

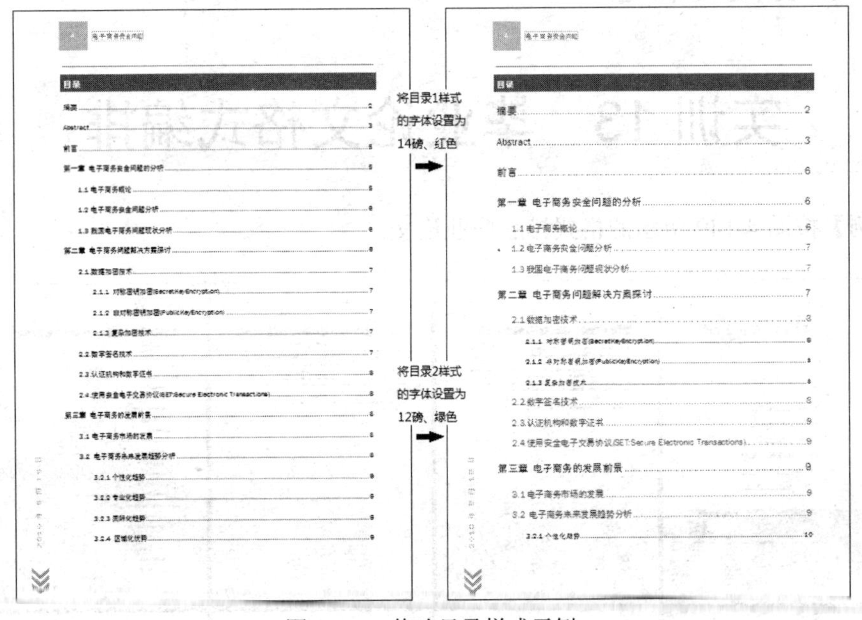

图 4-150　修改目录样式示例

说明

本实例的文本内容保存在“毕业论文素材”文件中，请到中国水利水电出版社网站下载。

一、实训目的

1．掌握文档属性的设置。

2．进一步掌握页眉和页脚的应用。
3．掌握标题样式的应用方法。
4．熟练掌握自动目录的创建方法。
5．掌握目录样式的修改方法。

二、实训内容

1．设置文档属性
2．设置页面属性
3．更改样式
4．插入页眉
5．插入页脚
6．利用样式快速设置具有大纲级别的标题
7．自动生成目录
8．修改目录样式

三、实训步骤

1．设置文档属性

步骤

（1）单击“Office 按钮”，再单击“准备”→“属性”命令，会弹出如图 4-151 所示的信息面板。

（2）按图中所示设置文档信息。

（3）如果要设置作者单位信息，可以单击“文档属性”按钮，选择“高级属性”命令，会弹出如图 4-152 所示的对话框。

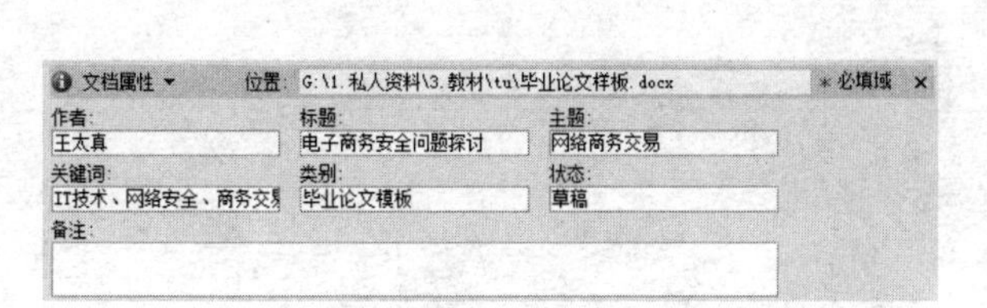

图 4-151　设置文档属性

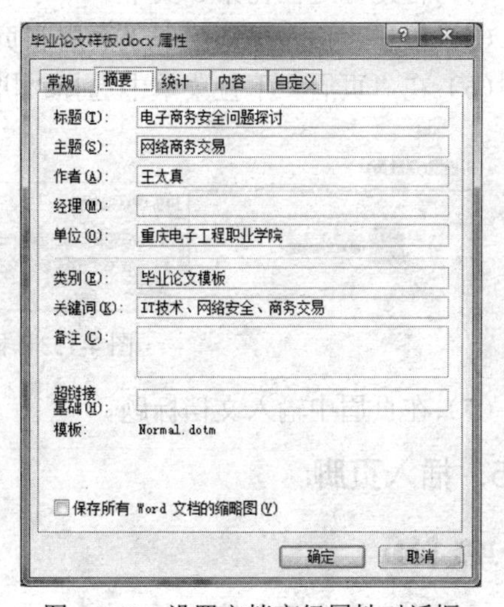

图 4-152　设置文档高级属性对话框

（4）在其中可以设置更多的文档信息。
（5）单击“确定”按钮。
（6）单击信息面板右上角的×按钮。

2．设置页面属性

步骤

（1）单击“页面布局”选项卡的“页面设置”对话框启动器。
（2）在弹出的对话框中，分别设置上、下、左、右边距为2.5厘米。
（3）单击“版式”选项卡，勾选“奇偶页不同”、“首页不同”复选项。
（4）单击“垂直对齐方式”旁的下拉按钮，选择“居中”。
（5）单击“确定”按钮。

3．更改样式

步骤

（1）单击“开始”选项卡“样式”组中的“更改样式”。
（2）指向“样式集”，选择“现代”。
（3）单击“更改样式”，选择“颜色”→“华丽”。
（4）单击“更改样式”，选择“字体”→“暗香扑鼻”。

4．插入页眉

步骤

（1）将光标定位在第2页中。
（2）单击“插入”选项卡“页眉和页脚”组中的“页眉”。
（3）在“页眉”下拉菜单中选择“拼板型（偶数页）”，如图4-153（左图）所示。
（4）将光标定位在第3页中。
（5）单击“插入”选项卡“页眉和页脚”组中的“页眉”。
（6）在“页眉”下拉菜单中选择“拼板型（奇数页）”，如图4-153（右图）所示。

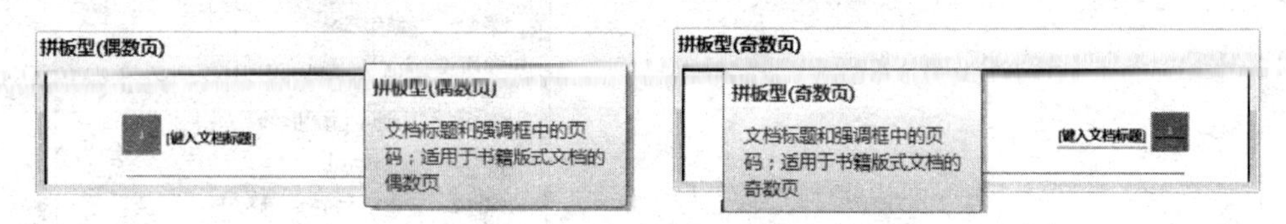

图4-153　插入奇偶页不同的页眉

（7）在页眉中输入文档标题。

5．插入页脚

步骤

（1）将光标定位在第2页中。

（2）单击“插入”选项卡“页眉和页脚”组中的“页脚”。
（3）在“页脚”下拉菜单中选择“反差型（偶数页）”，如图 4-154（上图）所示。
（4）将光标定位在第 3 页中。
（5）单击“插入”选项卡“页眉和页脚”组中的“页脚”。
（6）在“页脚”下拉菜单中选择“反差型（奇数页）”，如图 4-154（下图）所示。
（7）在页脚中，单击“日期”控件的下拉按钮，从中选择日期，如图 4-155 所示。

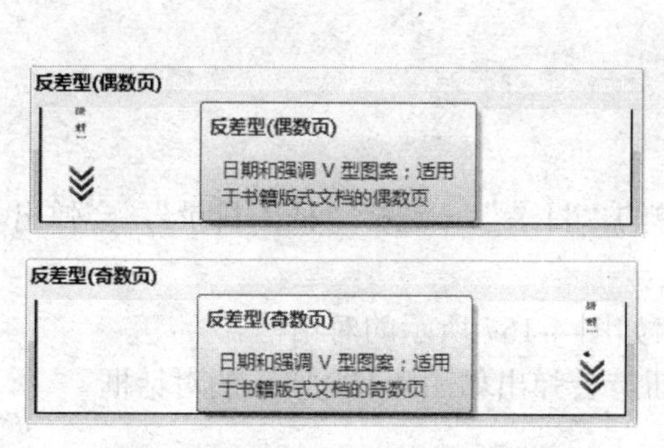

图 4-154　插入奇偶页不同的页脚

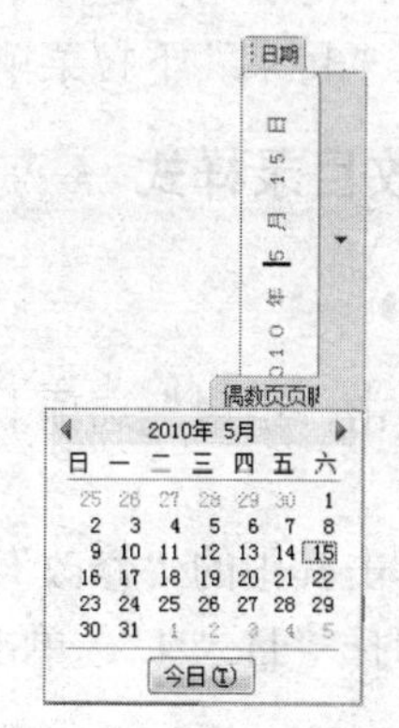

图 4-155　在页脚中插入日期

6. 利用样式快速设置具有大纲级别的标题

步骤

（1）分别将光标定位于文档的红色段落中，在“开始”选项卡“样式”组中的“快速样式”中选择[标题 1]。

（2）分别将光标定位于文档的绿色段落中，单击“开始”选项卡“样式”组中的“其他”按钮，选择[标题 2]。

（3）分别将光标定位于文档的蓝色段落中，单击“开始”选项卡“样式”组中的“其他”按钮，选择[标题 3]，如图 4-156 所示。

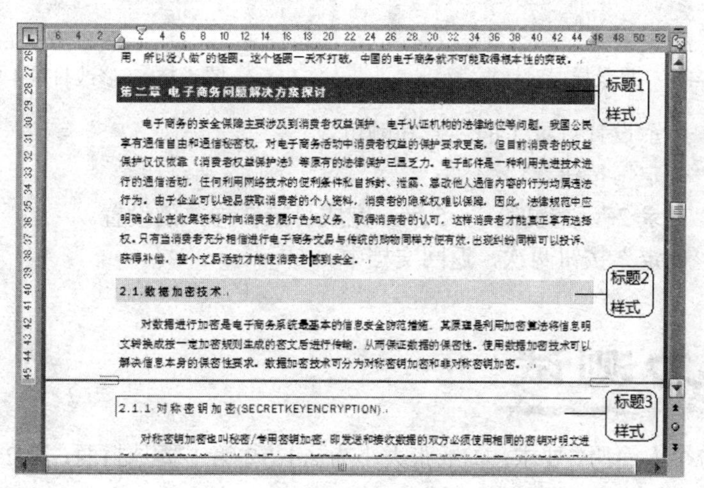

图 4-156　利用快速样式设置标题样式

7．生成自动目录

步骤

（1）将光标定位于要插入目录的位置（英文摘要之后）。

（2）按 Ctrl+Enter 键插入一个换页符。

（3）单击“引用”选项卡“目录”组中的“目录”。

（4）从“目录”下拉菜单中选择“自动目录 1”，将在文档中插入目录。

8．修改目录样式

步骤

（1）单击“引用”选项卡“目录”组中的“目录”→选择“插入目录”，会弹出“目录”对话框。

（2）单击其中的“修改”按钮，会弹出如图 4-157 所示的对话框。

（3）选择“目录 1”，单击“修改”按钮，会弹出如图 4-158 所示的对话框。

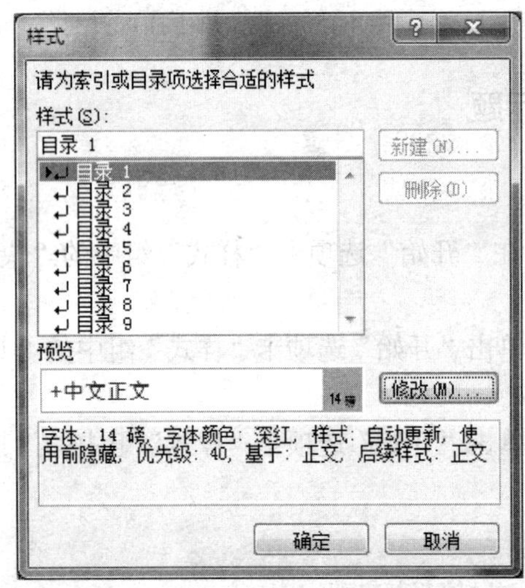

图 4-157　目录样式对话框

图 4-158　修改目录 1 的样式

（4）按图中所示设置目录 1 的字号和颜色。

（5）单击“确定”按钮。

（6）选择“目录 2”，重复第 3～5 步，完成目录 2 样式的设置。

（7）单击“确定”按钮两次，返回文档中。

能力测试

1．制作一份个人简历。要求：①纸张大小为 A4；②第 1 页是封面，第 2 页是个人信息表，如图 4-159 所示。

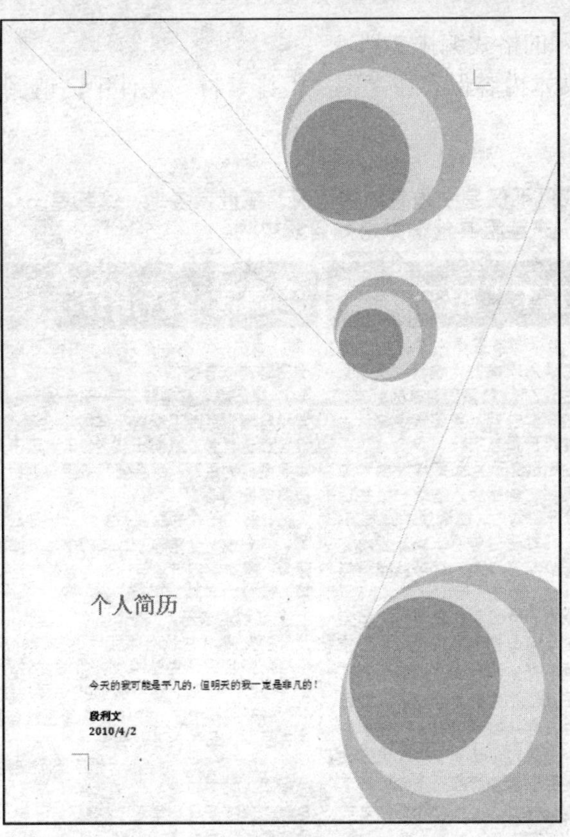

个人简历

今天的我可能是平凡的，但明天的我一定是非凡的！

段利文
2010/4/2

个人简历

姓　　名		性　　别		出生年月		
籍　　贯		民　　族		身　　高		
专　　业		健康状况		政治面貌		
毕业院校				学　　历		
通信地址				邮政编码		
教育情况						
专业特长						
工作经历						
期望月薪						
联系方式						

图 4-159　个人简历

2．按图 4-160 所示的格式编排文档。

说明：本实例的文本内容保存在“图文混排素材”文件中，请到中国水利水电出版社网站下载。

青少年上网成瘾不仅是中国遇到的情况，在世界各地，这都是一个具有争议性的话题。让我们来看看其他国家是如何解决的。

美国“五管齐下”治疗网瘾

美国哥伦比亚广播公司最近播出了一部描写青少年网络上瘾者如何误入歧途的电视剧，没想到有几万家长给导演写信说：“这就像我们家的故事。”这个让导演感到惊讶的事实表明，美国青少年学生网络上瘾的情况正在变得严重起来。

过去，互联网在美国校园里主要作为教育工具，青少年学生中上网成瘾者很少，但这一数字现在开始急剧攀升。部分专家认为，随着技术的进步，网络游戏、网络聊天、即时通信等网上娱乐性内容比几年前更容易吸引青少年的兴趣，这可能与网瘾问题增加有一定关系。

“网络上瘾症”概念的提出者、美国网络上瘾中心执行主任金伯利·杨博士在她的报告《应对校园网络上瘾》中分析说，青少年学生沉溺网络的原因还包括：校园中几乎无限的免费上网机会，大量的课余时间，网上行为没有监管或控制，逃避学习压力，与社会疏离等。金伯利·杨建议应该“五管齐下”治疗网瘾：首先要让学校管理人员和教师了解青少年学生上网成瘾的危害，让他们在学校里更好地规范和管理学生的上网行为；其次，在健康教育计划中引入有关“网络上瘾症”的内容，让学生能像防范酗酒危害一样预防网络上瘾；第三，一旦发现学生有网络上瘾的苗头，就应该多加疏导，并鼓励学生找专业的顾问解决问题；第四，鼓励学生发展多方面的兴趣，多参加校园团体和社会活动，避免与社会生活疏离；最后，应该围绕互联网这个主题鼓励学生进行深入讨论，让他们知道网络的益处和副作用。

德国诊所治疗手段多样

德国一项调查显示，德国有 60 万青少年沉迷于网络难以自拔。

德国著名慈善组织——维也纳希尔之家日前在博腾哈根市成立了帮青少年戒除上网成瘾的诊所。该机构负责人加尔维博士认为，10 岁至于7 岁青少年心理承受能力最弱、最易被网络侵害的时期，最需要社会的帮助指导。

诊所的治疗手段多种多样：一是艺术疗法，如绘画、舞台剧、合唱等；二是运动疗法，如游泳、骑马、静坐、按摩、蒸气浴等；三是自然疗治，如种花、种菜、接触大自然。

该机构表示：“整个治疗过程中，最关键的是父母的支持。”在设计课程时，把家长谈话列为重点，请他们亲自操作电脑游戏，然后才讨论对孩子的具体“治疗”方案。诊所提供的课程，就是帮助“病人”离开虚拟世界，重新发现周围社会及自身才华，使其回归到正常的人际关系中。

治疗师们认为，家长严禁孩子接触网络只能暂起作用，孩子网瘾的“复发率”会很高，关键问题是如何让孩子摆脱电脑“控制”。因此，诊所把“疏导方式”作为良方，治疗师不禁止孩子们用电脑，允许他们用一定时间上网收发电子邮件，在排演话剧时，还让孩子们用电脑写剧本……总之，把电脑当成一个工具，而不是朋友。来自法兰克福的托马斯说：“第一个星期很难过，每天想偷跑出去。现在，我已经不想电脑了。”

虽然戒除上网成瘾治疗沿未列入公费医疗名单，但德国政府已经暂将其列入“治疗行为异常”项目，治疗花费将由保险公司支付。治疗期间诊所还聘请老师给孩子们上文化课，孩子出院后能很快赶上学习进度。

各国治“网瘾”良方多

韩国政府总动员

韩国宽频网络环境成熟，普及率高达31%，网络人口已占全国总人口的60%，不过网络的高度普及也让不少青少年出现“网络上瘾”现象。韩国资讯通讯部针对全国2000名网友进行调查，结果发现韩国的中学生对于网络依赖度很高，平均每天上网分别为3小时左右。对此韩国政府还成立了网络咨询中心。

网络上瘾是韩国普遍现象，同时也引起了社会及政府的重视。韩国资讯通讯部和韩国信息文化学院早在2001年就成立了“网络中毒咨询中心”，这个中心主要任务是以中学老师和家长为对象，开设网络上瘾预防讲座，让他们可以协助青少年养成正确的网络使用习惯，而对个人及家庭则提供网络上瘾咨询，并且对有网络上瘾症状的学生进行集体辅导。

随着青少年网络上瘾程度越来越深，韩国资讯通讯部计划以首尔为中心，把网络咨询中心扩展到全国，预计到2006年在韩国全国建立80个咨询中心。另外，韩国通讯部也将与教育部合作，指导老师们如何帮助有网瘾的学生。

对网络上瘾现象，韩国通讯部有一些建议给时下的青少年：第一，不要漫无目的上网，要给自己设定上网时间及明确目标；第二，尽量在公共场所上网，这样才能预防在隐密空间上网而造成的虚拟空间中毒；第三，别把电脑中的网络游戏，只留下工作和学习的软件工具；第四，要有规律运动，不要老是坐在电脑前，更不要在电脑前吃饭；第五，寻找其他让自己感到有趣的事来做，以消除不上网带来的空虚感。

图 4-160　文档编排效果

3．按照图 4-161 所示的格式编排文档（提示：可利用表格或文本框来完成）。

自学辅导教学适应教育发展大趋势

当今世界科技进步日新月异，人类正在快速迈向知识经济时代。面对 21 世纪的到来，各个国家综合国力的竞争日益激烈。但是，所有这些激烈的竞争中，归根结底还是人的素质的竞争。要提高我国国民的素质，比较关键的还是首先提高我们的教育质量。提高教育质量就是利用教育科学研究，用科学的方法遵循教育规律，来提高质量。所以，在这个大背景下，进一步研究和推广自学辅导教学这项实验，更有特殊意义。它的重要意义表现在这项改革实验符合教育发展的大趋势。

首先，自学辅导教学实验符合我国实施素质教育的大趋势。

当前及今后我们教育战线上面临的一项非常重要的任务，就是要全面推进素质教育，要特别重视培养学生的创新精神和实践能力。而旨在培养学生自学能力的自学辅导教学实验是为推行素质教育创造条件的一个重要方面。推进素质教育，减轻学生过重的学习负担，要从改进我们的教学方法和学习方法入手。如果我们用科学方法让学生在有限的时间内能够得到更多的知识，他们的能力成长得更快，那是我们所希望的。而所有能力当中，培养学生的自学能力或者说获取知识的能力，这是使他们终身受益的一项教育基础任务。自学辅导教学实验，其核心是提倡在教师指导下以学生自学为主，老师是引导他们而不是代替他们来学习，因此，进一步研究和实验这项教学改革对于推进我们正在实施的素质教育是有很大意义的。

拥抱地球

其次，自学辅导教学实验符合终身学习的大趋势。

我国已经明确提出，要逐步完善终身学习体系。终身学习体系，就是说在人的一生当中任何的年龄阶段，在任何的工作岗位上，在任何的时间都有可能不断地学习。在这种条件下，一个人要能不断地学习，他的自学能力就成为他不断获取知识、不断更新知识的一个重要的基础。所以在学校教育中，特别是在基础教育阶段就应高度重视培养学生的学习能力。同时，学习能力也是创新能力的基础。从这个意义上看，从小培养他们自学能力，就成为我们教育中不可回避的一个责任，而目前正在进行的自学辅导教学实验，显然有利于培养他们的自学能力。

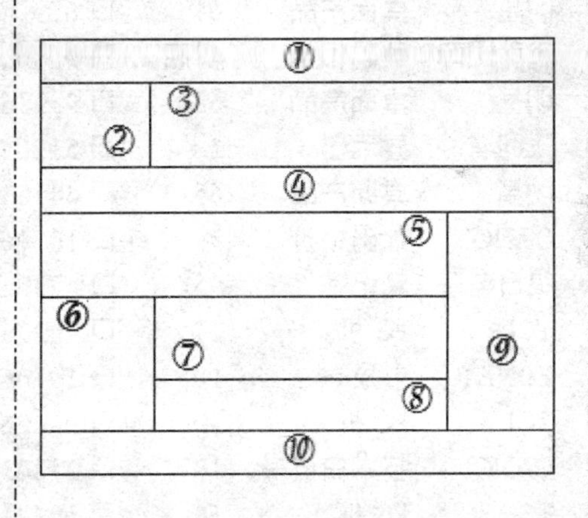

第三，自学辅导教学实验符合信息技术发展的大趋势。

现代信息技术的迅猛发展，将会引起 21 世纪新的学习革命、教育方式的革命。人们将有可能在任何时间、任何地点，接受任何形式的教育，所有学习者只要有学习愿望，都将有可能通过网络选择适当的时间、地点，选择学习内容和符合自身学习特点的学习方式。这种学习的主动权就不在教师了，而在学生本人。学习者能不能选择适合他最有效的学习方式、学习内容，这将取决于他的自学能力。

图 4-161　文档编排效果

4．按照图 4-162 所示的格式编排文档（提示：可利用表格或文本框来完成）。

广告商资料查询

如果你对本期刊登的广告需要进一步查询或希望索取详细资料，请即该对感兴趣的广告在“□”内打“√”，在填妥后寄回或传真给本杂志品牌管理部收，我们会将您的要求发给相应的厂商，随后您将获得满意的服务。

读者
个人资料

2010.08

您的会员号：____________________
姓名：____________________学历：________________
单位：____________________部门：________________
通信地址：________________邮编：________________
电子邮件：________________电话：________________
身份证号码：□□□□□□□□□□□□□□□□□□□□

查询号	厂商	产品	页码	查询号	厂商	产品	页码
□ 340068	新资源	硬盘	封三	□ 512010	讯怡	PC 机	37
□ 306068	明基	桌面产品	61	□ 629214	金河田	音箱	125
□ 443010	奥菱国际	数码相机	封底	□ 999066	商情 1	采购指南	149
□ 306068	明基	桌面产品	63	□ 9g9066	商情 2	采购指南	150
□ 218029	飞利浦	显示器	1	□ 512029	讯怡	显示器	3g
□ 306068	明基	桌面产品	65	□ 443010	TCL	PC 机	33
□ 107026	CANON	数码相机	3	□ 107068	CANoN	技术白皮书	109
□ 607015	福日电子	笔记本	95	□ 473068	双番展览	IACHINA	41
□ 443010	TCL	PC 机	27	□ 9g9068	PCM	形象	47
□ 460068	ZDNET	形象	105	□ 107068	CANON	技术白皮书	110
□ 443010	TCL	PC 机	29	□ 910068	SONY	MD	35
□ 107068	CANON	技术白皮书	107	□ 278036	广源行	硬盘	5
□ 443010	TC	PC 机	13	□ 104217	神州数码	投影机	56
□ 107068	CANON	技术白皮书	108	□ 104217	神州数码	投影机	57

如希望查询 DELL 公司的产品，请于周一至周五 08：30-18：00
拨打 DELL 公司的免费电话：800-859-2023
■我已拨打免费电话

谢谢合作

图 4-162　文档编排效果

5．按照图 4-163 所示的格式编排一份电脑小报。

环保与自然

二〇〇四年七月十八日
责任编辑：XXX

据科学家估计，由于人类活动的强烈干扰，近代物种的丧失速度比自然灭绝速度快 1000 倍，比形成速度快 100 万倍，物种的丧失速度由大致每天一个种加快到每小时一个种。目前，世界上已有 593 种鸟、400 多种兽、209 种两栖爬行动物以及 20000 多种高等植物濒临于灭绝。这些濒于灭绝的物种大多数与人类的关系十分密切，对人类的生存与发展具有十分重要的意义。造成物种灭绝的原因，除不可抗拒的自然历史及自然灾害因素外，人为活动是其主要原因。特别是由于商业贸易而导致人类对野生动植物资源的掠夺式利用，是造成物种濒危乃至灭绝的重要因素。

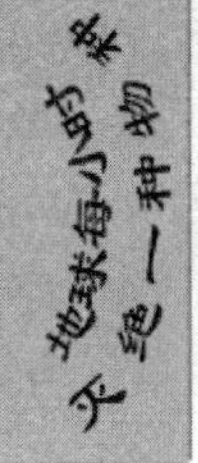

环境故事：皇帝护鸟

“小鸟枝头亦朋友”。人类很早就认识到，许多鸟儿捕吃农林害虫，有利于农业生产，比如：麻雀、啄木鸟、猫头鹰等，它们都是益鸟，是人类的朋友，必须保护。中国古代就有两个皇帝特别爱护鸟类，他们的护鸟行为，在历史上被传为美谈。

公元 1323 年 4 月，元英宗下了一道圣旨，圣旨的内容很奇特，既不是赦免罪犯，也不是征兵，而是下令各户“释放笼中之鸟”。圣旨一出，老百姓都很惊讶，有的说：“皇帝吃饱了没事干啦？”还有的猜：“准是皇宫里有人病了，要放生积德。”一时间，街头巷尾议论纷纷。后来，人们才知道，原来皇帝是为了保护鸟类，加速鸟儿的繁殖，才决定把捕获的鸟儿释放的，要知道，这正是春夏之交，是鸟儿最佳的繁殖期。元英宗为了鼓励老百姓放鸟，还下令：每只鸟价值多少，由政府补偿给养鸟的主人。他想得可真周到。于是放鸟这一天，10 万只各色各样的笼中之鸟被放出笼子，它们拍打着翅膀飞上了蓝天，飞回了大自然，百鸟齐鸣，景色蔚为壮观。这也许是世界上最早的规模最大的一次放生活动了。

用我们的智慧让环境更优美

热爱大自然保护大自然
拯救地球就是拯救未来

生命之水

水是生命之源，直接影响到人类的生存和社会经济的可持续发展。我国是个缺水大国，黄河近年来的连续断流已经对中下游地区造成了巨大的经济损失，不但影响到区域经济的发展、人民群众生活水平的提高、社会的安定，也影响到了我国社会经济的可持续发展。我国西部地区与东部地区之所以存在着较大的经济差距，除了经济基础、信息、人才等的差别外，最关键的还是缺少水资源。历史证明，黄河、长江流域的文明得到保护、延续和发展，就是有稳定的生命源，有江河源区较为稳定的生态环境和水源供应。而进入新世纪以来，水资源的战略地位更加突出了。

环保常识

什么是绿色食品？

绿色食品是指经专门机构许可、使用绿色食品标志的无污染、安全、优质、营养类食品的统称。由于与环境保护有关的事物通常都冠之以「绿色」，为了更加突出这类食品出自良好的生态环境，因此定名为绿色食品。

何为绿色 GDP？

绿色 GDP，指用以衡量各国扣除自然资产损失后新创造的真实国民财富的总量核算指标。简单地讲，就是从现行统计的 GDP 中，扣除由于环境污染、自然资源退化、教育低下、人口数量失控、管理不善等因素引起的经济损失成本，从而得出真实的国民财富总量。

环保水晶泥成新近问世

广州市绿之态园艺公司与国内某科研单位，经过数年悉心研究新近推出环保"水晶泥"，经过高科技处理，使它含有大量植物生长所需的水分和各种营养成分，可反复吸收和释放，可广泛用作耐阴观叶植物的栽培基质。由于它体态晶莹剔透，俗称"水晶泥"。

环保标志

国际上已有 30 多个国家和地区开展了环境（生态）标志活动，较著名的有：德国的「蓝色天使」、北欧的「白天鹅」、美国的「绿色印章」、加拿大的「环境选择」、日本的「生态标签」和我国的「十环标志」。绝大多数环境标志工作由各国环境保护行政主管部门负责管理。

节水小窍门

- 切勿长开水龙头洗手、洗涤衣服或洗菜。
- 用喷头淋浴比浴缸洗澡节省水量达八成之多。
- 用过的水可以再洗地或浇花，不必使用清水。
- 使用洗衣机或洗碗时，集齐衣物或碗碟一起洗涤。
- 滴漏的水龙头每天可耗水 70 升；为免浪费，应立即修理。

追求绿色时尚
走向绿色文明
建设生态文化
塑造生态文明
弘扬生态文明
抵御疾病灾害

图 4-163　编辑好的电脑小报效果

自测题

一、选择题

1．如果想控制段落第一行首字的起始位置，应该调整（　　）。
A．悬挂缩进　B．首行缩进　C．左缩进　D．右缩进
2．Word 2007 的集中式剪贴板可以保存最近（　　）次拷贝的内容。
A．1　B．6　C．12　D．18
3．在（　　）视图中，能够仿真 WWW 浏览器来显示 HTML 文档。
A．普通　B．Web 版式　C．大纲　D．页面
4．Word 2007 的（　　）功能可以大大减少因突然断电或死机而造成的未保存文档的损失。
A．快速保存　B．建立自动备份
C．启动保存文档　D．为文档添加口令
5．在 Word 2007 中，进行复制操作的正确步骤是（　　）。
A．选定文本→“文件”→“复制”→定位插入点→“文件”→“粘贴”
B．单击“编辑”→“复制”→定位插入点→“文件”→“粘贴”
C．选定文本→“编辑”→“复制”
D．选定文本→“编辑”→“复制”→定位插入点→“编辑”→“粘贴”
6．在使用 Word 过程中，可以随时按（　　）键来获得联机帮助。
A．Esc　B．Alt　C．Shift+F1　D．F1
7．在 Word 中，“文件”菜单底部最多可列出的文件名个数是（　　）个，它可通过“工具”→“选项”命令设置。
A．3　B．5　C．7　D．9
8．要将剪贴板上的内容复制到光标所在处，应选择（　　）操作。
A．剪切　B．复制　C．粘贴　D．帮助
9．微软公司的字处理软件 Word 2007 的运行环境是（　　）。
A．DOS　B．VFP　C．UCDOS　D．Windows
10．在 Word 中，使用查找和替换的方法不能完成对指定内容的（　　）操作。
A．定位　B．移动　C．格式替换　D．删除
11．在 Word 中，用鼠标指针在选定区要选定整个文档，则鼠标的操作为（　　）。
A．单击左键　B．双击左键　C．三击左键　D．单击右键
12．在 Word 中，下列说法正确的是（　　）。
A．字号或磅值越大字越大　B．字号越大字越大，磅值越大字越小
C．字号或磅值越大字越小　D．字号越大字越小，磅值越大字越大
13．在 Word 中，“格式刷”可用于复制文本的格式，若要将选定的文本格式重复应用多次，应（　　）。

A．单击“格式刷”　　B．双击“格式刷”
C．右击“格式刷”　　D．拖动“格式刷”

14．在 Word 中，能显示“页眉和页脚”效果的视图是（　　）。
A．普通视图　　B．Web 视图　　C．大纲视图　　D．页面视图

15．在 Word 中，要精确地设置段落的缩进量，应当使用（　　）方式。
A．标尺　　B．样式　　C．段落格式　　D．页面设置

16．在 Word 中，插入硬分页符的快捷键是（　　）。
A．Ctrl+A　　B．Shift+Enter
C．Ctrl+Enter　　D．Shift+A

17．Word 文档扩展名的默认类型是（　　）。
A．DOC　　B．DOT　　C．WOD　　D．RTF

二、判断题

（　　）1．“编辑”菜单中的“剪切”和“复制”都能将选定的内容放到“剪贴板”上，所以它们的功能是完全相同的。

（　　）2．在 Word 2007 中，只能用工具栏上的快捷按钮来完成对文档的编排。

（　　）3．Word 文档的任何视图都可以查看打印效果。

（　　）4．Word 2007 可以进行分栏和图文混排。

（　　）5．中文 Word 2007 提供了强大的数据保护功能，即使用户在操作中连续出现多次误删除，也可以通过“撤消”功能全部予以恢复。

（　　）6．Word 文档的默认扩展名为.doc。

（　　）7．Word 2007 的表格不能进行文字环绕。

（　　）8．选定表格的一行，再按 Del 键，可删除该行。

（　　）9．要选定整个文档，可按住 Ctrl 键，同时单击文本的选定区；或者用鼠标三击文本的选定区。

（　　）10．Word 2007 的表格不可以嵌套。

第 5 章　Excel 2007 的使用

本章简介

Excel 2007 是 Office 2007 的组件之一，是一种能用于现代理财和数据分析的电子表格管理软件，它能把文字、数据、图形、图表和多媒体对象集于一体，并对表格中的数据进行各种统计、分析和管理等，具备丰富的宏命令和函数，同时它还支持 Internet 网络的开发功能。

本章主要介绍 Excel 2007 的基本使用、简单函数的使用和常用的管理功能。在本章的每一小节后都配有实训操作，主要以实例的方式帮助初学者更好地熟悉 Excel 2007 的使用。

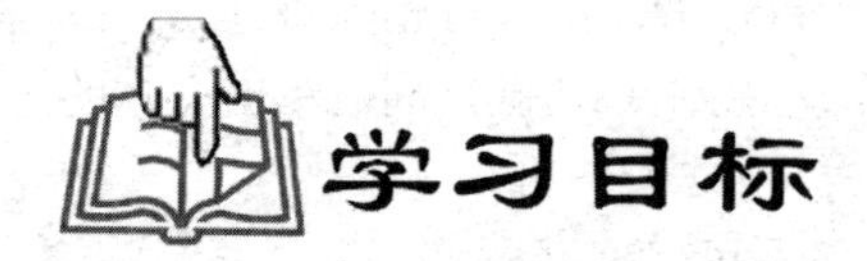

- 熟悉工作簿和工作表的概念
- 掌握工作簿和工作表的创建、编辑和格式化
- 会使用公式和函数
- 能绘制 Excel 2007 图表
- 能进行简单的数据管理
- 掌握工作表的打印方法

5.1　Excel 2007 基本知识

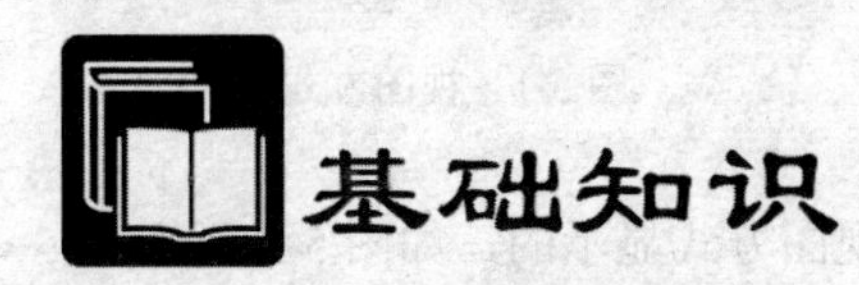

5.1.1　了解 Excel 的主要功能

Excel 是应用最广泛的电子表格程序，它不仅能进行数字计算，对非数字应用也非常有效。

1．数据处理和分析

Excel 2007 的电子表格中不仅包含各种数据，还包括计算公式和函数。它们可以在用户输入数据时自动完成所需的计算和分析，极大地提高了数据处理的效率。

在 Excel 2007 中提供了大量的内置函数，如财务、日期与时间、数学与三角函数、统计、查找与引用、数据库、文本、逻辑、信息、工程和多维数据集 11 类，足以满足各种领域的数据处理与分析管理。同时，Excel 2007 还允许用户创建自定义函数，以满足个人的计算需求。

2．创建图表

Excel 2007 具有超强的图表处理功能，为用户提供了丰富的图表类型，使用它们用户可以很方便地将表格中的数据转换成具有专业外观的图表。

5.1.2　Excel 2007 文档的格式

在 Excel 2007 中可以打开以前版本创建的所有文件。但 Excel 2007 又产生了许多新的文件格式，如下：

- .xlsx：不启用宏的工作簿文件。
- .xlsm：启用宏的工作簿文件。
- .xltx：不启用宏的工作簿模板文件。
- .xltm：启用宏的工作簿模板文件。
- .xlsb：与旧的 XLS 格式相同但可以兼容新特性的二进制文件。
- .xlsk：备份文件。

除了 XLSB 之外，其他文件都是可“打开”的 XLM 文件，即其他应用程序可以对这类文件进行读写。

5.1.3 Excel 2007 的视图

Excel 2007 提供了 5 种视图方式，如图 5-1 所示。用户可根据自己的需要选择相应的视图浏览工作表。

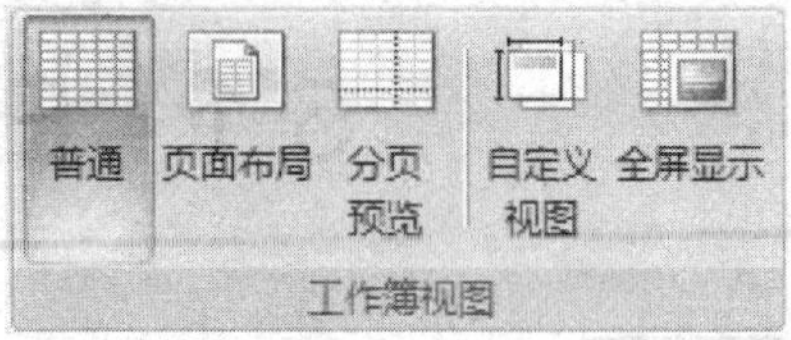

普通 页面布局 分页预览 自定义视图 全屏显示
工作簿视图

图 5-1 视图方式

1．普通视图

在默认情况下，启动 Excel 2007 后，其窗口是以普通视图方式显示的，如图 5-2 所示。

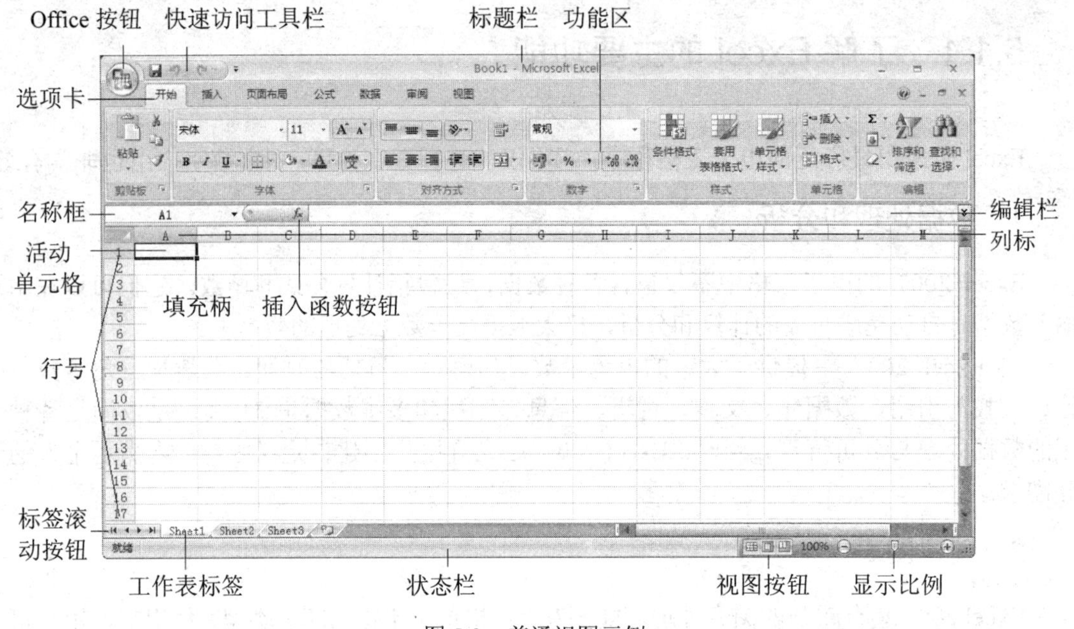

图 5-2 普通视图示例

在该视图中，用户可以输入、编辑和格式化各种数据，也可以对数据进行计算、分析处理和创建图表，还可以更改数据的布局。

2．页面布局视图

单击“视图”选项卡“工作簿视图”组中的“页面布局”按钮，可以切换到“页面布局”视图，如图 5-3 所示。

在该视图中，不仅可以更改数据的布局和格式，还可以使用标尺测量数据的宽度和高度，更改页面方向，添加或更改页眉和页脚，设置打印边距，隐藏或显示网格线、行标题和列标题以及指定缩放选项。在打印输出工作表之前，使用“页面布局”视图可以快速地进行版面调整，以获得专业的外观效果。

3．分页预览视图

单击“视图”选项卡“工作簿视图”组中的“分页预览”按钮，可以切换到“分页预览”视图，如图 5-4 所示。

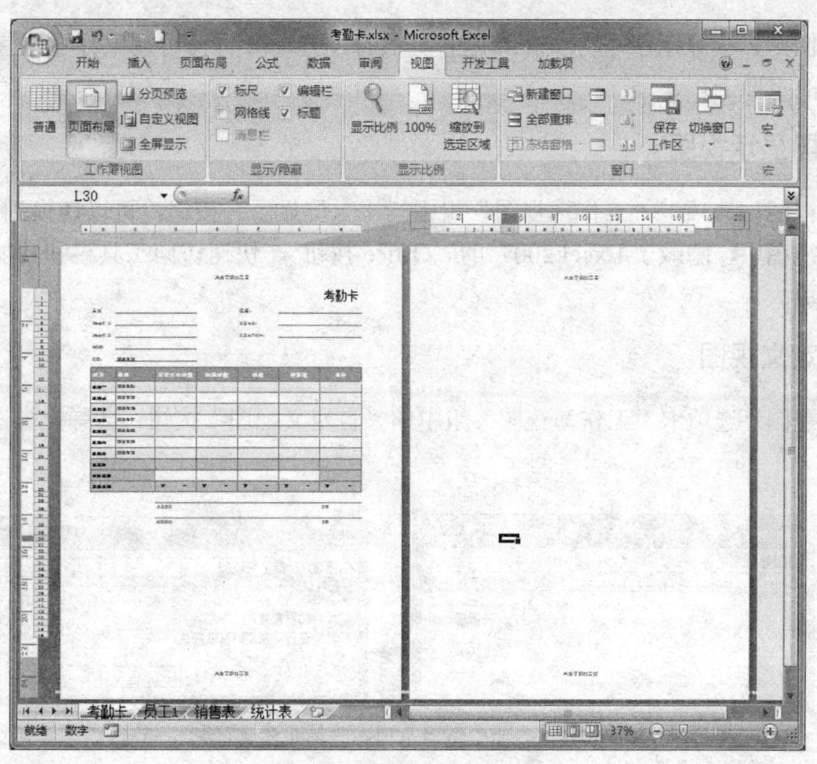

图 5-3　页面布局视图示例

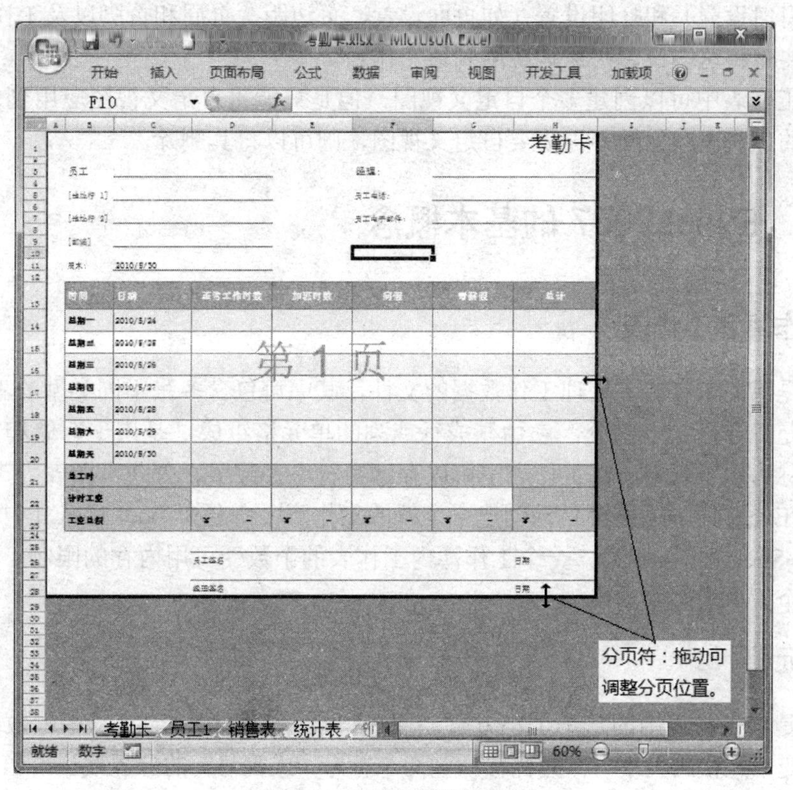

图 5-4　分页预览视图示例

在该视图中，会显示水平分页符和垂直分页符，拖动分页符可调整分页位置，以使数据打印在所需的页面上。

4．全屏显示视图

单击“视图”选项卡“工作簿视图”组中的“全屏显示”按钮，可以切换到“全屏显示”视图。在该视图中，隐藏了 Excel 2007 的“Office 按钮”、快速访问工具栏和功能区，使文档的可视区域更大。

5．自定义视图

单击“视图”选项卡“工作簿视图”组中的“自定义视图”按钮，会弹出如图 5-5 所示的对话框。

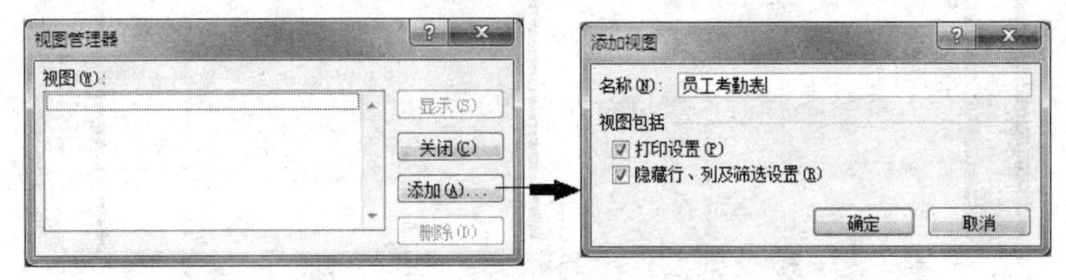

图 5-5　单击“添加”按钮可保存当前工作表的特定设置

该视图用来保存当前工作表的特定显示设置（如列宽、行高、隐藏行和列、单元格选择、筛选设置和窗口设置）和打印设置（如页面设置、页边距、页眉和页脚以及工作表设置），以便可以在需要时将这些设置快速地应用到该工作表。

在每张工作表中可以创建多个自定义视图，但是只能将自定义视图应用到创建该自定义视图时活动的工作表。如果不再需要自定义视图，则可以将其删除。

5.1.4　Excel 2007 的基本概念

1．工作簿和工作表

工作簿是指用来存储并处理工作数据的文件，其中可包含多张不同类型的工作表。

工作表是工作簿的一部分，它由排成行或列的单元格组成，是用于存储和处理数据的主要文档，也称为电子表格。在工作表中可以存储字符串、数字、公式、图表、声音等信息。

当启动 Excel 时，系统会自动创建一个新的工作簿（命名为 book1），其中包含三张工作表（Sheet1、Sheet2、Sheet3）。一个工作簿内工作表的个数受可用内存的限制。单击工作表标签，可在多个工作表之间切换。

2．单元格

单元格是指工作表中的一个个小方格，用于记录各种数据，如字符串、数字、日期或时间等。要改变单元格的大小，将光标移动到两个行号（或列号）的分界线上，当鼠标指针变成┿或╪时拖动鼠标即可。

3．行标和列标

Excel 的行标用 1，2，3 等表示，共 1048576 行；列标用 A，B，C 等表示，共 16384 列。每个单元格都用地址名称来标识，它是由列标和行标组成的。例如，A1 表示第 1 行第 1 列的单元格，C9 表示第 9 行第 3 列的单元格。

4．名称框和编辑栏

名称框可用来快速定位和选定单元格，编辑栏可用来显示或编辑单元格中的数据或公式。

技能训练

实训 1　使用模板创建一个工作簿

【实例】要求用多种不同的方法启动和退出 Excel 2007，了解 Excel 2007 的用户界面。使用模板创建一个工作簿，将其保存到“E:\Excel 示例”文件夹中，并命名为“考勤卡.xlsx”，如图 5-6 所示。

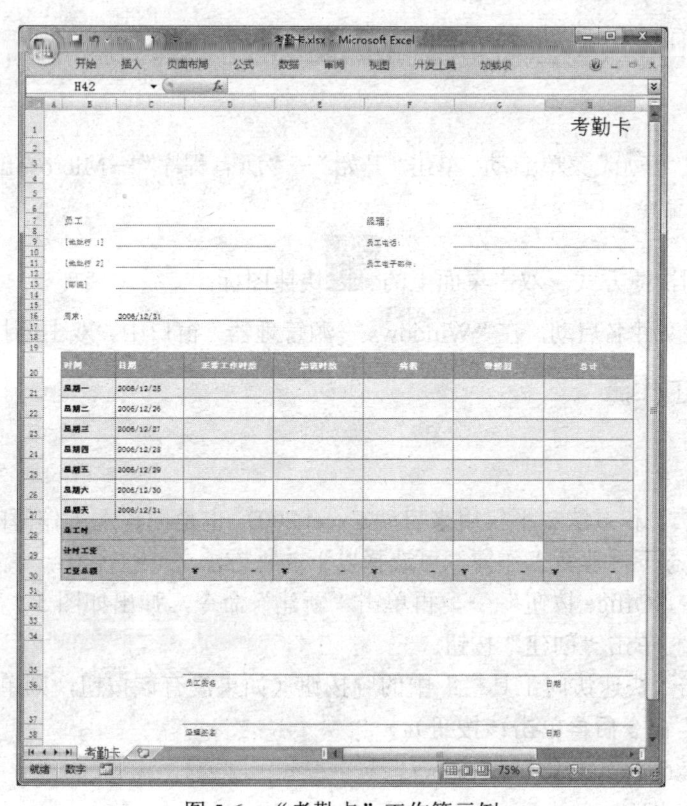

图 5-6　“考勤卡”工作簿示例

一、实训目的

1．掌握 Excel 2007 的启动和退出方法。
2．掌握 Excel 2007 工作簿的创建、保存和打开方法。
3．了解 Excel 2007 模板的作用。

二、实训内容

1．Excel 2007 的启动
2．创建新工作簿
3．使用模板创建一个考勤卡工作簿
4．保存工作簿
5．保存已有的工作簿
6．打开工作簿
7．Excel 2007 的退出

三、实训步骤

1．Excel 2007 的启动

步骤

方法 1：通过“开始”菜单启动。单击“开始”→“所有程序”→Microsoft Office→Microsoft Office Excel 2007 命令。

方法 2：利用快捷方式。双击桌面上的快捷图标。

方法 3：通过文件名启动。在“Windows 资源管理器”窗口中，双击要打开的 Excel 文件。

2．创建新工作簿

步骤

前例中的方法 1 和方法 2 不仅用来启动 Excel 2007，也是创建新工作簿的方法。要在 Excel 2007 已启动的状态下再建新工作簿，可选择以下 3 种方法之一：

方法 1：单击“Office 按钮”，再单击“新建”命令，弹出如图 5-7 所示的对话框，单击“空工作簿”，再单击“创建”按钮。

方法 2：单击“快速访问工具栏”中的按钮（如果没有该按钮，则单击按钮从下拉菜单中选择“新建”命令后再单击该按钮）。

方法 3：按 Ctrl+N 组合键。

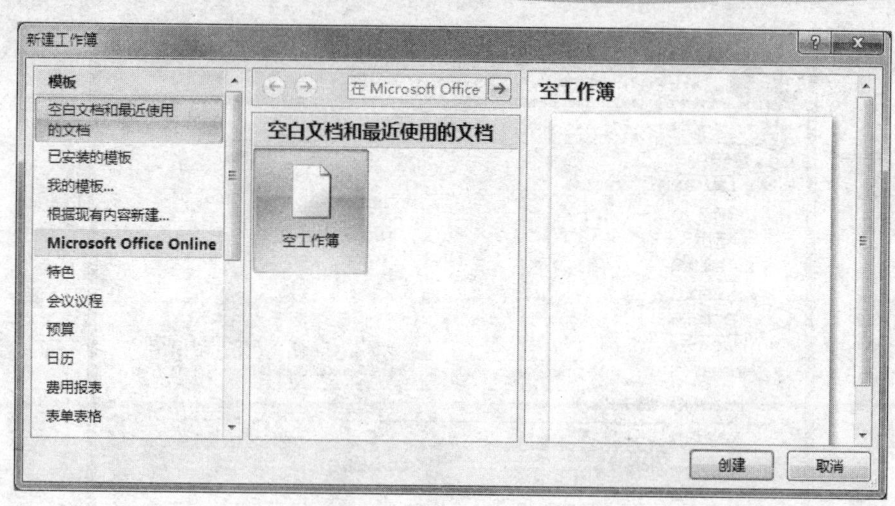

图 5-7　新建“空工作簿”

3．使用模板创建一个考勤卡工作簿

步骤

（1）单击“Office 按钮”，再单击“新建”命令，在弹出的对话框中单击“已安装的模板”选项，如图 5-8 所示。

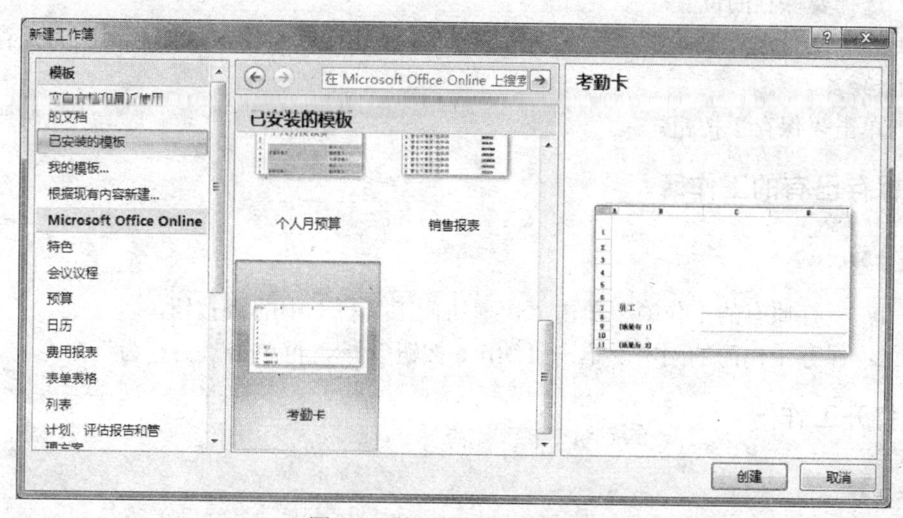

图 5-8　使用模板创建工作簿

（2）在其中选择“考勤卡”模板。

（3）单击“创建”按钮。

4．保存工作簿

步骤

（1）承上例。选择以下 3 种方法之一，弹出如图 5-9 所示的对话框：

方法 1：单击“快速访问工具栏”中的“保存”按钮。

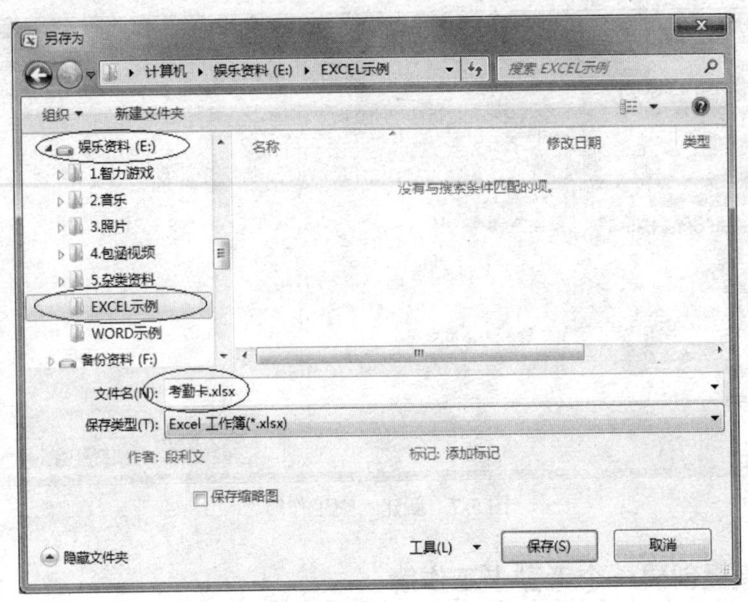

图 5-9 “另存为”对话框

方法 2：单击“Office 按钮”，再单击“保存”命令。

方法 3：按 Ctrl+S 组合键。

（2）选择要保存的位置。

（3）在“文件名”文本框中输入“考勤卡”（此处可以不输入扩展名，因为保存类型已确定为.xlsx）。

（4）单击“保存”按钮。

5．保存已有的工作簿

步骤

方法 1：保存原有的工作簿。单击“快速访问工具栏”中的按钮。

方法 2：保存工作簿的副本。单击“Office 按钮”，再单击“另存为”命令。

6．打开工作簿

步骤

（1）单击“Office 按钮”，再单击“打开”命令；或按 Ctrl+O 组合键。

（2）找到文件所在的文件夹。

（3）双击工作簿名或单击工作簿名和“打开”按钮。

7．Excel 2007 的退出

步骤

方法 1：单击 Excel 窗口右上角的按钮。

方法 2：右击任务栏上 Excel 的窗口按钮，在弹出的快捷菜单中单击“关闭”命令。

方法3：单击“Office按钮”，再单击“退出Excel”命令。

方法4：按Alt+F4组合键。

实训2 工作表的基本操作

【实例】承接实训1中的实例，在“考勤卡.xlsx”工作簿中进行如下操作：

（1）删除“考勤卡”工作表中C1～G1间的5个单元格。

（2）删除该工作表中多余的空行和第A列。

（3）调整该工作表的行高和列宽。

（4）插入两张新工作表，分别命名为“销售”和“统计”。

（5）将“考勤卡”工作表复制一份，重命名为“员工A”。

（6）分别给“考勤卡”、“员工A”、“销售”和“统计”工作表的标签添加颜色（可自选颜色），如图5-10所示。

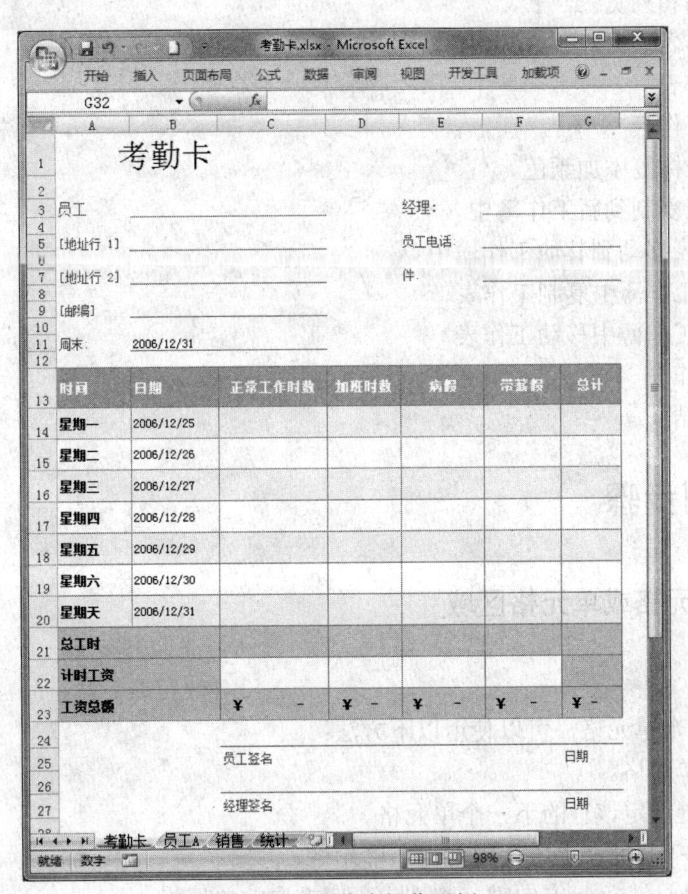

图5-10 工作表操作示例

（7）将“销售”工作表复制到新的工作簿中，并保存为“销售统计表.xlsx”工作簿。

（8）将“统计”工作表移动到“销售统计表.xlsx”工作簿中。

（9）删除“考勤卡.xlsx”工作簿中的“销售”工作表。

（10）冻结窗口，锁定前3行和前2列，使其不随滚动条滚动。

一、实训目的

1. 掌握Excel工作表的选定、插入、重命名、移动、复制和删除的方法。
2. 掌握Excel单元格的选定、插入和删除的方法。
3. 掌握Excel窗口的冻结方法。

二、实训内容

1. 选定单元格或单元格区域
2. 删除单元格
3. 删除行或列
4. 调整行高和列宽
5. 插入工作表
6. 选定工作表
7. 重命名工作表
8. 给工作表标签添加颜色
9. 将工作表复制到新工作簿中
10. 将工作表移动到其他工作簿中
11. 在当前工作簿中复制工作表
12. 在当前工作簿中移动工作表
13. 删除工作表
14. 窗口冻结

三、实训步骤

1. 选定单元格或单元格区域

步骤

（1）选定一个单元格，可以使用以下方法：

- 单击某单元格。
- 按Tab键选定该行的下一个单元格。
- 按Shift+Tab键选定该行的前一个单元格。
- 按←、↑、↓、→方向键，将选定相应方向的单元格。
- 按Ctrl+Home组合键选定A1单元格。

（2）选定一个区域：用鼠标拖动即可。

（3）选定多个不相邻的区域：按住Ctrl键并拖动鼠标。

（4）选定两个单元格之间的矩形区域：单击一个单元格，按住 Shift 键，再单击另一个单元格。

（5）选定一列或一行：单击该列或行的列标或行标。

（6）选定多列或多行：单击该列或行的列标或行标，并拖动鼠标。

（7）选定所有单元格：单击行标和列标的交界处（位于列标的最左边）。

2. 删除单元格

步骤

（1）选定单元格区域（C1:G1）。

（2）单击“开始”选项卡“单元格”组中的“删除”按钮的向下箭头，在下拉菜单中选择“删除单元格”命令，弹出如图 5-11 所示的对话框。

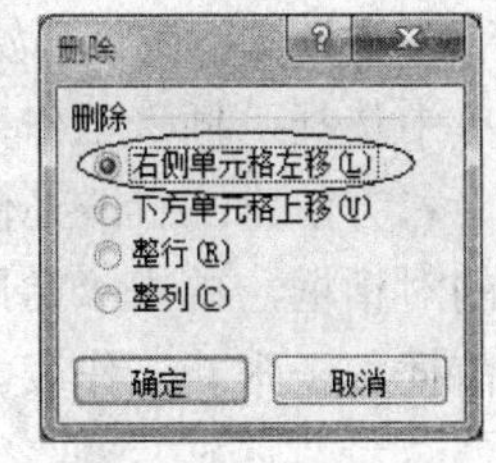

图 5-11　删除单元格

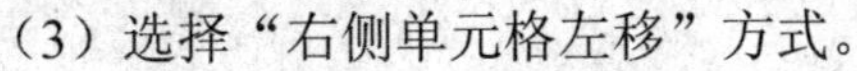

（3）选择“右侧单元格左移”方式。

（4）单击“确定”按钮。

3. 删除行或列

步骤

方法 1：选定要删除的行或列，单击“开始”选项卡“单元格”组中的“删除”按钮。

方法 2：右击行标或列标，在弹出的快捷菜单中选择“删除”命令。

4. 调整行高和列宽

步骤

方法 1：手动调整行高或列宽。

（1）分别将鼠标指向行标或列标的分界线处。

（2）当鼠标指针变为┿或┿时，拖动分界线即可调整行高或列宽。

方法 2：自动调整行高和列宽。

（1）选定要调整的行或列。

（2）单击“开始”选项卡“单元格”组中的“格式”按钮。

（3）在弹出的下拉菜单中选择“自动调整行高”或“自动调整列宽”命令。

方法 3：精确设置行高和列宽。

（1）选定要调整的行或列。

（2）单击“开始”选项卡“单元格”组中的“格式”按钮。

（3）在弹出的下拉菜单中选择“行高”或“列宽”命令，弹出如图 5-12 所示的对话框。

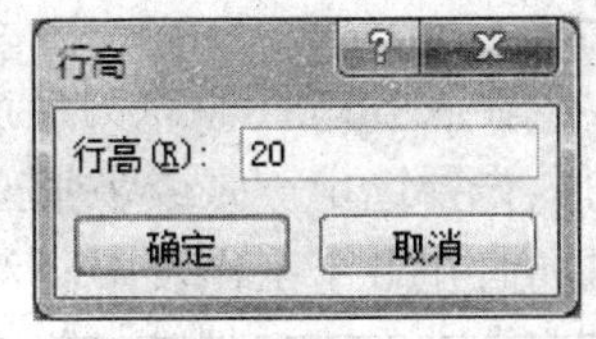

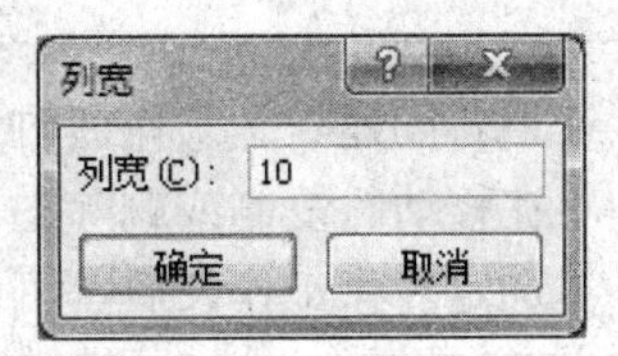

图 5-12　分别精确设置行高和列宽

（4）输入行高值或列宽值，然后单击“确定”按钮。

5. 插入工作表

步骤

采用下面3种方法之一，分别插入两张工作表：

方法1：单击工作表标签右侧的“插入工作表”控件，即可在最后一张工作表之后插入一张新工作表。

方法2：在“开始”选项卡的“单元格”组中，单击“插入”按钮的向下箭头，在下拉菜单中选择“插入工作表”命令，即可在选定的工作表之前插入一张新工作表。

方法3：右击工作表标签，在弹出的快捷菜单中单击“插入”命令，弹出如图5-13所示的对话框，单击“常用”选项卡中的“工作表”，单击“确定”按钮，即可在选定的工作表之前插入一张新工作表。

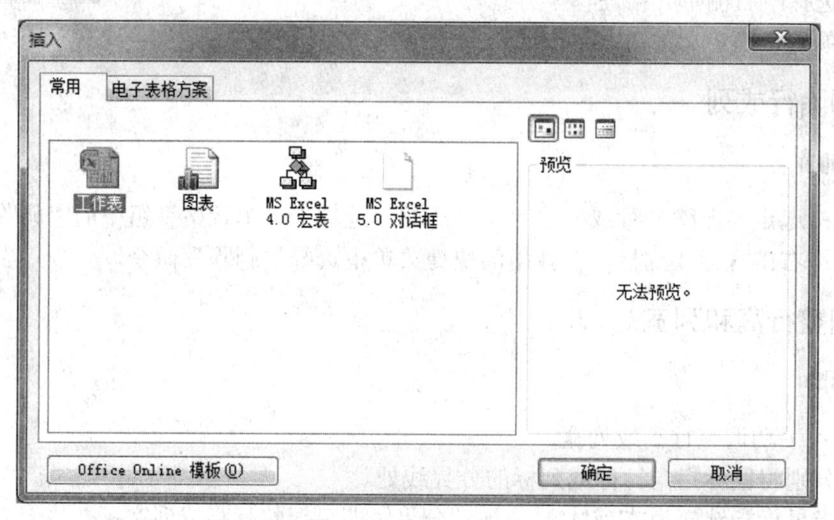

图5-13　插入工作表

6. 选定工作表

步骤

方法1：单击工作表标签可以选定一张工作表。

方法2：右击标签滚动按钮，从列表中可以选择所需的工作表。

方法3：按住Ctrl键，分别单击工作表标签可以选定多张工作表。

方法4：右击某张工作表标签，在弹出的快捷菜单中单击“选定全部工作表”命令。

注意

- 当新创建一个工作簿时，工作表Sheet1默认为当前工作表。
- 在移动、复制或删除之前，先要选定一张或多张工作表。
- 选定多张工作表后，可以同时在多个工作表中输入相同的数据。

7．重命名工作表

步骤

方法1：右击工作表标签Sheet1，在弹出的快捷菜单中单击“重命名”命令，输入新的名称“销售”。

方法2：直接双击工作表标签Sheet2，输入新的名称“统计”。

8．给工作表标签添加颜色

步骤

（1）右击工作表标签。

（2）在弹出的快捷菜单中指向“工作表标签颜色”，从颜色列表中选择喜欢的颜色。

9．将工作表复制到其他工作簿中

步骤

（1）右击“销售”工作表标签，在弹出的快捷菜单中单击“移动或复制工作表”命令，弹出如图5-14所示的对话框。

（2）勾选“建立副本”复选框。

（3）单击“工作簿”下拉按钮，在下拉列表框中选择“(新工作簿)”。

（4）单击“确定”按钮，“销售”工作表将在一个新的工作簿中打开。

（5）保存新工作簿，并命名为“销售统计表.xlsx”。

10．将工作表移动到其他工作簿中

步骤

（1）承上例。右击“统计”工作表标签，在弹出的快捷菜单中单击“移动或复制工作表”命令，弹出如图5-15所示的对话框。

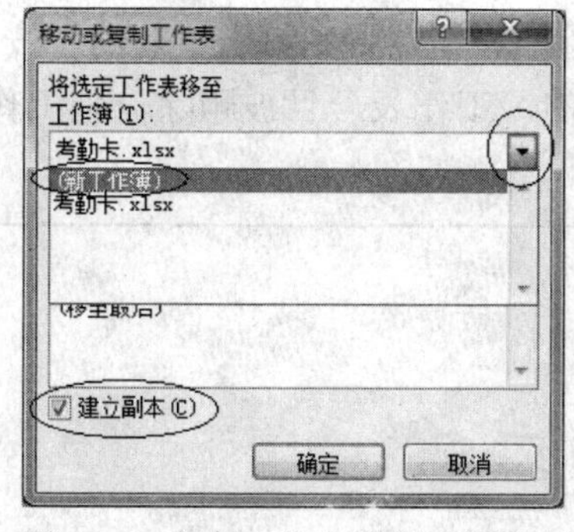

图5-14　复制工作表到新工作簿中

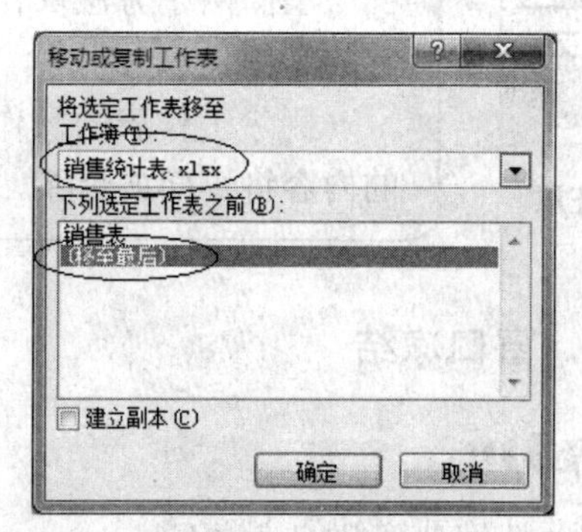

图5-15　移动工作表到其他工作簿中

（2）单击“工作簿”下拉按钮，在下拉列表框中选择“销售统计表.xlsx”。

（3）在“下列选定工作表之前”列表框中选择“(移到最后)”。

（4）单击“确定”按钮后，“统计”工作表将移动到指定的工作簿中，且位于最右侧。

11．在当前工作簿中复制工作表

步骤

（1）选定“考勤卡”工作表标签。

（2）按住 Ctrl 键，拖动工作表标签到目标位置后松开鼠标按键，即可复制一份名为“考勤卡（2）”的工作表。

（3）双击“考勤卡（2）”工作表标签，重新输入标签名“员工 A”。

注意

在拖动标签过程中，会出现一个向下的箭头指示目标位置。

12．在当前工作簿中移动工作表

步骤

（1）选定一张工作表标签。

（2）用鼠标拖动该工作表标签到目标位置后，松开鼠标按键即可。

13．删除工作表

步骤

方法 1：选定“考勤卡.xlsx”工作簿中的“销售”工作表，单击“开始”选项卡“单元格”组中的“删除”→“删除工作表”命令。

方法 2：右击“考勤卡.xlsx”工作簿中的“销售”工作表，在弹出的快捷菜单中单击“删除”命令。

注意

上面两个方法操作后，会出现一个警告对话框，如果用户要将选定的工作表永久删除，则单击“删除”按钮，否则单击“取消”按钮。

删除工作表的操作是不可恢复的，工作表一旦被删除，则工作表的内容将一同被删除。

14．窗口冻结

步骤

（1）选定要冻结的位置 C4。

（2）单击“视图”选项卡“窗口”组中的“冻结窗格”→ 取消冻结窗格(F) 解除所有行和列锁定，以滚动整个工作表。，效果如图 5-16 所示。

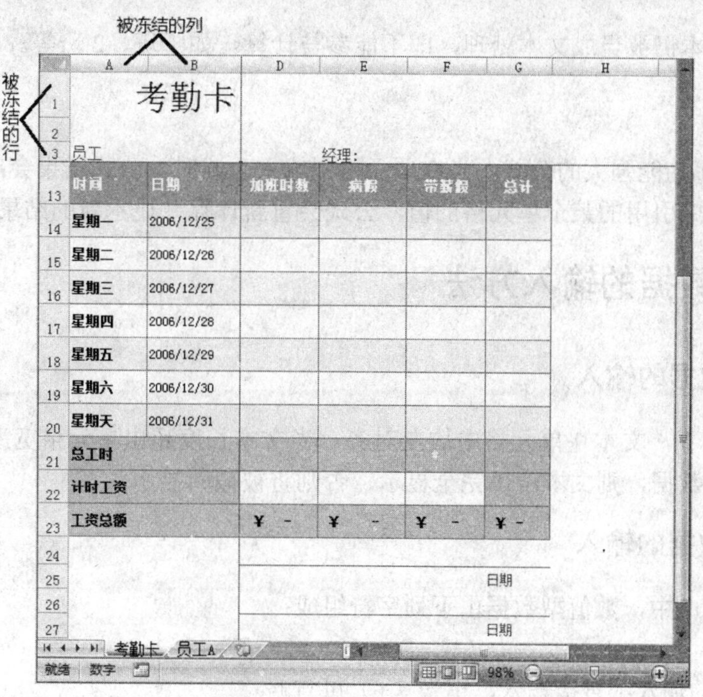

图 5-16　窗口冻结示例

5.2　工作表的编辑

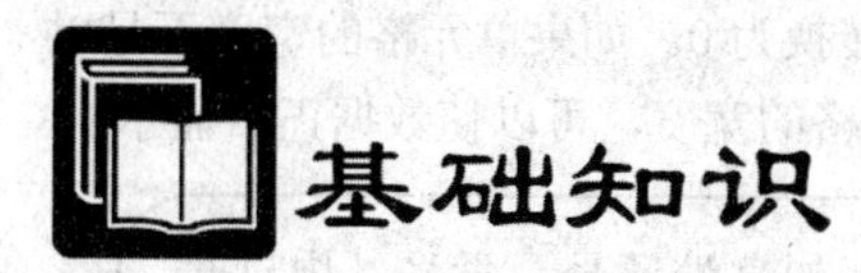

5.2.1　了解 Excel 2007 的数据类型

在 Excel 2007 中，一个单元格可以包含三种基本的数据类型：数值、文本和公式。在输入时，Excel 会自动区分数据类型。一个工作表可以包含图表、图形、图片、按钮和其他对象，这些对象驻留在工作表的绘图层中。

1．数值

数值表示一些类型的数量，如人数、成绩、学分、销售量、金额、单价、工作日期、时间等。注意在 Excel 中，时间和日期也是属于数值类型的数据。

2．文本

文本由数字、空格和非数字字符组成。文本通常用来说明工作表中数值的含义。注意，以数字开头的文本仍被当成文本处理，即不能参与计算。如1班、2班等。

3. 公式

Excel提供了功能强大的公式，当在单元格中输入公式时，公式结果会出现在单元格中。如果修改了公式中引用的某个单元格的值，公式会重新计算并显示新的结果。

5.2.2 数据的输入方法

1. 文本数据的输入

在默认状态下，文本在单元格中均左对齐。当文本长度超出单元格宽度时，若右侧相邻的单元格中没有数据，则文本可以完全显示，否则将被截断显示。

2. 数值数据的输入

在Excel 2007中，数值型数据由下列字符组成：

0～9 + - ( ) , / $ % . E e

（1）正数的输入：直接输入，正号（+）可省略。

（2）负数的输入：在数值前键入减号（-）。

（3）分数的输入：在分数前先键入0（零）和空格，如“0 1/2”。

（4）货币型数据的输入：在数值前加上“$”符号。

在默认状态下，数值数据在单元格中均右对齐。当数字长度超出单元格宽度或数值位数超过11位时，都会以科学记数法表示，如1.23457E+19。Excel 2007最多可保留15位的有效数字，如果数字长度超出了15位，Excel 2007会将多余的数字位转换为0。如果单元格的宽度不足以显示数值时，则会在单元格内显示一组“#”，通过调整单元格的宽度，可以使数据正常显示。

特别提示

如果要将有些由纯数字构成的数据（如身份证号、学号、电话号码、邮政编码等）作为文本型数据处理，则需要在输入的数字前加上英文的单引号“'”。例如，要输入身份证号码“510213198808082118”，需要先输入“ ' ”，然后再输入这些数字，否则Excel 2007会自动将其作为数值型数据，并显示为“5.10213E+17”。

3. 日期/时间的输入

Excel 2007将日期和时间作为数值处理，在默认状态下，日期和时间在单元格中右对齐。如果要在同一个单元格中同时输入日期和时间，则需要在它们之间用空格分隔。

日期可用以下方法输入：

- 5/9：在默认状态下，将显示为“5月9日”。
- 5-9：在默认状态下，将显示为“5月9日”。
- Ctrl+;：可以输入当前系统日期，显示格式为“年/月/日”，如“2010/5/10”。

时间可用以下方法输入：

- 9:30：表示 24 小时制的时间。
- 9:30　AM：表示 12 小时制的时间，AM 代表上午。
- 9:30　PM：表示 12 小时制的时间，PM 代表下午。
- Shift+Ctrl+;：可以输入当前系统时间，显示 24 小时制时间。

日期和时间的显示方式取决于所在单元格中的数字格式，用户可以根据需要重新设置显示方式。

由于日期和时间都是数值，因此日期和时间可以进行加、减等各种运算。例如，两个日期相减，可以得到两个日期间隔的天数。

4．数据的自动填充

自动填充就是将选定单元格中的数据按一定的规律复制到与其相邻的其他单元格中去。

在 Excel 2007 中，可以使用“填充”命令将数据填充到工作表单元格中，Excel 可根据用户建立的模式自动继续数字、数字和文本的组合、日期或时间段序列。另外，在 Excel 2007 中，也可以使用填充柄快速填充数据序列。方法是：拖动单元格右下角的填充柄，会出现“自动填充选项”控件，根据单元格中数据类型的不同，该控件的选项也不相同，单击该控件，可从下拉菜单中选择相应的填充方式，如图 5-17 所示。

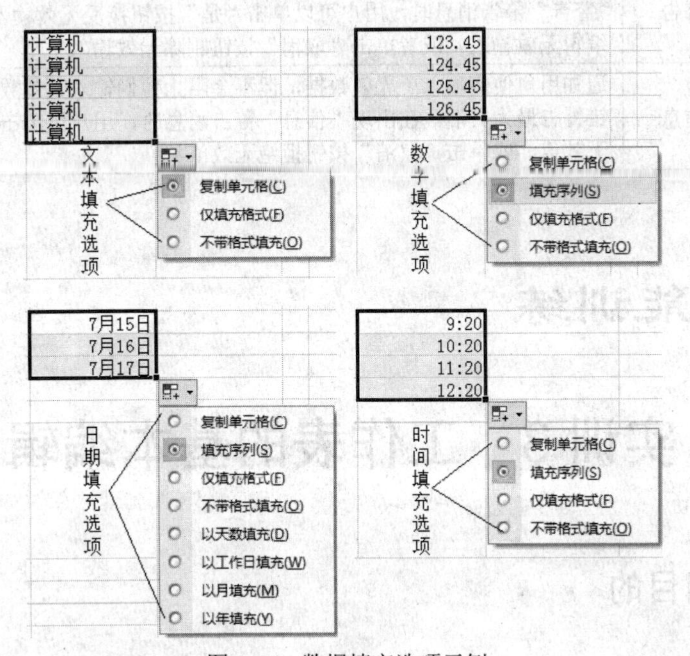

图 5-17　数据填充选项示例

5.2.3　设置数据有效性

1．数据有效性的作用

数据有效性是 Excel 的功能之一，用于定义可以在单元格中输入哪些数据。

设置数据有效性的目的是防止用户输入无效数据。这在多人共享工作簿且希望输入的数据准确无误且保持一致时，非常有用。

2．数据有效性条件

当不希望用户在单元格中输入无效数据时，可以设置有效性条件。例如，在输入“性别”时，只允许输入“男”或“女”，否则不允许输入。

3．数据有效性消息

用户可以设置“输入信息”，当用户输入数据时，显示期望在单元格中输入的内容。

用户也可以设置“出错警告”，当用户输入了无效数据时，会向其发出三种类型的“出错警告”，如表 5-1 所示。

表 5-1 出错警告的类型

图标	类型	用于
	停止	阻止用户在单元格中输入无效数据。“停止”警告消息具有两个选项：“重试”和“取消”
	警告	在用户输入无效数据时向其发出警告，但不会禁止他们输入无效数据。在出现“警告”警告消息时，用户可以单击“是”按钮接受无效输入、单击“否”按钮编辑无效输入，或者单击“取消”按钮删除无效输入
	信息	通知用户他们输入了无效数据，但不会阻止他们输入无效数据。这种类型的出错警告最为灵活。在出现“信息”警告消息时，用户可单击“确定”按钮接受无效值，或单击“取消”按钮拒绝无效值

实训 3　工作表的基本编辑

一、实训目的

1．掌握 Excel 工作表中数据的填充和修改方法。
2．掌握 Excel 工作表中数据的移动和复制方法。
3．掌握 Excel 工作表中数据的选择性粘贴和清除方法。

二、实训内容

1．文本的快速填充练习

2．数字的自动填充练习
3．日期的快速填充练习
4．时间的快速填充练习
5．替换单元格数据
6．对单元格中的部分数据进行修改
7．复制单元格中的数据
8．选择性粘贴
9．清除数据

三、实训步骤

1．文本的快速填充练习

步骤

（1）选定要填充的文本单元格。

（2）将鼠标指向其填充柄，指针变为十形状时将填充柄向下拖动。

（3）单击“填充柄选项”控件，分别选择下拉菜单中的“复制单元格”、“仅填充格式”、“不带格式填充”单选项，效果如图 5-18 所示。

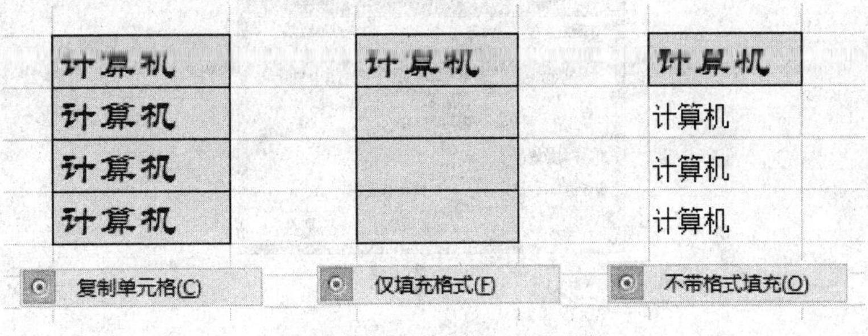

计算机	计算机	计算机
计算机		计算机
计算机		计算机
计算机		计算机
复制单元格(C)	仅填充格式(F)	不带格式填充(O)

图 5-18　文本填充效果示例

2．数字的自动填充练习

步骤

方法 1：用填充柄实现填充。

（1）选定一个数字单元格，将填充柄向下拖动。

（2）单击“填充柄选项”控件，分别选择下拉菜单中的“复制单元格”、“填充序列”、“仅填充格式”、“不带格式填充”单选项，效果如图 5-19（上图）所示。

（3）选定两个数字单元格将填充柄向下拖动。

（4）单击“填充柄选项”控件，分别选择下拉菜单中的“复制单元格”、“填充序列”、“仅填充格式”、“不带格式填充”单选项，效果如图 5-19（下图）所示。

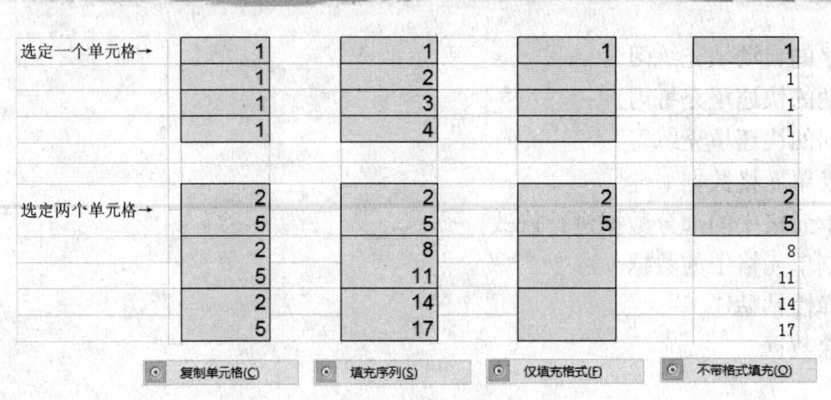

图 5-19　数字的快速填充效果示例

方法 2：用命令实现填充。

（1）选定要填充的单元格。

（2）单击“开始”选项卡“编辑”组中的“填充”按钮，在下拉菜单中选择“系列”命令，弹出“序列”对话框。

（3）按图中所示设置参数后单击“确定”按钮，效果如图 5-20 所示。

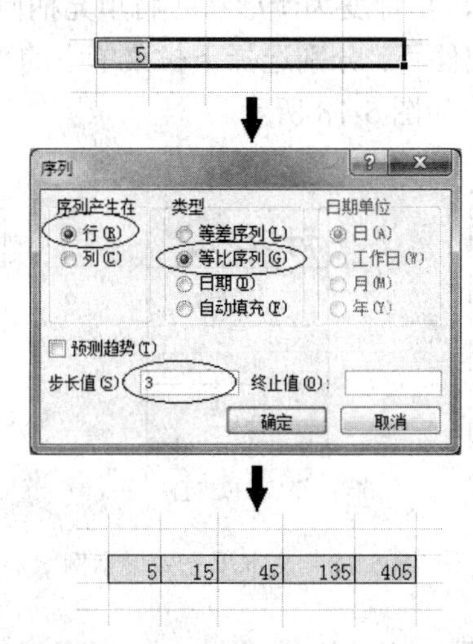

图 5-20　数字的等比填充效果示例

3. 日期的快速填充练习

步骤

（1）选定一个日期单元格，将填充柄向下拖动。

（2）单击“填充柄选项”控件，分别选择下拉菜单中的“以天数填充”、“以工作日填充”、“以月填充”、“以年填充”单选项，效果如图 5-21（上图）所示。

（3）选定两个日期单元格，将填充柄向下拖动。

（4）单击“填充柄选项”控件，分别选择下拉菜单中的“以天数填充”、“以工作日填充”、“以月填充”、“以年填充”单选项，效果如图 5-21（下图）所示。

	填充序列(S)	以工作日填充(W)	以月填充(M)	以年填充(Y)
选定一个单元格→	2010/5/5	2010/5/5	2010/5/5	2010/5/5
	2010/5/6	2010/5/6	2010/6/5	2011/5/5
	2010/5/7	2010/5/7	2010/7/5	2012/5/5
	2010/5/8	2010/5/10	2010/8/5	2013/5/5
	2010/5/9	2010/5/11	2010/9/5	2014/5/5
	2010/5/10	2010/5/12	2010/10/5	2015/5/5
选定两个单元格→	2010/5/5	2010/5/5	2010/5/5	2010/5/5
	2010/5/10	2010/5/10	2010/5/10	2010/5/10
	2010/5/15	2010/5/12	2010/6/5	2011/5/5
	2010/5/20	2010/5/17	2010/6/10	2011/5/10
	2010/5/25	2010/5/19	2010/7/5	2012/5/5
	2010/5/30	2010/5/24	2010/7/10	2012/5/10
	2010/6/4	2010/5/26	2010/8/5	2013/5/5
	2010/6/9	2010/5/31	2010/8/10	2013/5/10

填充序列(S)　以工作日填充(W)　以月填充(M)　以年填充(Y)

以天数填充(D)

图5-21　日期的快速填充效果示例

注意

在“以工作日填充”时，没有“2010/5/8”和“2010/5/9”两个日期，是因为这两天分别是星期六和星期天，工作日不包括周末和专门指定的假期。

4. 时间的快速填充练习

步骤

(1) 选定一个12小时制（或24小时制）的时间单元格，将填充柄向下拖动。

(2) 单击“填充柄选项”控件，选择下拉菜单中的“填充序列”单选项，效果如图5-22（上图）所示。

(3) 选定两个12小时制（或24小时制）的单元格，将填充柄向下拖动。

(4) 单击“填充柄选项”控件，选择下拉菜单中的“填充序列”单选项，效果如图5-22（下图）所示。

	12小时制	24小时制
选定1个单元格→	9:30 PM	21:20
	10:30 PM	22:20
按1小时数递增	11:30 PM	23:20
	12:30 AM	0:20
	1:30 AM	1:20
	2:30 AM	2:20
选定2个单元格→	9:30 PM	21:30
	9:55 PM	21:45
按等差数列方式递增	10:20 PM	22:00
	10:45 PM	22:15
	11:10 PM	22:30
	11:35 PM	22:45
	12:00 AM	23:00
	12:25 AM	23:15

填充序列(S)

图5-22　时间的快速填充效果示例

操作提示

要实现数字、日期/时间的复制，除了用“复制/粘贴”命令以外，还可以用以下方法实现：选定要填充的单元格，单击“开始”选项卡“编辑”组中的“填充”按钮，在下拉菜单中选择“向下”或“向右”或“向上”或“向左”命令。

5. 替换单元格数据

步骤

方法：选定要修改数据的单元格，直接键入新的数据即可。

6. 对单元格中的部分数据进行修改

步骤

方法 1：选定要修改的单元格，在编辑栏中单击要修改的数据。
方法 2：双击要修改的单元格，可将插入点定位于该单元格内。
方法 3：选定要修改的单元格，直接按 F2 键，也可将插入点定位于该单元格内。

7. 复制单元格中的数据

步骤

（1）选定要复制的单元格区域。
（2）将鼠标指针指向该区域的边框线，指针变为 形状。
（3）按住 Ctrl 键（此时指针变为），拖动到目的单元格区域，可以实现复制。

操作提示

复制单元格中的数据还可以使用以下两种方法：

- 用“开始”选项卡“剪贴板”组中的“复制”/“粘贴”按钮完成。
- 用 Ctrl+C/Ctrl+V 组合键完成。

8. 选择性粘贴

步骤

方法 1：使用“粘贴”控件完成。
（1）选定要复制的单元格，单击“复制”按钮（或按 Ctrl+C 组合键）。
（2）选定目标单元格。
（3）单击“开始”选项卡“剪贴板”组中的“粘贴”按钮（或按 Ctrl+V 组合键）。
（4）单击目标单元格右侧的“粘贴选项”控件。
（5）从弹出的菜单中选择所需粘贴的项目。

方法2：使用“选择性粘贴”对话框完成。

（1）选定要复制的单元格，单击“复制”按钮（或按Ctrl+C组合键）。

（2）选定目标单元格。

（3）单击“开始”选项卡“剪贴板”组中的“粘贴”按钮的向下箭头，在下拉菜单中选择“选择性粘贴”命令，弹出如图5-23所示的对话框。

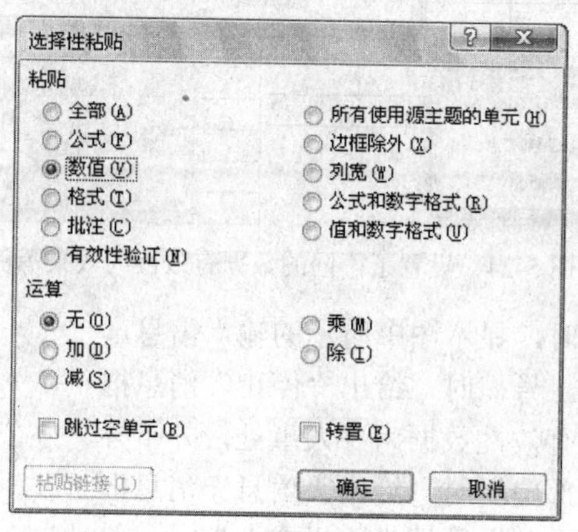

图5-23 “选择性粘贴”对话框

（4）选择要粘贴的项目。

（5）单击“确定”按钮。

9. 清除数据

步骤

方法1：选定要清除数据的单元格区域，按Delete键。

方法2：选定要清除数据的单元格区域，回拖填充柄。

方法3：选定要清除数据的单元格区域并右击，在弹出的快捷菜单中单击“清除内容”命令。

方法4：选定要清除数据的单元格区域，单击“开始”选项卡“编辑”组中的“清除”按钮，在下拉菜单中选择“清除内容”命令。

操作提示

> 以上方法只清除了单元格的内容，而单元格中的格式、批注（如果有的话）依然存在，用户可根据需要用方法4单击“清除”按钮，在下拉菜单中选择“全部清除”、“清除格式”或“清除批注”命令。

实训4 设置数据有效性

【实例】完成如图5-24所示的“职工信息表”的数据有效性设置。要求：

（1）设置“工号”的有效性数据介于196000～206000之间。

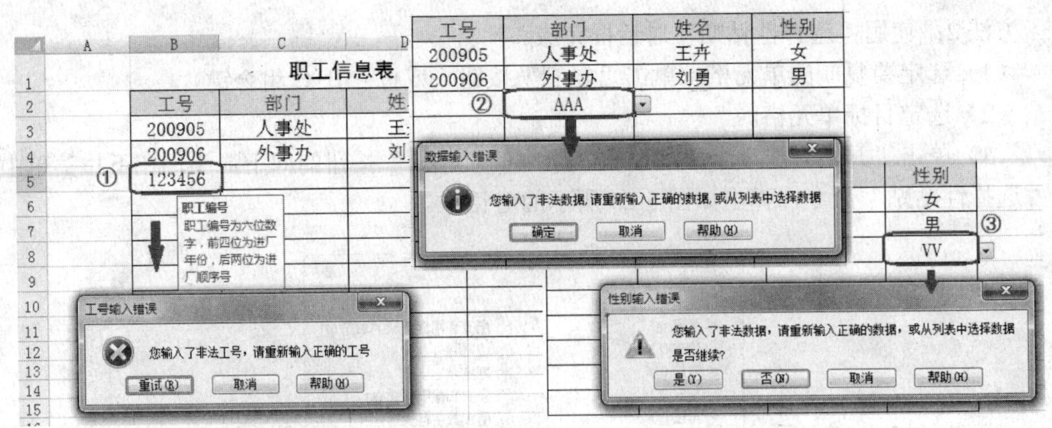

图 5-24　设置了不同的数据有效性的效果示例

（2）在输入“工号”时，显示图中所示的输入信息。

（3）当输入无效的“工号”时，给出“停止”消息框。

（4）设置“部门”的有效性数据为“人事处，外事办，办公室，1 车间，2 车间”。

（5）当输入无效的“部门”时，给出“信息”消息框。

（6）设置“性别”的有效性数据为“男或女”。

（7）当输入无效的“性别”时，给出“警告”消息框。

一、实训目的

1. 理解数据有效性的作用。
2. 掌握数据有效性条件的设置方法。
3. 掌握数据有效性消息的设置方法。

二、实训内容

1. 设置“工号”的数据有效性条件
2. 设置“工号”的输入信息
3. 设置“停止”消息框
4. 设置“信息”消息框
5. 设置“警告”消息框

三、实训步骤

1. 设置“工号”的数据有效性条件

步骤

（1）打开“职工信息表”工作表。

（2）选定“工号”列中要设置数据有效性的单元格区域（B3:B11）。

（3）单击“数据”选项卡“数据工具”组中的“数据有效性”按钮，弹出如图 5-25 所示的对话框。

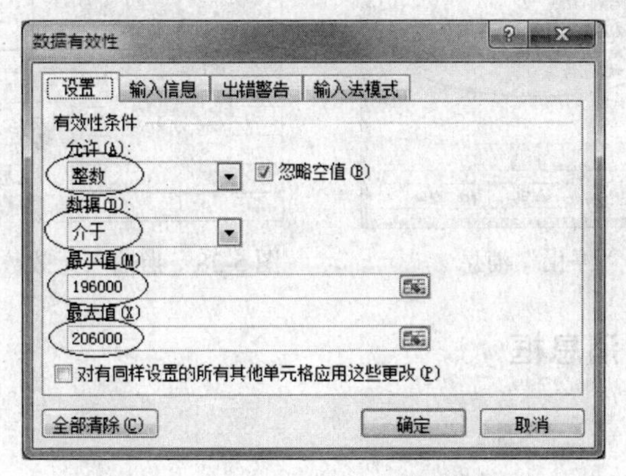

图 5-25　设置“工号”的有效性条件

（4）按图中所示设置有效性条件。

2．设置“工号”的输入信息

步骤

（1）承接上例。在对话框中，单击“输入信息”选项卡，如图 5-26 所示。

（2）按图中所示设置输入信息。

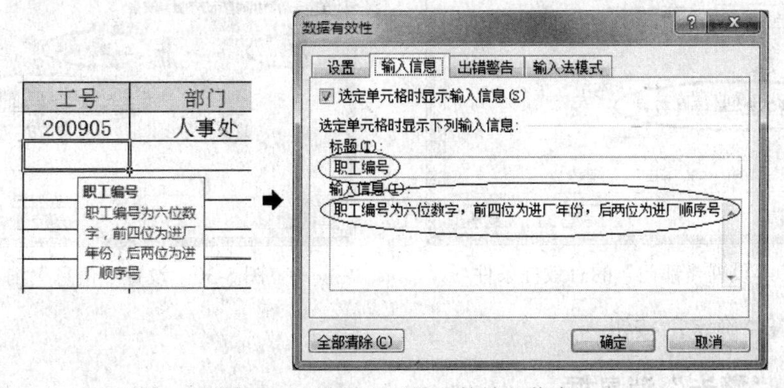

图 5-26　设置“工号”的输入信息

3．设置“停止”消息框

步骤

（1）承接上例。在对话框中，单击“出错警告”选项卡，如图 5-27 所示。

（2）按图中所示设置出错警告信息。

（3）单击“确定”按钮。

（4）在“职工信息表”中输入一个错误的工号，将会弹出如图 5-28 所示的对话框。

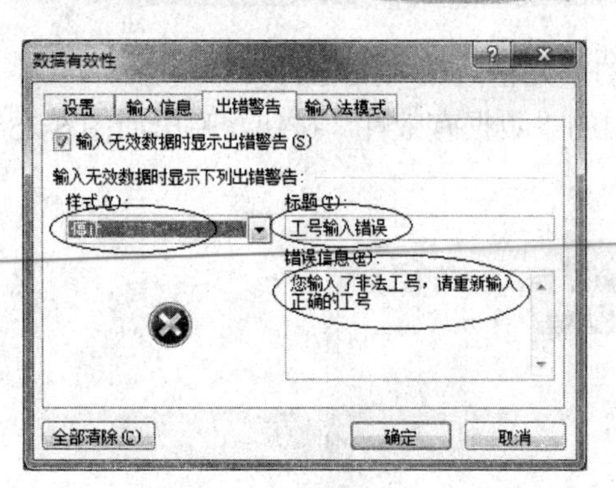

图 5-27　设置“停止”消息

图 5-28　当输入无效数据时弹出“停止”消息框

4．设置“信息”消息框

步骤

（1）选定“部门”列中要设置数据有效性的单元格区域（C3:C11）。

（2）单击“数据”选项卡“数据工具”组中的“数据有效性”按钮，弹出“数据有效性”对话框。

（3）按图 5-29 所示设置“部门”的有效性条件。

（4）单击“出错警告”选项卡，按图 5-30 所示设置出错警告信息。

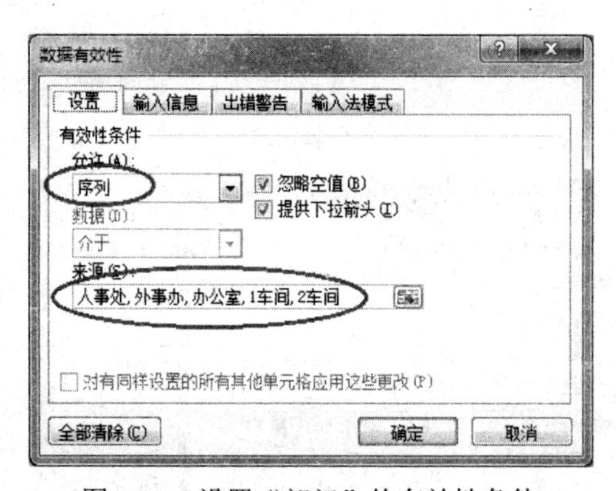

图 5-29　设置“部门”的有效性条件

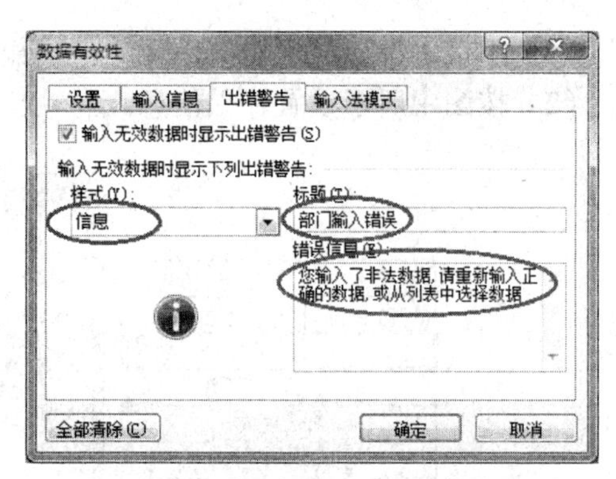

图 5-30　设置“信息”消息

（5）单击“确定”按钮。

5．设置“警告”消息框

步骤

（1）选定“性别”列中要设置数据有效性的单元格区域（E3:E11）。

（2）单击“数据”选项卡“数据工具”组中的“数据有效性”按钮，弹出“数据有效性”对话框。

（3）按图 5-31 所示设置“性别”的有效性条件。

（4）单击“出错警告”选项卡，按图 5-32 所示设置出错警告信息。

（5）单击“确定”按钮。

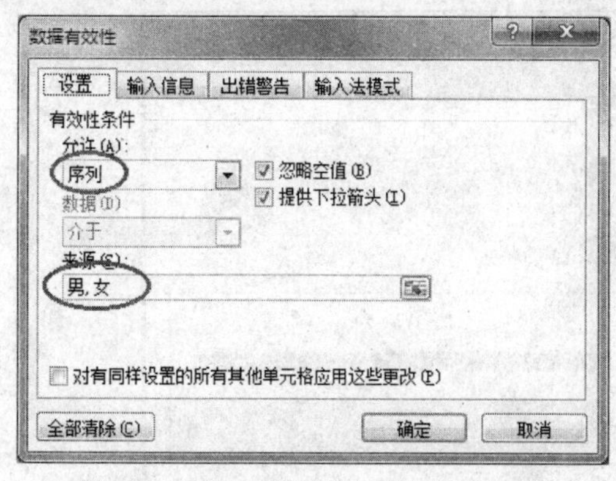

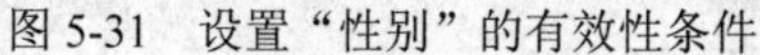

图 5-31　设置“性别”的有效性条件

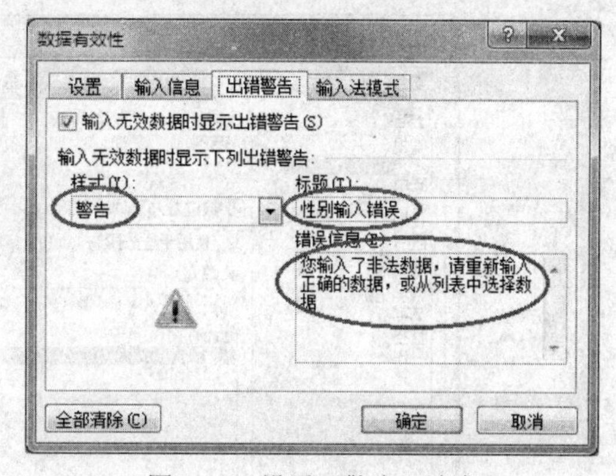

图 5-32　设置“警告”消息

5.3　工作表的格式化

基础知识

Excel 2007 工作表的格式化主要包括两个方面：一是工作表中数据的格式化，如字符的格式、数据的显示方式、数据的对齐方式等；二是单元格的格式化，如单元格的合并、设置单元格的边框和底纹、调整单元格的列宽和行高、设置工作表背景、使用条件格式、自动套用格式等。其中与 Word 2007 的操作类似的部分这里就不再重复了。

5.3.1　设置工作表中数据的格式

1．设置数据的显示方式

Excel 2007 的数字格式除了有字体、字号、字形等格式外，还有常规格式、货币格式、日期格式、百分数格式、科学记数、文本格式及会计专用格式等。默认情况下，数据都以常规格式显示，如果用户需要改变，可通过如图 5-33 所示的“开始”选项卡中“数字”组中的按钮或如图 5-34 所示的对话框进行设置。

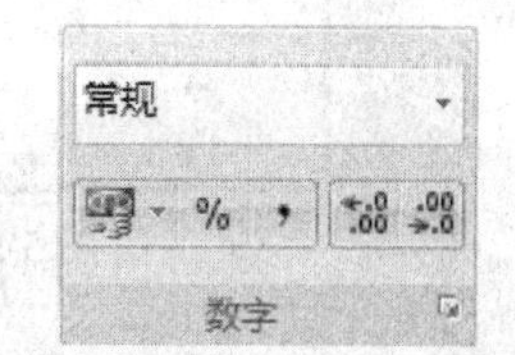

图 5-33　数字显示格式的快捷按钮

2．设置对齐方式

如果要改变单元格中文本的对齐方式或在同一单元格中显示多行文本，可以在图 5-34 所示的对话框中单击“对齐”选项卡（如图 5-35 所示），在其中设置“水平对齐”、“垂直对齐”方式或勾选“自动换行”复选项。

如果要在单元格中输入硬回车，则按 Alt+Enter 组合键。

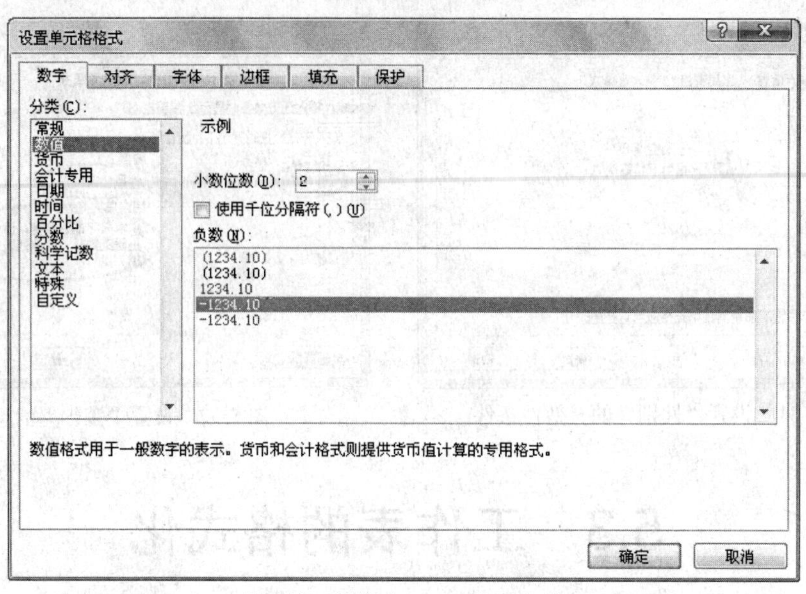

图 5-34 “设置单元格格式”对话框的“数字”选项卡

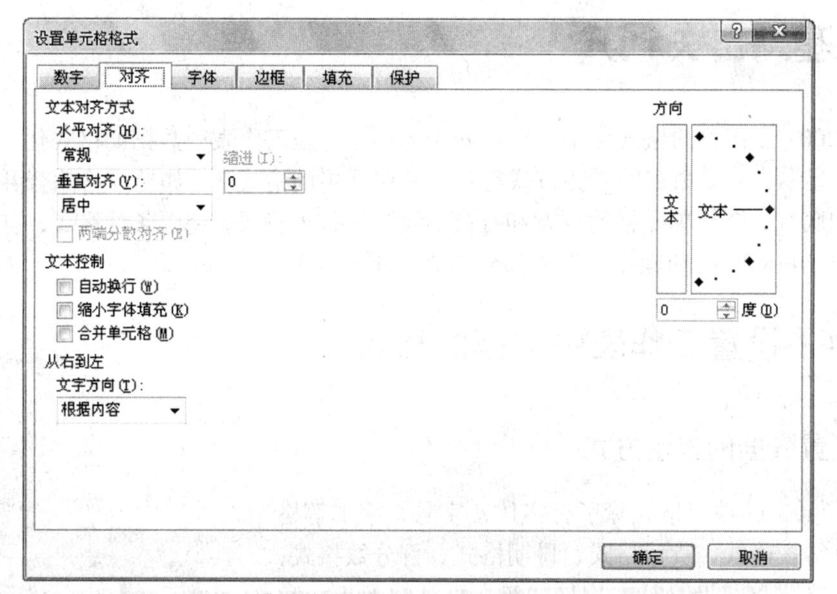

图 5-35 “设置单元格格式”对话框的“对齐”选项卡

5.3.2 设置单元格的格式

1. 自动套用格式

如果每一个单元格和每一张表格都要由用户从头到尾逐一设置格式，这显然是一项工作量极大的任务，因此 Excel 2007 在“开始”选项卡的“样式”组中分别提供了几十种预先定义的“单元格样式”和“套用表格格式”供用户选择使用，如图 5-36 所示。

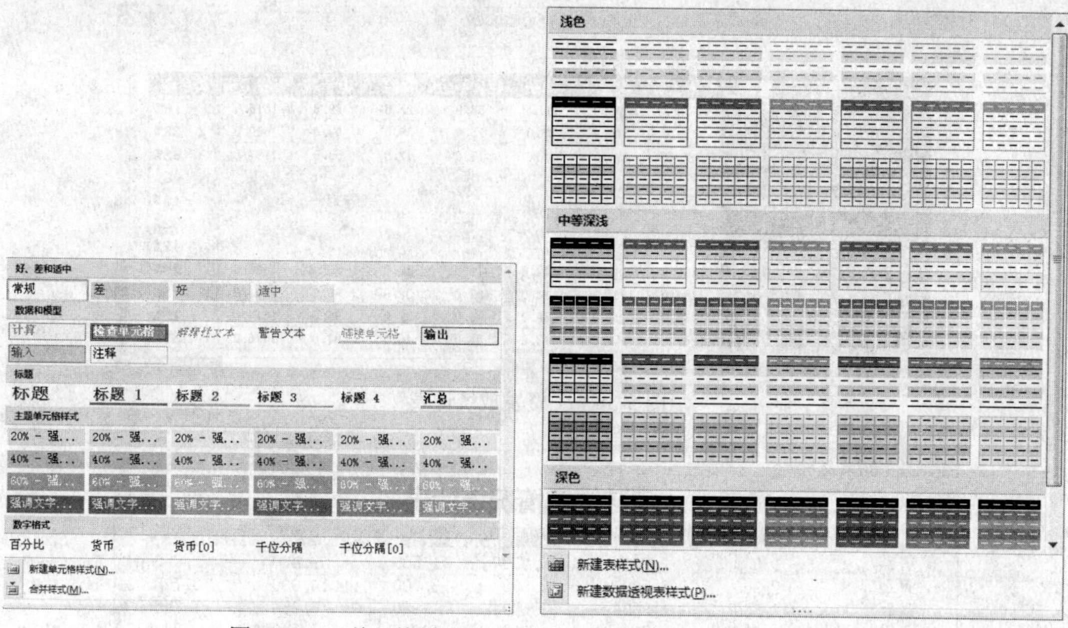

图 5-36 “单元格样式”对话框和“套用表格格式”对话框

2．使用条件格式

如果单元格中包含某些要监视的值，则可通过应用“条件格式”来标识单元格。例如，在“工资发放统计表”中要标识奖金率高于 100%的值时，可以应用某种单元格格式突出显示，并显示数据条、色阶或图标集，如图 5-37 所示。

	A	B	C	D	E	F	G	H	I	J	K
1											
2	红太阳集团十二月份工资发放表										
3	序号	部门	姓名	基本工资	奖金	津贴	住房基金	保险	电话费	实发工资	奖金率
4	1	人事处	李强	774	900	111	58	22	89	1616	116%
5	2	人事处	王可	1329	376	85	25	38	68	1659	28%
6	3	人事处	张加国	788	488	86	77	42	56	1187	62%
7	4	外事处	吴天有	942	1000	65	30	43	35	1899	106%
8	5	外事处	左光华	1010	465	55	78	46	67	1339	46%
9	6	外事处	孙小	1366	442	93	87	46	45	1723	32%

工资发放统计表 皮鞋销售统计表

图 5-37 工作表中的“条件格式”示例

实训 5 工作表的格式化

【实例】新建一个工作簿，在该工作簿中按照图 5-38 和图 5-39 所示建立两张工作表，并保存为“格式化示例.xlsx”文件。

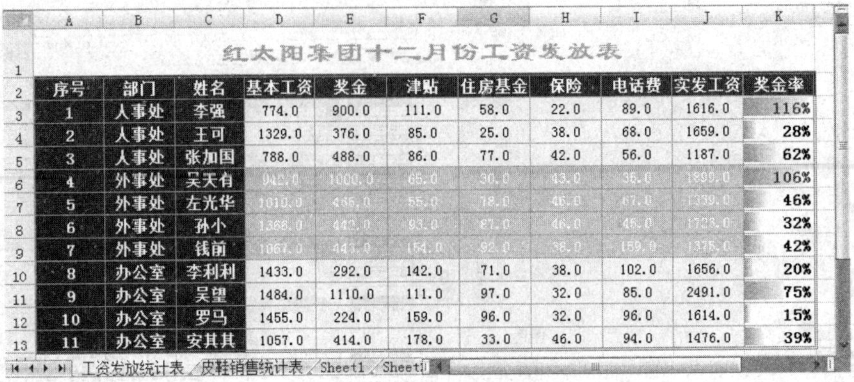

	A	B	C	D	E	F	G	H	I	J	K
1	红太阳集团十二月份工资发放表										
2	序号	部门	姓名	基本工资	奖金	津贴	住房基金	保险	电话费	实发工资	奖金率
3	1	人事处	李强	774.0	900.0	111.0	58.0	22.0	89.0	1616.0	116%
4	2	人事处	王可	1329.0	376.0	85.0	25.0	38.0	68.0	1659.0	28%
5	3	人事处	张加国	788.0	488.0	86.0	77.0	42.0	56.0	1187.0	62%
6	4	外事处	吴天有	942.0	1000.0	65.0	30.0	43.0	36.0	1899.0	106%
7	5	外事处	左光华	1010.0	466.0	55.0	78.0	46.0	67.0	1339.0	46%
8	6	外事处	孙小	1368.0	442.0	93.0	87.0	46.0	45.0	1728.0	32%
9	7	外事处	钱前	1067.0	443.0	154.0	92.0	38.0	159.0	1375.0	42%
10	8	办公室	李利利	1433.0	292.0	142.0	71.0	38.0	102.0	1656.0	20%
11	9	办公室	吴望	1484.0	1110.0	111.0	97.0	32.0	85.0	2491.0	75%
12	10	办公室	罗马	1455.0	224.0	159.0	96.0	32.0	96.0	1614.0	15%
13	11	办公室	安其其	1057.0	414.0	178.0	33.0	46.0	94.0	1476.0	39%

工资发放统计表 / 皮鞋销售统计表 / Sheet1 / Sheet

图 5-38　工资发放统计表

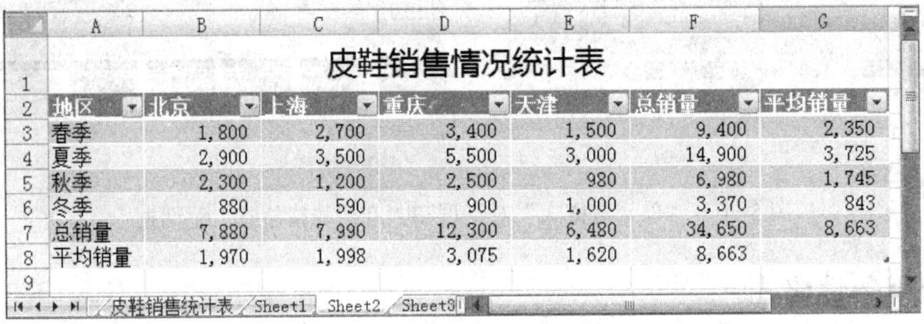

	A	B	C	D	E	F	G
1	皮鞋销售情况统计表						
2	地区	北京	上海	重庆	天津	总销量	平均销量
3	春季	1,800	2,700	3,400	1,500	9,400	2,350
4	夏季	2,900	3,500	5,500	3,000	14,900	3,725
5	秋季	2,300	1,200	2,500	980	6,980	1,745
6	冬季	880	590	900	1,000	3,370	843
7	总销量	7,880	7,990	12,300	6,480	34,650	8,663
8	平均销量	1,970	1,998	3,075	1,620	8,663	
9							

皮鞋销售统计表 / Sheet1 / Sheet2 / Sheet3

图 5-39　皮鞋销售统计表

（1）对“工资发放统计表”的要求如下：

1）表格的标题：将 A1:K1 单元格区域合并，设置为隶书、22 磅、加粗、居中、橙色。

2）表格的内容：设置为宋体、13 磅、加粗、黑色、行高 18、列宽 9、水平居中、垂直居中，奖金率的数字设置为百分比样式，除了奖金率以外的数字全部保留 1 位小数。

3）为表格的第一行、不同的部门行分别设置底纹，颜色自定。

4）添加表格的框线：外边框为双窄线，内部为实线。

5）给最后一列设置条件格式：当“奖金率”高于 100%时，用红色突出显示，并显示对应的数据条。

6）重命名工作表标签：将 Sheet1 改名为“工资发放统计表”。

（2）对“皮鞋销售统计表”的要求如下：

1）表格的标题：将 A1:G1 单元格区域合并，设置为微软雅黑、20 磅、居中、水绿色。

2）表格的内容：套用表格格式（选择自己喜欢的样式）；给表格中所有的数字添加千位分隔符；自行调整表格的行高和列宽。

3）重命名工作表标签：将 Sheet2 改名为“皮鞋销售统计表”。

一、实训目的

1．掌握 Excel 工作表的创建、编辑方法。

2．掌握 Excel 工作表的数字、字体、边框、底纹和行高列宽的格式化方法。

3．掌握 Excel 工作表的“套用表格格式”和“条件格式”的设置方法。

二、实训内容

1．新建工作簿和工作表
2．设置标题格式
3．设置表格内容的格式
4．设置表格第一行的底纹
5．设置表格边框
6．设置“条件格式”
7．套用表格格式

三、实训步骤

1．新建工作簿和工作表

步骤

（1）启动 Excel 2007，新建一个工作簿。
（2）双击 Sheet1 标签，更改标签名为“工资发放统计表”。
（3）按图 5-38 所示输入表格数据。
（4）双击 Sheet2 标签，更改标签名为“皮鞋销售统计表”。
（5）按图 5-39 所示输入表格数据。
（6）保存该工作簿。

2．设置标题格式

下面是“工资发放统计表”的格式化操作步骤，“皮鞋销售统计表”的格式化操作与此类似（略）。

步骤

（1）选定单元格区域（A1:K1）。
（2）单击“开始”选项卡“对齐”组中的“合并后居中”按钮，再单击“垂直居中”按钮。
（3）在“字体”组中，单击相应按钮设置字体、字号、字形和颜色。

3．设置表格内容的格式

步骤

（1）选定单元格区域（A2:K13）。
（2）在“开始”选项卡的“字体”组中，单击相应按钮设置字体、字号、字形和颜色。
（3）在“对齐方式”组中，分别单击、按钮，设置水平居中、垂直居中。

（4）在“样式”组中，单击“格式”按钮，在下拉菜单中选择“行高”命令，设置行高。

（5）在“样式”组中，单击“格式”按钮，在下拉菜单中选择“列宽”命令，设置列宽。

（6）选定单元格区域（K3:K13）。

（7）在“数字”组中单击 % 按钮设置百分比样式。

（8）选定单元格区域（D3:J13）。

（9）在“数字”组中单击 按钮保留 1 位小数。

4．设置表格第一行的底纹

步骤

方法 1：在对话框中设置。

（1）选定单元格区域（A2:K2）。

（2）右击该区域，在弹出的快捷菜单中单击“设置单元格格式”命令，在弹出的对话框中单击“填充”选项卡。

（3）在其中选择颜色。

方法 2：用快捷按钮实现。

（1）选定单元格区域（A2:K2）。

（2）单击“开始”选项卡“字体”组中的 按钮，设置底纹颜色。

设置不同部门行的底纹的操作与上述类似（略）。

5．设置表格边框

步骤

（1）选定单元格区域（A2:K13）。

（2）单击“开始”选项卡“字体”组中的“边框”按钮 → 其他边框(M)...。

（3）在弹出的对话框中，选择 线条并单击 外边框(O) 按钮，选择 线条并单击 内部(I) 按钮。

（4）单击“确定”按钮。

6．设置“条件格式”

步骤

（1）选定单元格区域（K3:K13）。

（2）单击“开始”选项卡“样式”组中的“条件格式”按钮，在下拉菜单中选择“突出显示单元格规则”→“其他规则”命令，弹出如图 5-40 所示的对话框。

（3）设置条件格式为“单元格数值”、“大于或等于”、“1”。

（4）单击“格式”按钮，设置数字、字体、边框或填充，单击“确定”按钮返回如图 5-41 所示的对话框。

（5）单击“确定”按钮，完成条件格式的设置。

（6）单击“样式”组中的“条件格式”按钮，选择 数据条(D) → ，显示数据条，其长度代表单元格中值的大小。

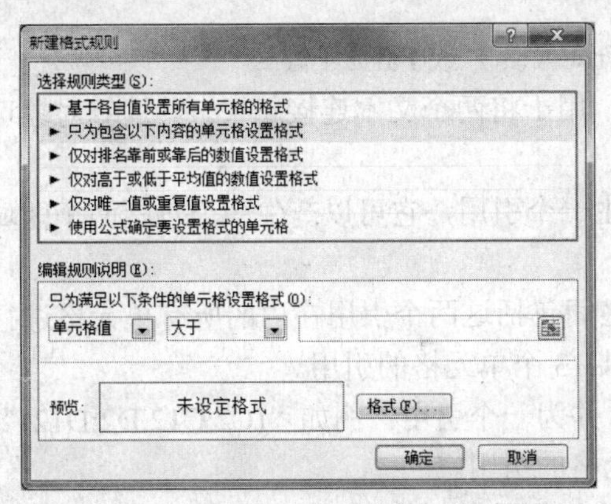

图 5-40 设置前的“新建格式规则”对话框

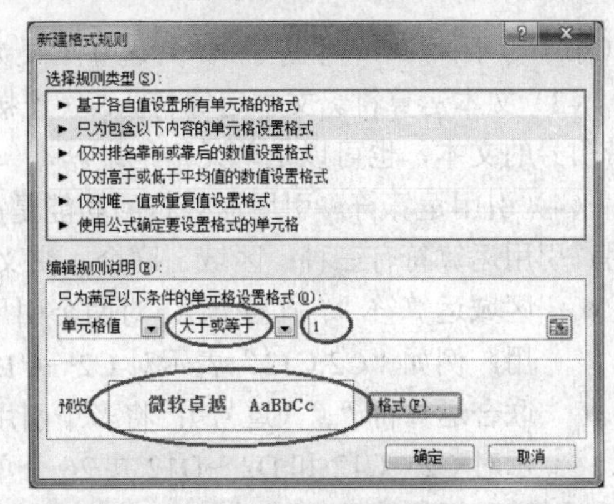

图 5-41 设置后的“新建格式规则”对话框

7. 套用表格格式

步骤

（1）自行格式化“皮鞋销售统计表”的标题格式。

（2）选定单元格区域（A2:G8）。

（3）单击“开始”选项卡“样式”组中的“套用表格格式”。

（4）从下拉列表中选择喜欢的表格样式。

（5）选定单元格区域（B3:G8）。

（6）单击“开始”选项卡“数字”组中的“千位分隔样式”按钮 ,。

5.4 公式和函数的使用

基础知识

在 Excel 2007 中，除了能进行一般的表格处理外，还能利用公式和函数进行从简单到复杂的数据计算和数据分析。公式是对数据进行分析计算的等式，可以对单元格中的数据进行各种计算，并自动显示计算结果。函数是 Excel 2007 的内置公式，利用函数可以进行复杂的运算。引用公式和函数的最大好处就是：在进行计算时，若原始数据发生变化，则计算结果会随着改变。

5.4.1 公式的使用

1. 公式中的运算符

（1）算术运算符。算术运算符包括：+（加）、-（减）、*（乘）、/（除）、%（百分号）、^（乘方）。其运算对象是数值，运算结果也是数值。

（2）比较运算符。比较运算符包括：=（等号）、>（大于）、<（小于）、>=（大于等于）、

<=（小于等于）、<>（不等于）。其运算结果为 True（真）或 False（假）。

（3）文本运算符。文本运算符为&（连接），用于将两个文本连接起来。其运算对象可以是带引号的文本，也可以是单元格地址。

（4）引用运算符。引用运算符的功能是产生一个引用，它可以产生一个包括两个区域的引用。引用运算符有三种：区域、联合、交叉。

- 区域运算符“:”（冒号）：对两个引用之间包括这两个引用在内的所有单元格进行引用。例如“C2:C12”表示对 C2～C12 共 13 个单元格的引用。
- 联合运算符“,”（逗号）：将多个引用合并为一个引用。例如“(C2:C12,D2:D12)”表示对 C2～C12 和 D2～D12 共 26 个单元格的引用。
- 交叉运算符“ ”（空格）：对同属于两个引用的单元格区域进行引用。例如“(A1:D4 C2:E5)”表示对 C2、C3、C4、D2、D3、D4 共 6 个单元格的引用。

2．公式的输入

公式可以在单元格中直接输入，也可以在编辑栏中输入，不管是哪一种，都必须先输入“=”号，它表明输入的是公式而不是数据。

操作方法如下：

（1）选定单元格。

（2）输入“=”，然后输入公式，如图 5-42 所示。

AVERAGE ✕ ✓ = =F4+D5-E5

	A	B	C	D	E	F
1	家庭记账收支表					
2						
3	序号	日期	收支项目	收入	支出	余额
4	1	3月4日	工资	￥2,500.00		￥2,500.00
5	2	3月5日	半月生活费		￥500.00	=F4+D5-E5
6	3	3月5日	小饭桌		￥150.00	￥1,850.00
7	4	3月7日	房租		￥60.00	￥1,790.00
8	5	3月7日	煤气费		￥40.00	￥1,750.00
9	6	3月10日	奖金	￥300.00		￥2,050.00
10	7	3月10日	买烟		￥100.00	￥1,950.00

家庭记账收支表 / 皮鞋销售统计表 / 工资发放统计表 / 四则

输入 CAPS

图 5-42　输入公式

（3）按回车键或单击✓按钮。

3．公式中单元格的引用

在 Excel 的公式中，参与运算的对象既可以是数据，又可以是单元格地址。单元格的引用分为相对引用、绝对引用和混合引用。

（1）相对引用。相对引用是指单元格地址会随公式所在单元格的位置变化而改变。相对引用的形式是直接在公式中使用单元格地址。例如，在 F5 单元格中输入的公式“=F4+D5-E5”，其中的 F4、D5、E5 是单元格的地址。如果将 F5 单元格中的公式复制到 F6 单元格中，则 F6 单元格中的公式为“=F5+D6-E6”。

相对引用的特点是：在复制公式时，随着目标单元格的不同，公式中引用的单元格地址会自动进行调整。这样可以避免大量重复输入公式的问题。

（2）绝对引用。绝对引用是指单元格地址不随公式的位置变化而改变。绝对引用的形式是在单元格地址前加上“$”符号。例如，在F5单元格中输入公式“=$F$4+$D$5-$E$5”，将公式复制到F6单元格中，会发现F6单元格中的公式仍然为“= $F$4+$D$5-$E$5”。

（3）混合引用。混合引用是指只给行标或列标前加“$”符号，例如$F4、D$5等。当公式复制时，只有相对地址部分会发生改变而绝对地址部分不变化。

4．使用名称

名称就是工作簿中某个范围的标识符，可以使用名称来代替单元格引用。例如，“=SUM(A1:B4)*C1”，这个公式运作正常，但是它的目的并不明确。为了清楚地描述公式，给范围A1:B4取一个描述性的名称“销售总额”，给C1取一个描述性的名称“单价”，并用名称重写公式“=SUM(销售总额)*单价”。可以看到名称能增强公式的可读性，容易记忆和使用。

5．公式的复制

如果在多个单元格中输入相同的公式，则可以对公式进行复制，其复制方法与单元格中的数据的复制方法相同，这里不再赘述。

5.4.2　函数的使用

Excel 2007的函数由函数名、括号和参数构成，形式为“函数名(参数1,参数2,…)”。其中，参数可以是常量、单元格、区域或其他函数。函数可以采用手工输入或使用函数向导来输入。

1．手工输入

对于简单的函数或参数比较少的函数可以采用手工输入。其输入方法与在单元格中输入一个公式的方法一样。先选定单元格，再输入“=”，然后输入函数本身。例如，可以在单元格中输入下列函数：=SUM(B2:B5)、=AVERAGE(B2:B5)。

2．使用函数向导输入

对比较复杂的函数或者参数比较多的函数可以采用函数向导来输入。函数向导可以指导我们一步步地输入一个复杂的函数。

实训6　工作表的数据统计

【实例】新建一个工作簿，在该工作簿中按照图5-43所示建立一张工作表，并保存为“数据统计示例.xlsx”文件。要求：

（1）按给定格式正确输入表格中的数据。

（2）计算总人数、平均人数、增长比例（增长比例=(今年人数-去年人数)/今年人数）、最多人数、最少人数，计算结果全部保留 2 位小数。

（3）统计今年人数超过 10000 的专业个数。

（4）重命名工作表标签。

	A	B	C	D	E	F
1	某大学各专业招生人数情况表					
2	专业名称	去年人数	今年人数	总人数	平均人数	增长比例
3	信管	16,200	18,100	34,300		
4	影视	15,000	17,800			
5	环艺	4,500	5,300			
6	图形	5,100	8,700			
7	最多人数					
8	最少人数					
9						
10	今年人数超过10000的专业个数					

招生人数情况表 / Sheet2 / Sheet3

图 5-43　招生人数情况表

一、实训目的

1．掌握 Excel 2007 公式的使用。

2．掌握求和、平均值、最大值和最小值函数的使用。

二、实训内容

1．新建工作簿和工作表

2．计算总人数

3．计算平均人数

4．计算最多人数

5．计算最少人数

6．复制公式

7．统计今年人数超过 10000 的专业个数

三、实训步骤

1．新建工作簿和工作表

步骤

（1）启动 Excel 2007 新建一个工作簿。

（2）更改 Sheet1 标签。双击该标签，输入“招生人数情况表”。

（3）按图 5-43 所示表格中的格式输入数据。

（4）保存该工作簿。

2. 计算总人数

步骤

方法 1：由用户创建公式计算。

（1）单击单元格 D3。

（2）输入公式“=B3+C3”或“=SUM(B3:C3)”。

（3）按 Enter 键。

方法 2：调用内置函数计算。

（1）单击单元格 D3。

（2）单击“公式”选项卡“函数库”组中的Σ按钮，在单元格 D3 中会自动出现求和函数“=SUM(B3:C3)”。

（3）按 Enter 键。

3. 计算平均人数

步骤

方法 1：由用户创建公式计算。

（1）单击单元格 E3。

（2）输入公式“=(B3+C3)/2”、“=D3/2”或“=AVERAGE(B3:C3)”。

（3）按 Enter 键。

方法 2：调用内置函数计算。

（1）单击单元格 E3。

（2）单击“插入函数”按钮fx，弹出如图 5-44 所示的对话框。

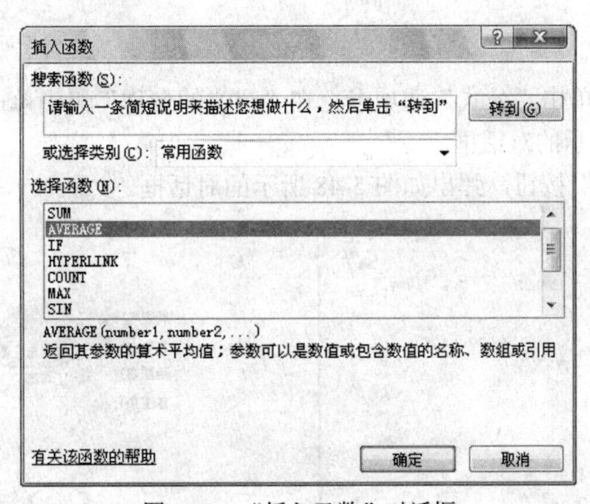

图 5-44 “插入函数”对话框

（3）在“选择函数”列表框中选择 AVERAGE 函数，单击“确定”按钮，弹出如图 5-45 所示的对话框。

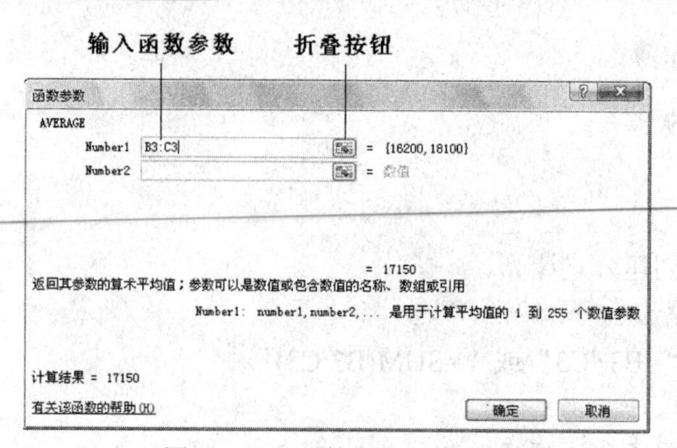

图 5-45 “函数参数”对话框

（4）在 Number1 栏中输入 B3:C3，也可以在工作表中直接选择作为参数的单元格或区域，方法是：单击“折叠”按钮，使“函数参数”对话框折叠起来，如图 5-46 所示，然后在工作表中选定单元格区域（B3:C3），接着单击“展开”按钮，使“函数参数”对话框展开。

AVERAGE =AVERAGE(B3:C3)

	A	B	C	D	E	F
1	某大学各专业招生人数情况表					
2	专业名称	2009年	2010年	总人数	平均人数	增长比例
3	信管	16,200	18,100	34,300	E(B3:C3)	
4	影视	15,000	17,800			
5	环艺	4,500	5,300			
6	图形	5,100	8,700			
7	最多人数					
8	最少人数					

函数参数
B3:C3
动态选择框
展开按钮

图 5-46 “折叠函数参数”对话框

（5）单击“确定”按钮，单元格 E3 中的公式为“=AVERAGE(B3:C3)”。

4．计算最多人数

步骤

（1）建立名称。单击“公式”选项卡，在“定义的名称”组中单击“名称管理器”按钮，弹出如图 5-47 所示的对话框。

（2）单击“新建”按钮，弹出如图 5-48 所示的对话框。

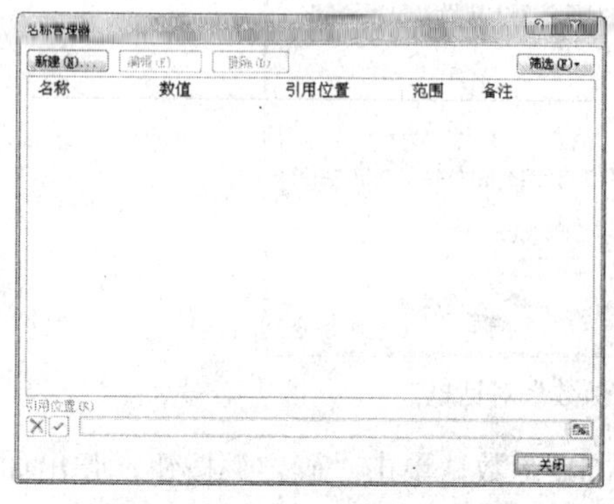

图 5-47 “名称管理器”对话框

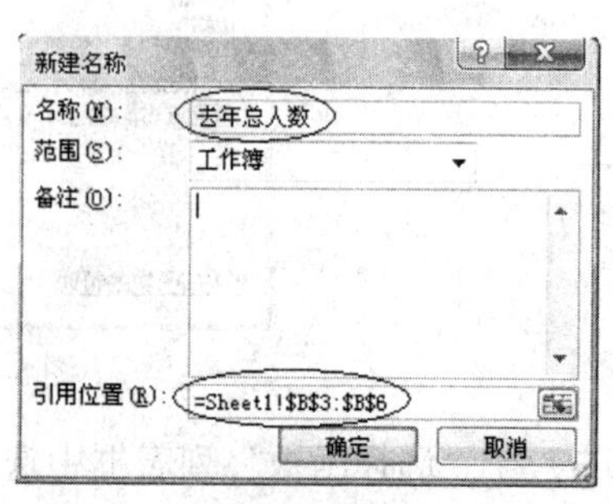

图 5-48 “新建名称”对话框

（3）单击“引用位置”框右侧的按钮，在工作表中选定单元格区域（B3:B6）。

（4）在“名称”文本框中输入“去年总人数”，作为范围的标识符。

（5）单击“确定”按钮。

用上述方法为范围（C3:C6）建立名称“今年总人数”。

（6）单击单元格 B7。

（7）输入公式“=MAX()”，将插入点定位于括号中。

（8）在“定义的名称”组中单击 用于公式，输入“去年总人数”名称，公式变为“=MAX(去年总人数)”，按 Enter 键。

5．计算最少人数

步骤

（1）单击单元格 B8。

（2）输入公式“=MIN()”，将插入点定位于括号中。

（3）在“定义的名称”组中单击 用于公式，输入“去年总人数”名称，公式变为“=MIN(去年总人数)”，按 Enter 键。

6．复制公式

步骤

（1）复制单元格 D3 中的公式。向下拖动单元格 D3 的填充柄，直到单元格 D6。

（2）复制单元格 E3 中的公式。向下拖动单元格 E3 的填充柄，直到单元格 E6。

（3）复制单元格 B7 中的公式。向右拖动单元格 B7 的填充柄，直到单元格 E7。

（4）复制单元格 B8 中的公式。向右拖动单元格 B8 的填充柄，直到单元格 E8。

7．统计今年人数超过 10000 的专业个数

步骤

（1）单击单元格 D10。

（2）单击“公式”选项卡，在“函数库”组中单击“其他函数”按钮，再单击“统计”按钮，选择 COUNTIF 函数，弹出如图 5-49 所示的对话框。

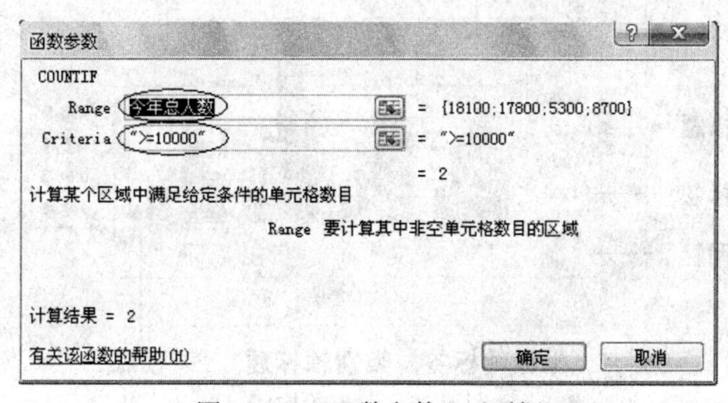

图 5-49 “函数参数”对话框

（3）在 Range 栏中设置参与计数运算的单元格区域（C3:C6），方法是：按 F3 键，粘贴名称“今年总人数”。在 Criteria 栏中设置要满足的条件“>=10000”。

（4）单击“确定”按钮。

操作提示

单击“公式”选项卡，在“公式审核”组中单击“追踪引用单元格”和“追踪从属单元格”按钮，将显示箭头，指示影响当前单元格和受当前单元格影响的各个单元格。

5.5 图表

基础知识

在对工作表中的数据进行比较分析时，经常会将数据绘制成折线图、饼图、柱形图等图形，从而可以直观、形象地分析数据。将根据表格中的数据绘制而成的图形称为图表。

Excel 支持多种类型的图表，用户可以从各种图表类型（如柱形图、饼图）及其子类型（如三维图表中的堆积柱形图、饼图）中进行选择创建或更改图表。同时，也可以通过在图表中使用多种图表类型来创建组合图。

5.5.1 了解图表元素

1. 图表项

图表由许多图表项构成，如图 5-50 所示。

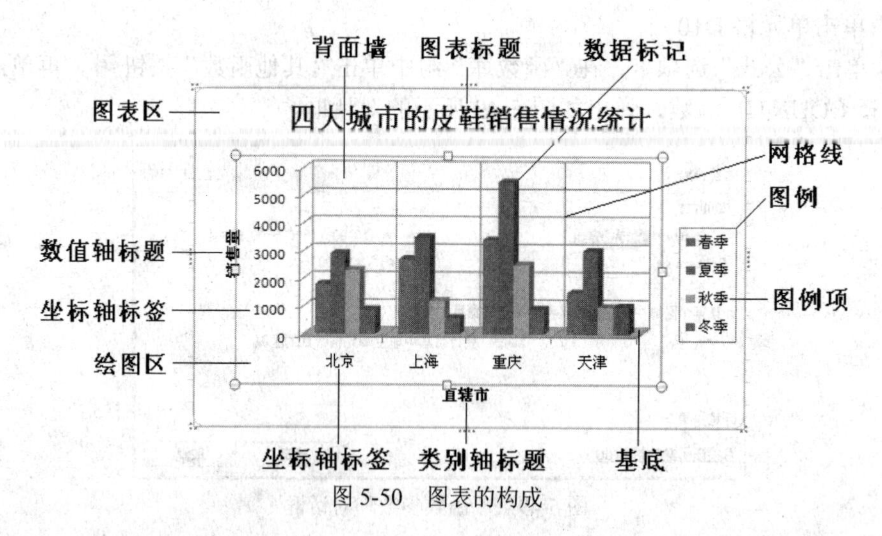

图 5-50 图表的构成

2．图表类型

Excel 提供了丰富的图表类型，可以细分为十几种标准图表类型，有柱形图、折线图、饼图、条形图、面积图、散点图及多种复合图表和三维图表，每种标准图表类型又包含若干种子类型。

Excel 2007 为每一种图表类型都提供了丰富的图表样式，用户可直接套用。

使用何种图表类型需要用户根据数据用途和表现数据的方式来决定。

5.5.2　图表的创建

Excel 可以用两种方式建立图表：一种是建立嵌入式图表，即建立置于工作表中的图表对象（如果要同时显示图表及其相关的数据，那么应该建立嵌入式图表）；另一种是在工作表之外建立独立的图表作为特殊的工作表，称为“图表工作表”。

实训 7　绘制图表

【实例】将“皮鞋销售统计表”按照图 5-51 所示的格式进行修改，并保存为“绘制图表示例.xlsx”文件。注意，本实训的素材保存在“示例.xlsx”文件中，请到中国水利水电出版社网站下载。要求：

（1）选择皮鞋销售统计表的“地区”、“北京”、“上海”、“重庆”、“天津”5 列内容（不包括“合计”和“平均销量”），建立三维簇状柱形图。

（2）系列产生在行（即水平轴标签为“北京、上海、重庆、天津”）。

（3）图表标题为“四城市皮鞋销售情况统计”，设置为微软雅黑、16 磅。分类轴标题为“直辖市”，数值轴标题为“销售量”。

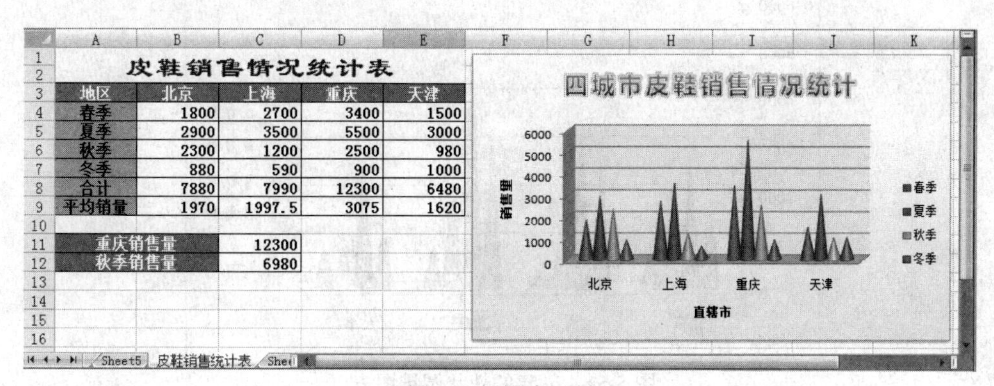

皮鞋销售情况统计表

地区	北京	上海	重庆	天津
春季	1800	2700	3400	1500
夏季	2900	3500	5500	3000
秋季	2300	1200	2500	980
冬季	880	590	900	1000
合计	7880	7990	12300	6480
平均销量	1970	1997.5	3075	1620

重庆销售量	12300
秋季销售量	6980

图 5-51　图表示例

（4）将图表嵌入到皮鞋销售统计表的 F1:K20 单元格区域。

（5）参照图 5-51 所示设置图表格式。

一、实训目的

1. 掌握 Excel 图表的创建方法。
2. 掌握 Excel 图表的编辑方法。
3. 掌握 Excel 图表的格式化方法。

二、实训内容

1. 建立图表
2. 设置图表样式
3. 设置图表布局
4. 设置图表形状样式
5. 设置图表标题
6. 设置分类轴和数值轴标题
7. 移动和调整图表

三、实训步骤

1. 建立图表

步骤

（1）选定单元格区域（A3:E7）。

（2）单击“插入”选项卡，在“图表”组中单击→“簇状圆锥图”按钮，在工作表中插入了如图 5-52 所示的图表。

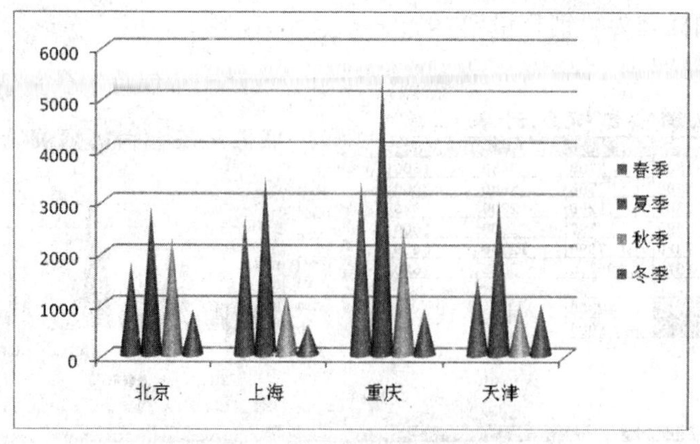

图 5-52 创建的簇状圆锥图表

2. 设置图表样式

步骤

（1）单击“图表区”。

（2）单击“设计”选项卡，在“图表样式”组中提供了几十种预先定义的样式，如图5-53所示，选择“样式34”应用于图表。

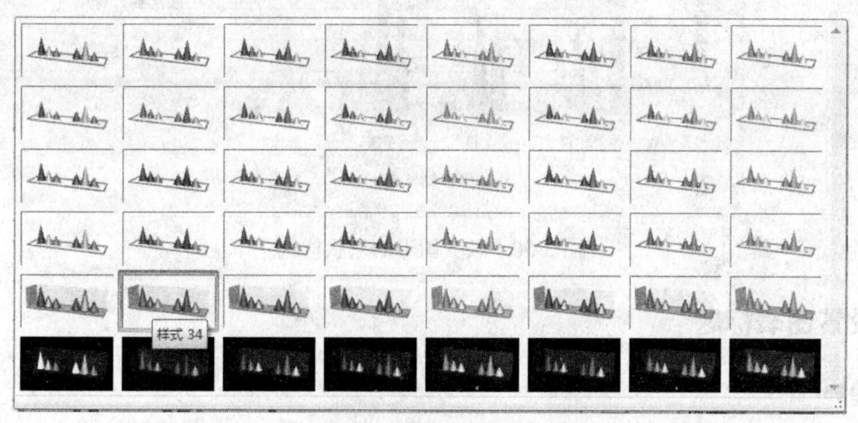

图5-53 “图表样式”对话框

3. 设置图表布局

步骤

（1）单击“图表区”。

（2）单击“设计”选项卡“图表布局”组中的“其他”按钮，在列表框中选择“布局9”，如图5-54所示。图表布局如图5-55所示。

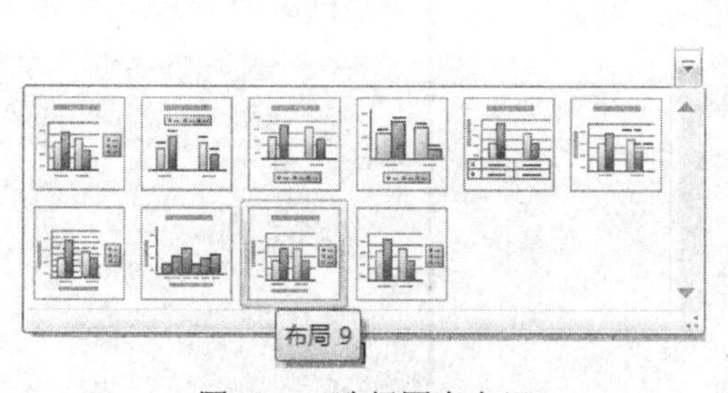

图5-54 选择图表布局

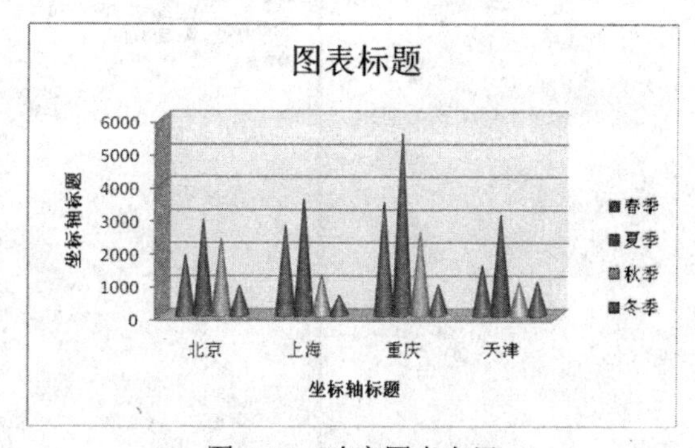

图5-55 改变图表布局

4. 设置图表形状样式

步骤

（1）单击“图表区”。

（2）单击“格式”选项卡，单击“形状样式”组中的“其他”按钮，在列表框中选择一种自己喜欢的样式，如图 5-56 所示。

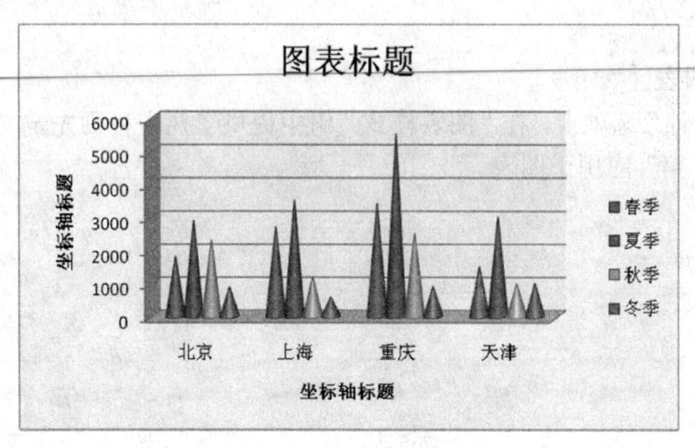

图 5-56　改变图形的形状样式

5．设置图表标题

步骤

（1）单击图表中的“图表标题”。

（2）将插入点定位在其中，输入文本“四城市皮鞋销售情况统计”。

（3）右击“图表标题”，在弹出的快捷菜单中单击“设置图表标题格式”命令，弹出如图 5-57 所示的对话框，设置填充、边框颜色、边框样式、阴影、三维格式等。

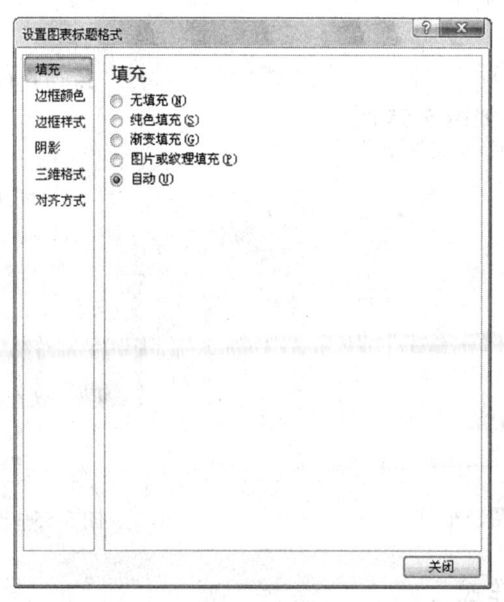

图 5-57　“设置图表标题格式”对话框

（4）也可以单击“格式”选项卡，在“形状样式”和“艺术字样式”组中提供了几十种预先定义的样式，如图 5-58 所示，选择一种自己喜欢的样式应用于图表标题。

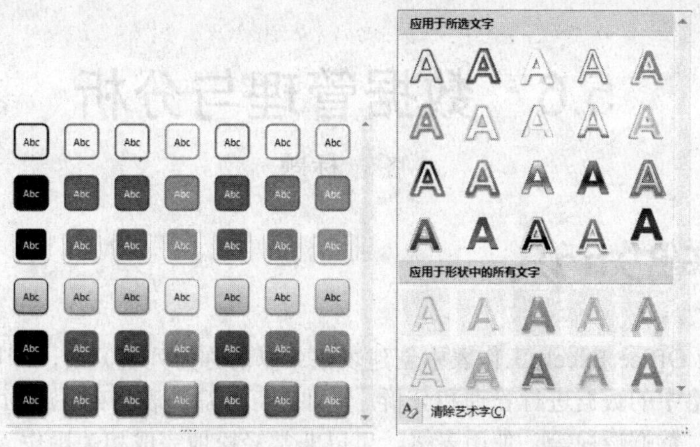

图 5-58 “形状样式”和“艺术字样式”对话框

（5）单击“开始”选项卡，在“字体”组中设置“微软雅黑”、“16 磅”。

6. 设置分类轴和数值轴标题

步骤

（1）单击图表下方的“坐标轴标题”。

（2）将插入点定位在其中，输入文本“直辖市”。

（3）单击图表左侧的“坐标轴标题”。

（4）将插入点定位在其中，输入文本“销售量”。

7. 移动和调整图表

步骤

（1）单击“图表区”，直接拖动即可实现图表的移动。

（2）用鼠标拖动图表边界的“控制柄”，可改变图表的大小，将图表嵌入到皮鞋销售统计表的 F1:K16 单元格区域。

（3）单击“设计”选项卡，在“位置”组中单击“移动图表”按钮，弹出如图 5-59 所示的对话框。

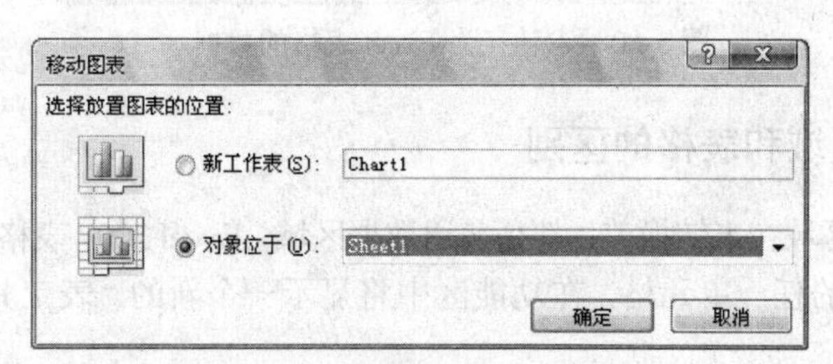

图 5-59 “移动图表”对话框

（4）选择“新工作表”单选项，将在工作表之外建立独立的图表（即图表工作表）。

（5）选择“对象位于”单选项，将把图表嵌入到指定的工作表中。

（6）单击“确定”按钮。

5.6　数据管理与分析

基础知识

在 Microsoft Office Excel 工作表中创建表格（以前称为列表）后，即可独立于该表格外部的数据对该表格中的数据进行管理和分析。例如，可以筛选表格列、添加汇总行、应用表格格式、排序数据、数据透视等。使用表格，可以非常轻松地完成相关操作。

5.6.1　了解 Excel 2007 表格

1．表格的含义

表格是 Excel 2007 最重要的新增功能之一。

表格是一个结构化数据的矩形区域，一般包含一行文本标题用于描述每列内容。表格中的每一行对应一个实体，每列内包含一条特定的信息。图 5-60 所示的数据区域中，每一行包含了一个职工的信息，每列内包含了该职工的工号、部门、姓名、性别等有关数据。

职工信息表

工号	部门	姓名	性别
200905	人事处	王卉	女
200906	外事办	刘勇	男
201001	办公室	王朝伍	男
201002	外事办	李科	男
201003	1车间	张洪武	男
201004	2车间	刘友军	男
201005	1车间	李爱	女
201006	外事办	伍娟	女
201007	2车间	温冬梅	女

数据有效性设置　成绩登记表　产

图 5-60　未转换为 Excel 表格的数据区域

2．普通数据区域和表格的区别

工作表中的数据区域在未转换前，都是普通数据区域，Excel 2007 表格与它的不同之处在于：

- 单击表格中的任一单元格，在功能区中将显示一个新的“表工具”上下文选项，如图 5-61 所示。
- 表格单元格包含背景颜色和文本颜色格式。
- 每个列标包含一个下拉列表，使用该列表可以排序数据或筛选表从而隐藏特定的行。
- 如果向下滚动工作表直到标题行消失，表标题会替代工作表标题中的列字母。
- 表支持计算列。列中的单个公式自动被列中的所有单元格引用。

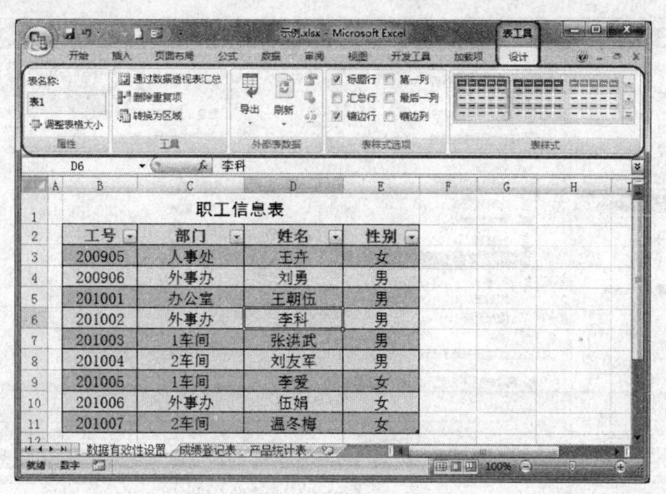

图 5-61 一个 Excel 2007 表格

- 表支持结构化引用。公式可以使用表名和列标而不是使用单元格引用。
- 右下方单元格的右下角有一个小控件，单击该控件，并向水平（添加列）或垂直（添加行）方向拖动可以扩展表的范围。
- Excel 2007 可以自动删除重复行。
- 在表格内选中行和列比较简单。

3. 创建表格

Excel 2007 不仅可以从现有数据区域创建表格，也允许从空白区域创建表格。

要将数据区域转换为表格，首先要确保区域内不包含完全空白的行或列，之后，可单击数据区域内的任一单元格，单击“插入”选项卡“表”组中的“表”按钮，可将普通数据区域转换成表格。

5.6.2 数据的管理

1. 数据记录单

使用数据记录单之前，需要向“快速访问工具栏”添加“记录单”按钮。方法是：右击工具栏，在弹出的快捷菜单中单击“自定义快速访问工具栏”命令，弹出如图 5-62 所示的对话框→在“从下列位置选择命令”下拉列表框中选择“不在功能区中的命令”，在列表框中找到并双击“记录单”按钮，再单击“确定”按钮。

数据记录单是一种对话框，能一次显示完“数据清单”中的一条记录信息，如图 5-63 所示。利用数据记录单可以向数据清单添加、删除、查找记录。

说明

在数据记录单中，凡含有公式的字段只能显示为标志，不能被修改。

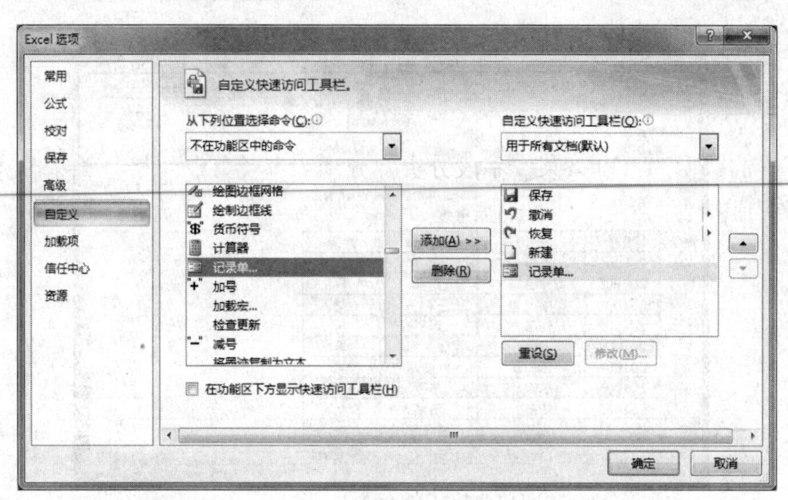

图 5-62　将“记录单”添加到“快速访问工具栏”中

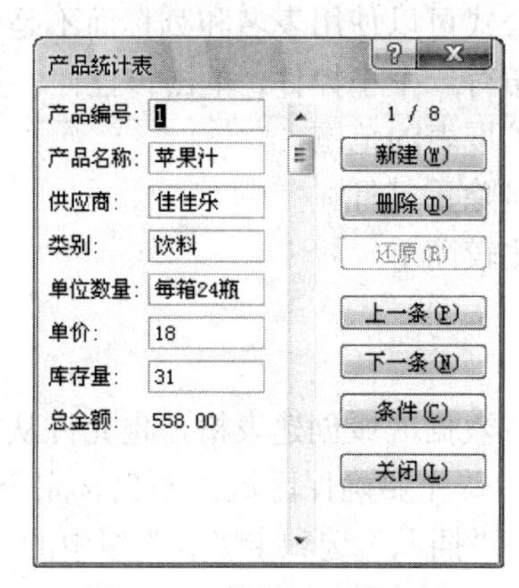

图 5-63　数据记录单示例

2．数据排序

排序就是根据数值、数据类型或格式来排列数据的一种方式。在 Excel 中，为了查找数据方便，可以将数据的某一列按“升序”或“降序”进行排序，还可以进行多级排序。排序依据可以是数值、单元格颜色、字体颜色、单元格图标。

假设按升序排序，Excel 使用如下顺序：

- 数值从最小的负数到最大的正数排序。
- 文本及包含数字的文本按 0～9、a～z、A～Z 的顺序排序。
- 逻辑值 False 排在 True 之前。
- 所有错误值的优先级相同。
- 空格排在最后。

3．数据筛选

数据筛选就是在数据清单中选择出符合条件的记录。数据筛选有两种类型：一种是自动筛选，它主要适用于简单条件的筛选，且对一列数据最多可以应用两个条件；另一种是高级筛

选，它主要适用于复杂条件，且对一列或多列数据应用三个或更多的条件。

4．分类汇总

对于排序好的数据，可以按某一字段分类并分别为各类数据的一些数据项进行统计汇总，如求和、求平均值等。

分类汇总后，可以用分级符号来隐藏或显示明细数据，如图 5-64 所示。

分级显示符

	A	B	C	D	E	F	G	H
1				产品统计表				
2	产品编号	产品名称	供应商	类别	单位数量	单价	库存量	总金额
5				海鲜 汇总				5343.00
6	4	民众奶酪	日正	日用品	每箱12瓶	21.00	86	1806.00
7	5	德国奶酪	日正	日用品	每箱6瓶	38.00	29	1102.00
8				日用品 汇总				2908.00
9	6	鸡	为全	肉/家禽	每袋500克	31.00	35	1085.00
10				肉/家禽 汇总				1085.00
11	2	沙茶	德昌	特制品	每箱12瓶	23.50	24	564.00
12				特制品 汇总				564.00
13	1	苹果汁	佳佳乐	饮料	每箱24瓶	18.00	31	558.00
14	3	牛奶	佳佳乐	饮料	每箱24瓶	19.00	22	418.00
15				饮料 汇总				976.00
16				总计				10876.00

产品统计表

图 5-64　分类汇总后的数据清单

+：表示已隐藏明细数据的汇总行或列。单击它，将显示明细数据。

-：表示已显示明细数据的汇总行或列。单击它，将隐藏明细数据。

1 2 3：表示在多级分类汇总中的级别。单击相应的符号，可以显示指定的级别。

5．数据透视表

数据透视表是一种对大量数据快速汇总和建立交叉列表的交互式表格，它是一种动态工作表，提供了一种以不同角度对数据清单中的数据进行汇总和分析的简便方法。

实训 8　使用表格

一、实训目的

1．掌握表格的创建方法。
2．掌握表格的基本操作。

二、实训内容

1．创建表格
2．更改表格样式
3．扩展表格范围
4．移动表格
5．从表格中删除重复行
6．排序和筛选表格

三、实训步骤

1．创建表格

步骤

（1）打开“产品统计表”工作表。

（2）选定数据区域中的任一单元格。

（3）单击“插入”选项卡“表”组中的“表”按钮，弹出“创建表”对话框，如图 5-65 所示。

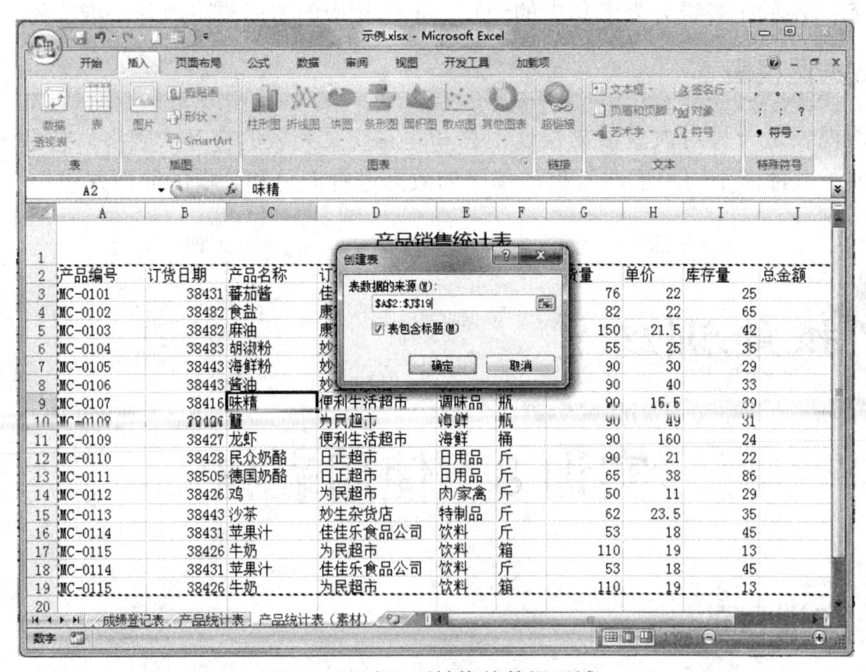

图 5-65　确认要转换的数据区域

（4）用鼠标重新选定要转换为表格的区域（$A$2:$J$17）。

（5）单击“确定”按钮，选定的区域转换成如图 5-66 所示的表格。

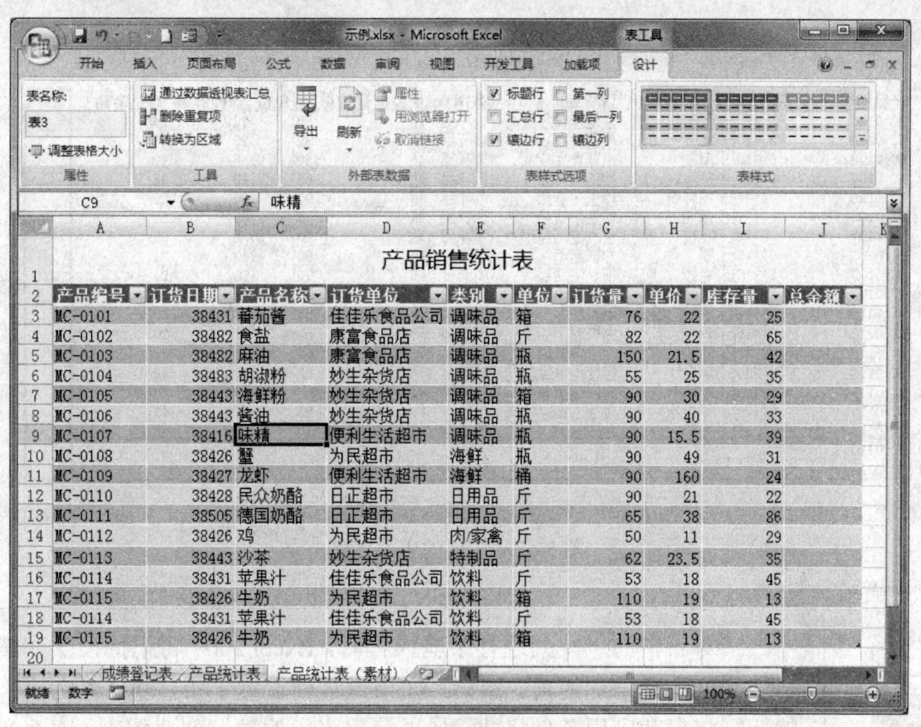

图 5-66 转换后的表格

2. 更改表格样式

步骤

（1）承接上例。选定数据区域中的任一单元格。

（2）单击“设计”选项卡“表样式”组中的“其他”按钮，从弹出的下拉列表中选择自己喜欢的样式。

3. 扩展表格范围

步骤

（1）选定表格右侧列中的一个单元格，输入数据。Excel 2007 自动在水平方向扩展表格。

（2）选定表格下方行中的一个单元格，输入数据。Excel 2007 自动在垂直方向扩展表格，效果如图 5-67 所示。

4. 移动表格

步骤

（1）按 Alt+A 组合键两次，选中表格。

（2）按 Ctrl+X 组合键剪切所选单元格。

（3）打开新工作簿，选中工作表左上方的单元格。

（4）按 Ctrl+V 组合键粘贴表格。

产品销售统计表

产品编号	订货日期	产品名称	订货单位	类别	单位	订货量	单价	库存量	总金额	说明
MC-0101	3月20日	蕃茄酱	佳佳乐食品公司	调味品	箱	76	22	25		
MC-0102	5月10日	食盐	康富食品店	调味品	斤	82	22	65		
MC-0103	5月10日	麻油	康富食品店	调味品	瓶	150	21.5	42		
MC-0104	5月11日	胡椒粉	妙生杂货店	调味品	瓶	55	25	35		
MC-0105	4月1日	海鲜粉	妙生杂货店	调味品	箱	90	30	29		
MC-0106	4月1日	酱油	妙生杂货店	调味品	瓶	90	40	33		
MC-0107	3月5日	味精	便利生活超市	调味品	瓶	90	15.5	39		
MC-0108	3月15日	蟹	为民超市	海鲜	瓶	90	49	31		
MC-0109	3月16日	龙虾	便利生活超市	海鲜	桶	90	160	24		
MC-0110	3月17日	民众奶酪	日正超市	日用品	斤	90	21	22		
MC-0111	6月2日	德国奶酪	日正超市	日用品	斤	65	38	86		
MC-0112	3月15日	鸡	为民超市	肉/家禽	斤	50	11	29		
MC-0113	4月1日	沙茶	妙生杂货店	特制品	斤	62	23.5	35		
MC-0114	3月20日	苹果汁	佳佳乐食品公司	饮料	斤	53	18	45		
MC-0115	3月15日	牛奶	为民超市	饮料	箱	110	19	13		
MC-0114	3月20日	苹果汁	佳佳乐食品公司	饮料	斤	53	18	45		
MC-0115	3月15日	牛奶	为民超市	饮料	箱	110	19	13		
MC-0116										
MC-0117										

自动扩展的列

自动扩展的行

图 5-67　扩展的表格示例

注意

当对表中的一整列进行某些操作时，Excel 2007 将记忆该操作然后扩展到列中新添加的项。例如，如果对某列设置了条件格式，之后添加的新行将自动应用条件格式。如果使用表中的数据创建图表，那么在该表中添加新数据时，图表会自动扩展。

5. 从表格中删除重复行

步骤

（1）选定表格中的一个单元格。

（2）单击“设计”选项卡“工具”组中的“删除重复项”按钮，弹出如图 5-68 所示的对话框。

（3）在其中勾选想要被搜索的列（默认是所有列）。

（4）单击“确定”按钮，弹出如图 5-69 所示的对话框。

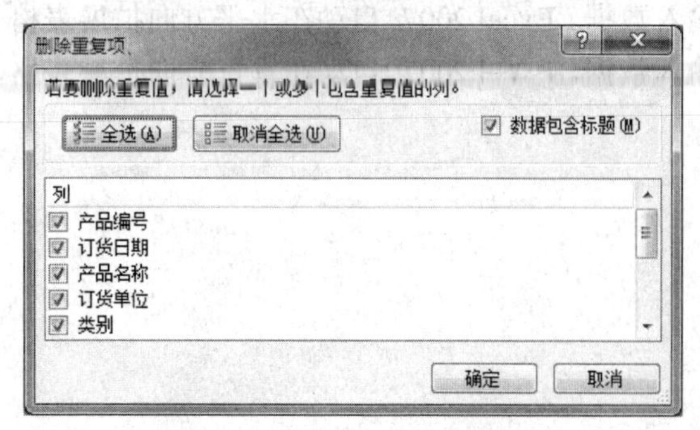

图 5-68　“删除重复项”对话框

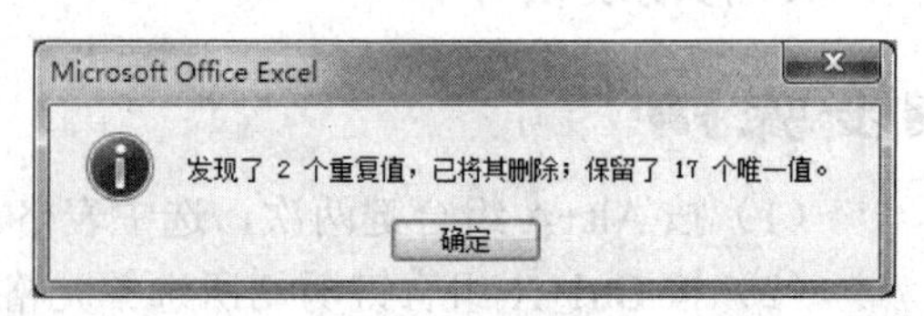

图 5-69　提示删除重行的消息框

（5）单击“确定”按钮。

6．按订货量降序排列

步骤

（1）单击“订货量”列右侧的下拉箭头。

（2）从下拉菜单中选择“降序”命令。

7．筛选“库存量”大于40的表格数据

步骤

（1）单击“库存量”列右侧的下拉箭头，弹出如图5-70所示的下拉菜单。

（2）在下拉菜单中单击“数字筛选”→“大于或等于”命令，弹出如图5-71所示的对话框。

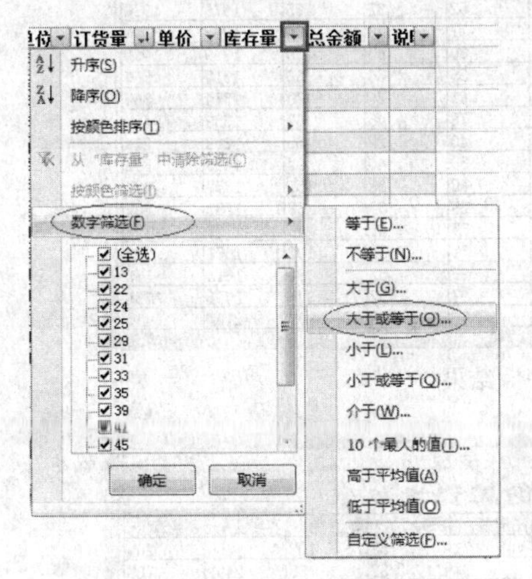

图5-70 筛选下拉菜单

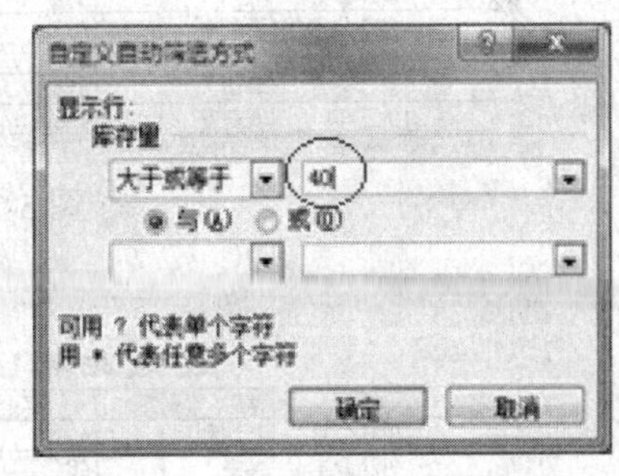

图5-71 设置自动筛选的条件

（3）单击“确定”按钮，筛选结果如图5-72所示。

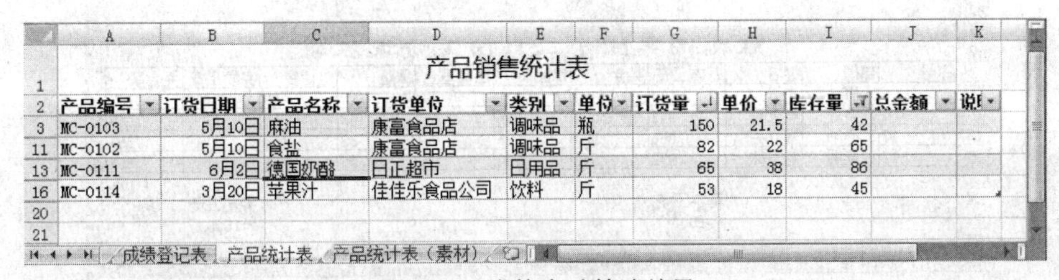

产品销售统计表

	A	B	C	D	E	F	G	H	I	J	K
2	产品编号	订货日期	产品名称	订货单位	类别	单位	订货量	单价	库存量	总金额	说明
3	MC-0103	5月10日	麻油	康富食品店	调味品	瓶	150	21.5	42		
11	MC-0102	5月10日	食盐	康富食品店	调味品	斤	82	22	65		
13	MC-0111	6月2日	德国奶酪	日正超市	日用品	斤	65	38	86		
16	MC-0114	3月20日	苹果汁	佳佳乐食品公司	饮料	斤	53	18	45		

图5-72 表格自动筛选结果

操作提示

表格中的许多操作与数据区域的操作类似，所以本实训中省去未讲，如：

- 选定表格区域
- 添加新行或新列
- 删除新行或新列

实训 9　数据管理

【实例】将“工资发放统计表”按照图 5-73 至图 5-75 所示进行排序、筛选和分类汇总，利用“工资发放统计表”，按照图 5-76 所示创建数据透视表，并保存为“数据管理示例.xlsx”文件。注意，本实训的素材保存在“示例.xlsx”文件中，请到中国水利水电出版社网站下载。

红太阳集团十二月份工资发放表

序号	部门	姓名	基本工资	奖金	津贴	住房基金	保险	电话费	实发工资	奖金率
14	二车间	雪丽丽	724	260	125	47	27	55	980	36%
1	人事处	李强	774	900	111	58	22	89	1616	116%
3	人事处	张加国	788	488	86	77	42	56	1187	62%
15	二车间	周娜	799	408	134	75	37	86	1143	51%
13	二车间	郑红英	850	1150	125	52	32	65	1976	135%
16	三车间	谢小东	869	258	121	71	20	64	1093	30%
4	外事处	吴天有	942	1000	65	30	43	35	1899	106%
18	三车间	赵小林	972	548	132	35	34	66	1517	56%
12	一车间	刘英	1002	365	169	63	26	73	1374	36%
5	外事处	左光华	1010	465	55	78	46	67	1339	46%
17	三车间	刘洪柳	1032	222	162	40	22	35	1319	22%
11	一车间	安其其	1057	414	178	33	46	94	1476	39%
7	外事处	钱前	1067	443	154	92	38	159	1375	42%
2	人事处	王可	1329	376	85	25	38	68	1659	28%
6	外事处	孙小	1366	442	93	87	46	45	1723	32%
8	办公室	李利利	1433	292	142	71	38	102	1656	20%
10	一车间	罗马	1455	224	159	96	32	96	1614	15%
9	办公室	吴望	1484	1110	111	97	32	85	2491	75%
19	三车间	罗安安	1506	654	95	36	25	87	2107	43%

产品统计表　工资发放统计表　员工销售统计表　Sheet4

图 5-73　“排序”结果

红太阳集团十二月份工资发放表

序号	部门	姓名	基本工资	奖金	津贴	住房基金	保险	电话费	实发工资	奖金率
8	办公室	李利利	1433	292	142	71	38	102	1656	20%
9	办公室	吴望	1484	1110	111	97	32	85	2491	75%

产品统计表　工资发放统计表　员工销售统计表　Sheet4

图 5-74　“自动筛选”结果

红太阳集团十二月份工资发放表

序号	部门	姓名	基本工资	奖金	津贴	住房基金	保险	电话费	实发工资	奖金率
1	人事处	李强	774	900	111	58	22	89	1616	116%
4	外事处	吴天有	942	1000	65	30	43	35	1899	106%
13	二车间	郑红英	850	1150	125	52	32	65	1976	135%
18	三车间	赵小林	972	548	132	35	34	66	1517	56%

基本工资	实发工资
<=1000	>=1500

产品统计表　工资发放统计表　员工销售统计表　Sheet4

图 5-75　“高级筛选”结果

（1）对“工资发放统计表”的要求：

1）先按“基本工资”升序排列，如果“基本工资”相同，再按“奖金”降序排列。

2）用自动筛选查看“办公室”人员的记录情况。

3）用高级筛选查看“基本工资”小于等于 1000、“实发工资”大于等于 1500 的记录情况。

4）按“部门”分类汇总“基本工资”、“奖金”。

红太阳集团十二月份工资发放表

序号	部门	姓名	基本工资	奖金	津贴	住房基金	保险	电话费	实发工资	奖金率
8	办公室	李利利	1433	292	142	71	38	102	1656	20%
9	办公室	吴望	1484	1110	111	97	32	85	2491	75%
	办公室 汇总		2917	1402						
13	二车间	郑红英	850	1150	125	52	32	65	1976	135%
14	二车间	雪丽丽	724	260	125	47	27	55	980	36%
15	二车间	周娜	799	408	134	75	37	86	1143	51%
	二车间 汇总		2373	1818						
1	人事处	李强	774	900	111	58	22	89	1616	116%
2	人事处	王可	1329	376	85	25	38	68	1659	28%
3	人事处	张加国	788	488	86	77	42	56	1187	62%
	人事处 汇总		2891	1764						
16	三车间	谢小东	869	258	121	71	20	64	1093	30%
17	三车间	刘洪柳	1032	222	162	40	22	35	1319	22%
18	三车间	赵小林	972	548	132	35	34	66	1517	56%
19	三车间	罗安安	1506	654	95	36	25	87	2107	43%
	三车间 汇总		4379	1682						
4	外事处	吴天有	942	1000	65	30	43	35	1899	106%
5	外事处	左光华	1010	465	55	78	46	67	1339	46%
6	外事处	孙小	1366	442	93	87	46	45	1723	32%
7	外事处	钱前	1067	443	154	92	38	159	1375	42%
	外事处 汇总		4385	2350						
10	一车间	罗马	1455	224	159	96	32	96	1614	15%
11	一车间	安其其	1057	414	178	33	46	94	1476	39%
12	一车间	刘英	1002	365	169	63	26	73	1374	36%
	一车间 汇总		3514	1003						
	总计		20459	10019						

产品统计表　工资发放统计表　员工销售统计表　Sheet4

图 5-76　“分类汇总”结果

（2）对“员工销售统计表”的要求：按照图 5-77 所示的格式创建数据透视表。

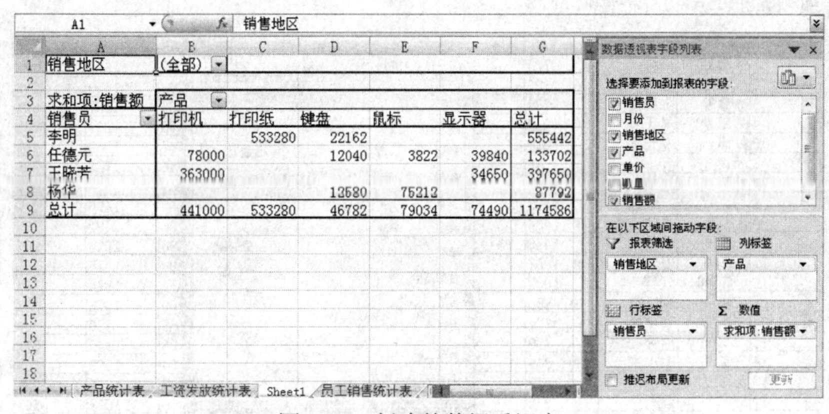

销售地区	(全部)					
求和项:销售额	产品					
销售员	打印机	打印纸	键盘	鼠标	显示器	总计
李明		533280	22162			555442
任德元	78000		12040	3822	39840	133702
王晓芹	363000				34650	397650
杨华			12580	75212		87792
总计	441000	533280	46782	79034	74490	1174586

图 5-77　创建的数据透视表

一、实训目的

1．掌握 Excel 工作表中数据清单的使用。
2．掌握 Excel 工作表中数据的排序。
3．掌握 Excel 工作表中数据的自动筛选和高级筛选。
4．掌握 Excel 工作表中数据的分类汇总。
5．掌握数据透视表的创建。

二、实训内容

1．数据记录单的使用

2．工作表的排序

3．工作表的自动筛选

4．工作表的高级筛选

5．分类汇总

6．创建数据透视表

三、实训步骤

1．数据记录单的使用

步骤

（1）将光标定位在数据列表中。

（2）单击“快速访问工具栏”中的“记录单”按钮，将出现如图 5-78 所示的记录单对话框。

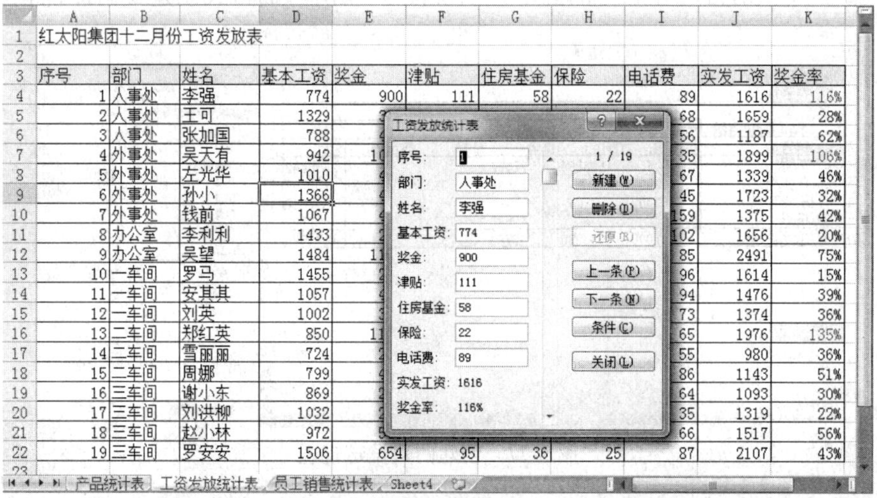

红太阳集团十二月份工资发放表

序号	部门	姓名	基本工资	奖金	津贴	住房基金	保险	电话费	实发工资	奖金率
1	人事处	李强	774	900	111	58	22	89	1616	116%
2	人事处	王可	1329					68	1659	28%
3	人事处	张加国	788					56	1187	62%
4	外事处	吴天有	942					35	1899	106%
5	外事处	左光华	1010					67	1339	46%
6	外事处	孙小	1366					45	1723	32%
7	外事处	钱前	1067					159	1375	42%
8	办公室	李利利	1433					102	1656	20%
9	办公室	吴望	1484					85	2491	75%
10	一车间	罗马	1455					96	1614	15%
11	一车间	安其其	1057					94	1476	39%
12	一车间	刘英	1002					73	1374	36%
13	二车间	郑红英	850					65	1976	135%
14	二车间	雪丽丽	724					55	980	36%
15	二车间	周娜	799					86	1143	51%
16	三车间	谢小东	869					64	1093	30%
17	三车间	刘洪柳	1032					35	1319	22%
18	三车间	赵小林	972					66	1517	56%
19	三车间	罗安安	1506	654	95	36	25	87	2107	43%

图 5-78　使用记录单可以向表中添加信息

（3）单击滚动条的向上或向下箭头可显示相应的记录，用户可在文本框中编辑其内容。

（4）单击“新建”按钮，可向数据列表添加新记录。

（5）单击“删除”按钮，会永久删除显示的记录，所以在删除前，会弹出确认信息对话框。

（6）单击“关闭”按钮或按 Esc 键可关闭记录单对话框。

2．工作表的排序

步骤

（1）选定单元格区域（A3:K22）。

（2）单击“数据”选项卡“排序和筛选”组中的“排序”按钮，弹出如图 5-79 所示的对话框。

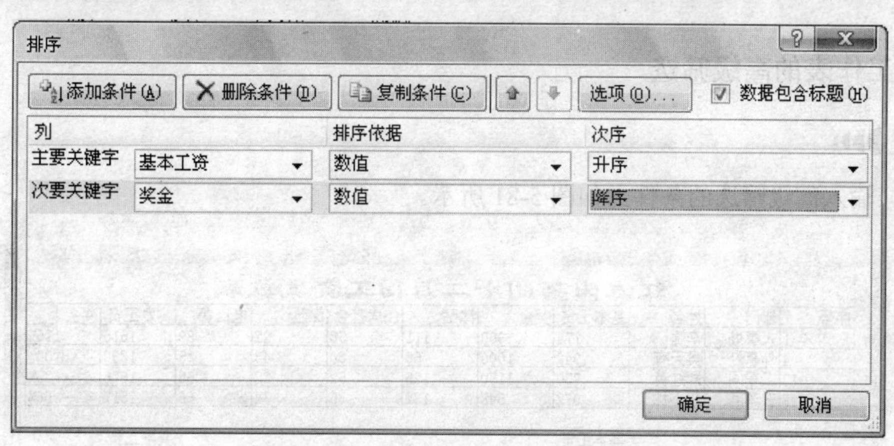

图 5-79　“排序”对话框

（3）设置“主要关键字”为“基本工资”，“次序”为“升序”。单击“添加条件”按钮，设置“次要关键字”为“奖金”，“次序”为“降序”。

（4）单击“确定”按钮，其显示效果如图 5-73 所示。

3．工作表的自动筛选

步骤

（1）选定单元格区域（A3:K22）。

（2）单击“数据”选项卡“排序和筛选”组中的“筛选”按钮，此时每个字段名旁会显示自动筛选标记。

（3）单击自动筛选标记，弹出如图 5-80 所示的自动筛选选项。

自动筛选选项　　自动筛选标记

红太阳集团十二月份工资发放表

姓名	基本工资	奖金	津贴	住房基金	保险	电话费	实发工资	奖金率
李强	774	900	111	58	22	89	1616	116%
王可	1329	376	85	25	38	68	1659	28%
张加国	788	488	86	77	42	56	1187	62%
吴天有	942	1000	65	30	43	35	1899	106%
左光华	1010	465	55	78	46	67	1339	46%
孙小	1366	442	93	87	46	45	1723	32%
钱前	1067	443	154	92	38	159	1375	42%
李利利	1433	292	142	71	38	102	1656	20%
吴望	1484	1110	111	97	32	85	2491	75%
罗马	1455	224	159	96	32	96	1614	15%
安其其	1057	414	178	33	46	94	1476	39%
刘英	1002	365	169	63	26	73	1374	36%
郑红英	850	1150	125	52	32	65	1976	135%
雪丽丽	724	260	125	47	27	55	980	36%
周娜	799	408	134	75	37	86	1143	51%
谢小东	869	258	121	71	20	64	1093	30%
刘洪柳	1032	222	162	40	22	35	1319	22%
赵小林	972	548	132	35	34	66	1517	56%
罗安安	1506	654	95	36	25	87	2107	43%

升序(S)
降序(O)
按颜色排序(T)
从“部门”中清除筛选(C)
按颜色筛选(I)
文本筛选(F)
(全选)
办公室
二车间
人事处
三车间
外事处
一车间
确定　取消

图 5-80　自动筛选示例

（4）单击“部门”的自动筛选标记，单击“办公室”选项，其显示效果如图 5-74 所示。要查看其他部门的记录情况，其方法与上述类似（略）。

4．工作表的高级筛选

步骤

（1）输入高级筛选的条件，如图 5-81 所示。

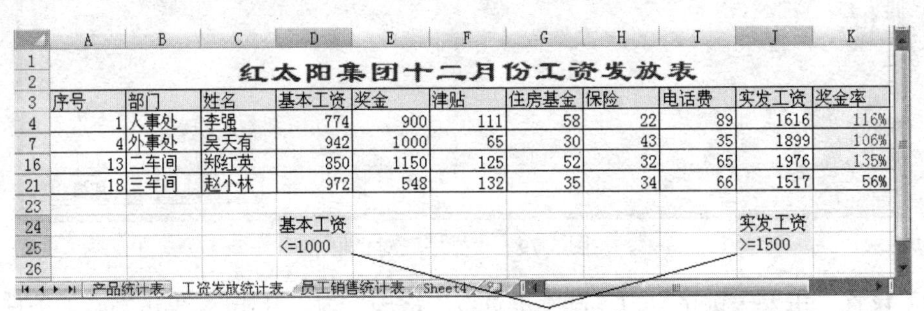

红太阳集团十二月份工资发放表

序号	部门	姓名	基本工资	奖金	津贴	住房基金	保险	电话费	实发工资	奖金率
1	人事处	李强	774	900	111	58	22	89	1616	116%
4	外事处	吴天有	942	1000	65	30	43	35	1899	106%
13	二车间	郑红英	850	1150	125	52	32	65	1976	135%
18	三车间	赵小林	972	548	132	35	34	66	1517	56%

基本工资	实发工资
<=1000	>=1500

图 5-81　输入高级筛选的条件

（2）选定单元格区域（A3:K22）。

（3）单击“数据”选项卡“排序和筛选”组中的“高级”按钮，弹出如图 5-82 所示的对话框。

（4）在“列表区域”栏中输入 A3:K22。

（5）在“条件区域”栏中输入 D24:J25。

（6）单击“确定”按钮，其显示效果如图 5-75 所示。

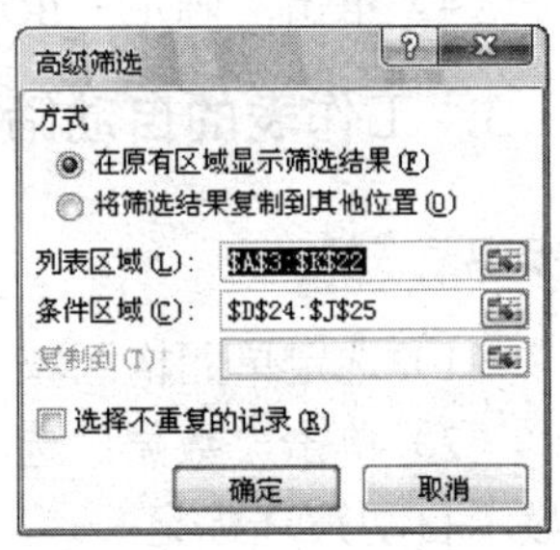

图 5-82　“高级筛选”对话框

5．分类汇总

步骤

（1）单击“部门”列中的任一单元格。

（2）单击“升序”按钮或“降序”按钮。

（3）选定单元格区域（A3:K22）。

（4）单击“数据”选项卡“分级显示”组中的“分类汇总”按钮，弹出如图 5-83 所示的对话框。

（5）设置“分类字段”为“部门”。

（6）设置“汇总方式”为“求和”。

（7）在“选定汇总项”列表框中勾选“基本工资”和“奖金”复选项。

（8）单击“确定”按钮，其显示效果如图 5-76 所示。

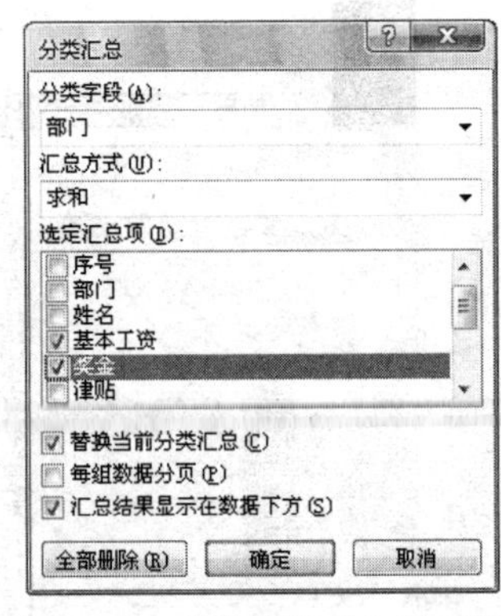

图 5-83　“分类汇总”对话框

操作提示

如果要删除分类汇总，则单击“数据”选项卡“分级显示”组中的“分类汇总”按钮，在弹出的对话框中单击“全部删除”按钮。

6. 创建数据透视表

步骤

（1）选定单元格区域（A3:G17）。

（2）单击“插入”选项卡“表”组中的“数据透视表”按钮，弹出如图 5-84 所示的对话框。

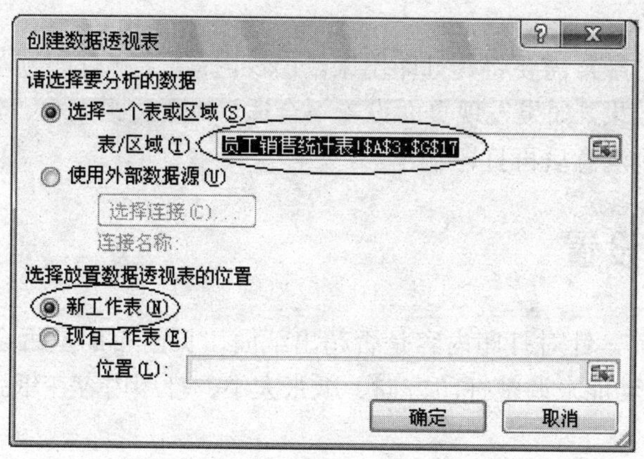

图 5-84 “创建数据透视表”对话框

（3）在此对话框中，“表/区域”栏默认为$A$3:$G$17，在“选择放置数据透视表的位置”区域中选择“新建工作表”单选项，单击“确定”按钮，进入如图 5-85 所示的数据透视表视图环境。

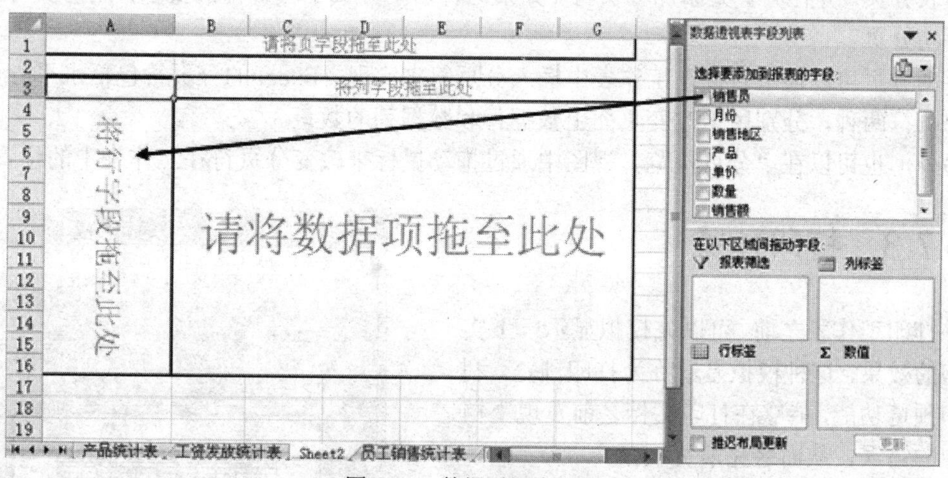

图 5-85 数据透视表视图

（4）在“数据透视表字段列表”中选定“销售地区”拖动到页字段区，选定“销售员”拖动到行字段区，选定“产品”拖动到列字段区，选定“销售额”拖动到数据区，其显示效果如图 5-77 所示。

（5）分别单击销售地区、销售员、产品对应的下拉按钮，可以根据自己的需要查看记录。

5.7 打印工作表

基础知识

工作表创建好后，经常需要将其打印出来。Excel 提供了“打印预览”功能，使得在打印前能看到实际的打印效果，如果发现页面设置不合适，如页边距太小、分页不适当等问题，可以及时进行调整，直到满意后再打印输出。

5.7.1 页面设置

在打印工作表之前，针对打印内容是否超出纸面、页面布局是否合理等问题，可以利用 Excel 的“页面设置”功能来调整打印方向、纸张大小、打印内容在纸张中的位置、页边距、页眉/页脚等。

5.7.2 分页调整

当工作表的内容超过一页时，Excel 会根据所设置的纸张大小、缩放比例、页边距等自动为工作表分页，并在分页处添加分页符。如果这种自动分页不符合你的要求，则需要对工作表进行手动分页。

手动分页可以通过直接在工作表中插入分页符来实现。Excel 的分页符包括水平分页符和垂直分页符两种，分别用于改变页面上数据行和数据列的数量。

另外，也可以在“分页预览”视图中通过拖动鼠标来改变分页符在工作表中的位置。

5.7.3 打印预览

在打印工作表之前，可以先模拟显示一下实际打印的效果，这种模拟显示称为打印预览。利用打印预览功能，能够在打印文档之前发现文档布局中的错误，从而避免浪费纸张。

单击“Office 按钮”，再单击“打印预览”按钮，会出现如图 5-86 所示的“打印预览”窗口。

在该窗口中显示的打印页是按比例缩小了的实际打印输出的页面。窗口上方有一排按钮，其功能如表 5-2 所示。

图 5-86 “打印预览”窗口

表 5-2　“打印预览”窗口中各按钮的主要功能

按钮	功能描述
打印	打开“打印内容”对话框，设置打印选项，打印所选工作表
页面设置	打开“页面设置”对话框，设置用于控制打印外观的选项
显示比例	对供预览工作表进行缩放，　缩放功能不影响实际打印的大小
上一页	显示要打印的上一页。若无上一页，该按钮为灰色
下一页	显示要打印的下一页。若无下一页，该按钮为灰色
显示边距	显示或隐藏用来拖动调整页边距、页眉、页脚边距和列宽的操作柄，重设页面格式
关闭打印预览	关闭“打印预览”窗口，返回活动工作表以前的显示状态

5.7.4　打印输出

在经过了页面设置和分页调整之后，如果对打印预览的效果感到满意，则可以正式打印输出工作表了。

实训 10　打印工作表

【实例】将“工资发放统计表”按照图 5-87 所示的格式进行页面设置、打印区域设置和版面效果设置，并保存为“打印工作表示例.xlsx”文件。注意，本实训的素材保存在“示例.xlsx”文件中，请到中国水利水电出版社网站下载。

红太阳集团十二月份工资发放表

序号	部门	姓名	基本工资	奖金	津贴	住房基金	保险	电话费	实发工资	奖金率
1	人事处	李强	774	900	111	58	22	89	1616	116%
2	人事处	王可	1329	376	85	25	38	68	1659	28%
3	人事处	张加国	788	488	86	77	42	56	1187	62%
4	外事处	吴天有	942	1000	65	30	43	35	1899	106%
5	外事处	左光华	1010	465	55	78	46	67	1339	46%
6	外事处	孙小	1366	442	93	87	46	45	1723	32%
7	外事处	钱前	1067	443	154	92	38	159	1375	42%
8	办公室	李利利	1433	292	142	71	38	102	1656	20%
9	办公室	吴望	1484	1110	111	97	32	85	2491	75%
10	一车间	罗马	1455	224	159	96	32	96	1614	15%
11	一车间	安其其	1057	414	178	33	46	94	1476	39%
12	一车间	刘英	1002	365	169	63	26	73	1374	36%
13	二车间	郑红英	850	1150	125	52	32	65	1976	135%
14	二车间	雪丽丽	724	260	125	47	27	55	980	36%
15	二车间	周娜	799	408	134	75	37	86	1143	51%
16	三车间	谢小东	869	258	121	71	20	64	1093	30%
17	三车间	刘洪柳	1032	222	162	40	22	35	1319	22%
18	三车间	赵小林	972	548	132	35	34	66	1517	56%
19	三车间	罗安安	1506	654	95	36	25	87	2107	43%

产品统计表　工资发放统计表　员工销售统计表　Sheet4

水平分页符

图 5-87　打印工作表示例

要求：

（1）将页面方向设置为横向，纸张大小设置为A4。

（2）将上、下、左、右页边距均设置为3厘米。

（3）让工作表水平居中。

（4）添加页脚。在页面底端居中显示“制作人：某某某”，靠右显示页码。

（5）设置第3行作为行标题，在每一页中都打印该行。

（6）设置打印区域（A1:K22）。

（7）插入分页符，将各个部门的记录分页打印。

一、实训目的

1．掌握工作表的页面设置、打印区域设置和版面效果设置的方法。

2．掌握工作表打印输出的方法。

二、实训内容

1．页面设置

2．分页

3．打印预览

4．打印工作表

三、实训步骤

1．页面设置

步骤

（1）单击“页面布局”选项卡“页面设置”组中的“纸张方向”按钮，选择“横向”命令。

（2）在“页面设置”组中单击“页面大小”按钮，选择A4命令。

（3）在“页面设置”组中单击“页边距”按钮，选择“自定义边距”命令，弹出如图5-88所示的对话框。

（4）按图中所示分别设置上、下、左、右页边距，页眉、页脚位置和表格居中方式。

（5）单击“页眉/页脚”选项卡，如图5-89所示。

（6）单击“自定义页脚”按钮，弹出如图5-90所示的对话框。

（7）按图中所示设置页脚内容。

（8）单击“确定”按钮（注：设置页眉的方法与此类似）。

（9）单击“工作表”选项卡，如图5-91所示。

（10）单击“打印区域”文本框中的“折叠”按钮，使对话框折叠。

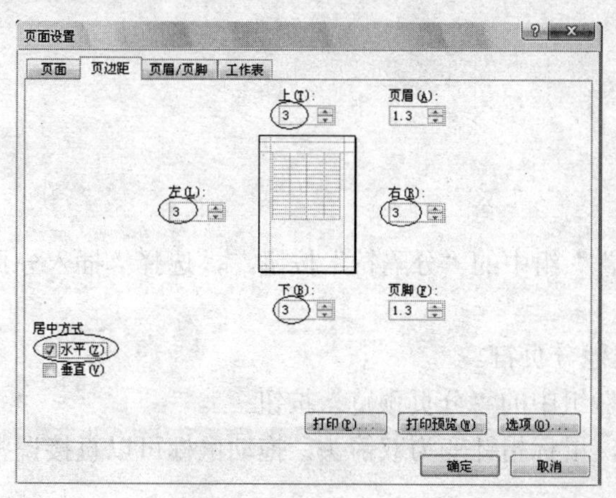

图 5-88 “页面设置”对话框的“页边距”选项卡

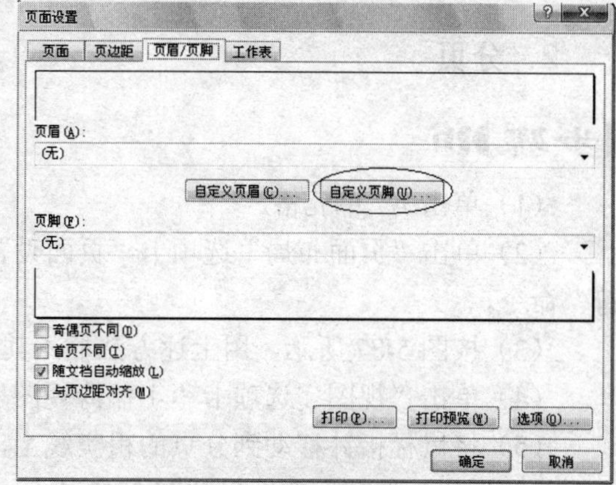

图 5-89 “页眉/页脚”选项卡

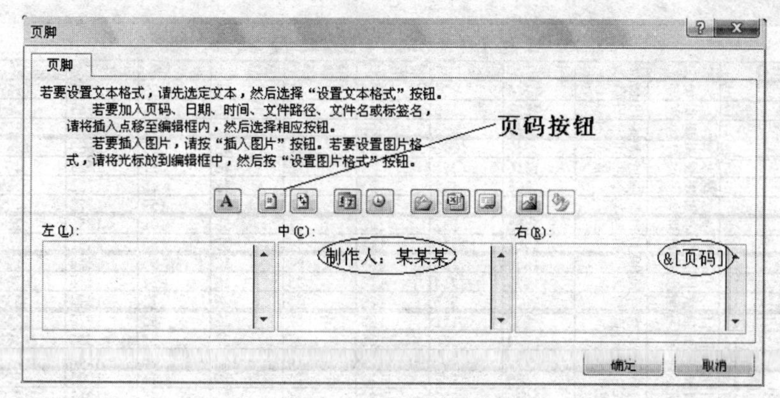

图 5-90 “页脚”对话框

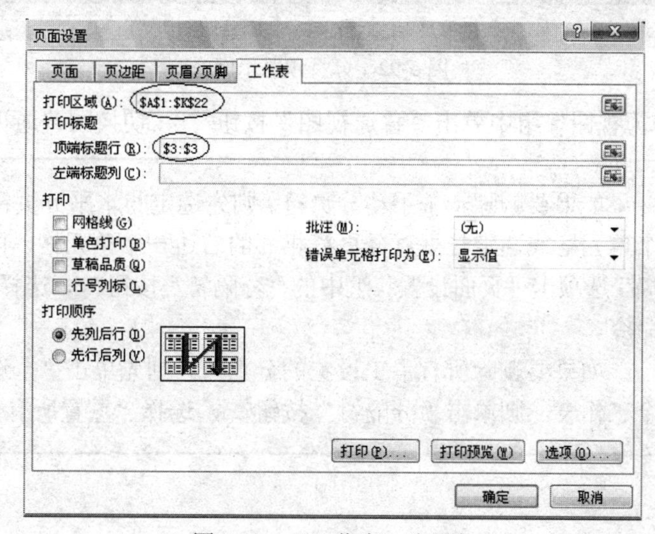

图 5-91 “工作表”选项卡

（11）在工作表中选定单元格区域（A1:K22），单击“展开”按钮使对话框展开。

（12）在“顶端标题行”文本框中，用同样的方法在工作表中选定第 3 行。

（13）单击“确定”按钮。

2．分页

步骤

（1）单击 A7 单元格。

（2）单击“页面布局”选项卡“页面设置”组中的“分隔符”按钮，选择“插入分页符”命令。

（3）按图 5-87 所示，用上述方法插入其他分页符。

（4）单击“视图”选项卡“工作簿视图”组中的“分页预览”按钮。

（5）将鼠标指针移动到分页的粗实线上，鼠标指针变为双箭头，拖动鼠标可以直接调整分页符的位置，调整后的结果如图 5-92 所示。

红太阳集团十二月份工资发放表

序号	部门	姓名	基本工资	奖金	津贴	住房基金	保险	电话费	实发工资	奖金率
1	人事处	李强	774	900	111	58	22	89	1616	116%
2	人事处	王可	1329	376	85	25	38	68	1659	28%
3	人事处	张加国	788	488	86	77	42	56	1187	62%
4	外事处	吴天有	942	1000	65	30	43	35	1899	106%
5	外事处	左光华	1010	465	85	78	46	67	1339	46%
6	外事处	孙小	1366	442	93	87	46	45	1723	32%
7	外事处	钱前	1067	443	154	92	38	159	1375	42%
8	办公室	李莉莉	1433	292	142	71	38	102	1656	20%
9	办公室	吴郑	1484	1110	111	97	32	85	2491	75%
10	一车间	罗马	1455	224	159	96	32	96	1614	15%
11	一车间	左某某	1057	414	178	33	46	94	1476	39%
12	一车间	刘英	1002	365	169	63	26	73	1374	36%
13	二车间	郑红英	850	1150	125	52	32	65	1976	135%
14	二车间	雪丽丽	724	260	125	47	27	55	980	36%
15	二车间	周娜	799	408	134	75	37	86	1143	51%
16	三车间	谢小东	869	258	121	71	20	64	1093	30%
17	三车间	刘洪柳	1032	222	183	40	22	35	1319	22%
18	三车间	赵小林	972	548	132	35	34	66	1517	56%
19	三车间	罗安安	1506	654	95	36	25	87	2107	43%

产品统计表 工资发放统计表 员工销售统计表

图 5-92 分页预览示例

（6）在“工作簿视图”组中单击“普通视图”按钮，切换回普通视图。

操作提示

如果要删除一个手动分页符，则先选定与水平分页符相邻的下边一个单元格或选定与垂直分页符相邻的右边一个单元格，再单击“页面布局”选项卡“页面设置”组中的“分隔符”按钮，选择“删除分页符”命令。

如果要删除所有手工设置的分页符，则先单击“全选”按钮选中整个工作表，则单击“分隔符”按钮，选择“重置所有分页符”命令。

3．打印预览

步骤

（1）单击“Office 按钮”，再单击“打印”按钮→“打印预览”按钮，出现如图 5-93 所示的窗口。

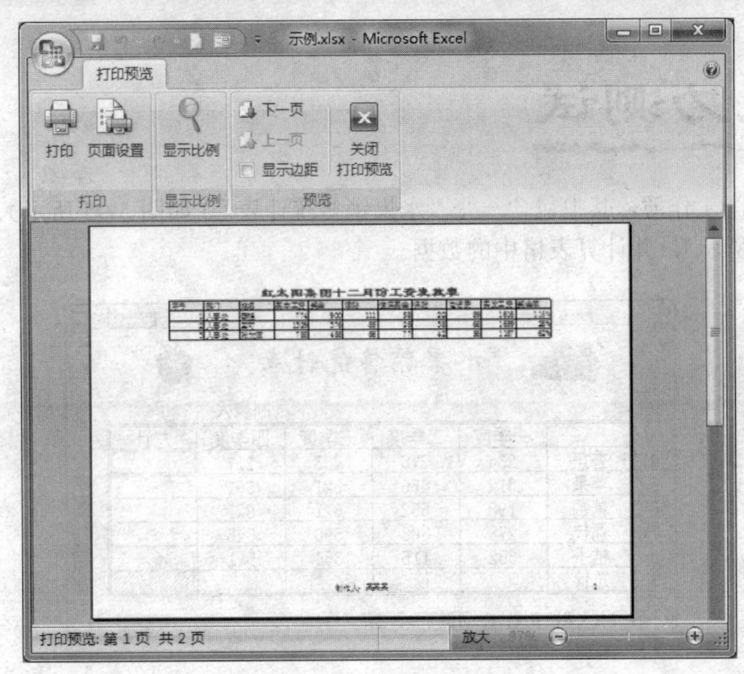

图 5-93　打印预览示例

（2）单击窗口中的按钮进行相关设置，各按钮的功能如表 5-2 所示。

（3）单击“关闭打印预览”按钮，返回到工作表中。

4．打印工作表

步骤

（1）单击“Office 按钮”，再单击“打印”按钮，弹出如图 5-94 所示的对话框。

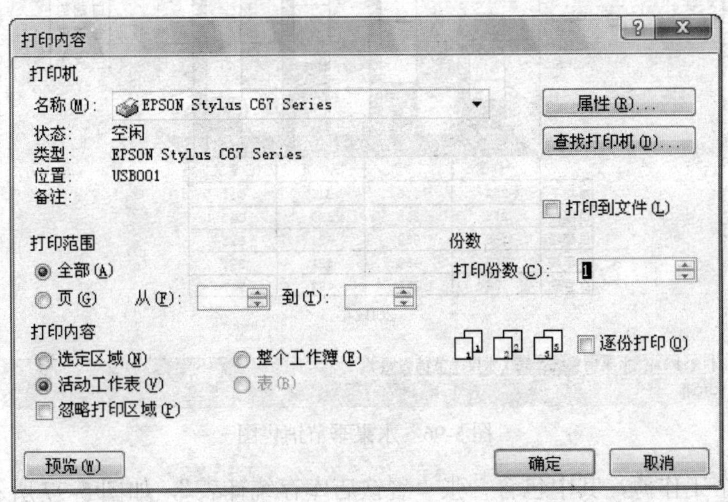

图 5-94　“打印内容”对话框

（2）根据需要设置打印机及其属性、打印范围和打印份数等参数。

（3）单击“确定”按钮，开始打印输出。

能力测试

1．建立一个工作簿，其中包含一张“水果销售统计表”（如图 5-95 所示）、一个独立的图表（如图 5-96 所示），并计算表格中的数据。

水果销售统计表

制表人: ×××

	一季度	二季度	三季度	四季度	总计
香蕉	234	275	433	217	
苹果	312	456	521	361	
葡萄	198	652	621	821	
荔枝	278	368	590	345	
桔子	352	115	356	511	
总计					

水果销售统计表 / 水果季节销售图

就绪

图 5-95　水果销售统计表

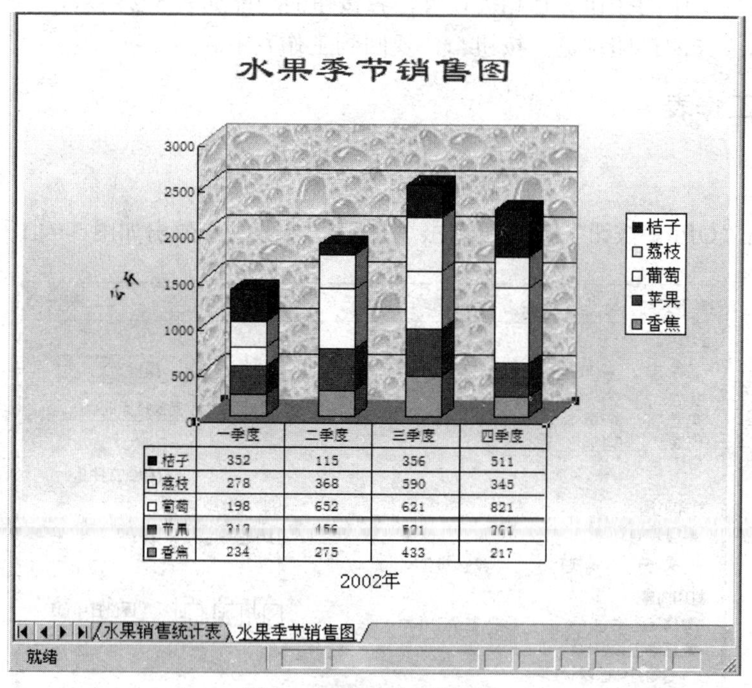

	一季度	二季度	三季度	四季度
桔子	352	115	356	511
荔枝	278	368	590	345
葡萄	198	652	621	821
苹果	312	456	521	361
香蕉	234	275	433	217

图 5-96　水果季节销售图

2．建立一个工作簿，其中包含一张“餐饮店库存统计表”，如图 5-97 所示。

（1）将餐饮店库存统计表的内容分别复制到 Sheet2 和 Sheet3。

（2）针对餐饮店库存统计表，先按“产品编号”升序排序，再用自动筛选的方式筛选出“库存量”小于 30、“类别”为饮料的记录。

	A	B	C	D	E
1	餐饮店库存统计表				
2					
3	产品编号	产品名称	类别	单价	库存量
4	3	葡萄	水果	18	29
5	5	可乐	饮料	12	25
6	2	龙虾	海鲜	98	24
7	6	酸奶	饮料	15	13
8	1	蟹	海鲜	86	31
9	4	西瓜	水果	3	35

餐饮库存统计表 / Sheet2 / Sheet3　就绪　NUM

图 5-97　餐饮店库存统计表

（3）针对 Sheet2，用高级筛选的方式筛选出“库存量”小于 30、“单价”在 30 以上的记录。

（4）针对 Sheet3，按“类别”分类汇总“单价”和“库存量”。

3．利用如图 5-98 所示的“教师授课情况统计表”，以“姓名”为分页字段，以“课程名称”为行字段，以“授课班级”为列字段，以“课时”为求和项，建立数据透视表。

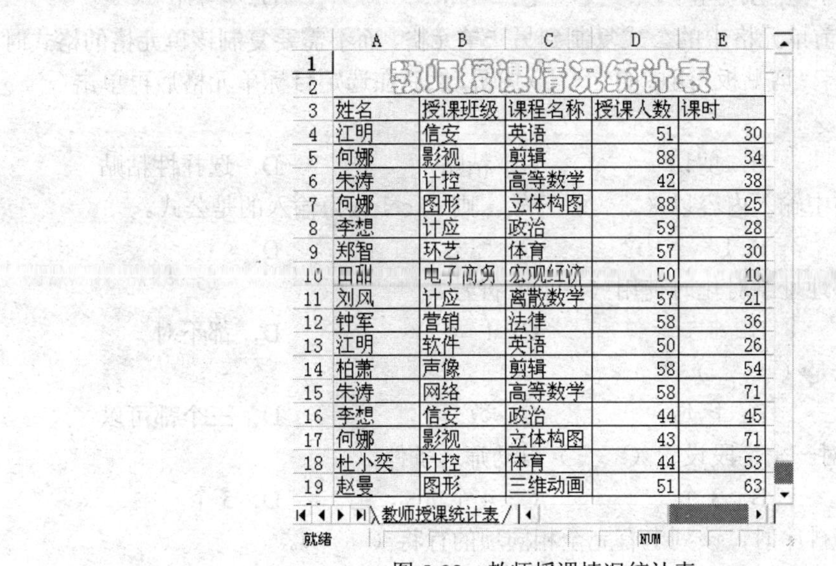

	A	B	C	D	E
1	教师授课情况统计表				
2					
3	姓名	授课班级	课程名称	授课人数	课时
4	江明	信安	英语	51	30
5	何娜	影视	剪辑	88	34
6	朱涛	计控	高等数学	42	38
7	何娜	图形	立体构图	88	25
8	李想	计应	政治	59	28
9	郑智	环艺	体育	57	30
10	田甜	电子商务	宏观经济	50	40
11	刘风	计应	离散数学	57	21
12	钟军	营销	法律	58	36
13	江明	软件	英语	50	26
14	柏萧	声像	剪辑	58	54
15	朱涛	网络	高等数学	58	71
16	李想	信安	政治	44	45
17	何娜	影视	立体构图	43	71
18	杜小奕	计控	体育	44	53
19	赵曼	图形	三维动画	51	63

教师授课统计表　就绪　NUM

图 5-98　教师授课情况统计表

数据透视表的结果如图 5-99 所示。

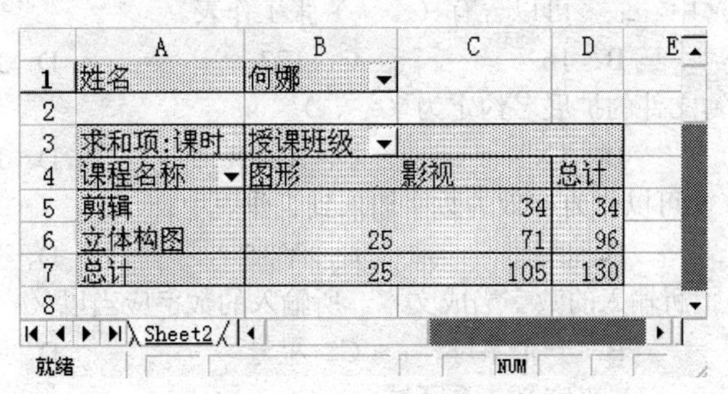

	A	B	C	D
1	姓名	何娜		
2				
3	求和项:课时	授课班级		
4	课程名称	图形	影视	总计
5	剪辑		34	34
6	立体构图	25	71	96
7	总计	25	105	130
8				

Sheet2　就绪　NUM

图 5-99　数据透视表示例

自测题

一、选择题

1．如果在工作簿中既有工作表又有图表，那么单击“快速访问工具栏”中的“保存”按钮后，Excel 将（　　）。

A．只保存其中的工作表　　B．把工作表和图表保存到一个文件中

C．只保存其中的图表　　D．把工作表和图表分别保存到两个文件中

2．设区域 A1:A8 的各单元格中的数值均为 1，A9 为空白单元格，A10 单元格中为一字符串，则函数=AVERAGE(A1:A10)的结果与公式（　　）的结果相同。

A．=8/10　　B．=8/9　　C．=8/8　　D．=9/10

3．当仅需要将当前单元格中的公式复制到另一单元格，而不需要复制该单元格的格式时，应先单击“开始”选项卡“剪贴板”组中的（　　）按钮，然后在选定目标单元格后再单击（　　）命令。

A．复制　　B．剪切　　C．粘贴　　D．选择性粘贴

4．如果在单元格中输入内容以（　　）开始，则 Excel 认为输入的是公式。

A．=　　B．!　　C．*　　D．^

5．公式中单元格地址绝对化时使用（　　）符号。

A．%　　B．$　　C．!　　D．都不对

6．函数参数可以是（　　）。

A．单元　　B．区域　　C．数　　D．三个都可以

7．Excel 最多能对一个字段设置（　　）自动筛选条件。

A．2 个　　B．3 个　　C．4 个　　D．5 个

8．对某列作升序排序时，该列上有完全相同项的行将（　　）。

A．保持原始次序　　B．逆序排列

C．重新排序　　D．排在最后

9．在一个工作簿中，最多可以含有（　　）张工作表。

A．3　　B．16　　C．127　　D．255

10．Excel 工作簿文件的扩展名约定为（　　）。

A．DOCX　　B．TXT　　C．XLSX　　D．PPTX

11．以下（　　）可以作为有效的数字输入到工作表中。

A．1.234　　B．8%　　C．￥35　　D．以上都是

12．要使 Excel 把所输入的数字当成文本，所输入的数字应当以（　　）开头。

A．等号　　B．一个字母　　C．星号　　D．单引号

13．Excel 使用（　　）来定义一个区域。

A．()　　B．:　　C．;　　D．|

14．填充柄位于（　　）。

A．菜单栏　　B．标准工具栏里

C．当前单元格的右下角　　D．状态栏中

15．要在单元格内进行编辑，只需要（　　）。

A．单击该单元格　　B．双击该单元格

C．用快速访问工具栏按钮　　D．用光标选择该单元格

二、判断题

（　　）1．正在处理的单元格称为活动单元格。

（　　）2．在Excel中，公式都是以=开始的，后面由操作数和函数构成。

（　　）3．在Excel中不能同时对多个工作表进行数据输入。

（　　）4．选取不连续的单元格，需要用Alt键配合。

（　　）5．远距离移动单元格的数据时，用鼠标拖曳的方法比较简单方便。

（　　）6．要在公式栏修改某一单元格的数据，需要双击该单元格。

（　　）7．删除是指将选定的单元格和单元格内的内容一起删除。

（　　）8．清除是指对选定的单元格和区域内的内容进行删除。

（　　）9．工作表是用来存储和处理工作数据的文件。

（　　）10．删除工作表中的某一数据系列时，图表中的数据也同时被删除。

第 6 章　PowerPoint 2007 的使用

本章简介

PowerPoint 也是 Office 系列产品之一，用它可以制作产品的宣传广告，制作教学课件、电子贺卡等。如果在产品演示或学术研讨中使用 PowerPoint 会使讲解更加形象和生动，更具有表现力和说服力。用 PowerPoint 制作的演示文稿可以在计算机或投影仪上播放。PowerPoint 还具有强大的联机协作功能，利用它可以召开网络会议。PowerPoint 是办公应用中的好帮手，受到越来越多人的喜爱，它的应用将会越来越广。

本章主要介绍演示文稿的基本制作方法、外观设计、动画效果设计等。

学习目标

- 熟练掌握演示文稿的制作方法
- 熟练掌握演示文稿的外观设计
- 熟练掌握演示文稿的动画效果设计
- 掌握幻灯片放映及相关设置方法
- 熟悉多媒体幻灯片的制作方法

6.1 演示文稿的基本操作

基础知识

6.1.1 基本术语

演示文稿：用 PowerPoint 制作和保存的文件称为演示文稿，其扩展名为.pptx。

幻灯片：演示文稿中的每一页称为幻灯片，一个演示文稿是由任意多张幻灯片组成的。

6.1.2 PowerPoint 2007 的视图

视图是查看和使用演示文稿的方式。启动 PowerPoint 2007 并打开一份演示文稿后，其显示窗口如图 6-1 所示。

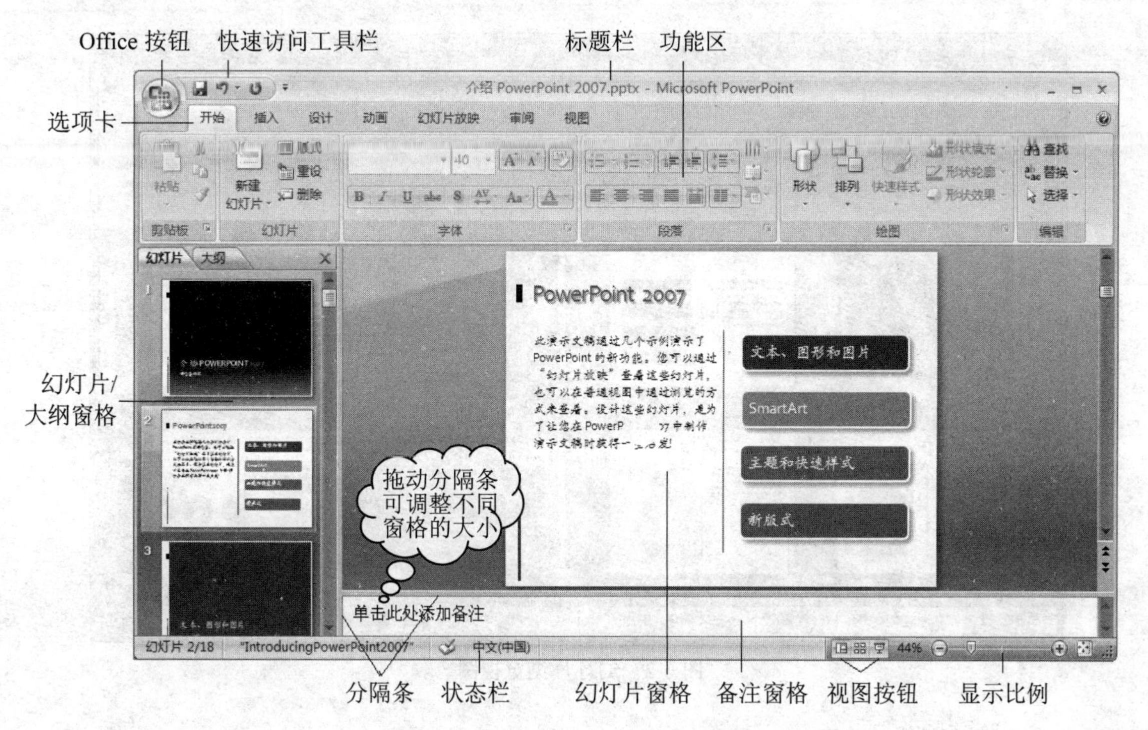

图 6-1 PowerPoint 2007 演示文稿窗口

PowerPoint 2007 可以在 4 种不同的视图中显示演示文稿，单击 PowerPoint 窗口右下角的视图按钮，或单击“视图”选项卡中的按钮，可以在不同的视图之间进行切换，默认为普通视图。

1．普通视图

该视图中包含 3 种窗格：幻灯片/大纲窗格、幻灯片窗格和备注窗格，如图 6-1 所示。

（1）幻灯片窗格。此窗格显示了演示文稿中每张幻灯片的外观。在幻灯片窗格中可以添加文本、图形、图表、声音以及视频剪辑等多媒体元素。要扩大幻灯片的工作空间，可以调整幻灯片窗格的大小。

（2）幻灯片/大纲窗格。

- 单击“幻灯片/大纲”窗格中的“幻灯片”选项卡，显示演示文稿中的幻灯片缩略图。
- 单击“幻灯片/大纲”窗格中的“大纲”选项卡，只显示演示文稿中的文本而不显示任何图形，可以快速地输入、编辑和重新组织文本。
- 可以通过单击跳转到特定幻灯片，通过拖放将幻灯片重新安排。

（3）备注窗格。用来输入有关幻灯片的备注信息。

2．幻灯片浏览视图

该视图主要用于同时显示演示文稿中所有幻灯片的缩略图，如图 6-2 所示。双击某幻灯片可切换回普通视图。在这种方式下，用户可以很方便地添加、删除、复制和移动幻灯片。但在该视图下，不能对幻灯片的内容进行修改。

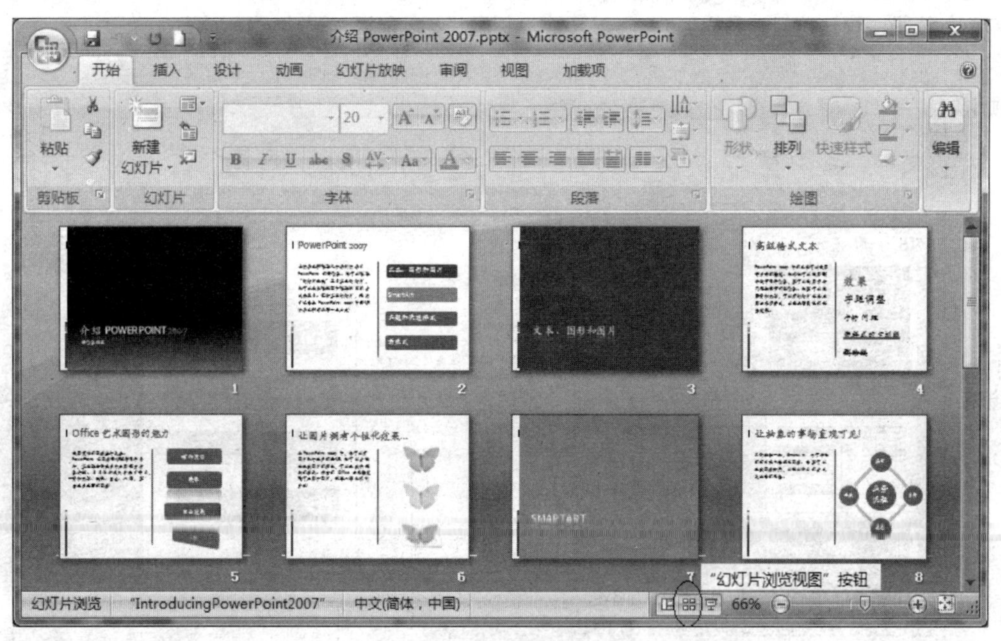

图 6-2　幻灯片浏览视图

3．幻灯片放映视图

该视图用于查看演示文稿的实际效果和排练演示文稿，如图 6-3 所示。在这种方式下，演示文稿以全屏方式运行，并显示所有的动画和切换效果。使用鼠标单击，可以放映下一张幻灯片；使用方向键，可以向前或向后放映幻灯片；按 Esc 键，可以退出幻灯片放映视图。

图 6-3　幻灯片放映视图

4. 备注页视图

备注是对幻灯片的解释说明和支撑材料。正如前面所看到的，可以在普通视图中幻灯片下方的备注窗格中直接输入备注。然而，如果有大量的备注需要输入，可能会发现使用备注页视图更方便一些，如图 6-4 所示。

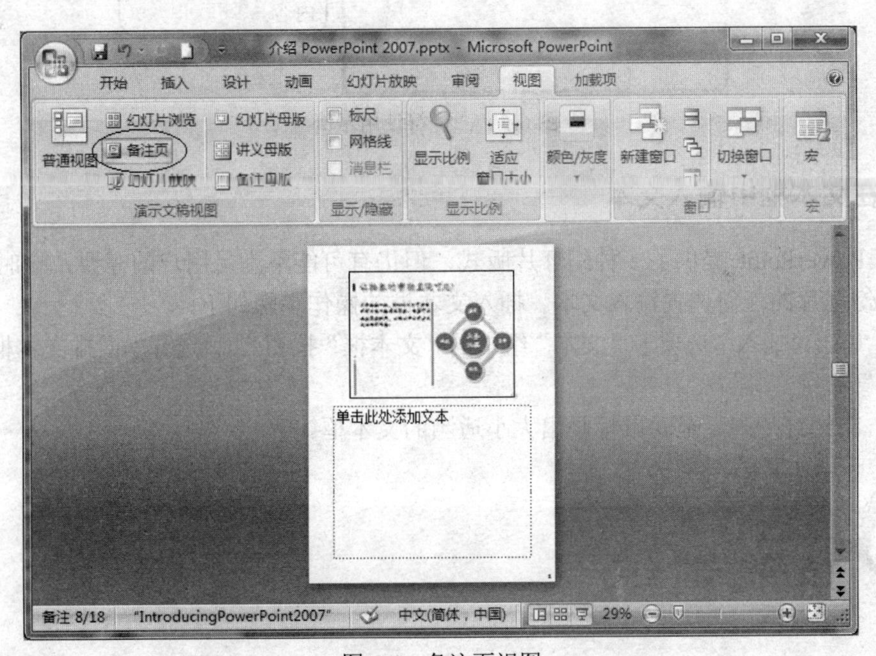

图 6-4　备注页视图

6.1.3　演示文稿中的文本处理

在演示文稿中，对文本的处理包括：文本的输入、文本的编辑和文本的格式化。文本的输入可在占位符中输入或利用文本框输入。关于文本编辑和格式化的操作与 Word 中类似，请参见第 4 章。

1．在占位符中输入文本或对象

所谓占位符就是带有虚线标记边框的框，用于容纳幻灯片标题、正文及各种对象（如表格、图表、SmartArt 图形和图片等）。

默认的占位符类型是多用途内容占位符。选择幻灯片版式时，就决定了占位符中文本的格式（如字体、字号、项目符号及文字排列方向等）。

要向占位符中输入文本，在占位符内部单击，占位符中出现闪烁的竖条光标，此时输入文本即可。

向占位符中插入其他类型的内容，只需单击如图 6-5 所示的图标之一，此时将打开一个对话框，帮助你选择并插入该类型的内容。

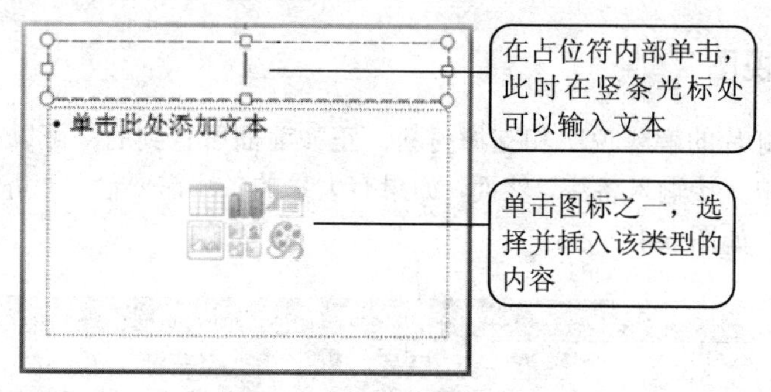

图 6-5　占位符使用示例

2．在文本框中输入文本

尽管 PowerPoint 提供了多种幻灯片版式，但仍有可能不满足用户的需要，这时可以利用文本框在幻灯片的任何位置输入文本。插入文本框的操作步骤如下：

（1）单击“插入”选项卡“文本”组中的“文本框”按钮，选择“横排文本框”或“垂直文本框”命令。

（2）在幻灯片中，拖动鼠标画出大小适当的文本框。

实训 1　演示文稿的基本操作

【实例 1】打开“示例.pptx”演示文稿，查看它的 4 种视图。注意，本实训的素材“示例.pptx”文件请到中国水利水电出版社网站下载。

【实例 2】按照图 6-6 所示用“已安装的模板”制作一份演示文稿，保存为“模板示例”文件。要求：

（1）用“已安装的模板”创建演示文稿，模板选择“古典型相册”。

（2）在演示文稿第 5 张幻灯片之后插入一张新幻灯片，内容如图 6-6 所示。

图 6-6　用“已安装的模板”制作一份演示文稿示例

（3）交换第 2、3 张幻灯片的位置。

（4）根据自己的需要复制或删除幻灯片。

一、实训目的

1．掌握 PowerPoint 2007 的启动和退出方法。

2．掌握用“已安装的模板”创建演示文稿的方法。

3．掌握幻灯片的移动、复制和删除方法。

二、实训内容

1．启动 PowerPoint 2007

2．认识 PowerPoint 的视图

3．用“已安装的模板”创建演示文稿

4．选定幻灯片

5．插入新的幻灯片

6．移动/复制幻灯片

7．删除幻灯片

8．退出 PowerPoint 2007

三、实训步骤

1．启动 PowerPoint 2007

步骤

方法 1：通过“开始”菜单启动。单击“开始”→“所有程序”→Microsoft Office→Microsoft Office PowerPoint 2007 命令。

方法 2：利用快捷图标启动。双击桌面上的快捷图标。

方法 3：通过文件名关联启动。在“Windows 资源管理器”窗口中，双击 PowerPoint 文件，将启动 PowerPoint 程序并打开该文件。

2．认识 PowerPoint 的视图

步骤

（1）从教师指定的位置将“示例.pptx”文件拷贝到自己的本地机器中。

（2）用上面的方法 3 打开“示例.pptx”文件，其默认视图为普通视图。

（3）分别单击窗口右下角的、按钮，可以查看幻灯片浏览视图、幻灯片放映视图。

（4）单击“视图”选项卡“演示文稿视图”组中的“备注页”按钮，可以查看备注页视图，如图 6-7 所示。

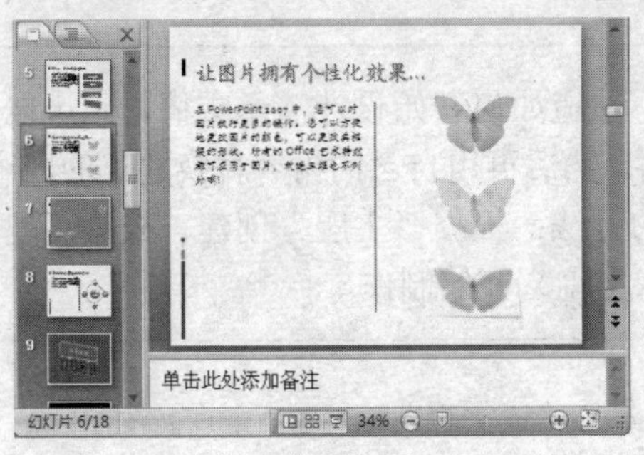

（a）普通视图

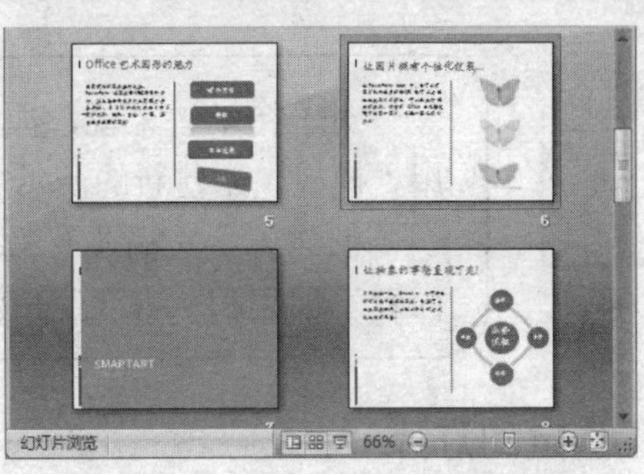

（b）幻灯片浏览视图

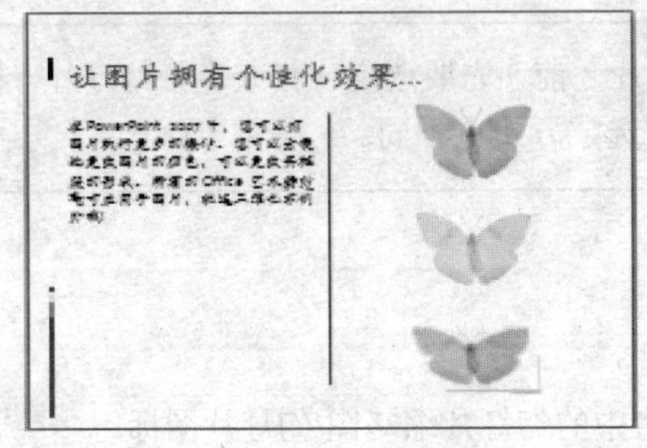

（c）幻灯片放映视图

（d）备注页视图

图 6-7　不同的视图示例

3. 用“已安装的模板”创建演示文稿

步骤

（1）单击按钮，选择“新建”命令，弹出如图 6-8 所示的对话框，单击“已安装的模板”选项卡中的“古典型相册”，单击“创建”按钮。

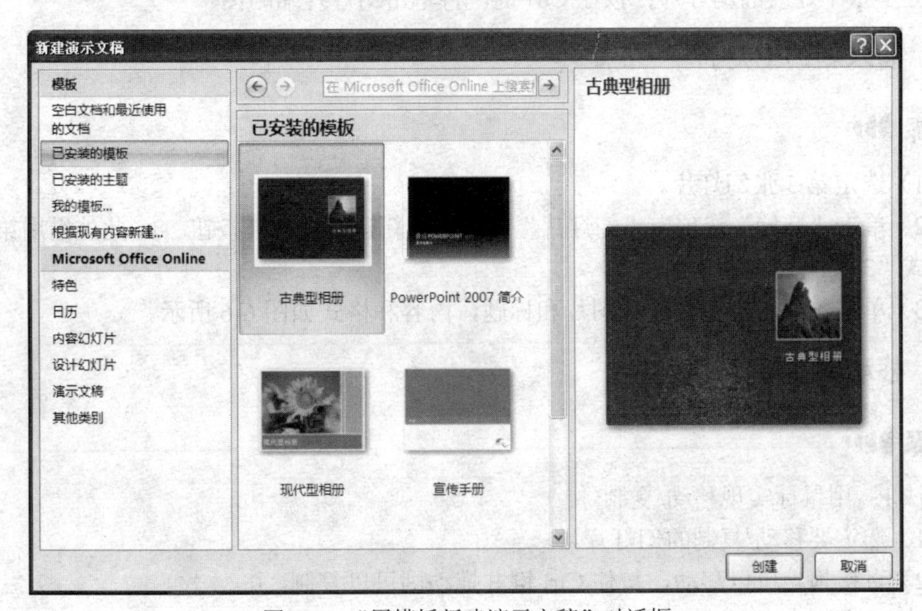

图 6-8　“用模板新建演示文稿”对话框

注意

对于初学者来说，如果不知道如何开始设计演示文稿，则可以使用“模板”创建新的演示文稿，然后再用自己的内容替换建议的内容。

创建演示文稿还有另外的方法：根据“主题”创建、根据“现有内容”创建和从零（空白演示文稿）开始制作。

4．选定幻灯片

说明

在移动、复制或删除幻灯片之前，先要选定一张或多张幻灯片，根据当前所使用视图的不同，其选定方式也不同。

步骤

方法 1：在普通视图中选定。

选定一张幻灯片：单击“幻灯片/大纲”窗格中的幻灯片缩略图/幻灯片图标。

选定多张连续的幻灯片：按住 Shift 键，再单击“幻灯片/大纲”窗格中的幻灯片缩略图/幻灯片图标。

选定多张不连续的幻灯片：按住 Ctrl 键，再单击“幻灯片/大纲”窗格中的幻灯片缩略图/幻灯片图标。

方法 2：在幻灯片浏览视图中选定。

选定一张幻灯片：单击幻灯片缩略图。

选定多张连续的幻灯片：按住 Shift 键，再单击幻灯片缩略图。

选定多张不连续的幻灯片：按住 Ctrl 键，再单击幻灯片缩略图。

5．插入新的幻灯片

步骤

（1）选定第 5 张幻灯片。

（2）单击“开始”选项卡“幻灯片”组中的“新建幻灯片”按钮（此处沿用第 5 张幻灯片版式“3. 纵栏（带标题）”）。

（3）单击占位符，分别添加图片和标题，内容和格式如图 6-6 所示。

6．移动/复制幻灯片

步骤

方法 1：用鼠标实现移动/复制。

（1）选定要移动/复制的幻灯片。

（2）直接拖动可以移动，按住 Ctrl 键并拖动则可以复制。

方法 2：用按钮实现移动/复制。

（1）选定要移动/复制的幻灯片。

（2）单击“开始”选项卡“剪贴板”组中的“剪切”按钮/“复制”按钮。

（3）选定目标位置处的幻灯片，在“剪贴板”组中单击“粘贴”按钮，将在选定幻灯片之后粘贴要移动/复制的幻灯片。

7．删除幻灯片

步骤

（1）选定要删除的幻灯片。

（2）任选以下操作之一：

- 单击“开始”选项卡“幻灯片”组中的“删除”按钮。
- 右击所选的幻灯片，在弹出的快捷菜单中单击“删除幻灯片”命令。
- 按 Delete 键。

8．退出 PowerPoint 2007

步骤

方法 1：单击 PowerPoint 窗口右上角的按钮。

方法 2：右击任务栏上 PowerPoint 的窗口按钮，在弹出的快捷菜单中单击“关闭”命令。

方法 3：单击按钮，再单击“退出 PowerPoint”命令。

方法 4：按 Alt+F4 组合键。

实训 2　制作一个简单的演示文稿

【实例】按照图 6-9 所示的内容制作一份演示文稿，保存为“演示文稿示例.pptx”文件。

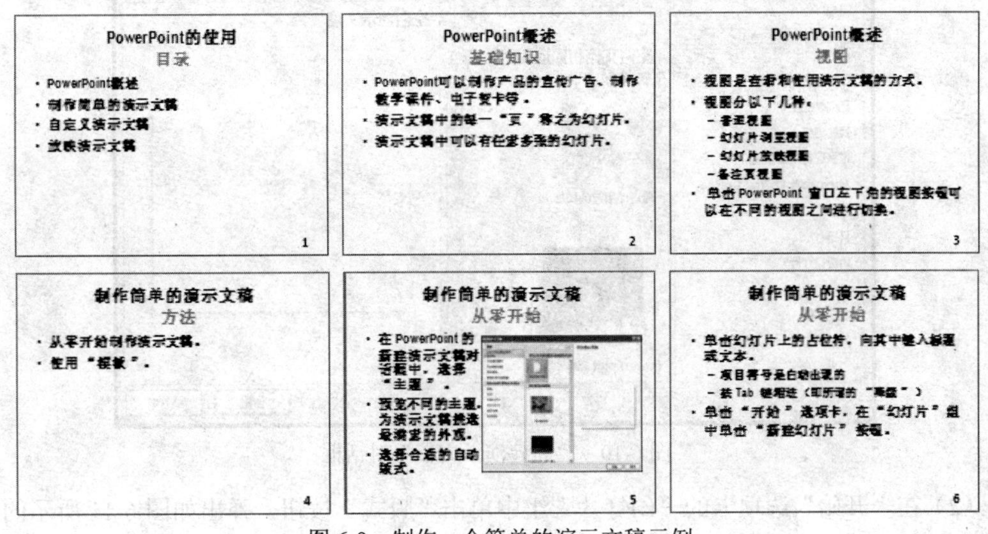

图 6-9　制作一个简单的演示文稿示例

一、实训目的

1．熟练掌握 PowerPoint 演示文稿的创建和保存方法。
2．掌握演示文稿中文本的处理方法。
3．学会编辑和格式化演示文稿中的文本。
4．熟悉演示文稿中对象的插入方法。

二、实训内容

1．创建演示文稿
2．保存新的演示文稿
3．在幻灯片中插入图片

三、实训步骤

1．创建演示文稿

步骤

方法 1：在空白幻灯片中制作演示文稿。

（1）单击按钮，再单击“新建”命令，弹出如图 6-10 所示的对话框，在“模板”窗格中单击“空白文档和最近使用的文档”，在中间窗格中单击“空白演示文稿”，最后单击“创建”按钮。

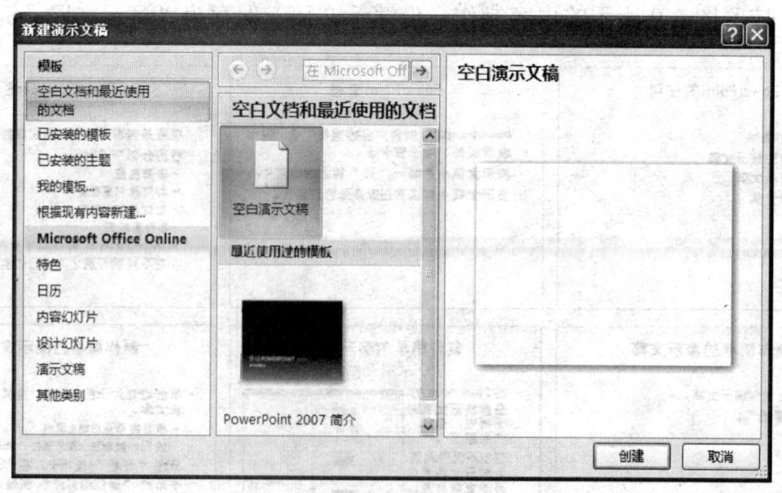

图 6-10 “新建演示文稿”对话框

（2）在“开始”选项卡的“幻灯片”组中单击“版式”按钮，弹出如图 6-11 所示的对话框，为第一张幻灯片选择所需的版式。

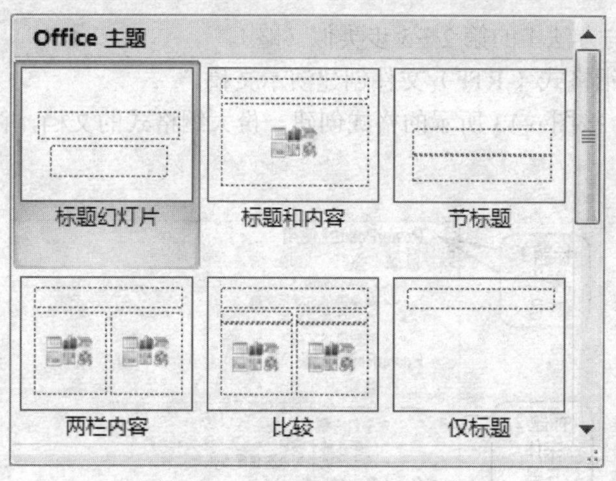

图 6-11 “幻灯片版式”对话框

（3）分别单击各个占位符，插入相应的内容（这些内容可以在以后添加）。

（4）单击“幻灯片”组中的“新建幻灯片”按钮的下拉箭头，选择新建幻灯片的版式。

（5）重复第 3、4 步，添加其余的幻灯片。

注意

> 版式是各种对象（如文本框、图片、表格、图表等）在幻灯片中的布局。
>
> 一般情况下，演示文稿的第一张幻灯片用来显示标题，所以选择幻灯片版式时应选择“标题幻灯片”版式。

方法 2：根据“主题”创建演示文稿。

（1）单击按钮，再单击“新建”命令，弹出如图 6-12 所示的对话框。

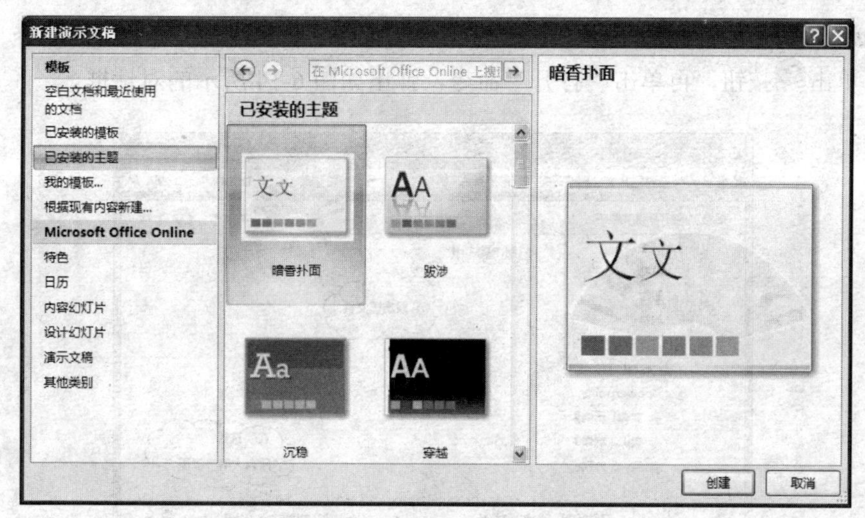

图 6-12 “新建演示文稿”对话框

（2）单击“已安装的主题”选项，从中间窗格中选择你喜欢的主题。

（3）单击“创建”按钮。

（4）其余步骤与方法 1 的第 2～5 步类似（略）。

方法 3：通过大纲格式（.RTF）文件创建演示文稿。

（1）在 Word 中，按图 6-13 所示的格式创建一份大纲格式的文档，并保存为“制作素材.rtf”文件。

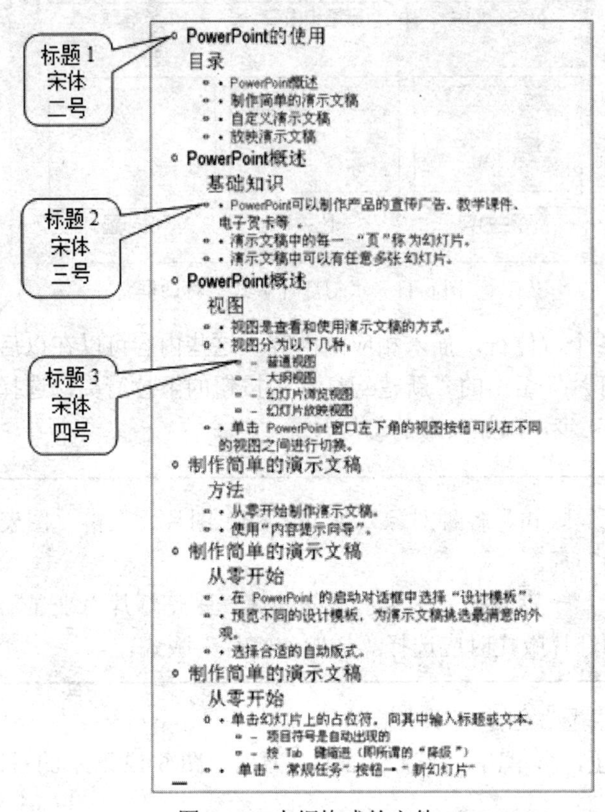

图 6-13　大纲格式的文件

（2）单击按钮，再单击“打开”命令，弹出如图 6-14 所示的对话框。

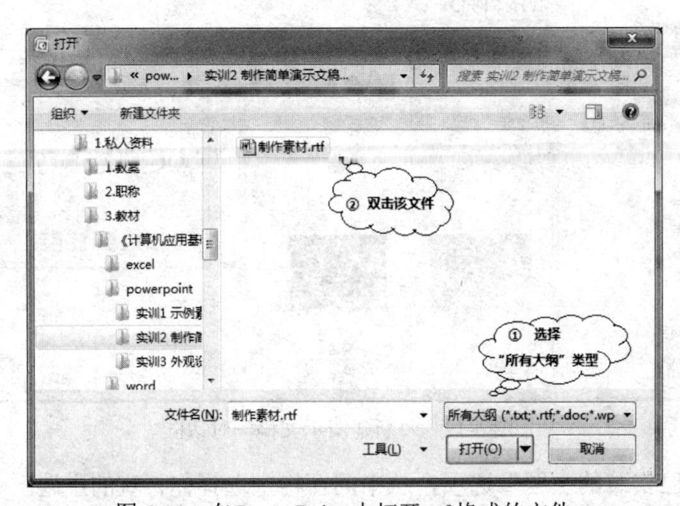

图 6-14　在 PowerPoint 中打开 rtf 格式的文件

（3）在此对话框中选择“所有文件”类型。
（4）双击 rtf 格式的文件，即可将该文件的内容导入到演示文稿中，如图 6-9 所示。

2．保存新的演示文稿

步骤

（1）承接上例，单击“快速访问工具栏”中的按钮，弹出如图 6-15 所示的对话框。

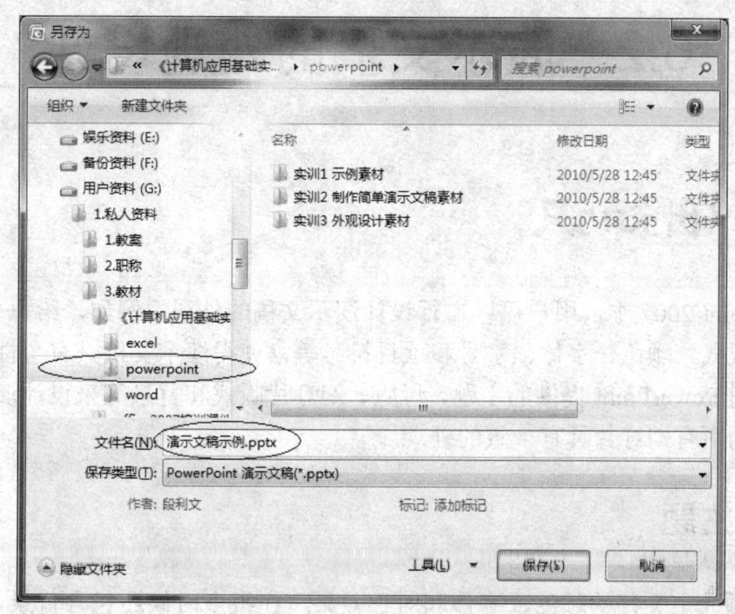

图 6-15　“另存为”对话框

（2）选择要保存的位置。
（3）在“文件名”文本框中输入演示文稿的名称。
（4）单击“保存”按钮。

注意

在 PowerPoint 2007 中，可以将演示文稿保存为多种类型，常用的 3 种类型如下：

- 演示文稿类型（.pptx）：这是演示文稿的默认类型。
- 放映类型（.ppsx）：双击这类文件，会直接放映演示文稿。
- 大纲类型（.rtf）：这类文件既可在 Word 中，又可在 PowerPoint 中打开并编辑。双击此类文件时，会在 Word 中打开。

3．在幻灯片中插入图片

步骤

（1）获取图片。

- 单击按钮，再单击“新建”命令，弹出如图 6-10 所示的对话框。

- 按 Alt+Print Screen 键，将如图 6-10 所示的图片拷贝到剪贴板。

（2）粘贴图片。

- 切换到第 5 张幻灯片。
- 单击“开始”选项卡“剪贴板”组中的“粘贴”按钮。
- 调整图片到合适的位置。

（3）调整文本占位符的大小如图 6-9 中的第 5 张幻灯片所示。

6.2 演示文稿的外观设计

基础知识

在 PowerPoint 2007 中，用户可以自行设计演示文稿的外观。例如，给每一张幻灯片设计不同的背景、版式、颜色、字体、字号和项目符号等，使得演示文稿具有个性化特征。当然，用户也可以利用 PowerPoint 提供的主题、母版、幻灯片版式和背景等来设计演示文稿的外观，使得演示文稿的所有幻灯片具有一致的外观。

6.2.1 主题

主题包含预先定义好的颜色、字体和对象效果，在很多时候还包含背景，它是经专业设计的，可以在任何时候应用到演示文稿中，以创建独特的外观。

应用“主题”后，演示文稿中每张幻灯片的外观都将做同样的改变，但其内容不变。

演示文稿的外观可随时改变，只需重新应用“主题”即可。图 6-16 所示是应用了四种不同“主题”的相同演示文稿示例。

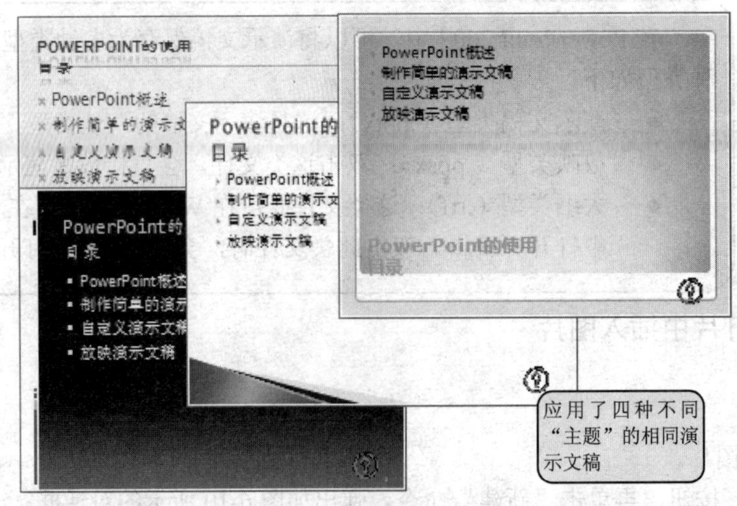

图 6-16 主题的应用示例

6.2.2 幻灯片版式

幻灯片版式是指各种对象（如标题、文本、表格、图表、SmartArt 图形、图片等）在幻灯片上排列分布的布局格式。幻灯片版式可以由用户自定义，也可以采用内置版式，即 PowerPoint 提供的预先设计好的幻灯片版式，可以移动或重置其大小和格式。

6.2.3 母版

PowerPoint 2007 提供了 3 种母版：幻灯片母版、讲义母版和备注母版，这里主要介绍幻灯片母版。

幻灯片母版是幻灯片层次结构中的顶级幻灯片，它存储有关演示文稿的主题和幻灯片版式的所有信息，包括背景、颜色、字体、效果、占位符大小和位置。

每个演示文稿至少包含一个幻灯片母版。如果更改了幻灯片母版的样式，则演示文稿中的每张幻灯片的样式将统一更改，包括其后添加到演示文稿中的幻灯片。所以，使用幻灯片母版的优点就是可以节省编辑时间，不必在每张幻灯片上重复键入相同内容。例如，在幻灯片母版中插入一张图片，则演示文稿中所有应用了该幻灯片版式的幻灯片中都会出现该图片，如图 6-17 所示。如果要使个别幻灯片的外观与母版不同，则应该直接修改该幻灯片而不修改母版。

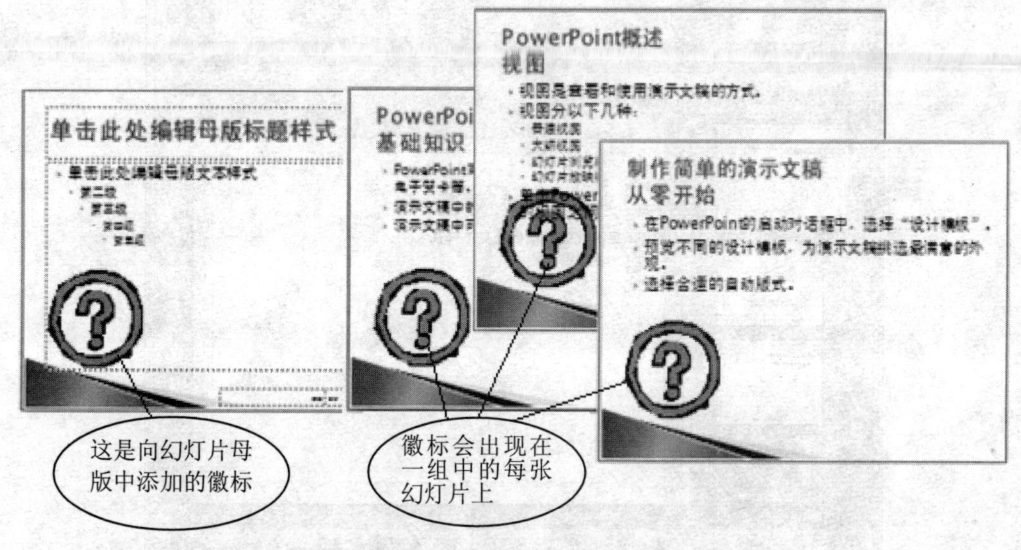

图 6-17 修改母版的应用示例

单击“视图”选项卡“演示文稿视图”组中的“幻灯片母版”按钮，会切换到幻灯片母版视图，在幻灯片母版视图中，任何给定的幻灯片母版都有几种默认版式与其相关联，如图 6-18 所示。用户可以从提供的版式中选择最适合的版式来显示自己的信息。

每个幻灯片版式的设置方式都不同，但与给定幻灯片母版相关联的所有版式均包含相同主题（配色方案、字体和效果），图 4-19 所示为应用了“凸显”主题的幻灯片母版及其不同的版式。

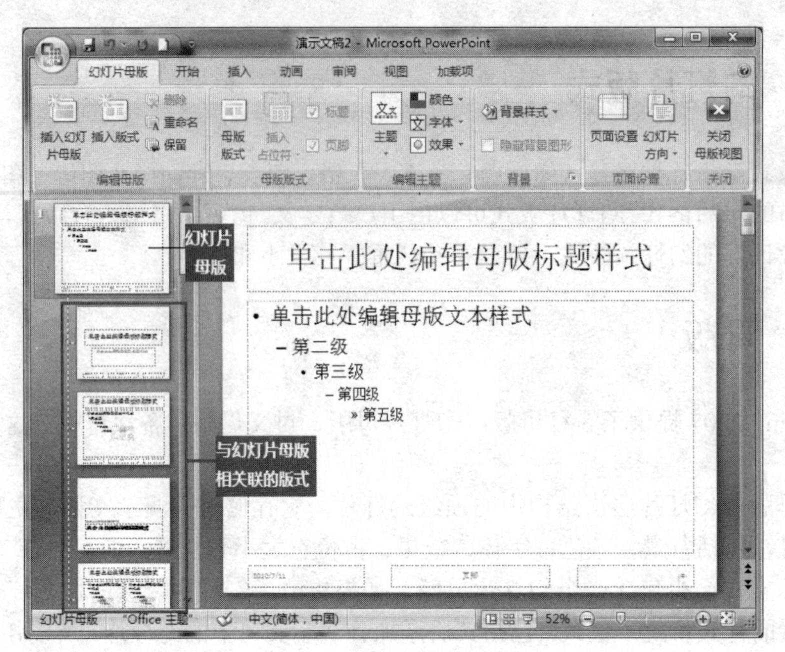

图 6-18　幻灯片母版视图

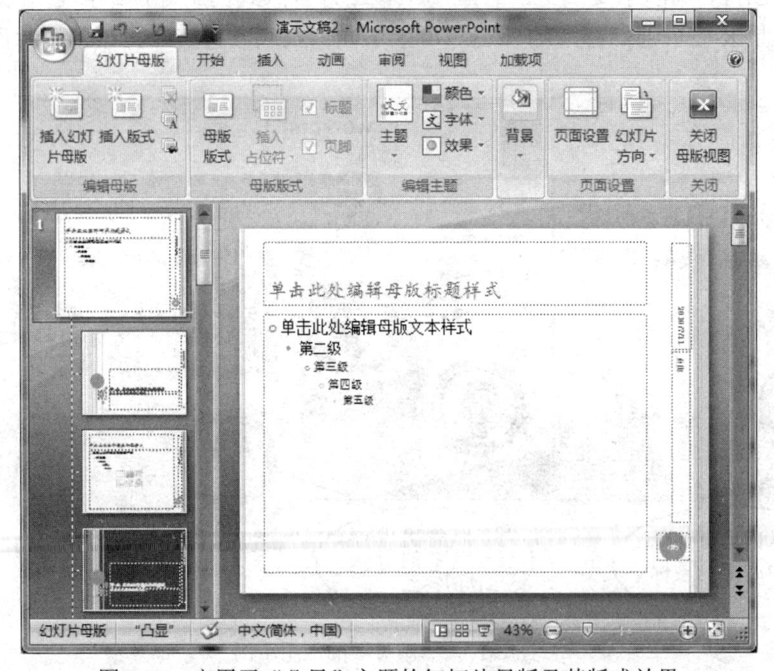

图 6-19　应用了“凸显”主题的幻灯片母版及其版式效果

如果要让演示文稿中包含两种以上不同的样式或主题（如背景、颜色、字体和效果），需要为每种不同的主题插入一个幻灯片母版。如图 6-20 所示，有两个幻灯片母版，每个幻灯片母版都应用了不同主题。

用户可以创建包含一个或多个幻灯片母版的演示文稿，将其另存为 PowerPoint 模板（.potx 或 .pot）文件，然后再使用该模板文件创建其他演示文稿。

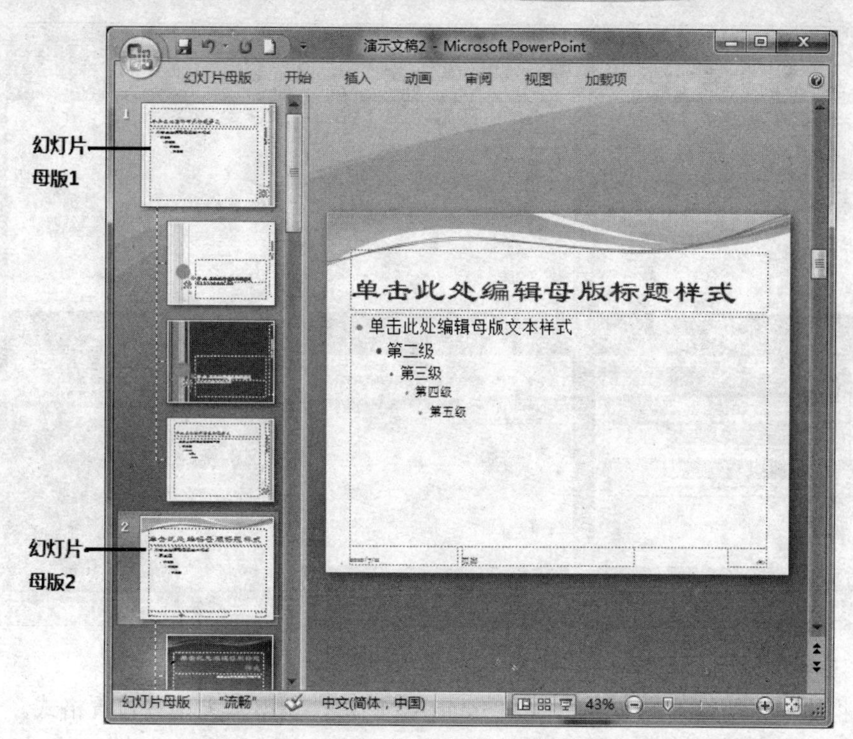

图 6-20　应用了不同主题的幻灯片母版示例

实训 3　设计个人简历

【实例】将“个人简历示例.pptx”文件按照图 6-21 所示的样式进行外观设计。要求：

（1）应用主题。将整份演示文稿应用为“视点”主题，主题字体为 Office 经典（黑体标题，宋体正文），主题颜色重新自定义。

（2）应用幻灯片版式。

- 将第 1、3 张幻灯片的版式设计为“标题幻灯片”。
- 将第 2 张幻灯片的版式设计为“两栏内容”，并插入一幅你喜欢的图片。
- 其余为默认版式，即“标题和内容”。

（3）修改幻灯片母版。

- 按图中所示设计所有幻灯片的第一、二级项目符号。
- 为所有幻灯片的标题设置艺术字样式。
- 在第 1、3 张幻灯片的顶部添加一行文本“个人简历制作示例”。
- 将第 1、3 张幻灯片副标题的颜色自定义为（红色：59；绿色：167；蓝色：59）。

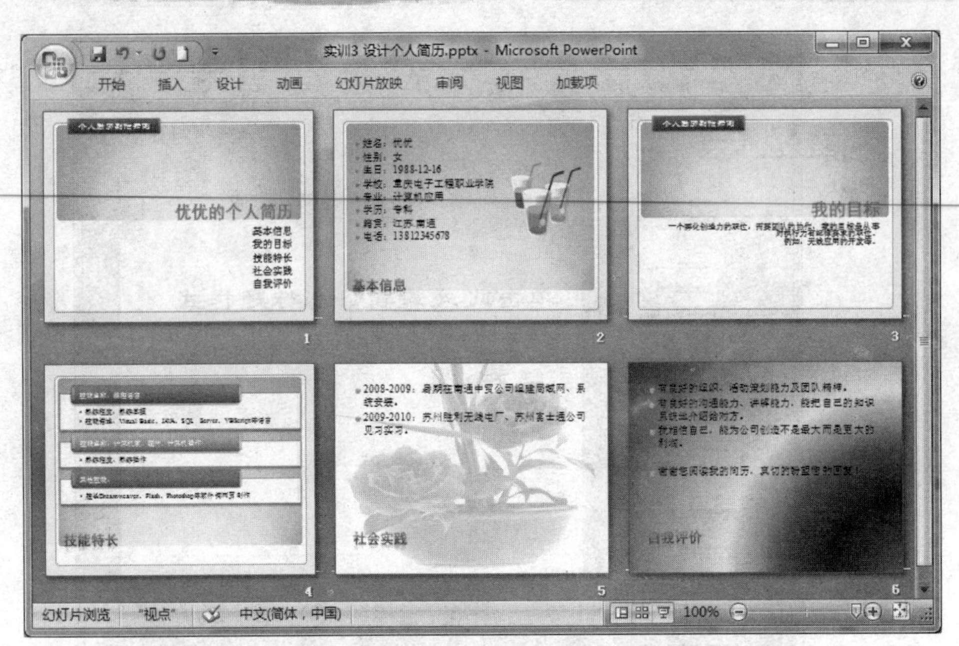

图 6-21　演示文稿的外观设计示例

（4）将第 4 张幻灯片的文本转换为 SmartArt 图形，调整其大小并设置格式。

（5）改变背景。

- 将第 5 张幻灯片的背景设置为一幅图片。
- 将第 6 张幻灯片的背景设置为填充预设“彩虹出岫 II、射线”。

（6）添加幻灯片编号。

一、实训目的

1. 掌握设计模板的应用。
2. 掌握幻灯片版式的应用。
3. 掌握母版的使用。
4. 熟悉配色方案和背景的使用。
5. 熟悉项目符号的修改和删除方法。

二、实训内容

1. 应用主题
2. 应用幻灯片版式
3. 修改幻灯片母版
4. 将文本转换为 SmartArt 图形
5. 设计 SmartArt 图形样式
6. 设置单张幻灯片的背景
7. 添加幻灯片编号

三、实训步骤

1. 应用主题

步骤

（1）打开“个人简历示例.pptx”文件。

（2）单击“设计”选项卡“主题”组中的“其他”按钮，弹出如图 6-22 所示的对话框。

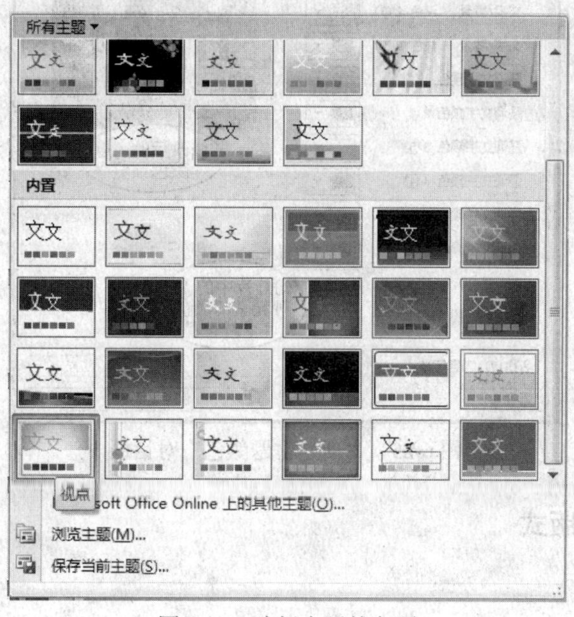

图 6-22 选择内置的主题

（3）选择“视点”主题。

（4）单击“主题”组中的“字体”按钮，弹出如图 6-23 所示的下拉菜单。

（5）单击“Office 经典”（黑体标题，宋体正文），将应用于所有幻灯片上。

（6）单击“主题”组中的“颜色”按钮，弹出如图 6-24 所示的下拉菜单。

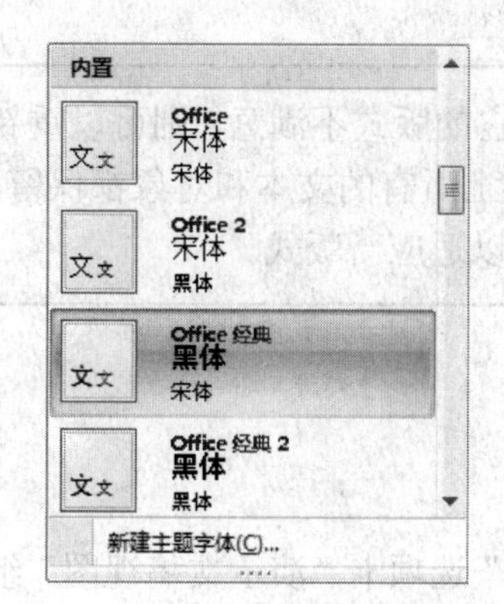

图 6-23 选择主题的字体样式

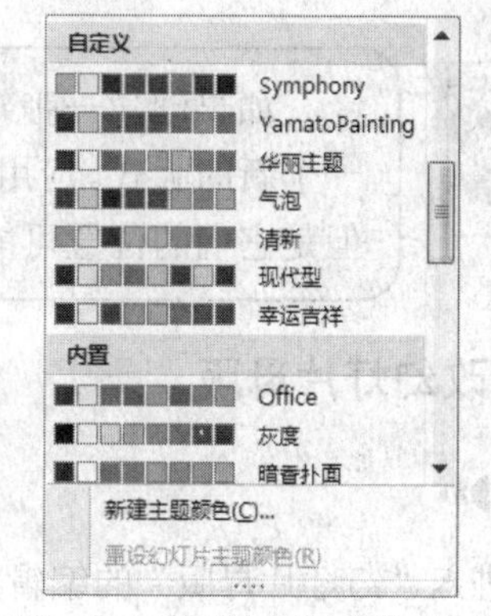

图 6-24 选择主题的颜色样式

（7）选择一种系统提供的主题颜色。如果直接单击，将应用于所有幻灯片上；如果右击，在弹出的快捷菜单中可以选择应用于所有幻灯片或应用于所选幻灯片。

（8）如果没有满意的方案，可以单击“新建主题颜色”命令来重新定义一种主题颜色，如图 6-25 所示。

图 6-25 “新建主题颜色”对话框

2. 应用幻灯片版式

步骤

（1）选定第 1、3 张幻灯片。

（2）单击“开始”选项卡“幻灯片”组中的“版式”按钮，选择“标题幻灯片”。

（3）选定第 2 张幻灯片。

（4）单击“开始”选项卡“幻灯片”组中的“版式”按钮，选择“两栏内容”。

（5）在第 2 张幻灯片中，单击“图片占位符”，插入一幅你喜欢的图片。

注意

如果创建一张新的幻灯片后，对它的版式不满意，则可以重新应用一个新的版式。应用新版式后，幻灯片上所有的文本和对象都保留不变，但是它们的位置可能需要重新排列，以适应新版式。

3. 修改幻灯片母版

步骤

（1）进入“幻灯片母版”的编辑状态。单击“视图”选项卡“演示文稿视图”组中的“幻灯片母版”，弹出如图 6-26 所示的界面和“幻灯片母版”选项卡。

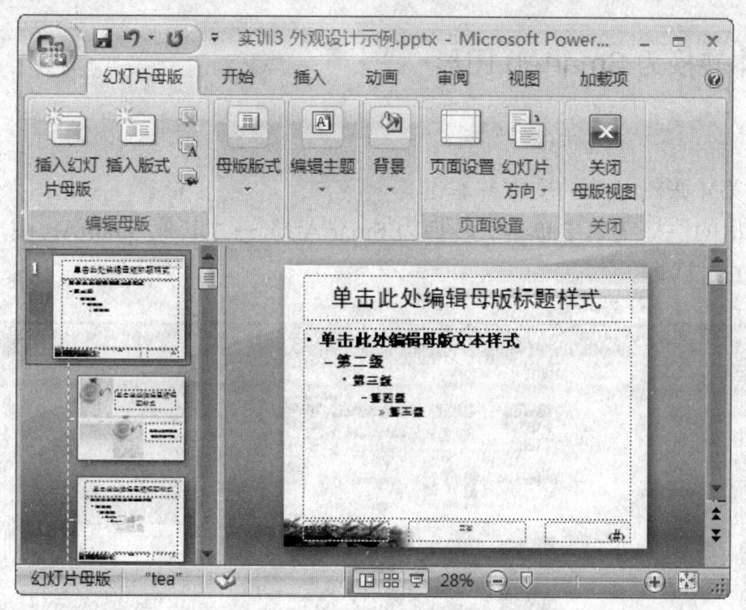

图 6-26　“幻灯片母版”视图

（2）修改项目符号和编号：在“默认幻灯片母版”（即列于首位的母版）上，将插入点定位在正文文本占位符的第一行；单击“开始”选项卡“段落”组中的“项目符号”按钮的下拉箭头，选择“项目符号和编号”命令，在弹出的对话框中单击“图片”按钮，在“图片项目符号”库中双击所需的符号；将插入点定位在正文文本占位符的第二行；单击“开始”选项卡“段落”组中的“项目符号”下拉箭头，选择“项目符号和编号”命令，在弹出的对话框中选择项目符号为➢，设置“大小”为 95%，“颜色”为绿色，单击“确定”按钮。

（3）设置标题样式：在“默认幻灯片母版”（即列于首位的母版）上，选定“标题”占位符；在“格式”选项卡的“艺术字样式”组中，从“快速样式”列表中选择喜欢的样式（也可以单击 文本填充 文本轮廓 文本效果按钮进行个性化的设置）。

（4）添加文本“个人简历制作示例”：在“标题幻灯片版式母版”的顶部插入一个文本框，输入文本“个人简历制作示例”；格式化文本框（方法与 Word 中的类似）。

（5）设置副标题文本：在“标题幻灯片版式母版”上，选定“副标题”占位符，用“开始”选项卡“字体”组中的相关按钮设置文本的加粗、加阴影、颜色效果。

（6）单击“幻灯片母版”选项卡“关闭”组中的“关闭”按钮。

注意

在“默认幻灯片母版”上所做的设置会在所有幻灯片上生效。在“标题幻灯片版式母版”上所做的设置只会在采用了这个版式的幻灯片上生效。

在幻灯片母版的编辑状态下，原幻灯片中的内容是不可见的。在幻灯片母版上能够修改的项目包括：文本的字体、字号，项目符号，占位符的位置、大小和格式，设置背景，插入图形，插入页眉、页脚和幻灯片编号等。

要退出母版编辑状态，只能单击“母版”工具栏中的“关闭”按钮。

4．将文本转换为 SmartArt 图形

步骤

（1）选定第 4 张幻灯片的文本并右击。

（2）在弹出的快捷菜单中单击“转换为 SmartArt”→“其他 SmartArt 图形”命令，弹出如图 6-27 所示的对话框。

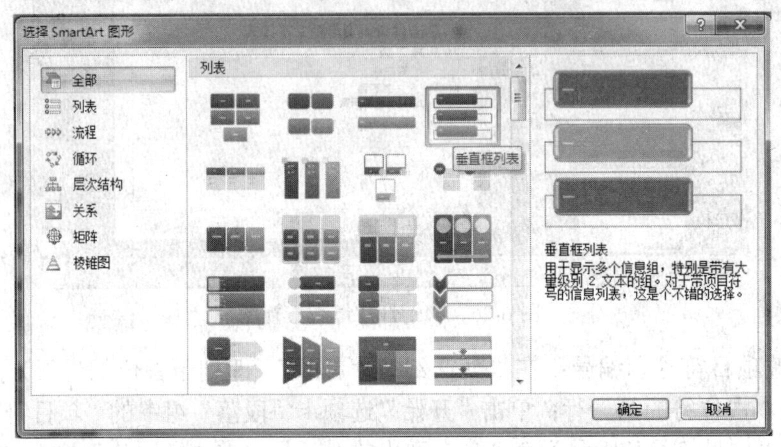

图 6-27　“选择 SmartArt 图形”对话框

（3）选择“垂直框列表”，单击“确定”按钮。

5．设计 SmartArt 图形样式

步骤

（1）承接上例。选择 SmartArt 图形。

（2）在“设计”选项卡的“SmartArt 样式”组中单击“其他”按钮，从弹出的下拉列表中选择“三维 嵌入”样式。

（3）在“设计”选项卡的“SmartArt 样式”组中单击“更改颜色”按钮，从弹出的下拉列表中选择“彩色”，如图 6-28 所示。

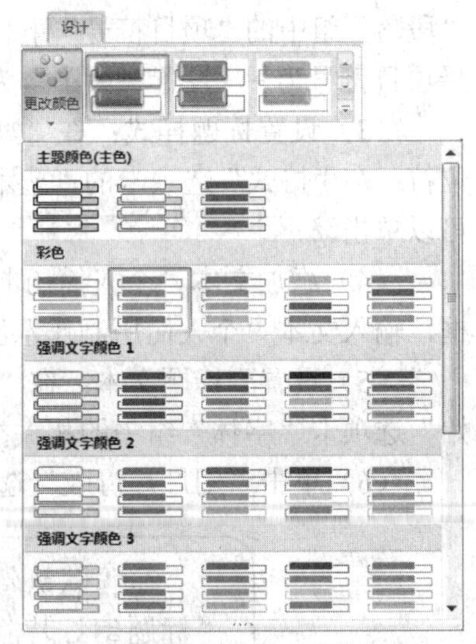

图 6-28　更改 SmartArt 图形的颜色

6．设置单张幻灯片的背景

步骤

（1）选定第 5 张幻灯片。

（2）单击“设计”选项卡“背景”组中的“背景样式”按钮，再单击“设置背景格式”命令，弹出如图 6-29 所示的对话框。

（3）选择“图片或纹理填充”单选项和“隐藏背景图形”复选项。

（4）单击“文件”按钮，从弹出的对话框中选择想要的图片。

（5）返回到“设置背景格式”对话框，设置“透明度”为 70%。

（6）单击“关闭”按钮。

（7）选定第 6 张幻灯片。

（8）重复第 2 步。

（9）选择“渐变填充”单选项和“隐藏背景图形”复选项。

（10）设置“预设颜色”为“彩虹出岫 II”、类型为“射线”，如图 6-30 所示。

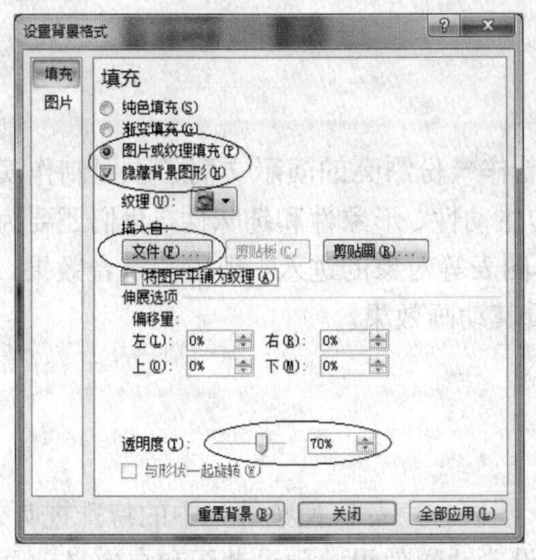

图 6-29 “设置背景格式”对话框

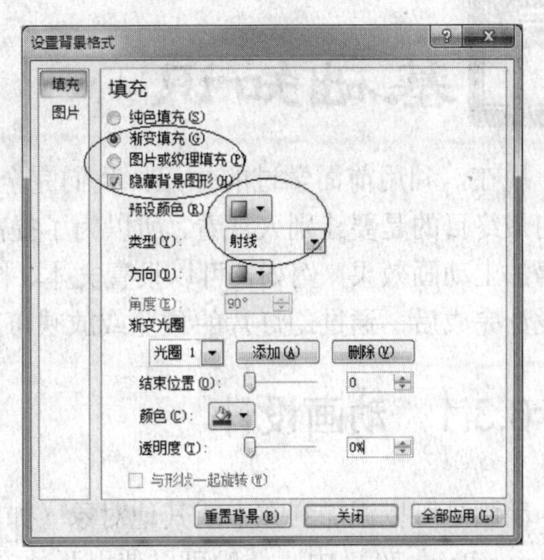

图 6-30 设置渐变填充背景格式

（11）单击“关闭”按钮。

7. 添加幻灯片编号

步骤

（1）单击“插入”选项卡“文本”组中的“页眉和页脚”按钮，弹出如图 6-31 所示的对话框。

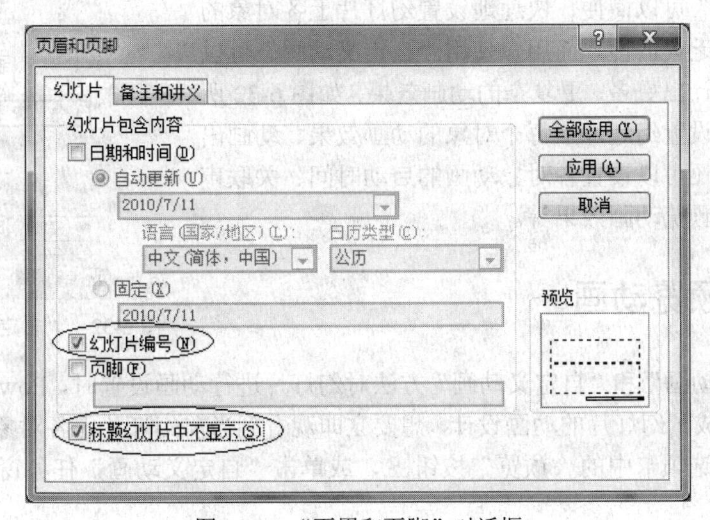

图 6-31 “页眉和页脚”对话框

（2）勾选“幻灯片编号”和“标题幻灯片中不显示”复选项。

（3）单击“全部应用”按钮。

6.3 幻灯片的动画设计及放映

基础知识

现在，利用前面学过的知识，我们完全可以制作一份漂亮的演示文稿了。但制作演示文稿的最终目的是要让别人观看，所以为了提高它的生动性、形象性和趣味性，我们还要为演示文稿加上动画效果，例如，可以设置文本、图形、图表等对象的进入、退出和声音效果。在动画设计完成后，通过幻灯片的预览或放映可以观看其动画效果。

6.3.1 动画设计

动画是可以添加到文本或其他对象（如图片、图表、声音、视频等）中的特殊视听效果。在 PowerPoint 2007 中，一般可以使用两种方法来设置动画效果：预设动画和自定义动画。

1．预设动画

预设动画是使用“动画”选项卡中的“动画”列表框来快速完成幻灯片上各个对象的动画效果的。该方法使用简单，但设置的动画效果较少，不能修改动画的先后顺序、启动时间等。

2．自定义动画

“预设动画”可以简便、快速地设置幻灯片上各对象的动画效果，但缺乏灵活性。而用户使用“自定义动画”可以根据实际情况设计出更多、更复杂的动画效果，如图 6-32 所示。它不仅可以设置幻灯片上每个对象的动画效果、动画出现的先后顺序，还可以设置各对象动画的启动时间、关联声音、图表动画、预览动画效果等。

图 6-32 “自定义动画”任务窗格

6.3.2 预览动画

使用“预设动画”和“自定义动画”方法对幻灯片进行动画设置时，PowerPoint 自动让用户预览动画。完成了幻灯片的动画设计，想要立即观看到当前幻灯片上各对象的动画效果，可以单击“动画”选项卡中的“预览”按钮，或单击“自定义动画”任务窗格中的“播放”按钮来实现。

6.3.3　幻灯片的放映及设置

1. 放映幻灯片

放映幻灯片是演示文稿的最终目的，它会显示幻灯片的动画效果和幻灯片间的切换效果。一般在演示文稿的制作过程（特别是动画设计）中，经常需要放映幻灯片观看设计效果，以便随时进行修改。

2. 幻灯片放映时的换页方法

在幻灯片放映过程中，如果要人工控制幻灯片的放映，则可使用以下方式来实现：

- 如果想退出幻灯片放映，则按 Esc 键。
- 如果想换到上一张或下一张幻灯片，可以用 Page Up、Page Down 键来控制，也可以用方向键↑、↓、←、→来控制，还可以右击鼠标从弹出的快捷菜单中选择“下一张”、“上一张”命令来实现。
- 如果只是想换到下一张幻灯片，则可用空格键、回车键或单击鼠标等控制。
- 如果在放映时想放映任意一张，则可右击鼠标从弹出的快捷菜单中选择“定位至幻灯片”命令，通过幻灯片标题定位到所选的幻灯片上，如图 6-33 所示。

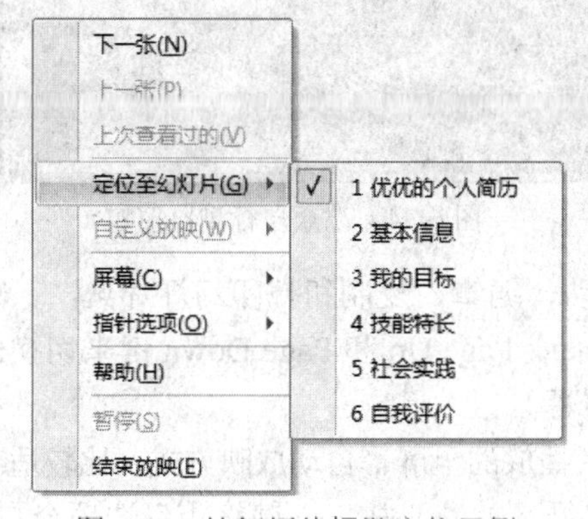

图 6-33　按幻灯片标题定位示例

- 如果为每张幻灯片都设置了放映时间，则可以实现自动换页放映。

3. 幻灯片放映时间

如果在幻灯片放映时不想人工控制每张幻灯片，可以通过人工定时和排练计时来控制幻灯片在屏幕上显示时间的长短。

4. 幻灯片的切换效果

动画效果是某张幻灯片上的不同对象的一种出现方式，而幻灯片的切换效果是指所有或部分幻灯片的一种出现方式，是添加在幻灯片之间的一种特殊效果。例如，一张幻灯片从下往上缓慢移动、一张幻灯片从右下角抽出等。

5. 幻灯片的放映方式

PowerPoint 为用户提供了三种幻灯片放映方式：演讲者放映、观众自行浏览、在展台浏览。

（1）演讲者放映（全屏幕）。

- 这是最常用的方式，也是默认方式，它以全屏幕方式显示幻灯片，通常用于演讲者指导演示。
- 演讲者具有全部的控制权限。
- 可用自动或人工方式进行幻灯片放映。
- 可以在放映过程中录制旁白等。

（2）观众自行浏览（窗口）。

- 在这种方式下演示文稿出现在窗口中，如图 6-34 所示。

图 6-34 观众自行浏览窗口

- 用户可在放映时移动、编辑、复制和打印幻灯片。
- 用户可以使用滚动条或 Page Up 和 Page Down 键来切换幻灯片。

（3）在展台浏览（全屏幕）。

- 这是一种不需要专人播放的全屏幕自动放映方式，比较适合在展览会场或会议中使用。
- 选定这种方式后，“循环放映，按 Esc 键终止”选项会自动被选定。
- 以这种方式运行时，大多数的菜单和命令都不可用，并且在每次放映完毕后会自动重新开始。

6.3.4 打包演示文稿

一套演示文稿制作完毕后，如果希望在另一台计算机中放映，仅将演示文稿文件复制到另一台计算机中并不能保证可以正常播放，这是因为：如果该台计算机中没有安装 PowerPoint 程序或 PowerPoint 播放器，或者演示文稿所链接的文件及所用的字体在该台计算机中不存在，就会影响幻灯片的正常播放。解决这个问题的办法是使用 PowerPoint 中的“打包成 CD”功能将演示文稿及所链接的文件和 PowerPoint 播放器一起打包，再拿到另一台计算机上进行放映。实际上“打包成 CD”可以将演示文稿复制到 CD，也可以复制到文件夹，非常灵活。

实训 4 动画设计及放映设置

【实例】承接实训 3 中的实例，对“个人简历示例.pptx”文件进行动画设计及放映设置。要求：

（1）设计动画。

1）将第 1 张幻灯片标题的动画设置为“单击鼠标时 弹跳”，慢速，添加“风铃”声音，动画文本“按字母”发送。副标题的动画设置为“在前一事件后 1 秒 右侧 切入”，“按段落”组合文本。

2）自定义其他幻灯片上各对象的动画效果。

（2）设置幻灯片切换效果。

1）将第 1、3 张幻灯片的切换效果设置为“新闻快报”，慢速。

2）其他幻灯片的切换效果设置为“溶解”。

（3）设置幻灯片的放映时间。

1）第 1、3 张幻灯片的放映时间设置为“20 秒”。

2）其他幻灯片的放映时间自定。

（4）将幻灯片的放映方式设置为“展台浏览”。

（5）将演示文稿打包。

一、实训目的

1．掌握预设动画和自定义动画的方法。
2．掌握设置幻灯片切换效果的方法。
3．掌握幻灯片放映方式的设置。
4．熟悉演示文稿打包的方法。

二、实训内容

1．设计幻灯片的动画效果
2．放映幻灯片
3．设置幻灯片的切换效果
4．设置幻灯片的放映时间
5．设置幻灯片的放映方式
6．打包演示文稿
7．运行打包的演示文稿

三、实训步骤

1．设计幻灯片的动画效果

【步骤】

方法1：使用“自定义动画”任务窗格完成。

（1）单击“动画”选项卡“动画”组中的“自定义动画”按钮，打开“自定义动画”任务窗格。

（2）选定第1张幻灯片的标题。

（3）单击“自定义动画”任务窗格中的“添加效果”按钮，指向“进入”，在级联菜单中单击“其他效果”命令，在弹出的对话框中选择“弹跳”效果，单击“确定”按钮，如图6-35所示。

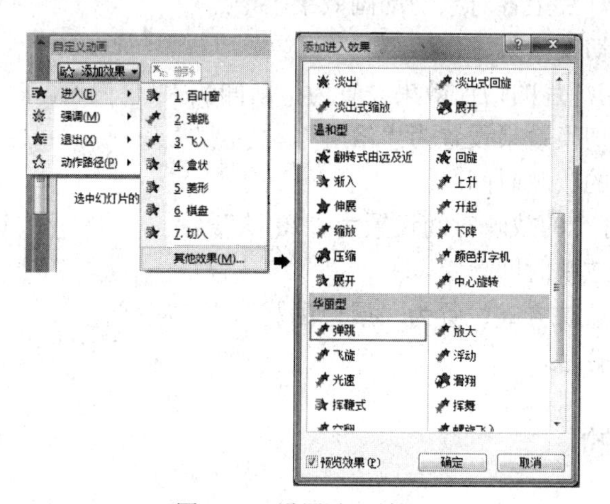

图6-35　设置动画效果

（4）在“自定义动画”任务窗格中，按图6-36所示设置各选项。

（5）在“自定义动画”任务窗格中，单击“标题1动画”的下拉箭头，选择“效果选项”命令，弹出如图6-37所示的对话框。

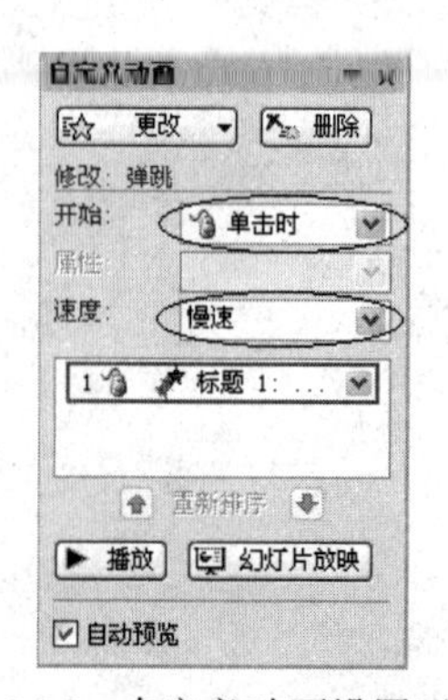

图6-36　自定义动画设置示例

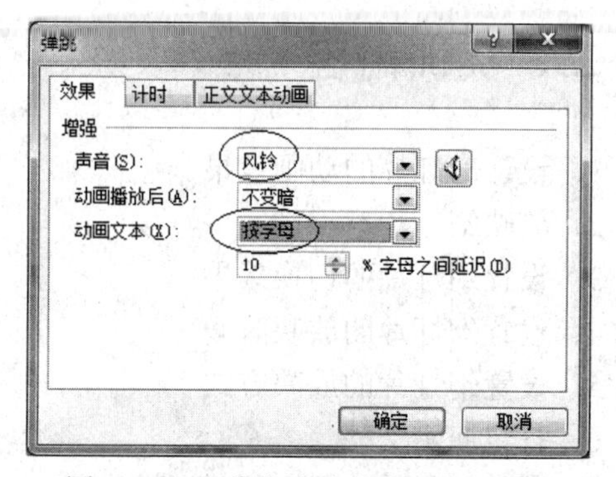

图6-37　“弹跳效果选项”设置示例

（6）按图中所示设置各选项，单击“确定”按钮。

（7）选定第1张幻灯片的副标题。

（8）用第3、4步的方法设置“切入”效果，方向为“自左侧”。

（9）单击“副标题2动画”的下拉箭头，选择“效果选项”命令，单击“计时”选项卡，按图6-38（左图）所示设置选项。

（10）单击“正文文本动画”选项卡，按图6-38（右图）所示设置选项。

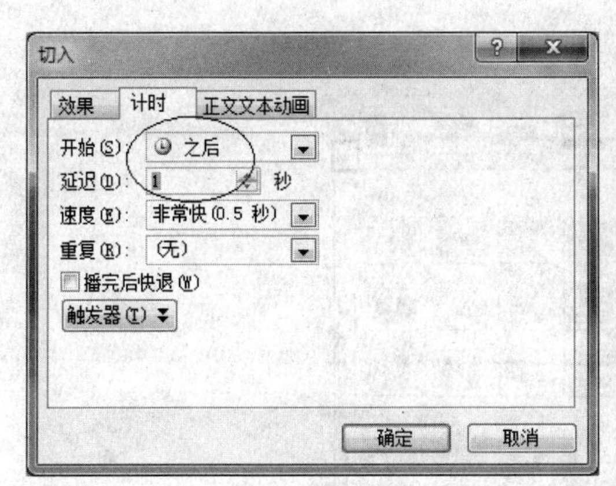

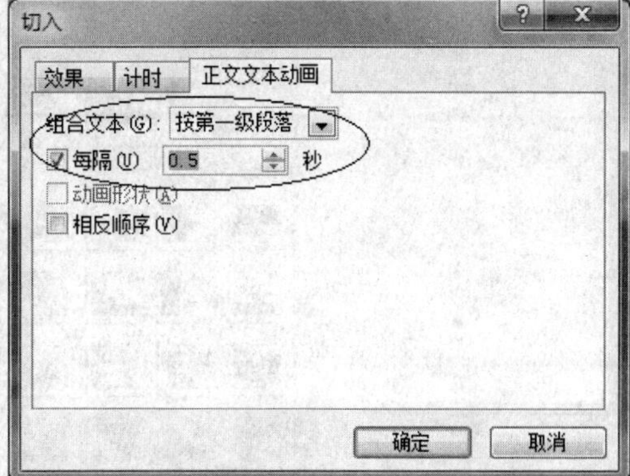

图6-38 设置“切入”动画的时间和正文文本动画

（11）单击“确定”按钮。

其他幻灯片的动画设置与上述类似（略）。

方法2. 使用“预设动画”完成。

（1）选定幻灯片上的标题。

（2）单击“动画”选项卡“动画”组中的“动画”下拉列表框，在其中选择所需的动画效果。

（3）分别选定幻灯片上的其他对象占位符，重复步骤（2）。

注意

用第二种方法可以简单而快速地设计幻灯片的动画效果，但不能设置动画的启动时间。如果要设置幻灯片动画的启动时间，必须采用第一种方法。

2. 放映幻灯片

步骤

方法1：单击状态栏中的“幻灯片放映”按钮（从当前幻灯片开始放映）。

方法2：单击“视图”选项卡“演示文稿视图”组中的“幻灯片放映”按钮（从第1张幻灯片开始放映）。

方法3：单击“幻灯片放映”选项卡“开始放映幻灯片”组中的“从头开始”按钮或“从当前幻灯片开始”按钮。

3．设置幻灯片的切换效果

步骤

（1）选定第 1、3 张幻灯片。

（2）单击“动画”选项卡“切换到此幻灯片”组中的“其他”按钮，弹出如图 6-39 所示的下拉列表。

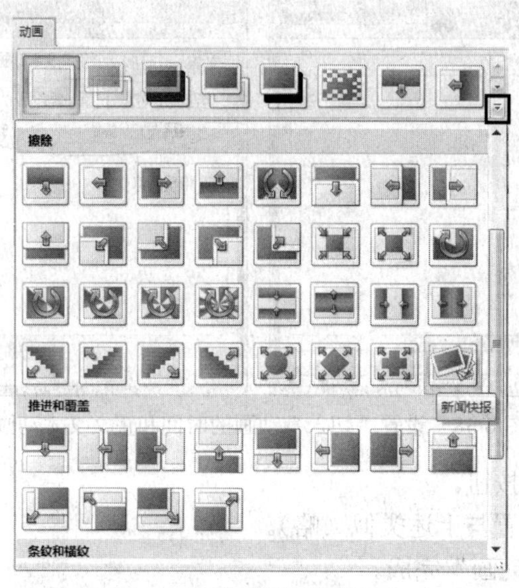

图 6-39　设置“切换效果”

（3）从中选择“新闻快报”切换效果。

（4）在“切换到此幻灯片”组中设置“切换速度”为“慢速”。

（5）选定第 2、4、5、6 张幻灯片。

（6）重复步骤（2）。

（7）从中选择“溶解”切换效果。

4．设置幻灯片的放映时间

步骤

方法 1：使用“排练计时”设置放映时间。

（1）单击“幻灯片放映”选项卡“设置”组中的“排练计时”按钮后开始放映幻灯片，并弹出如图 6-40 所示的对话框，开始计时当前幻灯片放映的时间。

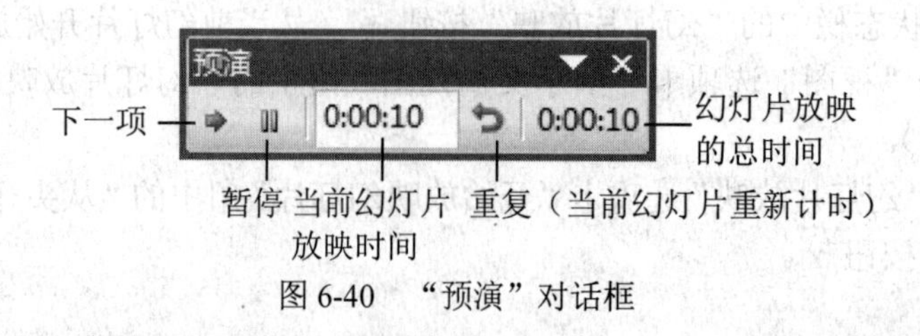

图 6-40　“预演”对话框

（2）如果要放映下一张幻灯片，则单击“下一项”按钮。

（3）幻灯片放映完毕，会弹出如图 6-41 所示的对话框。单击“是”或“否”按钮来接受或取消该时间。

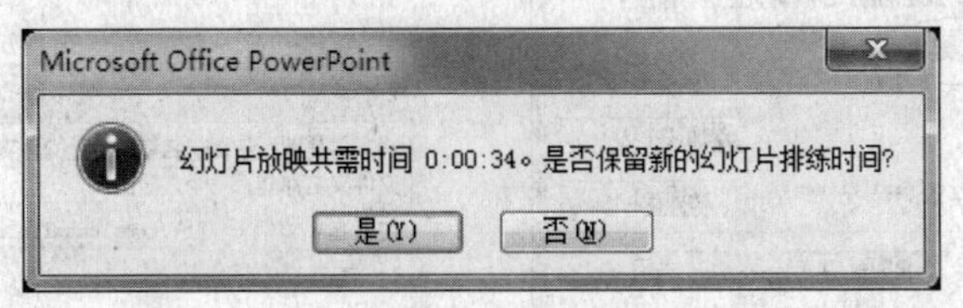

图 6-41　确认排练时间对话框

方法 2：使用人工定时方式设置放映时间。

（1）选定第 1、3 张幻灯片。

（2）单击“动画”选项卡，在换页方式中选中“在此之后自动设置动画效果”复选项，并设置其后的时间为“00:20”。

其他幻灯片放映时间的设置与上述类似（略）。

5. 设置幻灯片的放映方式

步骤

（1）单击“幻灯片放映”选项卡“设置”组中的“设置幻灯片放映”按钮，弹出如图 6-42 所示的对话框。

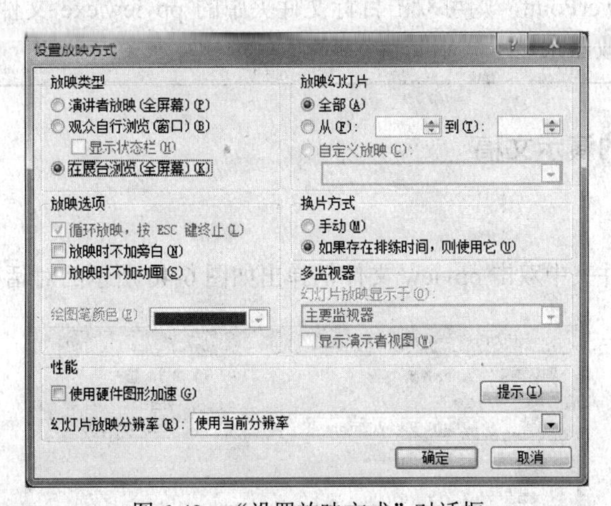

图 6-42　“设置放映方式”对话框

（2）在其中选择“在展台浏览（全屏幕）”单选项，单击“确定”按钮。

6. 打包演示文稿

步骤

（1）打开需要打包的演示文稿。

（2）单击按钮，再单击“发布”→“CD 数据包”命令，弹出如图 6-43 所示的对话框。

（3）单击“复制到文件夹”按钮，弹出如图 6-44 所示的对话框。

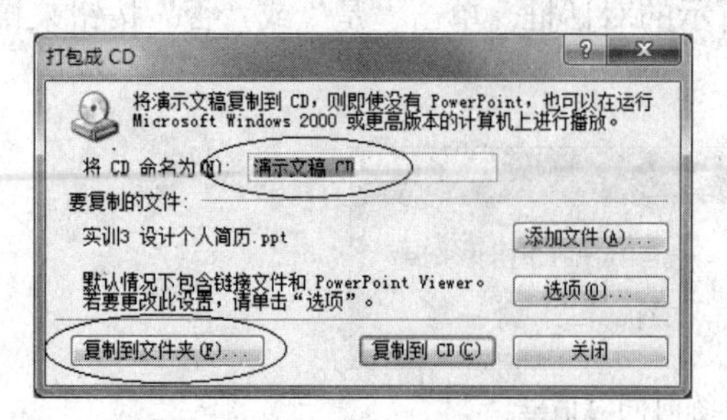

图 6-43 “打包成 CD”对话框

图 6-44 “复制到文件夹”对话框

（4）设置复制后的“名称”和“位置”，单击“确定”按钮，弹出如图 6-45 所示的对话框。

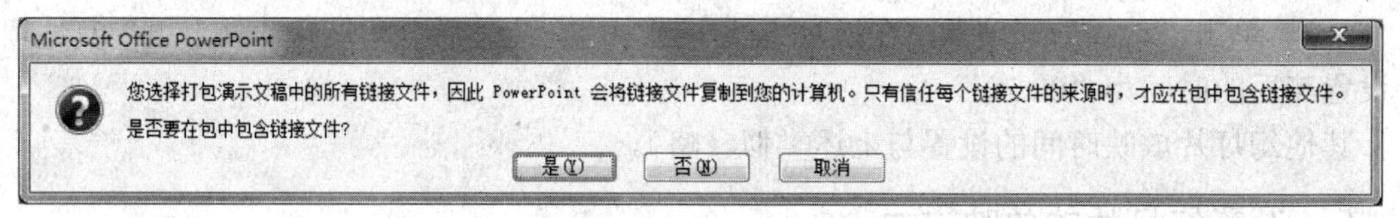

图 6-45 “确认打包是否包含链接文件”对话框

（5）单击“是”按钮，完成打包。

注意

打包后的演示文稿可以用 PowerPoint 来直接运行。如果没有安装 PowerPoint，则可双击目标文件夹中的 ppview.exe 文件运行 PowerPoint 播放器来显示演示文稿。

7. 运行打包的演示文稿

步骤

（1）在目标文件夹中双击 ppview 文件，弹出如图 6-46 所示的对话框。

图 6-46 PowerPoint 播放器对话框

（2）选择要运行的文件。

（3）单击“打开”按钮，即可放映演示文稿。

6.4　创建交互式演示文稿

基础知识

6.4.1　超链接的含义

超链接就是从文本的一个位置跳转到另一个位置。在 PowerPoint 2007 中，超链接可以从一张幻灯片跳转到同一演示文稿的另一张幻灯片或其他演示文稿、Word 文档、Excel 工作簿、应用程序、Web 网页、电子邮件地址等。

6.4.2　实现超链接的载体

在 PowerPoint 2007 中，实现超链接的载体可以是任何对象，如文本、图片、图形、艺术字、动作按钮等。

6.4.3　动作按钮

PowerPoint 提供了一些制作好的动作按钮，如图 6-47 所示。这些按钮中，除了“自定义”按钮上没有定义任何“动作”（即超链接）外，其他按钮都已经设置了相应的动作，不过这些动作仍允许用户重新定义。

动作按钮

图 6-47　动作按钮

实训 5　交互式演示文稿的制作

【实例】承接实训 4 中的实例，将“个人简历示例.pptx”文件按图 6-48 所示的格式进行修改。要求：

（1）分别为第 1 张幻灯片的 5 项副标题创建超链接。

（2）增加第 7 张幻灯片，格式如图 6-48 所示。

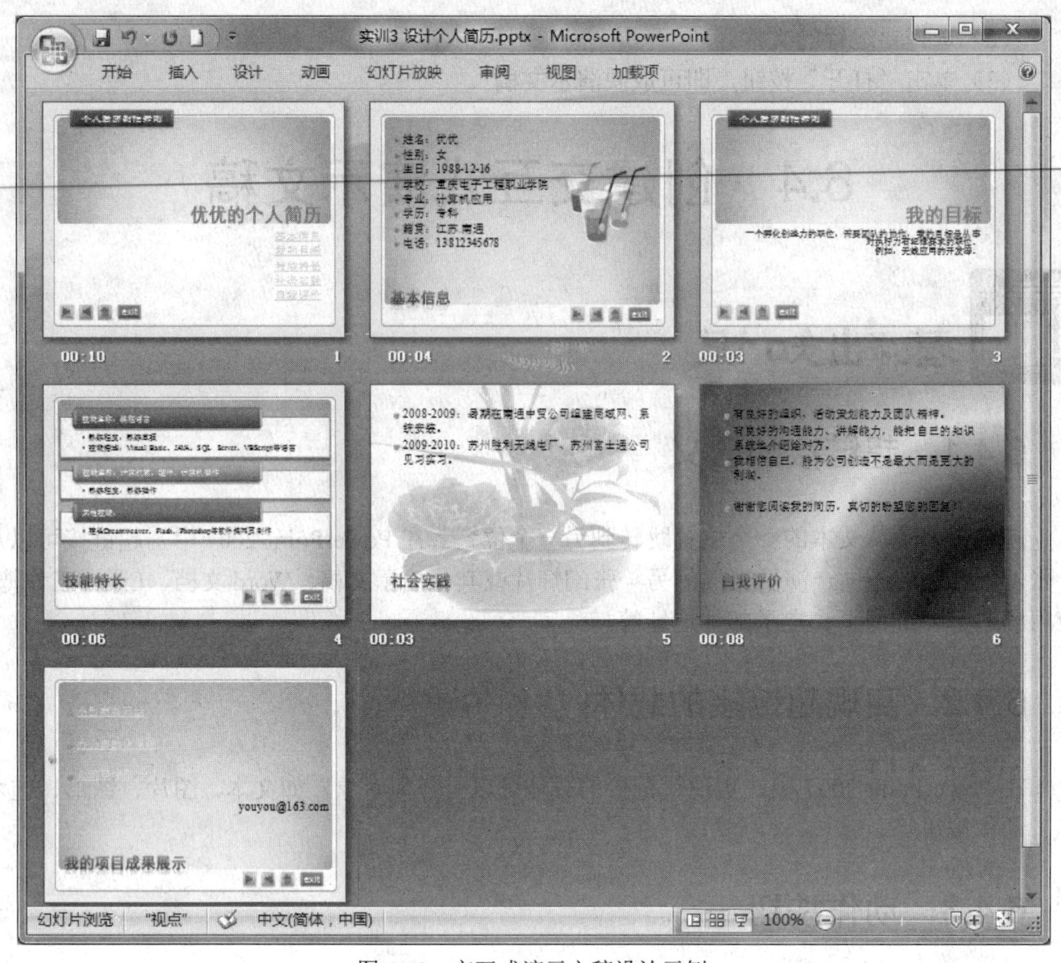

图 6-48　交互式演示文稿设计示例

（3）分别为第 7 张幻灯片上文本中的各个项目创建超链接，其中电子邮件地址创建为无下划线的超链接效果。

（4）分别在标题母版和幻灯片母版中添加动作按钮 exit。

一、实训目的

1．掌握超链接的使用。
2．掌握动作按钮的使用。

二、实训内容

1．超链接到本文档中的其他幻灯片
2．超链接到其他文件或 Web 页
3．超链接到电子邮件（无下划线效果）
4．制作动作/数字按钮

三、实训步骤

1. 超链接到本文档中的其他幻灯片

步骤

（1）切换到第 1 张幻灯片。

（2）选定“基本信息”文本。

（3）单击“插入”选项卡“链接”组中的“超链接”按钮，弹出如图 6-49 所示的对话框。

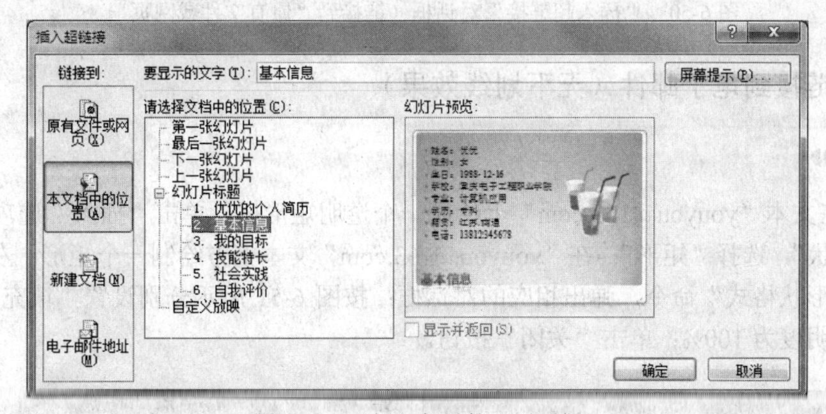

图 6-49 “插入超链接”对话框

（4）单击“链接到”区域中的本文档中的位置(A)，选择幻灯片标题为“2．基本信息”。

（5）单击“确定”按钮。

（6）设置其他文本的超链接，其方法与上述类似（略）。

2. 超链接到其他文件或 Web 页

步骤

（1）选定最后一张幻灯片。

（2）单击“开始”选项卡“幻灯片”组中的“新建”按钮，插入一张新幻灯片。

（3）在新幻灯片中，按图 6-48 所示输入标题和文本。

（4）选定“小型商务网站”文本。

（5）右击选定的文本，在弹出的快捷菜单中选择“超链接”命令。

（6）在弹出的对话框中，单击“链接到”区域中的原有文件或网页(X)，如图 6-50 所示。

（7）按图中所示的 3 种方式之一输入文件名或网页地址。

（8）单击“确定”按钮。

（9）为文本“办公自动化系统”、“公司局域网的组建”建立超链接，其方法与上述类似（略）。

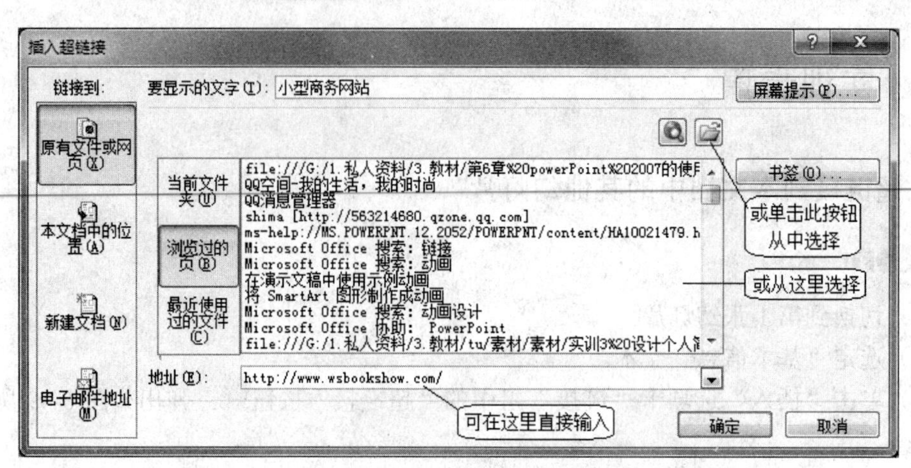

图 6-50 “插入超链接”对话框（链接到“原有文件或网页”）

3．超链接到电子邮件（无下划线效果）

步骤

（1）在文本“youyou@163.com”上绘制一个透明矩形框：单击“插入”选项卡“插图”组中的“形状”，选择“矩形”；在“youyou@163.com”文本上方绘制一个矩形；右击该图形，单击“设置形状格式”命令，弹出相应的对话框；按图 6-51 所示分别设置“填充”和“线条颜色”的透明度为 100%；单击“关闭”按钮。

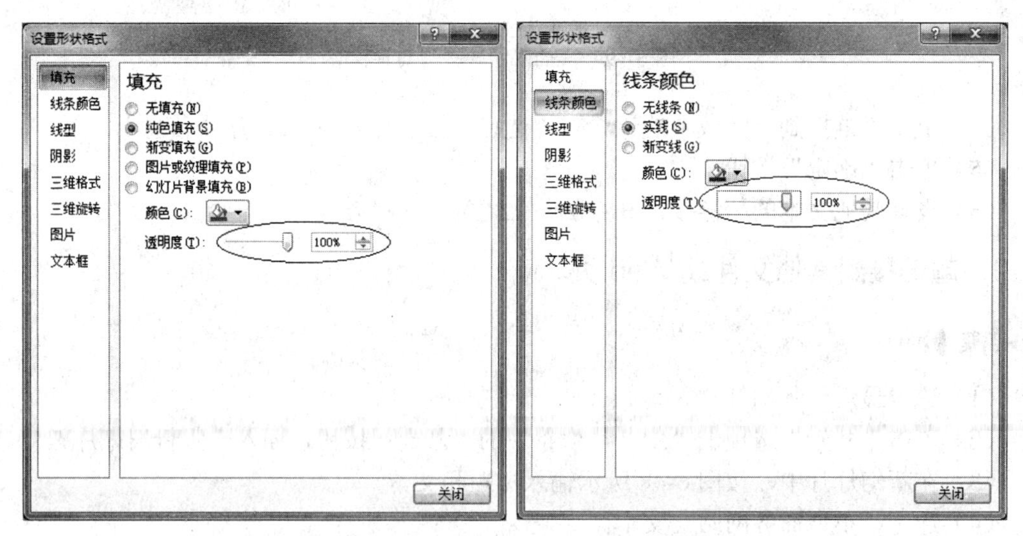

图 6-51 设置形状的填充效果和线条颜色

（2）右击透明矩形框，单击“超链接”命令。

（3）在弹出的对话框中单击“链接到”区域中的电子邮件地址(M)，如图 6-52 所示。

（4）在“电子邮件地址”文本框中输入电子邮件地址。

（5）在“主题”文本框中输入主题。

（6）单击“确定”按钮。

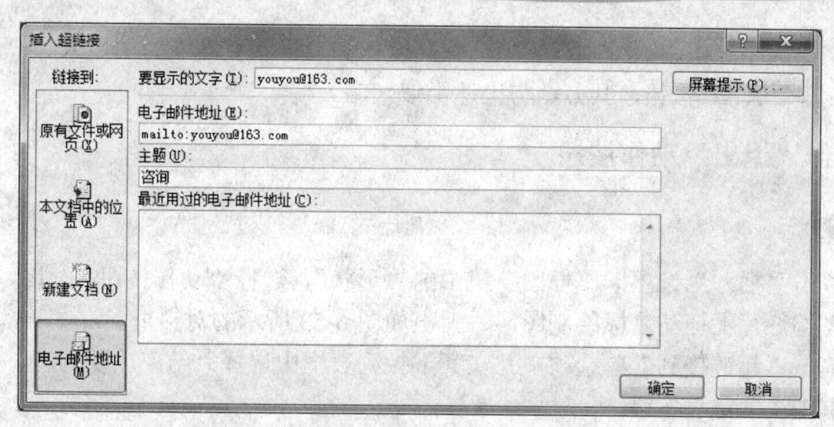

图 6-52 设置要链接的“电子邮件地址”

4. 制作▶、◀、⏏动作按钮

步骤

(1) 单击“视图”选项卡“演示文稿视图”组中的“幻灯片母版”按钮，进入“幻灯片母版”视图。

(2) 单击“插入”选项卡“插图”组中的“形状”，选择“动作按钮”▷后鼠标指针变为“+”形状。

(3) 在幻灯片母版上拖动鼠标绘制图形，弹出如图 6-53 所示的对话框。

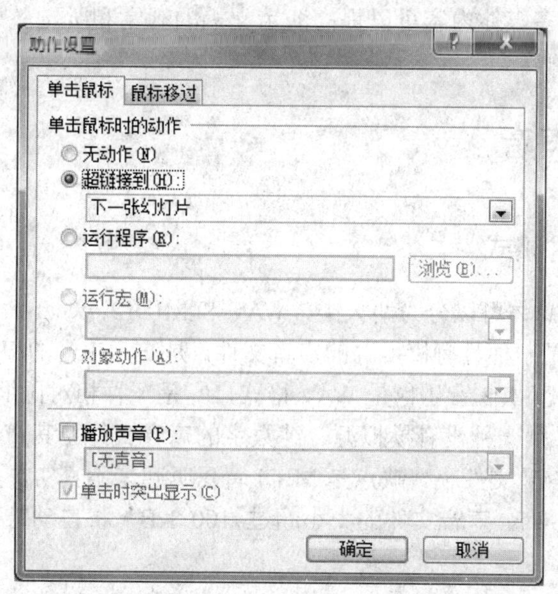

图 6-53 “动作设置”对话框

(4) 设置动作按钮的超链接（这里可采用默认），单击“确定”按钮。

(5) 选定动作按钮。

(6) 在“格式”选项卡的“形状样式”组中，可分别单击“形状填充”、“形状轮廓”、“形状效果”按钮，为动作按钮设置格式。

（7）在“大小”组中，分别设置“形状高度”和“形状宽度”为1厘米。

（8）制作◁、⌂按钮，其方法与上述类似（略）。

5．制作“退出”动作按钮

步骤

（1）单击“插入”选项卡“插图”组中的“形状”，选择“动作按钮”□。

（2）在幻灯片上拖动鼠标绘制图形，弹出如图6-53所示的对话框。

（3）单击“超链接到”单选项，并在其下拉列表框中选择“结束放映”。

（4）单击“确定”按钮。

（5）右击该动作按钮，单击“编辑文字”命令，输入文本“exit”。

（6）设置该按钮的样式，其方法与前面类似（略）。

6.5 在演示文稿中插入多媒体信息

基础知识

在演示文稿中加入多媒体内容可以提高演示文稿的视觉和听觉效果，而适当的声音效果可加深听众对信息的理解。

6.5.1 插入声音

1．了解声音文件格式

计算机的声音文件总体可以分为两大类：WAV和MIDI。

（1）WAV文件：是一种具有模拟源的声音文件，是实际声音的记录，所以听起来非常真实。缺点是该文件较大。MP3音乐也是WAV格式，它是一种相对压缩的格式。

（2）MIDI文件：是一种没有模拟源，纯数字的声音文件。其声音效果取决于制作的软件。该格式的文件比WAV文件小。缺点是MIDI音乐听起来不真实，是一种合成音乐。

默认情况下，如果.wav声音文件的大小超过100 KB，将自动链接到演示文稿，而不采用嵌入的方式。

2．添加声音的方法

在PowerPoint 2007中，可以通过计算机、网络或Microsoft剪辑管理器中的文件添加声音。也可以自己录制声音，将其添加到演示文稿中，或者使用CD中的音乐。

在演示文稿中包含声音的方法如下：

（1）插入声音文件。当用户将鼠标指针指向声音图标或单击声音图标时，播放声音。

（2）将声音与对象关联起来，当用户将鼠标指针指向该对象或单击该对象时，播放声音。

（3）将声音与动画效果关联起来，当动画效果出现时，播放声音。

（4）将声音与幻灯片切换关联起来，当下一张幻灯片出现时，播放声音。

当插入声音文件时，PowerPoint 会创建一个指向该声音文件当前位置的链接。所以，要正常播放声音，最好在插入声音前将其复制到演示文稿所在的文件夹中。

确保链接文件位于演示文稿所在文件夹中的另一种方法是使用“打包成 CD”功能。此功能可将所有文件复制到演示文稿所在的位置（CD 或文件夹），并自动更新声音文件的所有链接。

6.5.2 插入影片

1．了解视频类型

（1）动态 GIF。GIF 是一种静态图像文件格式，并不是真正的视频，而是按顺序播放的静态图像集。其优点是可以产生动态效果。

（2）视频文件格式。PowerPoint 可以接受以下格式的视频文件：

- 运动图像专家组（.mpg、.mpeg、.mlv、.mp2、.mpa 和.mpe）
- Microsoft 流格式（.asf 和.asx）
- Microsoft Windows Media Video（.wmv）
- 音视频交叉存放格式（.avi）
- QuickTime 1 和 2.x 版（.mov 或.qt）

2．插入影片的方法

在 PowerPoint 2007 中，可以从计算机中的文件、Microsoft 剪辑管理器、网络或 Intranet 中向幻灯片中添加影片和动态 GIF 文件。

当插入影片文件时，PowerPoint 会创建一个指向影片文件当前位置的链接。所以，要正常播放影片，最好在插入影片前将其复制到演示文稿所在的文件夹中。

确保链接文件位于演示文稿所在文件夹中的另一种方法是使用“打包成 CD”功能。此功能可将所有文件复制到演示文稿所在的位置（CD 或文件夹），并自动更新影片文件的所有链接。

6.5.3 插入 Flash 动画

在 PowerPoint 2007 中，可以向幻灯片插入 Flash 动画。如果动画是扩展名为 .swf 的 Shockwave 文件，则可以通过使用名为 Shockwave Flash Object 的 ActiveX 控件和 Adobe Macromedia Flash Player 在 PowerPoint 2007 演示文稿中播放该文件。

若要播放 Flash 文件，需要在幻灯片中添加一个 ActiveX 控件并创建一个从此控件指向该 Flash 文件的链接，或在演示文稿中嵌入该文件。

实训 6　制作音乐相册

【实例】按图 6-54 所示制作音乐相册，保存为“音乐相册.pptx”文件。要求：

（1）在相册中添加背景音乐，在第 7 张幻灯片后停止播放。

（2）在相册的第 8 张幻灯片中，插入一个 Flash 动画。

（3）在相册的第 9 张幻灯片中，插入一个视频文件。

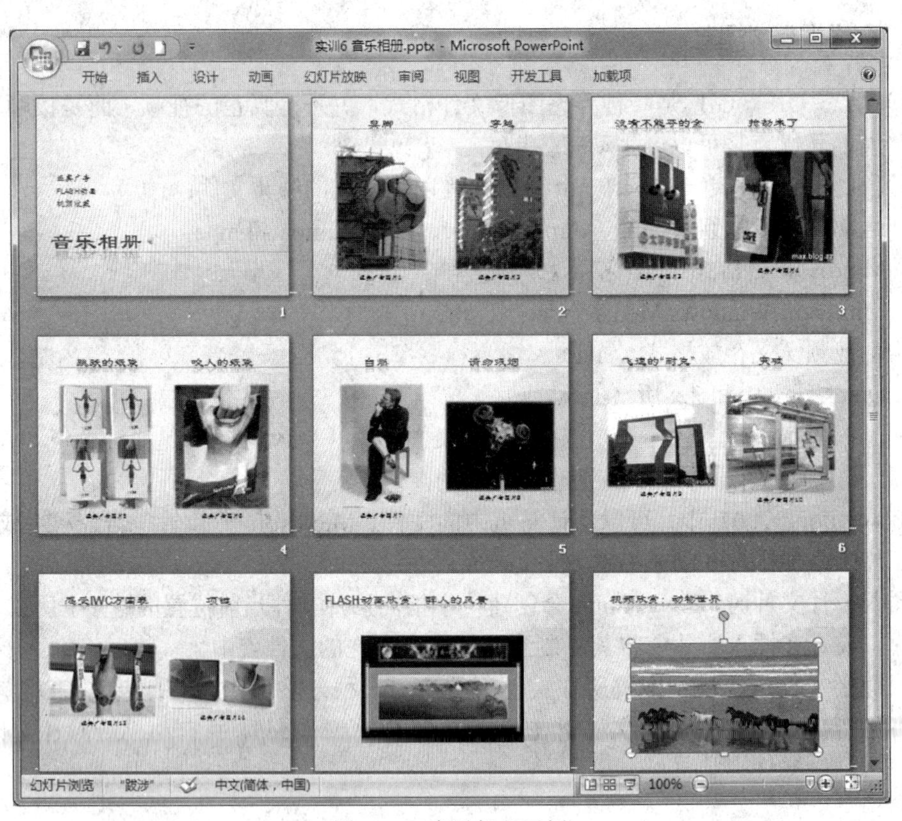

图 6-54　音乐相册示例

一、实训目的

1．熟悉在演示文稿中插入和控制声音的方法。

2．熟悉在演示文稿中插入和控制视频的方法。

3．了解在演示文稿中插入和控制 Flash 动画的方法。

二、实训内容

1．创建相册
2．添加声音
3．设置在多张幻灯片中播放声音
4．预览声音
5．插入 Flash 动画
6．设置 Flash 控件属性
7．添加影片
8．设置全屏播放影片

三、实训步骤

1．创建相册

步骤

（1）在“插入”选项卡的“插图”组中，单击“相册”下的箭头，单击“新建相册”，弹出“相册”对话框。

（2）在对话框中单击“文件/磁盘”按钮，弹出“插入新图片”对话框。

（3）在对话框中选择要插入的图片，单击“插入”按钮。

（4）按图 6-55 所示设置各项参数。

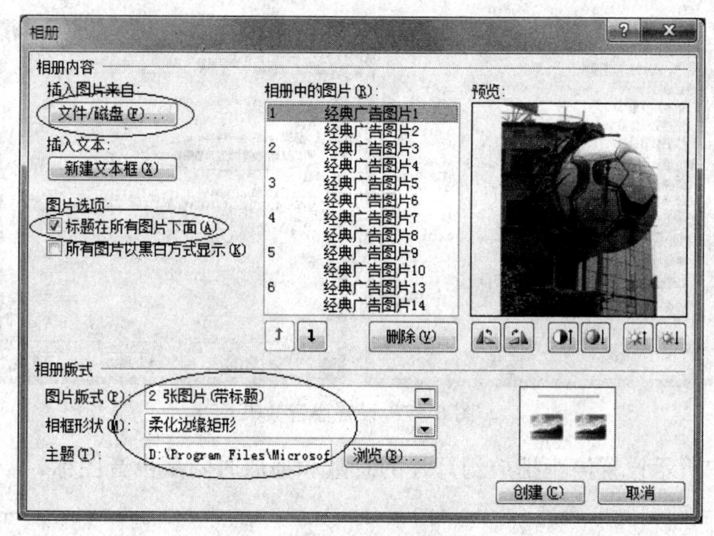

图 6-55 创建相册

（5）单击“创建”按钮。

（6）在“普通视图”中，分别单击每张幻灯片的标题文本占位符，键入标题。

操作提示

如果要预览相册中的图片文件，可在“相册中的图片”列表框中单击要预览的图片的文件名，然后在“预览”窗格中查看该图片。

如果要更改图片的显示顺序，可在“相册中的图片”列表框中单击要移动的图片的文件名，然后使用箭头按钮在列表框中向上或向下移动该名称。

2. 添加声音

步骤

（1）单击要添加声音的幻灯片（此处为第 1 张幻灯片）。

（2）在“插入”选项卡的“媒体剪辑”组中，单击“声音”下的箭头，单击“文件中的声音”。

（3）在弹出的对话框中找到并双击要添加的声音文件，弹出如图 6-56 所示的对话框。

（4）单击“自动”或“在单击时”按钮，都会在幻灯片中插入一个声音图标。

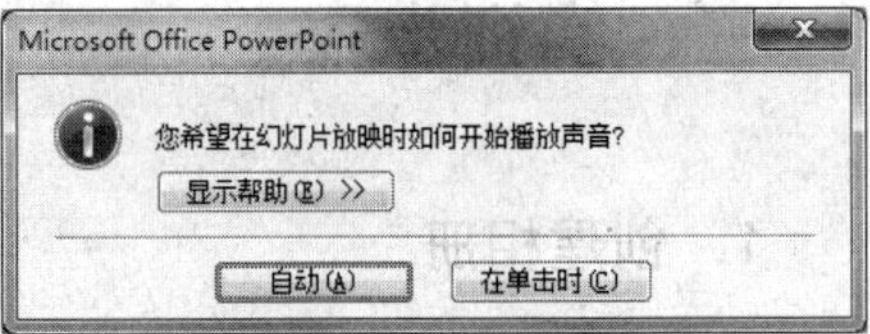

图 6-56　选择声音播放方式

3. 设置在多张幻灯片中播放声音

步骤

（1）在“动画”选项卡的“动画”组中，单击“自定义动画”，弹出“自定义动画”任务窗格。

（2）单击“自定义动画”列表中所选声音右侧的箭头，单击“效果选项”，弹出如图 6-57 所示的对话框。

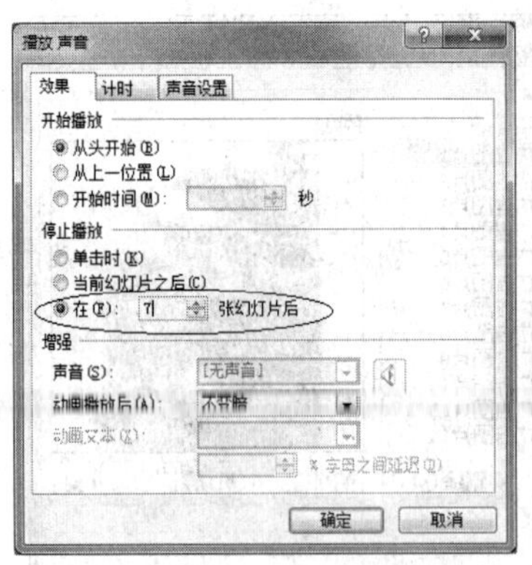

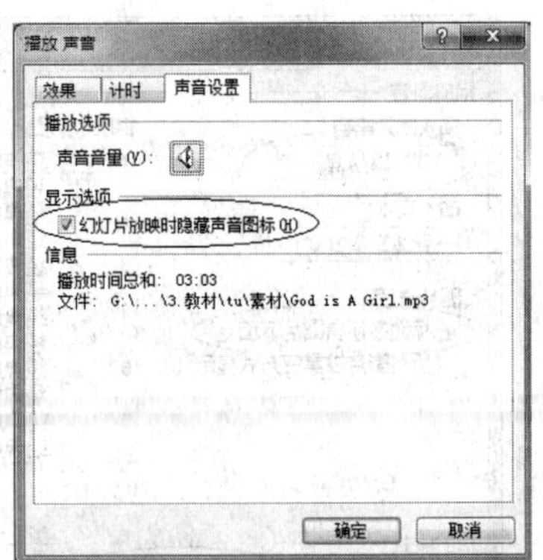

图 6-57　设置声音效果

（3）按图中所示设置停止播放幻灯片的总数和播放时隐藏声音图标。

操作提示

如果只在当前幻灯片中播放声音，则单击声音图标，在“选项”选项卡的“声音选项”组中选中“循环播放，直到停止”复选框。

4. 预览声音

步骤

方法1：在“普通视图”中，双击声音图标。

方法2：单击声音图标，在“选项”选项卡的“播放”组中单击“预览”。

5. 插入Flash动画

步骤

（1）在“普通视图”中，显示插入动画的幻灯片。

（2）单击“Office按钮”，再单击“PowerPoint选项”按钮，弹出如图6-58所示的对话框。

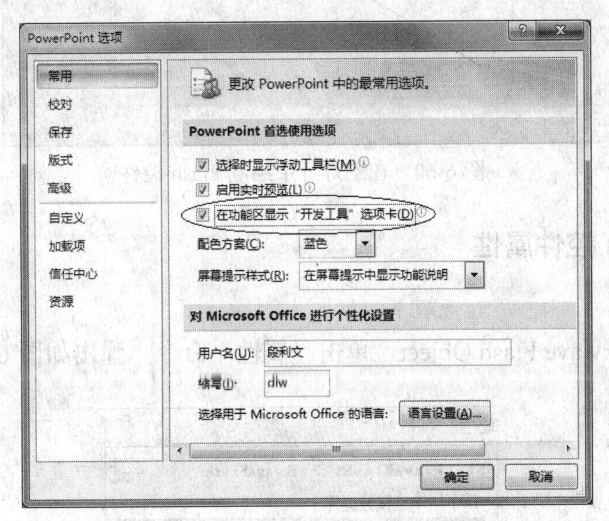

图6-58 “PowerPoint选项”对话框

（3）按图中所示，勾选“在功能区显示‘开发工具’选项卡”复选框，单击“确定”按钮。

（4）单击“开发工具”选项卡“控件”组中的“其他控件”按钮，弹出如图6-59所示的控件列表对话框。

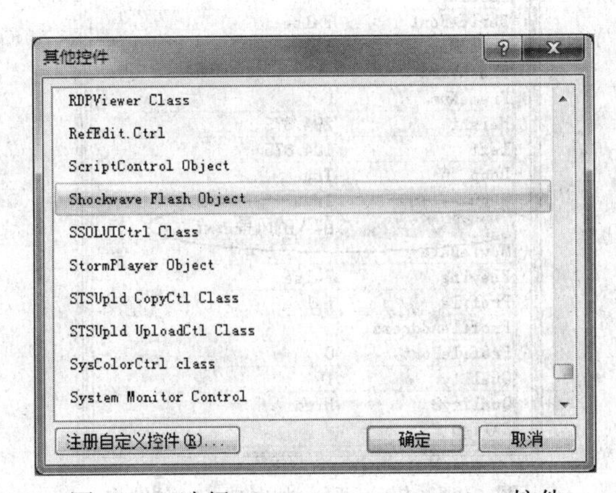

图6-59 选择Shockwave Flash Object控件

（5）在控件列表中单击 Shockwave Flash Object，单击“确定”按钮。

（6）在幻灯片上拖动“+”指针绘制控件。

（7）拖动控点调整控件大小，如图 6-60 所示。

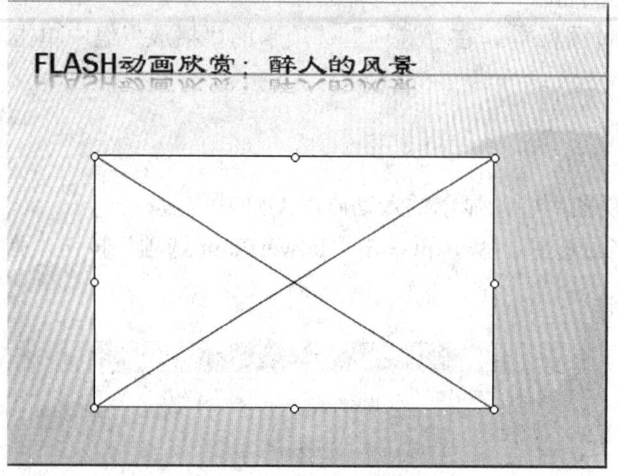

图 6-60　在幻灯片中绘制 Flash 控件

6. 设置 Flash 控件属性

步骤

（1）右击 Shockwave Flash Object，单击“属性”命令，弹出如图 6-61 所示的对话框。

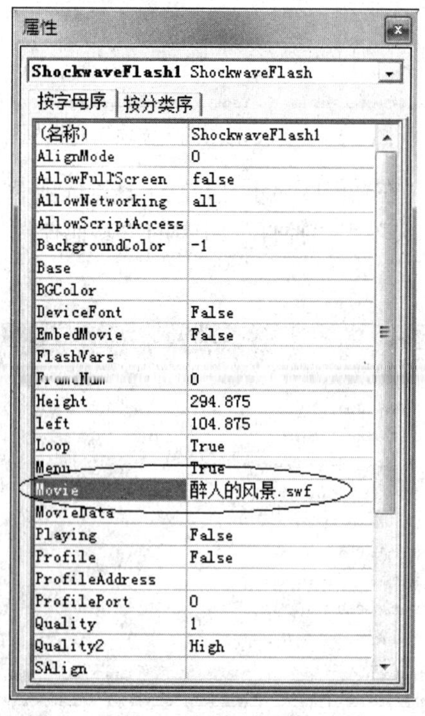

图 6-61　键入要播放的 Flash 文件名

（2）在“按字母序”选项卡中单击 Movie 属性。

（3）在其右侧的单元格中，键入要播放的 Flash 文件的完整路径（此处是相对路径，因为该文件与演示文稿在同一文件夹中）。

（4）关闭“属性”对话框，在幻灯片放映时会自动播放插入的 Flash 动画。

7．添加影片

步骤

（1）在“普通视图”中，单击要插入影片的幻灯片。

（2）在“插入”选项卡的“媒体剪辑”组中，单击“影片”下的箭头，单击“文件中的影片”。

（3）在弹出的对话框中找到并双击要添加的视频文件，弹出如图 6-62 所示的对话框。

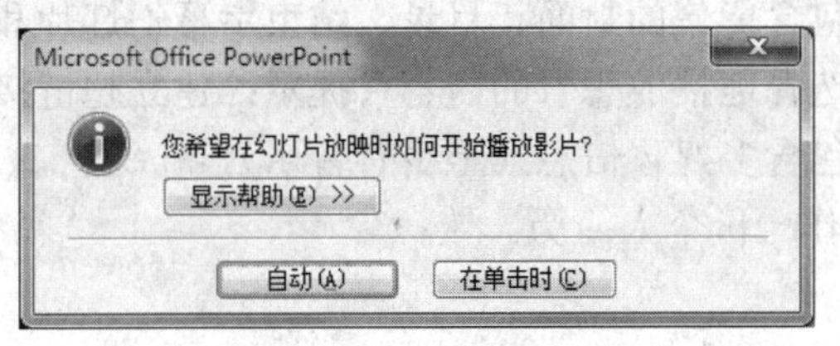

图 6-62　选择影片播放方式

（4）单击“自动”或“在单击时”按钮，都会在幻灯片中插入一个影片（显示为黑色框）。

（5）拖动影片框的控点，调整影片的大小。

（6）在“普通视图”中，双击影片框可预览影片，如图 6-63 所示，再单击影片可暂停影片。

图 6-63　在“普通视图”中双击影片可预览

（7）在放映幻灯片时，单击影片可播放，再次单击可暂停影片播放。

8．设置全屏播放影片

步骤

（1）在“普通视图”中，单击幻灯片上要全屏播放的影片框。

（2）在“选项”选项卡的“影片选项”组中，选中“全屏播放”复选框。

能力测试

1．以某节日为主题，用 PowerPoint 为你的亲人制作一张电子贺卡，为他送去一份真挚而有新意的祝福。基本要求：

（1）演示文稿中不少于四张幻灯片。

（2）演示文稿中应包含多媒体信息（至少有音乐）。

（3）将演示文稿打包后以电子邮件形式发送给亲人或好朋友。

2．用 PowerPoint 制作一个明星影集或个人影集。基本要求：

（1）演示文稿中应包含必要的文字说明信息。

（2）演示文稿中应包含影集的封面、目录、结束字幕幻灯片和若干张图片内容幻灯片。

（3）能通过目录有选择地播放想看的内容（提示：建立超链接）。

（4）演示文稿中应包含多媒体信息（至少有音乐）。

3．用 PowerPoint 制作一份个人简历。

自测题

一、选择题

1．在 PowerPoint 2007 中，如果希望在演示过程中终止幻灯片的放映，则可按（　　）键。

A．Delete　　B．Esc　　C．Enter　　D．Ctrl

2．在 PowerPoint 2007 中，将演示文稿保存为可直接播放的文件类型为（　　）。

A．.PPTX　　B．.PPSX　　C．.POTX　　D．.RFT

3．在 PowerPoint 2007 中，演示文稿的默认文件类型是（　　）。

A．.PPTX　　B．.PPSX　　C．.POTX　　D．.RFT

4．在 PowerPoint 2007 中，窗口的视图有（　　）种。

A．2　　B．3　　C．4　　D．7

5．在 PowerPoint 2007 的幻灯片浏览视图中不可以进行的操作是（　　）。

A．删除幻灯片　　B．移动幻灯片

C．编辑幻灯片内容　　D．设置幻灯片的放映方式

6．在 PowerPoint 2007 中新建演示文稿的快捷键是（　　）。

A．Ctrl+C　　B．Ctrl+V

C．Ctrl+X　　D．Ctrl+N

7．对于演示文稿的描述正确的是（　　）。

A．演示文稿中的幻灯片版式必须一样

B．使用主题可以为幻灯片设置统一的外观样式
C．只能在窗口中同时打开一份演示文稿
D．可以使用 Office 按钮中的“新建”命令为演示文稿添加幻灯片

8．PowerPoint 2007 不能实现的功能是（　　）。
A．文字编辑　　B．绘制图形　　C．创建图表　　D．数据分析

9．在 PowerPoint 2007 中，实现超链接的载体可以是（　　）。
A．文本　　B．图形　　C．图片　　D．以上选项都可以

10．在 PowerPoint 2007 中，要对多张幻灯片进行同样的外观修改，（　　）。
A．必须对每张幻灯片进行修改　　B．只需在幻灯片母版上作一次修改
C．必须在每种版式的母版上修改　　D．不能修改，只能重新制作

二、填空题

1．PowerPoint 2007 的四种视图分别是________、________、________、________。
2．演示文稿中的每一“页”，称为________。
3．幻灯片的切换效果是指________。
4．演示文稿一般可以用________方式和________方式来设置动画效果。
5．演示文稿的文件扩展名为________，保存为.ppsx 类型的演示文稿在打开时能________。
6．演示文稿可用________、________、________方式来创建。
7．幻灯片的切换效果在________选项卡中可以进行设置。
8．PowerPoint 提供了：________母版、________母版和备注母版。
9．幻灯片的放映方式有________、________、________三种。
10．在幻灯片放映时，如果结束放映，则按________键。

第 7 章　Internet 的操作应用

本章简介

随着 Internet 的普及，Internet 在我们的工作、学习和生活中变得越来越重要。如何有效地使用它，让它为我们服务，是每个初学者都想要达到的目的。

通过本章的学习，初学者能很快学习到 Internet 的一些基本知识并掌握一些常用工具软件的使用，如浏览器、下载工具、压缩工具、电子邮件收发软件的使用等。

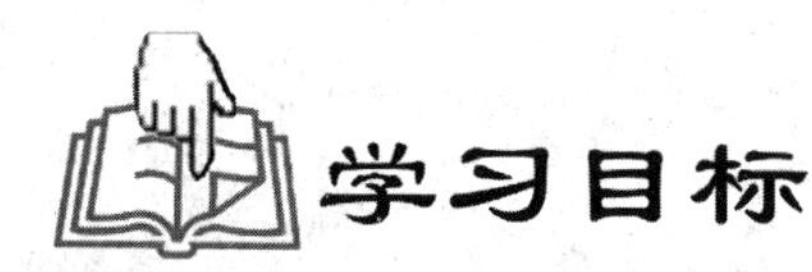

学习目标

- 了解计算机网络、Internet、TCP/IP 协议、电子邮件的含义
- 了解 Internet 的功能
- 了解收发电子邮件应具备的条件
- 掌握免费电子邮箱的申请方法
- 掌握 IE、FTP、WinRAR、Outlook Express 的使用

7.1　Internet 基础知识

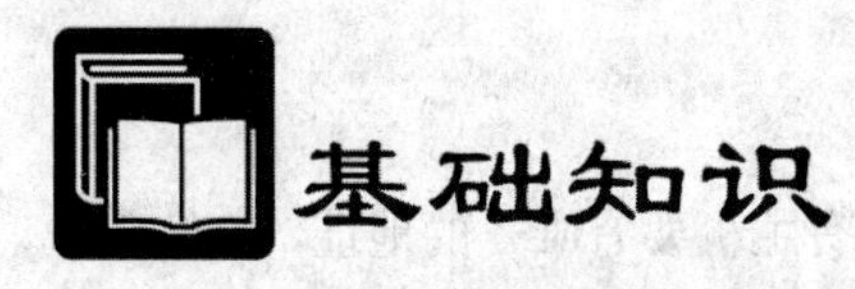

7.1.1　计算机网络

1．计算机网络的概念

计算机网络是把分布在不同地理区域的计算机与专门的外部设备用通信线路互连成一个规模大、功能强的网络系统，从而使众多的计算机可以方便地互相传递信息，共享硬件、软件、数据、信息等资源。

2．计算机网络的分类

计算机网络通常按规模大小和延伸范围分为：局域网（LAN）、城域网（MAN）、广域网（WAN）。

局域网是指将一个较小地理范围内的各种计算机通过网络通信设备互连在一起的网络，可以包含一个或多个子网，通常局限在几千米范围之内。

城域网将多个局域网互相连接起来，构成一个覆盖范围较大的通信网络。现在已很少提及。

广域网是指将世界范围内的各种网络通过特定方式互连在一起的网络。Internet 是世界上最大的广域网。

3．网络中的基本术语

（1）计算机网络通信协议。网络就是计算机与计算机的连接，而网络传输则意味着计算机之间彼此传递信息。这就要求制定一些标准来使计算机能够“听懂”对方的话。通信协议就是计算机之间进行通信所采用的规则（约定语言）。每个网络都要遵循统一的协议，否则网络上的计算机就无法进行通信。

（2）TCP/IP 协议。TCP/IP 是 Internet 上使用的基本通信标准，它是一个协议组，包括很多协议，TCP 协议和 IP 协议是其中的两个。网际互联协议 IP 负责信息的实际传送，而传输控制协议 TCP 则保证所传送的信息是正确的。

7.1.2　什么是 Internet

Internet（国际互联网或因特网）是 20 世纪末期发展最快、规模最大、涉及面最广的信息网。它起源于美国，最初是为了实现科研和军事部门里不同结构的计算机网络之间互联而设计，现已普及到全世界。我国于 1994 年 5 月作为第 71 个国家级网加入 Internet。目前，网络的发展速度越来越快，应用也越来越广泛，上网的用户越来越多。

7.1.3 Internet 的基本术语

1．IP 地址和域名地址

在 Internet 上进行信息交换的基本条件就是网络上的所有主机要有唯一的地址，就像日常生活中朋友之间相互通信要写明通讯地址一样。主机（Host）指的是每台与 Internet 连接的计算机或设备。

Internet 地址分两种形式，即用数字表示的 IP 地址和用字母表示的域名地址。

（1）IP 地址。

Internet 上为每台主机指定的地址称为 IP 地址。IP 地址是唯一的，具有固定规范的格式。每个 IP 地址含 32 位，被分为 4 段，每段 8 位（一个字节），段与段之间用下圆点分隔。为了便于表达和识别，IP 地址是以十进制表示的，每段所能表示的十进制数最大不超过 255，例如 206.96.30.194。

IP 地址由两部分组成，即网络号和主机号。网络号标识的是 Internet 上的一个子网，而主机号标识的是子网中的某台主机。IP 地址根据网络号和主机号的数量而分为五类：A 类、B 类、C 类、D 类、E 类。

A 类地址最高字节代表网络号，后三个字节代表主机号，适用于主机数多达 1700 万台的大型网络，全世界总共只有 126 个可能的 A 类网络，其地址范围为 1.0.0.1～126.255.255.254。

B 类地址前两个字节代表网络号，后两个字节代表主机号，一般用于中等规模的地区网管中心，全世界大约有 16000 个 B 类网络，每个网络最多可以连接 65534 台主机，其地址范围为 128.0.0.1～191.255.255.254。

C 类地址前三个字节代表网络号，最后一个字节代表主机号，一般用于规模较小的局域网，如校园网等，每个 C 类网络最多可以有 254 台主机。C 类地址的第一段取值介于 192～223 之间。

D 类地址不分网络号和主机号，它的第一个字节以“1110”开始，表示一个多播地址，即多目的地传输，可用来识别一组主机。D 类地址的第一个字节取值为 224～239。

E 类地址的第一个字节以“1111”开始，该类地址为保留地址，暂未使用。

对于 IP 地址，以下特定的专用地址不作分配：

- 主机地址全为“0”表示指向本网。
- 主机地址全为“1”表示广播地址，向特定的所在网上的所有主机发送数据报。
- IP 地址 4 字节 32 比特全为“1”，即为“255.255.255.255”表示仅在本网内进行广播发送。
- 网络号 127 不可用于任何网络。

（2）域名地址。

用数字形式表示主机的 IP 地址不便于人们记忆，因此 Internet 还采用域名地址来表示每台主机。域名是用字符表示的主机的名字，直观、易记忆，例如 www.cqcet.com.cn。域名地址与 IP 地址之间存在着对应关系，就好像人的姓名与身份证号码之间的关系一样。在实际运行时，域名地址由专用的服务器 DNS 转换为 IP 地址。

域名系统采用层次结构，按地理域或机构域进行分层。每层之间用圆点分隔，从右到左依次为最高层次域、次高层次域等，最左边一个字段为主机名，它与 IP 地址相反，如图 7-1 所示。

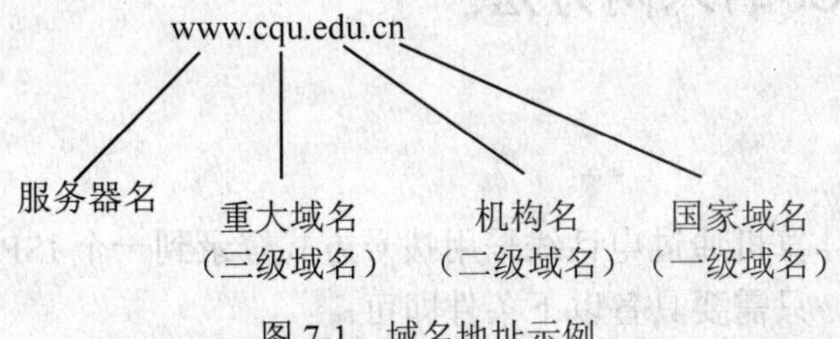

图 7-1 域名地址示例

最高层次域分为两大类：机构性域名和地理性域名。机构性域名有：com（商业组织）、ac（科研机构）、edu（教育机构）、gov（政府部门）、net（网络和接入网络的信息中心与运行中心）、org（非营利性组织）等，地理性域名（国家域名）有：cn（中国）、tw（台湾地区）、hk（香港特别行政区）、uk（英国）等，美国的国家域名 us 可以省略不写。

2．Web、Web 站点、Web 页、主页

Web 又称 WWW 或全球资讯网或万维网，它不是传统意义上的物理网络，而是信息网。Web 由许多 Web 站点构成。Web 站点是一组资源（信息）的集合。这些信息在 WWW 上是分门别类地一页一页存放的，我们把存放这些信息的每一页称为 Web 页（或网页）。每个 Web 站点中都有一个主页，主页就是访问 Web 站点时服务器发来的第一个网页。

3．什么是上网

上网是指把自己正使用的计算机用某种方法、通过某种途径与 Internet 连接上，直接使用 Internet 上的资源。

4．什么是 ISP

专门从事各种 Internet 服务代理工作的机构称为 ISP（Internet Service Provider，Internet 服务提供商）。

5．什么是 URL 地址

URL 的中文名称是统一资源定位器。网页可以存放在全球任何地方的计算机上，Internet 上的任何网页都要有一个唯一的地址，这个地址称为 URL 地址，又称网址。URL 地址准确地描述了网上信息的存放位置。URL 地址的标准书写格式是：协议://主机域名/路径/页面文件名，路径和页面文件名可以省略。例如http://www.bta.net.cn，其中 http 是 WWW 上的文件传送协议。

以下是一些较著名的 URL 地址：http://cn.yahoo.com、http://www.sina.com.cn、http://www.chinaren.com、http://www.3721.com、http://www.sohu.com、http://www.166.com、http://www.hao126.com、http://www.hongen.com/。

6．GB 码和 Big5 码

GB 码和 Big5 码都是中文内码，GB 码代表中文简体，为中国大陆广泛使用，而 Big5 码

为香港、澳门、台湾地区广泛使用。

7.1.4 Internet 的入网方法

1．拨号入网

个人用户可以利用计算机通过电话线采用拨号方式登录到一个 ISP 主机，再通过 ISP 的主机上网。拨号入网用户，只需要具备以下条件即可：

（1）一条可以拨打外线的电话线。

（2）一台中档以上的计算机。

（3）一个调制解调器。

（4）Windows 操作系统平台、浏览器软件。

接入 Internet 的步骤为：①办理 Internet 入网手续→②安装 Modem→③安装 TCP/IP 网络协议→④安装拨号网络→⑤设置 DNS 服务器→⑥安装 IE 浏览器→⑦建立因特网连接→⑧运行 IE→⑨设置 E-mail 拨号登录，漫游 Internet。

拨号入网经济实惠，适合于业务较少的单位和个人使用。利用此方式入网每月除了基本费用外，还要另收市内电话通信费。

2．通过综合业务数字网（ISDN）入网

通过 ISDN 入网，用户上网速度可达 128K，是一种很有发展前景的入网方式。

ISDN 入网用户需要具备：一台 PC 机、一台 NT 接口（电话局提供）、一个 TA 适配器、PPP 上网软件和一条 ISDN 电话线。利用此方式入网，每月除了 Internet 通信费外，还要另收 ISDN 市话通信费。

3．专线入网

专线入网包括 DDN 和 ADSL 等。这种上网方式具有较高的通信速率和安全性，适合于大业务量的网络用户使用，但费用相对较高。入网后，网上的所有终端和工作站均可享用因特网业务。

7.1.5 Internet 能做些什么？

- 收发电子邮件（E-mail）：是 Internet 上最常用的功能之一，也是办公自动化的重要功能，其优点为：快速、经济、易处理。
- 信息浏览和查询：如网上求职、网上订票、网上购物、下载信息或软件等。
- Chat Room（聊天室）：这是一种更先进、更方便的交流方法。
- BBS（电子公告牌）：可以发表文章、表达看法、交流各种意见等。
- 文件传输（FTP）：它支持人们从 Internet 上获取文件网站中的文件或者把文件传送到网站上供别人使用。
- 远程登录：就是将 Internet 作为传输线路使用，它支持远地计算机连接到本地某公共大型主机的功能。

- 网络电话：可以让连入Internet的用户通过计算机进行实时的电话呼叫。
- 网络会议：只要连入Internet，地球上任何一个角落的人都可以参加会议，并且可以像普通会议一样自由发言，不受时间、地域的限制，节省大量的时间和差旅费，提高了工作效率。
- 电子商城购物：消费者在电子商城中可以看到商品的式样、颜色、价格，并且可以订货、付款。
- 发布电子广告：Internet上的电子广告正随着Internet的发展悄然兴起并呈蓬勃发展之势，因为它具有宣传范围广、形象生动活泼、交互方式灵活、用户检索方便、无时间限制、无地域限制、更改方便、反馈信息获取及时等优点。

7.1.6 IE 6.0浏览器

浏览信息是Internet上最常用的功能之一，而浏览器是用于浏览Internet上的信息资源的软件。目前，使用最多的浏览器是微软公司的Internet Explorer（简称IE），本节使用的是IE 6.0版本。

1．网页的基本浏览方法

在一个网页上，无论是文字还是图片都有可能隐藏着一个超级链接，当用鼠标指向它们时，鼠标指针会变为形状，同时在屏幕下方的“状态栏”处会显示出这个“超级链接”的指向。这时，只要单击该处，就会打开此超级链接所指向的网页。若要在新窗口中打开此超级链接所指向的网页，则用鼠标右击该链接，在弹出的快捷菜单中选择“在新窗口中打开”选项。

2．主要工具按钮的使用

（1）“选择访问页面”按钮。

“后退”按钮：单击一次，可重新显示当前网页的上一个页面，利用它可以一直退到最初的页面。

“前进”按钮：如果已经退到以前看过的页面，单击它可返回到当前网页的下一个页面，直到最近看过的页面。

“主页”按钮：无论何时单击它都转向访问默认的主页地址。

（2）“停止”与“重新链接”按钮。

“停止”按钮：终止正在下载的网页。

“刷新”按钮：重新访问当前网页。

（3）查阅和标记已访问过的页面。

“历史”按钮：单击后，可在文档窗口中增加一个历史记录窗格，此窗格显示最近曾访问过的站点和网页。

“收藏”按钮：在浏览过程中可能看到一些精彩的页面，可利用收藏夹将它们收藏起来，以后可从收藏夹中直接选择访问站点。

实训 1　网上冲浪

一、实训目的

1．熟悉 IE 浏览器的功能。
2．掌握 IE 浏览器的使用方法。
3．掌握网上查看信息的方法。

二、实训内容及步骤

1．启动 IE 浏览器

步骤

（1）双击桌面上的图标或单击快速启动栏中的图标，便可启动 IE 浏览器，且在 IE 浏览器中将打开 IE 默认的主页（http://www.microsoft.com/），如图 7-2 所示。

图 7-2　IE 6.0 的窗口

（2）在地址栏中输入 cn.yahoo.com 并回车，将打开雅虎的主页。

提示

为了方便，用户可以将经常要访问的网站设置为 IE 浏览器的起始页，这样每次启动后，IE 打开的都是该网站的网页。如果要访问的网站不确定，可以将 IE 浏览器的起始页设置为空白页，这样每次启动后，IE 不打开任何网页。

2．将 IE 6.0 的起始页设置为“新浪”主页

步骤

（1）启动 IE 浏览器。

（2）单击“工具”→“Internet 选项”命令，在弹出的对话框中单击“常规”选项卡，如图 7-3 所示。

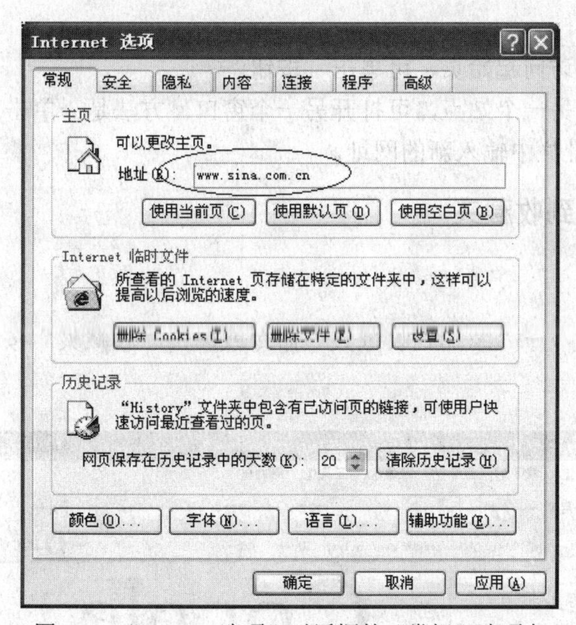

图 7-3　“Internet 选项”对话框的“常规”选项卡

（3）在“地址”栏中输入一个网址（www.sina.com.cn）。

（4）单击“确定”按钮。

3．将 IE 6.0 的起始页设置为空白页

步骤

（1）启动 IE 浏览器。

（2）单击“工具”→“Internet 选项”命令，在弹出的对话框中单击“常规”选项卡，如图 7-3 所示。

（3）单击“使用空白页”按钮，地址栏中将显示 about:blank 。

（4）单击“确定”按钮。

4．漫游 Internet

步骤

（1）启动 IE 浏览器。

（2）在地址栏中输入要访问网站的网址（如www.163.com），回车后，将显示该网站的网页。

（3）观察网页中的内容，选择一个自己感兴趣的内容，将鼠标指针指向它，当指针变为形状时单击，即可看到在新窗口中打开的网页。

（4）若还要查看其他内容，单击网页中任意超级链接的标题文字，即可在多个窗口或同一个窗口中打开多个网页。

（5）如果重新查看在同一窗口中打开且访问过的网页，可单击或按钮来回切换。

（6）如果访问的网页下载速度太慢，可单击按钮终止，然后再单击按钮重新下载当前网页。

（7）如果要重新访问起始页，可单击按钮。

（8）如果要访问另一个站点，可打开另一个窗口，方法是：单击“文件”→“新建”→“窗口”命令，在地址栏中输入新的网址。

5．把网址添加到收藏夹

步骤

（1）单击“收藏”→“添加到收藏夹”命令或单击“收藏夹”按钮，会出现如图 7-4 所示的窗格。

图 7-4　“收藏夹”显示窗格

（2）在其中单击“添加”按钮，弹出如图 7-5 所示的对话框。

（3）在“创建到”列表框中选择一个文件夹，保存该 Web 页。

（4）如果要保存在一个新的文件夹中，可单击“新建文件夹”按钮，弹出如图 7-6 所示的对话框，在“文件夹名”文本框中输入 dlw，然后单击“确定”按钮。

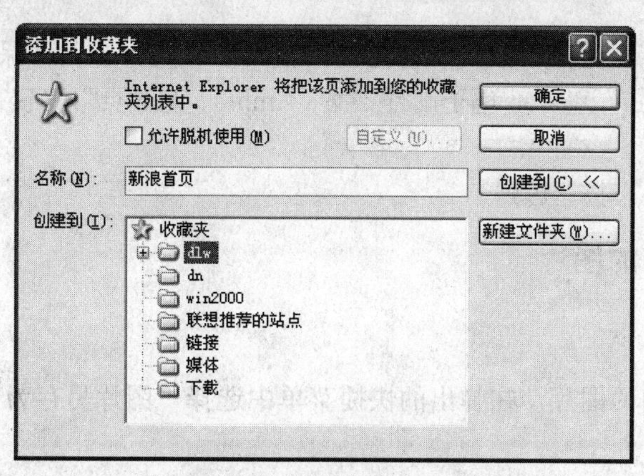

图 7-5　“添加到收藏夹”对话框

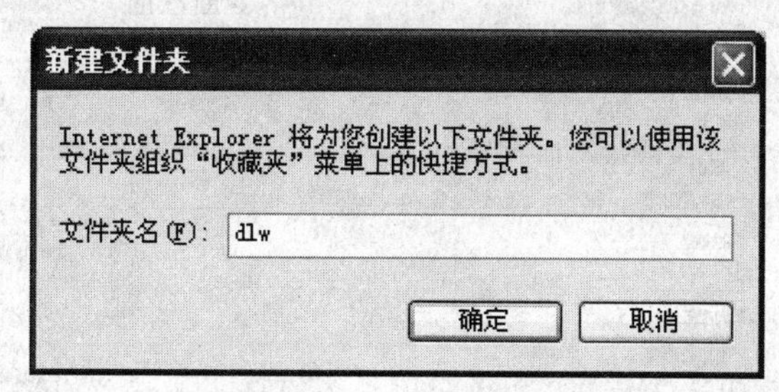

图 7-6　“新建文件夹”对话框

（5）如果要修改保存网页的名字，可在“名称”文本框中输入一个新的名字。

（6）单击“确定”按钮，便可将当前访问的网页添加到收藏夹显示窗格中。

6. 保存网页文件

步骤

（1）单击“文件”→“另存为”命令，弹出如图 7-7 所示的对话框。

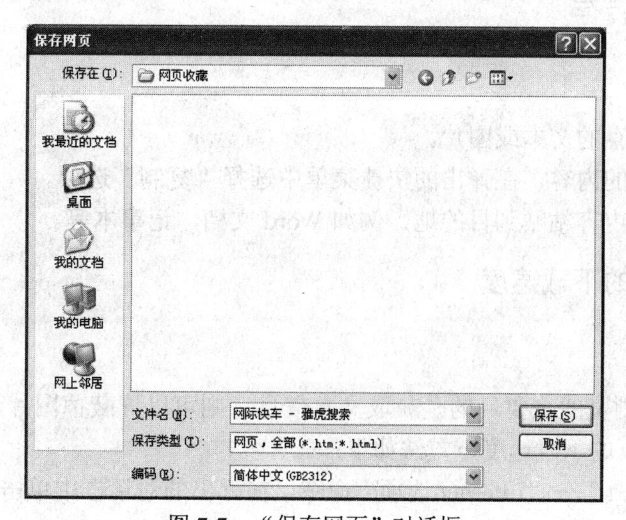

图 7-7　“保存网页”对话框

（2）单击“保存类型”下拉列表框选择保存类型，其中有四种保存类型可供选择：“网页，全部（*.htm;*.html）”、“Web 电子邮件档案（*.mht）、Web 页”，“仅 HTML（*.htm;*.html）”和“文本文件（*.txt）”。

（3）单击“保存”按钮。

7．保存网页中的图片

步骤

（1）右击网页中的图片，在弹出的快捷菜单中选择“图片另存为”选项，弹出如图 7-8 所示的对话框。

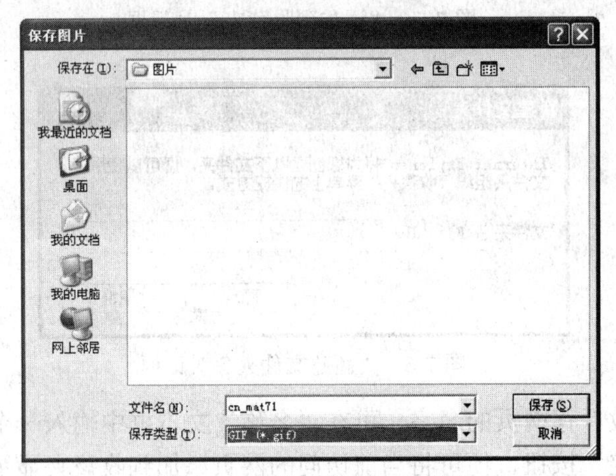

图 7-8 “保存图片”对话框

（2）单击“保存类型”下拉列表框选择保存类型，其中有两种保存类型可供选择：GIF（*.gif）和位图（*.bmp）。

（3）单击“保存”按钮。

8．用剪贴板转存

步骤

（1）选取要保存的文本或图片。

（2）右击选取的内容，在弹出的快捷菜单中选择“复制”选项。

（3）将复制的内容粘贴到目的地，例如 Word 文档、记事本等。

9．加快网页的下载速度

步骤

如果进行网上浏览的主要目的是获取文本信息，则可以屏蔽掉图片、声音、动画和视频等内容，以加快网页的下载速度，方法如下：

（1）单击“工具”→“Internet 选项”命令，在弹出的对话框中单击“高级”选项卡，如图 7-9 所示。

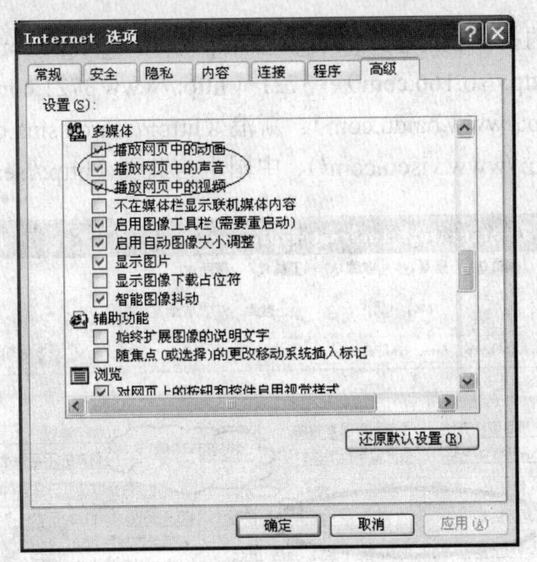

图 7-9 “Internet 选项”对话框的“高级”选项卡

（2）清除“播放网页中的动画”、“播放网页中的声音”、“播放网页中的视频”、“显示图片”复选框前的复选标志。

（3）单击“确定”按钮。

7.2 搜索引擎的使用

基础知识

Internet 为我们提供了海量的信息，在网上搜索自己所需要的信息以满足写作、研究、娱乐及其他要求显得越来越重要。但如何高效地在浩如烟海的互联网信息中找到所需要的信息呢？方法有两种：一种是按网站的分类目录查询；另一种就是使用搜索引擎按关键字查询。

分类目录就是按地区、类别、性质等类别进行逐级分类，列出目录。这种分类可以逐渐缩小范围，直到查到所需要的信息。使用目录查询比较简单，你只需确定要查找的目标所在的目录，然后一层层打开，逐步细化即可找到。

下面主要介绍搜索引擎的使用。

7.2.1 搜索引擎的含义

搜索引擎是一种交互式的数据库检索系统，用来帮助我们方便地查询网上信息，用户可通过输入关键词来检索数据库中的信息。在 IE 6.0 中增加了较强的搜索功能。为了让用户能很快得到自己所需要的信息，许多网站也提供了搜索引擎，如图 7-10 所示是新浪网提供的搜索引擎。其他比较著名的搜索引擎有：google（http://www.google.com）、中文雅虎（http://cn.yahoo.com）、网易（http://so.166.com）、3721（http://www.3721.com）、21CN（http://search.21cn.com/）、百度（http://www.baidu.com）、新浪（http://search.sina.com.cn）、搜狐（http://dir.sogou.com）、一搜（http://www.yisou.com/）、中国电信黄页（http://search.yellowpage.com.cn/）。

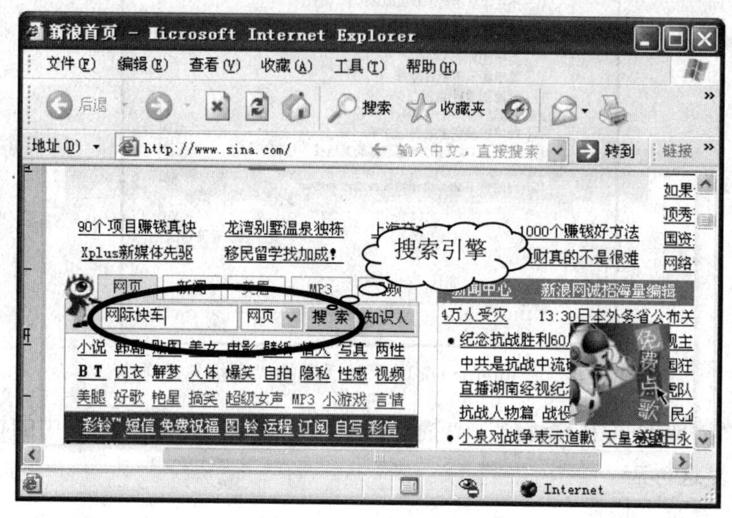

图 7-10　搜索引擎示例

7.2.2　搜索引擎的使用技巧

每个搜索引擎都有自己的查询方法，只有熟练地掌握它，才能运用自如。不同的搜索引擎提供的查询方法不完全相同，使用前可以参看各搜索引擎提供的帮助，但有一些通用的查询方法，各个搜索引擎基本上都具有，下面进行介绍。

1．简单查询（模糊查询）

在搜索引擎中输入关键词，然后单击“搜索”按钮，系统很快会返回查询结果，这是最简单的查询方法，使用方便，但是查询的结果不准确，因为查询关键字可能被拆分了。

2．使用双引号" "（精确查询）

给要查询的关键词加上半角的双引号可以实现精确的查询，这种方法要求查询结果要精确匹配，不包括演变形式。例如，在搜索引擎的文字框中输入“"电传"”，它就会返回网页中有“电传”这个关键字的网址，而不会返回诸如“电话传真”之类的网页。

3．使用加号+

在关键词的前面使用加号，也就等于告诉搜索引擎该关键词必须出现在搜索结果中的网页上。例如，在搜索引擎中输入“+电脑+电话+传真”就表示要查找的内容必须要同时包含电脑、电话、传真这三个关键词。

4．使用减号-

在关键词的前面使用减号，也就意味着在查询结果中不能出现该关键词。例如，在搜索引擎中输入“电视台 -中央电视台”，就表示最后的查询结果中一定不包含“中央电视台”。注意，减号前面一定要留空格。

5．使用元词检索

大多数搜索引擎都支持“元词”（metawords）功能，依据这类功能用户把元词放在关键词的前面，这样就可以告诉搜索引擎你想要检索的内容具有哪些明确的特征。例如，在搜索引擎中输入“新闻 intitle:2008 年奥运”，就可以查到网页标题中带有 2008 年奥运新闻的网页。在键入的关键词后加上“domain:org”，就可以查到所有以 org 为后缀的网站。

其他元词还有：image:（用于检索图片）、link:（用于检索链接到某个选定网站的页面）、inurl:（用于检索地址中带有某个关键词的网页）、site:（用于将搜索范围限定在特定的站点中）。

实训 2　信息搜索

一、实训目的

1．熟悉如何在网上查找所需要的信息。
2．掌握搜索引擎的使用。

二、实训内容及步骤

1．搜索“网际快车”软件

步骤

（1）打开 IE 浏览器。

（2）在地址栏中输入 http://www.google.com 并回车，将显示 Google 主页。

（3）选择“搜索简体中文网页”单选项。

（4）采用模糊查询方式。在搜索引擎文本框中输入：网际快车软件下载，回车或单击“搜索”按钮，会显示如图 7-11 所示的搜索结果。

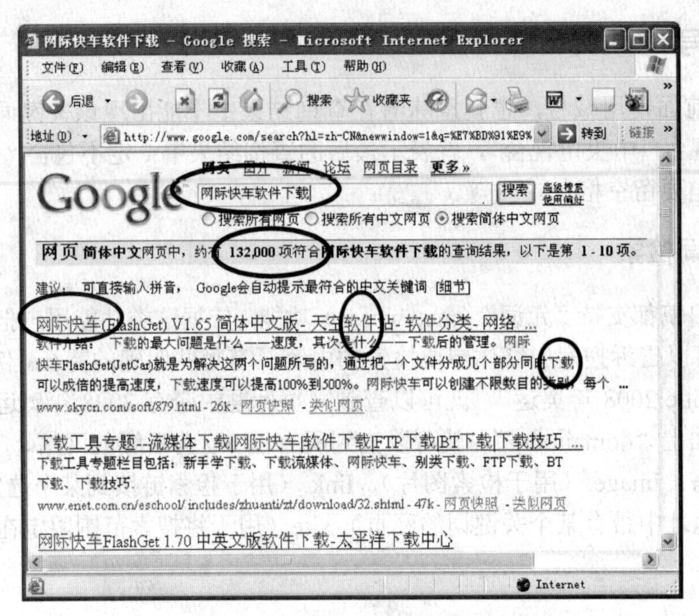

图 7-11　在 Google 中模糊查询的结果

（5）采用精确查询方式。在搜索引擎文字框中输入："网际快车软件下载"，回车或单击“搜索”按钮，会显示如图 7-12 所示的搜索结果。

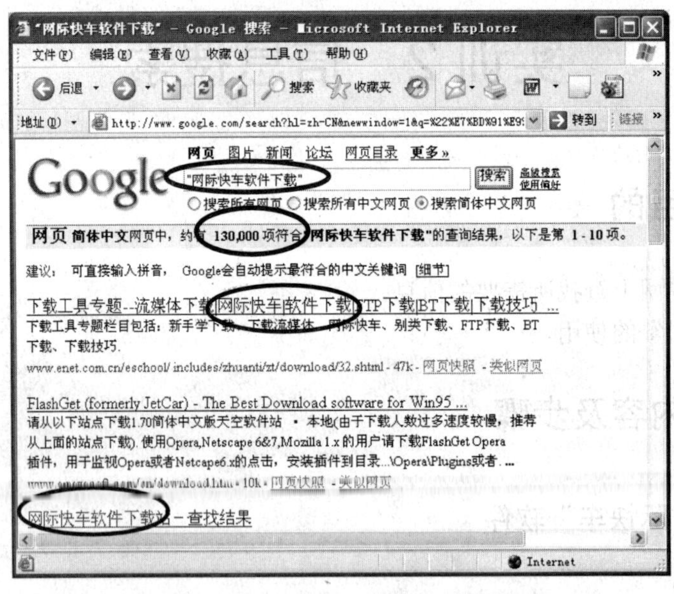

图 7-12　在 Google 中精确查询的结果

2．查询有关重庆大学科研项目的信息

步骤

（1）承接上例，在搜索引擎文字框中输入：重庆大学科研项目，回车或单击“搜索”按钮，会显示如图 7-13 所示的搜索结果。

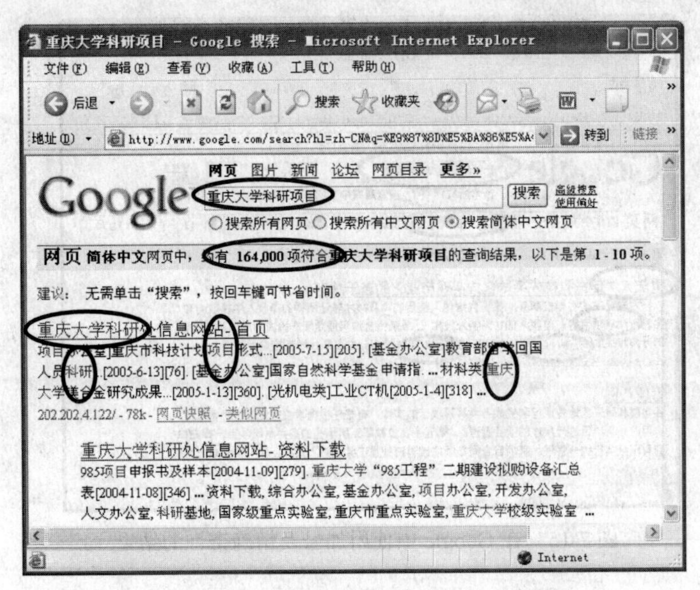

图 7-13　在 Google 中模糊查询的结果

（2）在搜索引擎文字框中输入：+重庆大学+科研项目，回车或单击“搜索”按钮，会显示如图 7-14 所示的搜索结果。

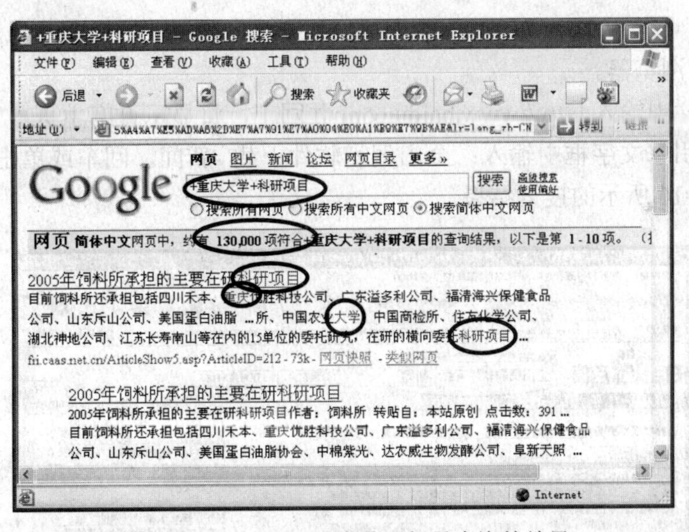

图 7-14　在 Google 中使用加号查询的结果

（3）在搜索引擎文字框中输入：+"重庆大学"+"科研项目"，回车或单击“搜索”按钮，会显示如图 7-15 所示的搜索结果。

提示

本例中，使用了三种方法查询关于“重庆大学科研项目”的信息，通过比较可以看出，第三种方法（即使用加号及精确查询方式）查询到的结果范围更小，内容更精确。请读者仔细比较。

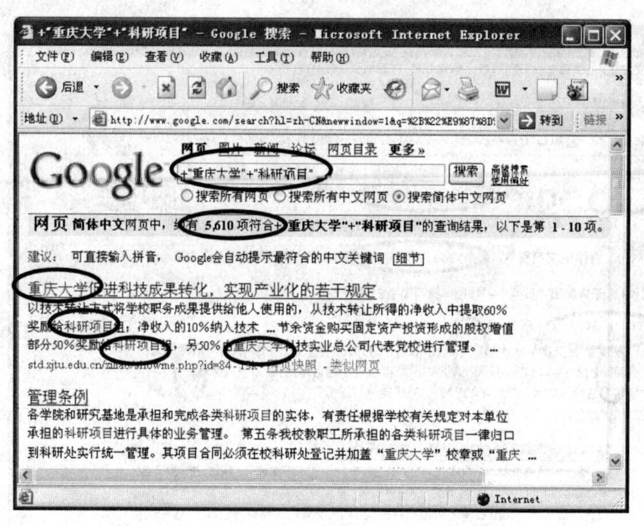

图 7-15 在 Google 中使用加号及精确查询的结果

3．不包含特定关键字的搜索

【实例】搜索不包含新闻内容的有关“金山词霸软件下载”的信息。

步骤

（1）打开 IE 浏览器。

（2）在地址栏中输入 http://www.baidu.com 并回车，将显示百度主页。

（3）在搜索引擎文字框中输入：金山词霸软件下载 -新闻，回车或单击“百度搜索”按钮，会显示如图 7-16 所示的搜索结果。

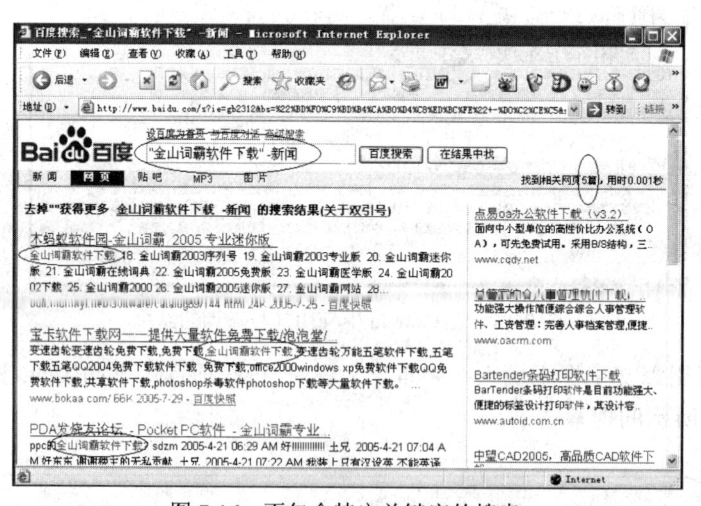

图 7-16 不包含特定关键字的搜索

4．在指定的站点中搜索信息

【实例】搜索雅虎网站中的幻灯片。

步骤

（1）打开 IE 浏览器。

（2）在地址栏中输入 http://www.baidu.com 并回车，将显示百度主页。

（3）在搜索引擎文字框中输入：幻灯片 site:cn.yahoo.com，回车或单击“百度搜索”按钮，会显示如图 7-17 所示的搜索结果。

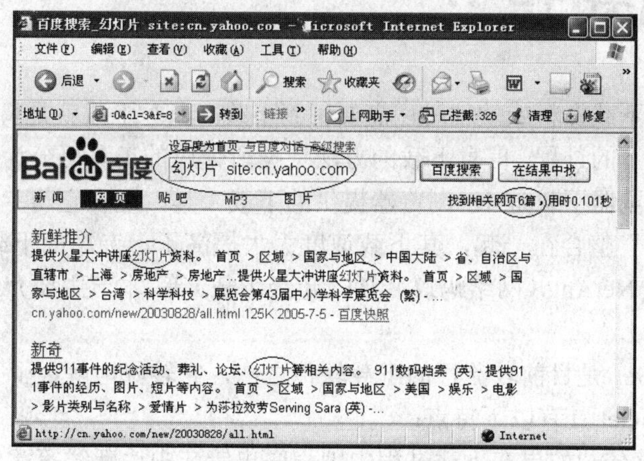

图 7-17　在指定的站点中搜索幻灯片信息

5. 在指定的网页标题中搜索信息

【实例】搜索有关“2008 年奥运”的相关新闻信息。

步骤

（1）打开 IE 浏览器，在地址栏中输入 http://www.baidu.com，并回车，将显示百度主页。

（2）在搜索引擎文字框中输入：新闻 intitle:2008 年奥运，回车或单击“百度搜索”按钮，会显示如图 7-18 所示的搜索结果。

图 7-18　在指定的网页标题中搜索新闻信息

7.3 网际快车 FlashGet 简介

基础知识

当用户要从网上下载资料或软件时，需要用到下载工具。下载就是将 Internet 上的信息或软件复制到本地硬盘上的过程。信息下载的方法依据所使用的工具可分为两大类：浏览器下载和专用工具下载。浏览器下载是 IE 浏览器提供的下载工具，现在它与专为 IE 浏览器设计的“DuDu 下载加速器”整合在一起，其下载速度大大提高了。专用的下载工具有很多种，如 FlashGet（网际快车）、NetAnts（网络蚂蚁）、BT（超级下载）等。本节主要介绍网际快车 FlashGet 的功能。

网际快车 FlashGet 是目前较流行的下载软件之一，它较好地解决了下载速度和下载后文件管理的问题。FlashGet 具有以下特点：

（1）支持断点续传。如果在下载过程中因程序出错或中途断线等意外原因造成下载任务中断，下一次下载时，不需要重新开始下载任务，而是从断点处接着下载。

（2）采用多线程技术，把一个文件分割成几个部分同时下载，从而成倍地提高下载速度。

（3）它可以为下载文件创建不同的类别目录，从而实现下载文件的分类管理，且支持拖拽、更名、查找等功能。

FlashGet 是一个免费软件，目前的最新版本是 FlashGet 1.6，从许多网站上都可以下载到它。

网际快车软件下载后，双击安装文件即可开始安装，一路单击 Next 按钮即可完成安装。安装完成后，IE 浏览器的工具栏上会增加一个 FlashGet 图标。

技能训练

实训 3 信息下载

一、实训目的

1. 掌握在 IE 浏览器中下载信息的方法。
2. 熟悉 FlashGet 的启动方式。
3. 熟悉 FlashGet 下载规则的设置。

4．掌握 FlashGet 的文件下载方法。
5．掌握 FlashGet 的文件管理方法。

二、实训内容及步骤

1．使用浏览器直接下载 FlashGet 软件

步骤

（1）打开 Google 主页。
（2）在搜索框中输入：网际快车，单击“搜索”按钮，会出现如图 7-19 所示的窗口。

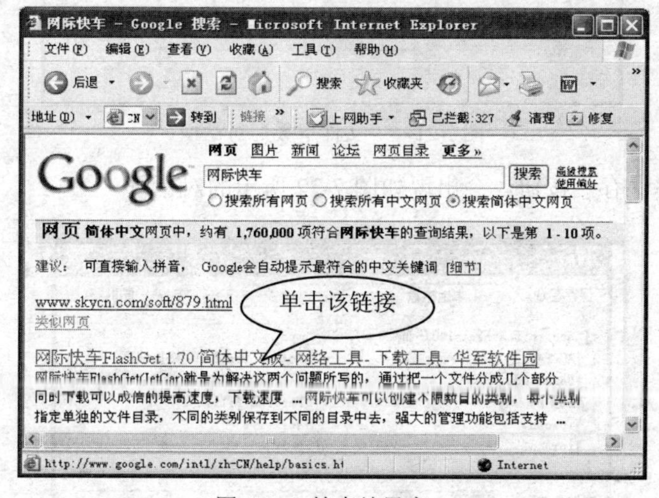

图 7-19　搜索结果窗口

（3）在搜索结果中，选择从“华军软件园”下载后，就进入了“网际快车”的下载页面，如图 7-20 所示。

图 7-20　网际快车的下载页面

（4）在下载页面中，从下载地址列表中选择一个地址进行下载，单击后会出现如图 7-21 所示的对话框。

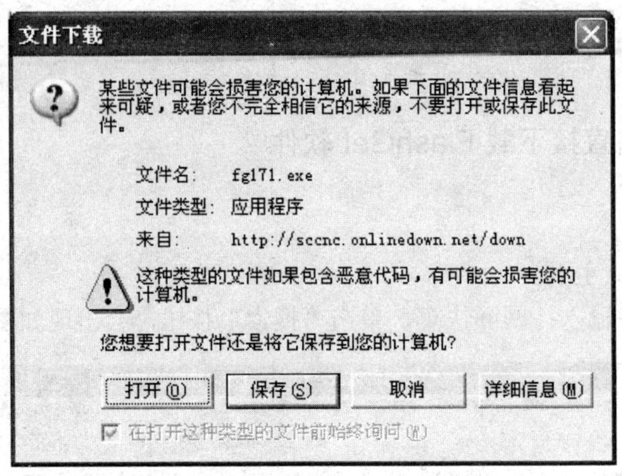

图 7-21　“文件下载”对话框

（5）若单击“保存”按钮，会出现如图 7-22 所示的对话框。

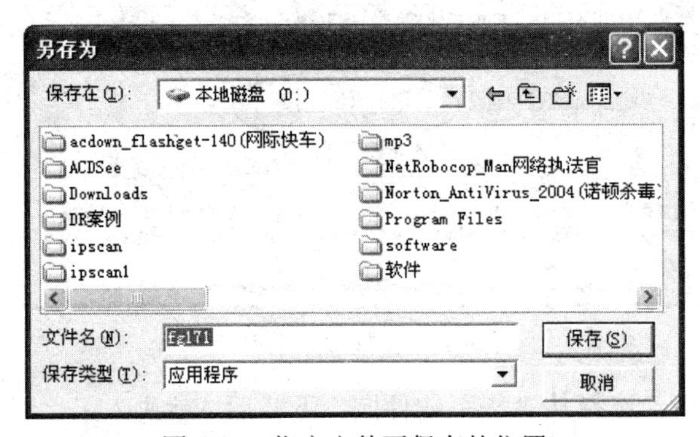

图 7-22　指定文件要保存的位置

（6）在其中选择要保存文件的位置，单击“保存”按钮，会出现如图 7-23 所示的对话框。

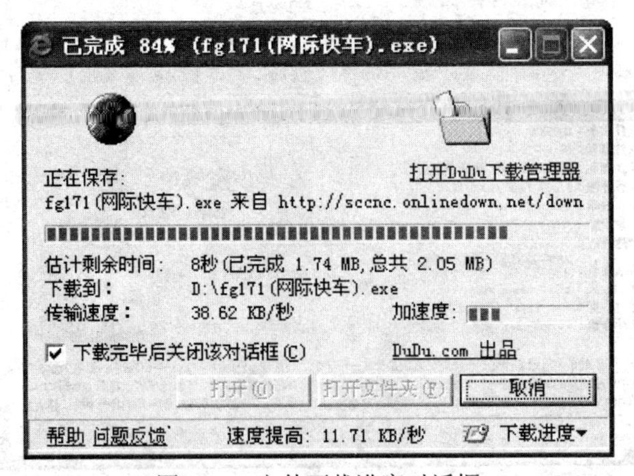

图 7-23　文件下载进度对话框

（7）若在图 7-21 所示的对话框中单击“打开”按钮，则可以直接将该文件安装在本地机器中。安装完成后，IE 浏览器的工具栏上会增加一个 FlashGet 图标。

2．FlashGet 的启动

步骤

方法 1：正常启动。双击桌面上的快捷图标，会出现如图 7-24 所示的界面。

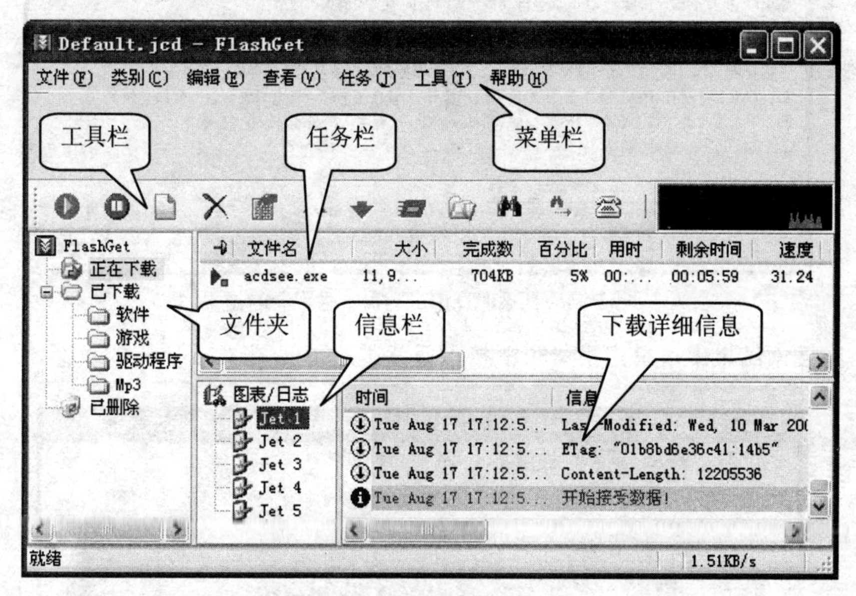

图 7-24　FlashGet 1.6 的主界面

方法 2：从右键菜单启动。右击网页中的下载链接点，在弹出的快捷菜单中选择“使用网际快车下载”选项。

方法 3：从浏览器的工具栏启动。单击 IE 浏览器工具栏上的 FlashGet 图标。

提示

主界面的左侧是类别文件夹，它包括三个默认的类别：正在下载、已下载和已删除。单击“正在下载”文件夹后，在任务栏中可以看见正在下载的文件名、大小、完成数、速度、剩余时间等信息。

3．使用 FlashGet 下载“DuDu 下载加速器”软件

步骤

（1）打开 Google 主页。

（2）在搜索框中输入：DuDu 下载加速器，单击“搜索”按钮，出现如图 7-25 所示的窗口。

图 7-25　搜索“DuDu 下载加速器”的结果

（3）在搜索结果中，单击第一个链接点后就进入了如图 7-26 所示的页面。

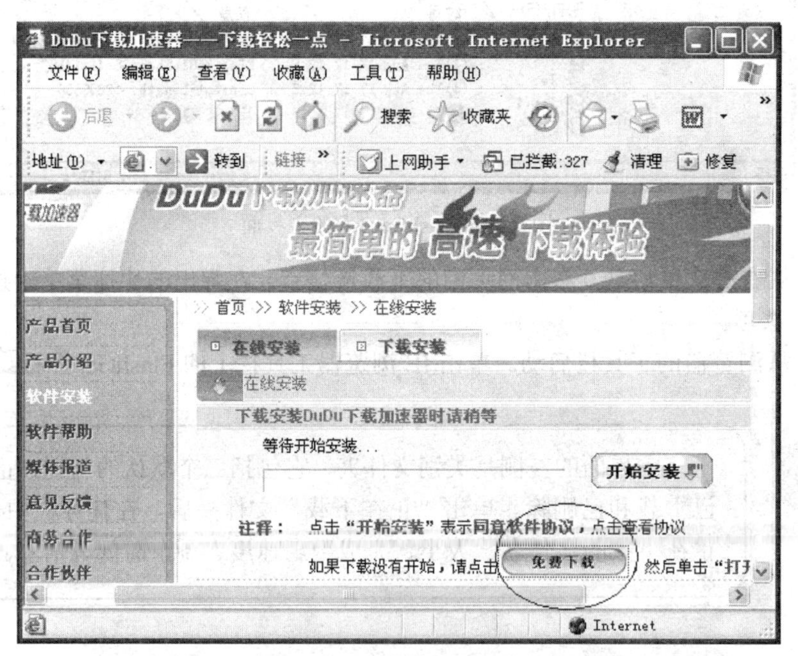

图 7-26　“DuDu 下载加速器”的下载页面

（4）右击“免费下载”按钮，在弹出的快捷菜单中选择“使用网际快车下载”选项，或者直接将“免费下载”按钮拖放到半透明的悬浮图标上，会出现如图 7-27 所示的对话框。

（5）单击“确定”按钮，会出现如图 7-28 所示的下载任务窗口。当任务下载完毕后，文件会被自动保存在“已下载”类别（即 C:\Downloads）中。

（6）单击“已下载”类别，观察右侧窗格中已下载的任务列表。

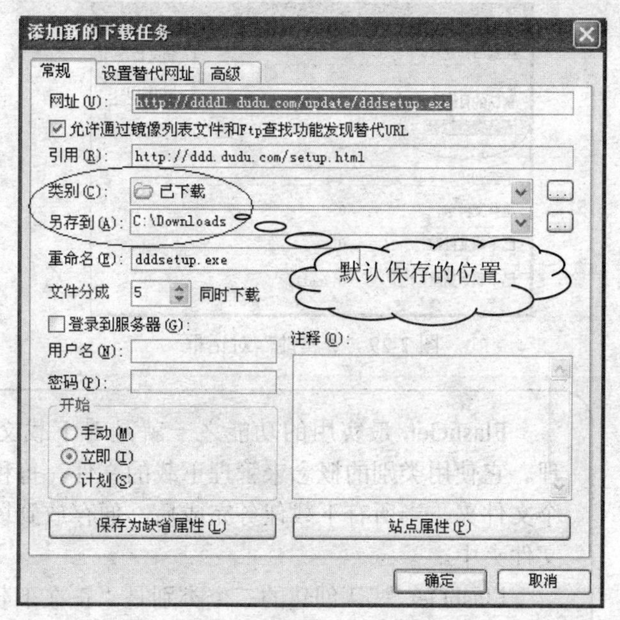

图 7-27 “添加新的下载任务”对话框

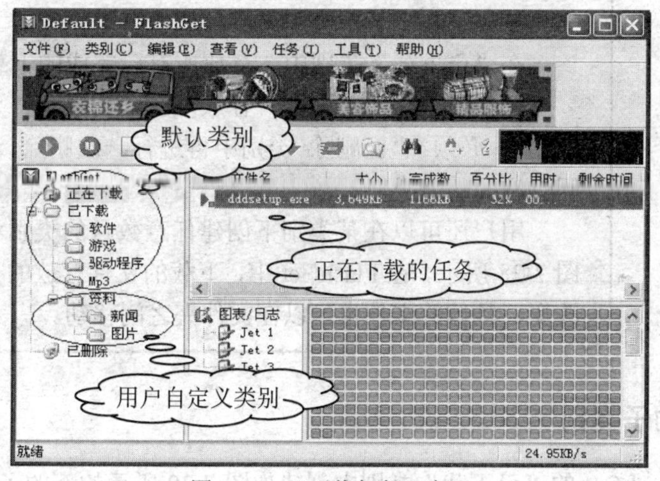

图 7-28 “下载任务”窗口

4．查看默认类别的目录属性

步骤

（1）打开 FlashGet 的主窗口。

（2）右击“已下载”类别，在弹出的快捷菜单中选择“属性”选项，出现如图 7-29 所示的对话框。

（3）观察“已下载”类别的默认目录。

（4）分别右击“正在下载”、“已删除”类别，在弹出的快捷菜单中选择“属性”选项，观察它们的默认目录。

（5）单击“确定”或“取消”按钮关闭对话框。

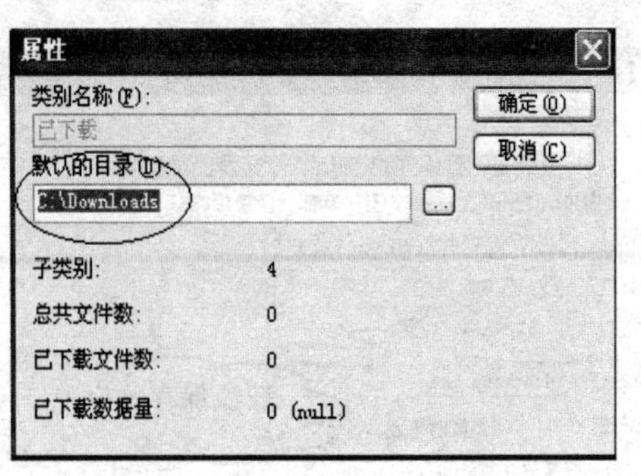

图 7-29 “属性”对话框

提示

FlashGet 最实用的功能之一就是对下载文件进行归类管理。它使用类别的概念来管理下载的文件，每种类别可指定一个文件夹，当所有下载任务完成后，便存放到该类别所指定的文件夹中。

FlashGet 默认创建的三个类别是“正在下载”、“已下载”和“已删除”，默认的文件夹都为 c:\Downloads。

在“正在下载”类别中，存放所有未完成的下载任务。

在“已下载”类别中，存放所有已完成的下载任务。

在“已删除”类别中，存放被删除的任务，要将它们真正地删除，必须在“已删除”类别中再进行一次删除，这和 Windows 回收站的功能类似。

用户还可以在某类别下创建任意数目的类别和子类别，如图 7-28 所示。在 FlashGet 中，下载的文件存放的类别可以随时改变，具体的文件也可以在文件夹之间移动。

5. 创建新的子类别

【实例】在 FlashGet 的“已下载”类别中创建如图 7-30 所示的新的子类别。

步骤

（1）在 FlashGet 主窗口中，右击“已下载”类别，在弹出的快捷菜单中选择“新建类别”选项，弹出如图 7-31 所示的对话框。

（2）在“类别名称”文本框中输入“资料”后，“默认的目录”文本框中会自动显示“C:\Downloads\资料”，单击“确定”按钮。

（3）在 FlashGet 主窗口中，右击刚创建的“资料”类别，在弹出的快捷菜单中选择“新建类别”选项。

（4）在“类别名称”文本框中输入 DOC 后，“默认的目录”文本框中会自动显示“C:\Downloads\资料\DOC”，单击“确定”按钮。

（5）创建“图片”、“视频”类别的方法同步骤（3）和（4）。

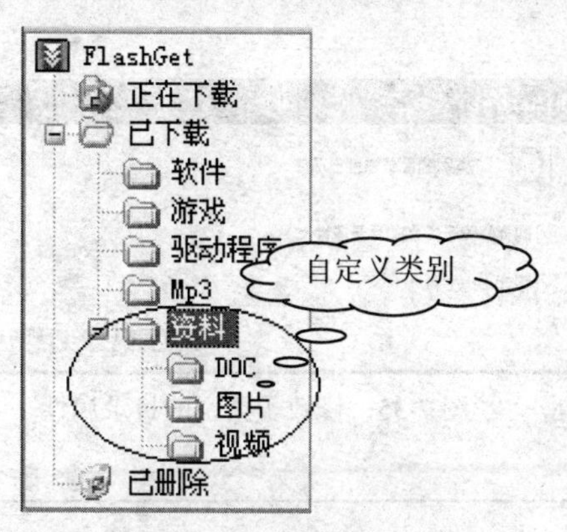

图 7-30 创建新类别示例

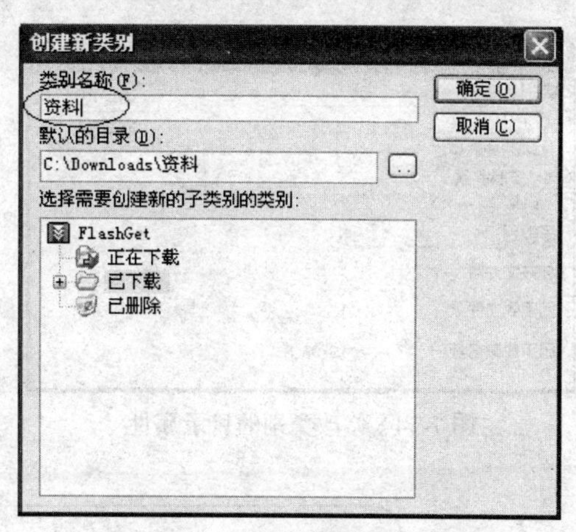

图 7-31 “创建新类别”对话框

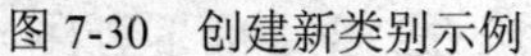

6. 修改类别的目录属性

【实例】将“已下载”类别的目录属性（默认为 C:\Downloads）修改为“D:\资料收集”，其下的子类别进行相应的修改。

步骤

（1）打开 FlashGet 的主窗口。

（2）右击“已下载”类别，在弹出的快捷菜单中选择“属性”选项，如图 7-29 所示。

（3）单击“默认的目录”文本框右侧的[...]按钮，弹出如图 7-32 所示的对话框。

（4）在“文件夹/驱动器”列表框中，按图示选择“资料收集”文件夹，如图 7-33 所示。

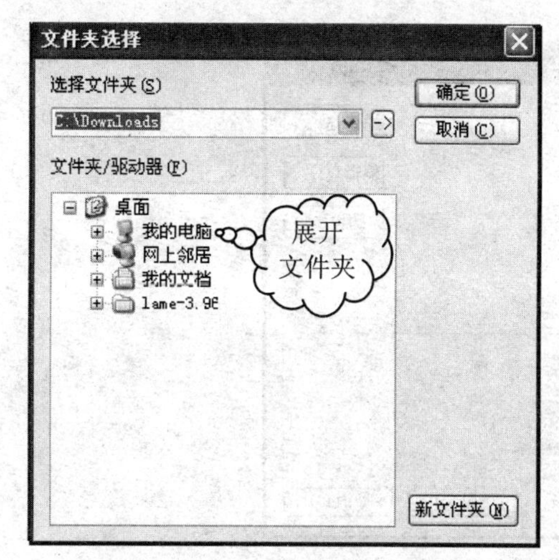

图 7-32 “文件夹选择”对话框

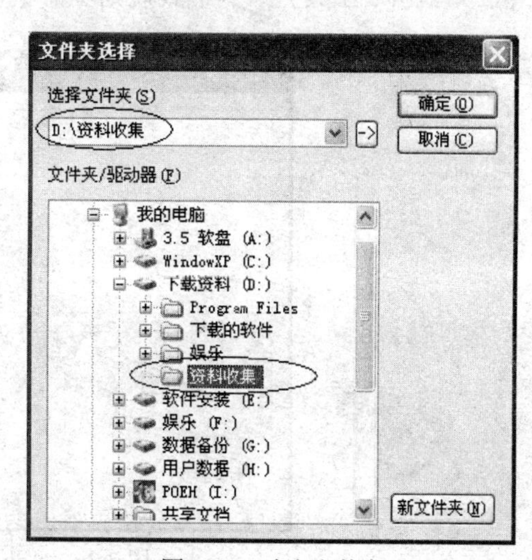

图 7-33 选定文件夹

（5）单击“确定”按钮，返回如图 7-34 所示的对话框。

（6）单击“确定”按钮，弹出如图 7-35 所示的对话框。

（7）单击“确定”按钮，完成修改。

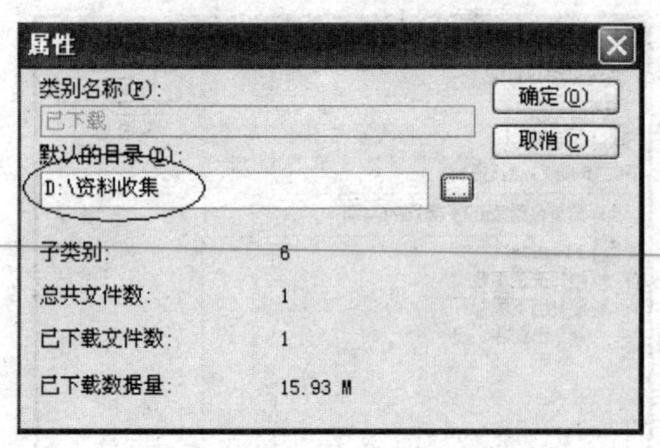

图 7-34　修改类别的目录属性

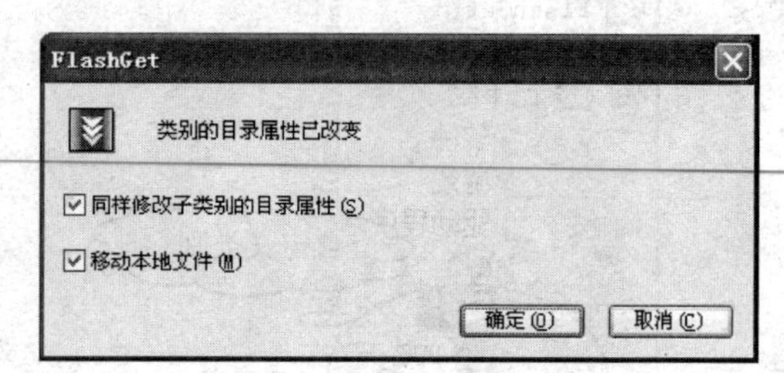

图 7-35　修改子类别的目录属性

提示

当类别的目录属性修改后，以后所有已完成的下载任务将不再保存在默认目录 C:\Downloads 中，而是保存在新建的目录中（这里为 D:\资料收集）。

7．设置下载规则

【实例】将已下载的音乐格式的文件保存在 MP3 类别所指定的文件夹中。

步骤

（1）打开 FlashGet 的主窗口。

（2）单击“工具”→“下载规则”命令，弹出如图 7-36 所示的对话框。

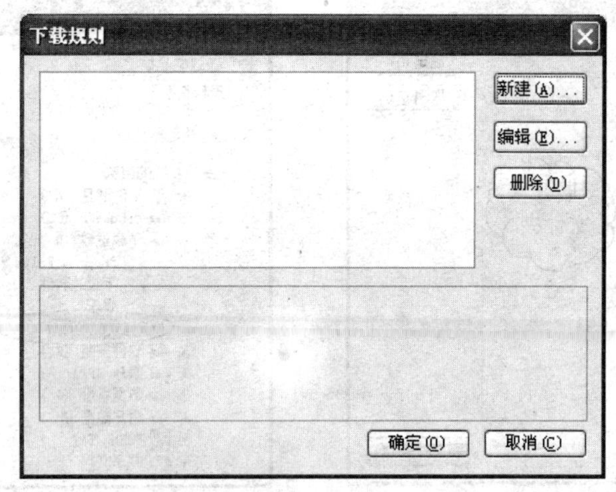

图 7-36　“下载规则”对话框

（3）单击“新建”按钮，弹出如图 7-37 所示的对话框。

（4）在其中勾选“当文件扩展名符合特定的字串”和“移动到指定的类别”复选项。

（5）单击“当文件扩展名符合特定的字串”按钮，弹出一个选择扩展名的对话框，从中选择如图 7-37 所示的音乐格式扩展名。

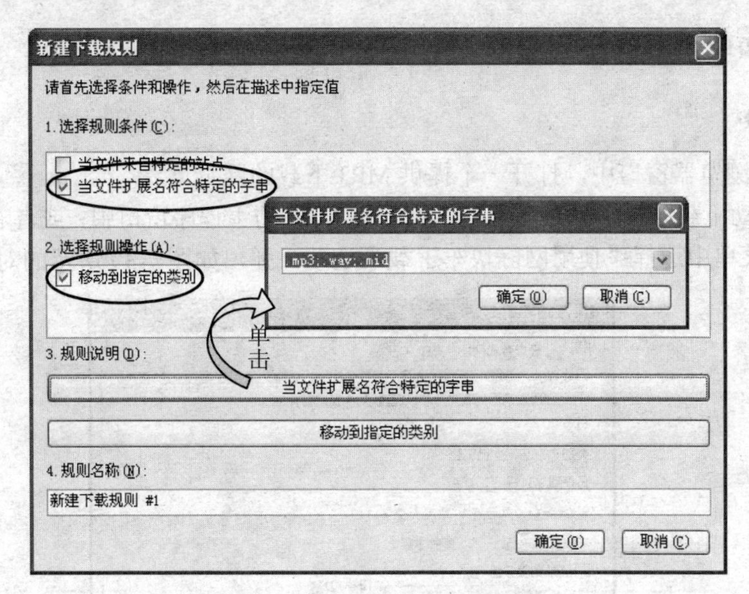

图 7-37　“新建下载规则”对话框

（6）单击“移动到指定的类别”按钮，弹出一个如图 7-38 所示的对话框，从中选择 MP3。

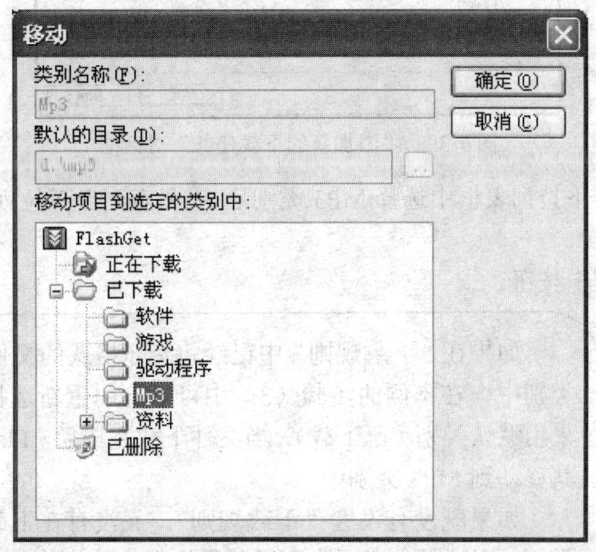

图 7-38　选择类别对话框

（7）在图 7-37 所示对话框的“4. 规则名称”文本框中将该规则命名为“音乐下载”。
（8）单击“确定”按钮。

提示

默认情况下，FlashGet 把所有下载下来的各种类型的文件都保存在“已下载”类别中，没有归类到它的子类别中，可以利用 FlashGet 的“下载规则”功能轻松地把这些文件归类到相应的类别中。

8. 添加单个下载任务

步骤

（1）在浏览器窗口中，打开一个提供 MP3 下载的网页。

（2）拖动下载链接至悬浮图标上或 FlashGet 的主程序窗口中，或者右击下载链接，在弹出的快捷菜单中选择“使用网际快车下载”选项，弹出如图 7-39 所示的对话框。

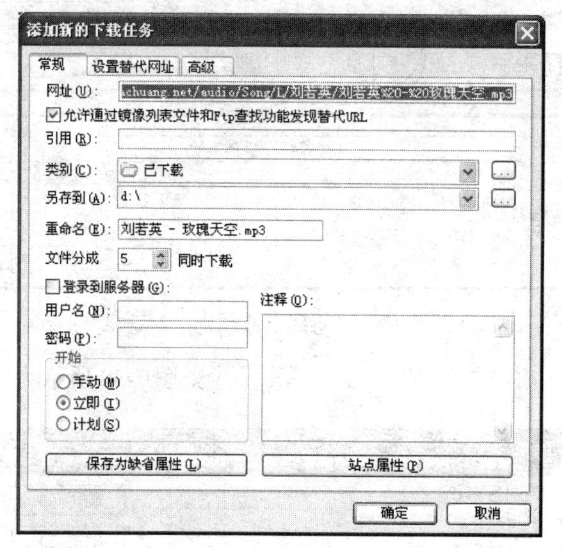

图 7-39 “添加新的下载任务”对话框

（3）在“类别”下拉列表框中选择 MP3 类别后，“另存到”下拉列表框中的内容会自动修改为 d:\mp3。

（4）单击“确定”按钮。

提示

如果在“下载规则”中已经将音乐格式的文件指定到了 MP3 类别中，在本例的步骤（3）中可以不用重新选择类别，而直接采用默认类别（已下载），当文件下载完毕后，FlashGet 会自动将其移动到 MP3 类别中。

如果既没有设置“下载规则”，又没有在下载时指定存放的类别，则下载完成后也可以使用拖曳功能将该任务移到相应的类别中去。

9. 添加成批下载任务

步骤

（1）将鼠标指向有多个下载任务的网页。

（2）右击，在弹出的快捷菜单中选择“使用网际快车下载全部链接”选项，弹出如图 7-40 所示的对话框。

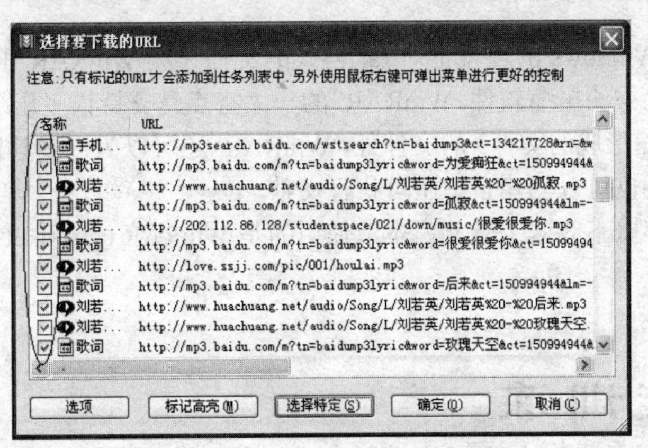

图 7-40　“选择要下载的 URL”对话框

（3）单击“选项”按钮，弹出如图 7-41 所示的对话框。

（4）选择音乐格式文件类型。

（5）单击“确定”按钮后，只有音乐格式的文件才被标记，如图 7-42 所示。

（6）单击“确定”按钮。

图 7-41　“缺省标记的文件类型”对话框

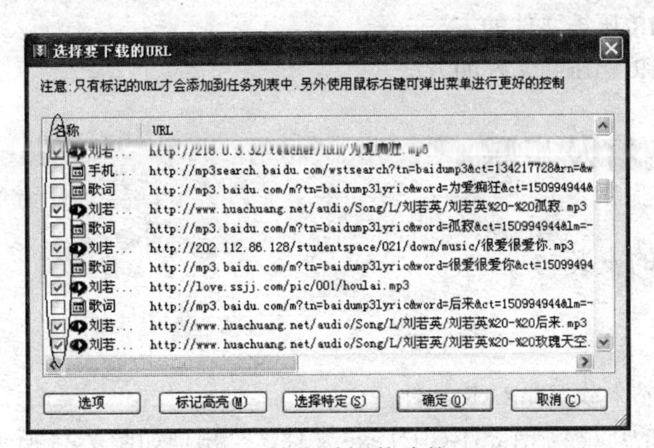

图 7-42　只标记音乐格式的 URL

7.4　压缩软件 WinRAR 简介

基础知识

压缩软件是为了使文件的大小变得更小以便于交流而诞生的。为了减少存储空间和信息在网上的传输量，我们从网上下载的文件多数都是经过压缩处理的。压缩的文件在使用前要先进行解压处理。目前较流行的解压缩软件有 WinRAR、WinZip 等。

WinRAR 是在 Windows 的环境下对.rar 格式的文件（经 WinRAR 压缩形成的文件）进行管理和操作的一款优秀的压缩软件。WinRAR 的一大特点是支持很多压缩格式，除了.rar 和.zip 格式（经 WinZip 压缩形成的文件）的文件外，WinRAR 还可以为许多其他格式的文件解压缩。同时，使用这个软件也可以创建自解压可执行文件。

从许多网站都可以下载这个软件，本节使用的是 WinRAR 6.10 中文版。

实训 4　压缩软件 WinRAR 的使用

一、实训目的

1．掌握 WinRAR 压缩文件的方法。
2．掌握 WinRAR 解压缩文件的方法。

二、实训内容及步骤

1．WinRAR 的安装

步骤

（1）在相关网站下载 WinRAR 软件。

（2）双击下载的压缩包 wrar31-CHN.exe 文件，会出现如图 7-43 所示的中文安装界面。

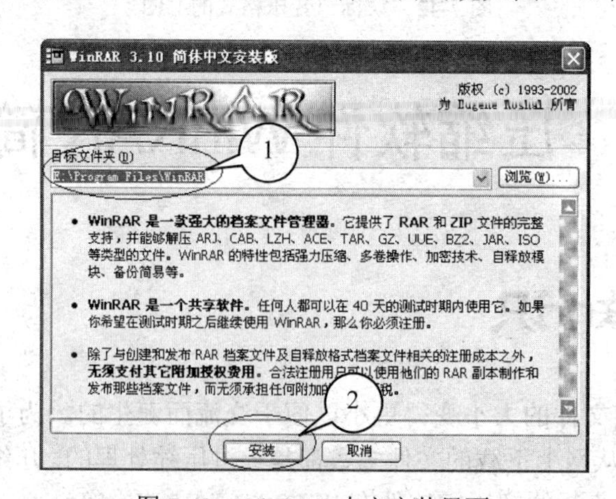

图 7-43　WinRAR 中文安装界面

（3）选择好安装的目录后，单击“安装”按钮即可开始安装。

（4）安装到最后，会出现如图 7-44 所示的 WinRAR 安装选项界面。

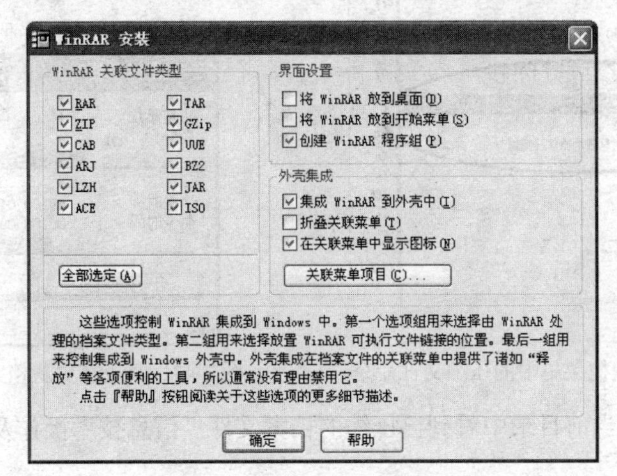

图 7-44　WinRAR 安装选项界面

（5）单击“确定”按钮，会弹出如图 7-45 所示的安装完成界面。

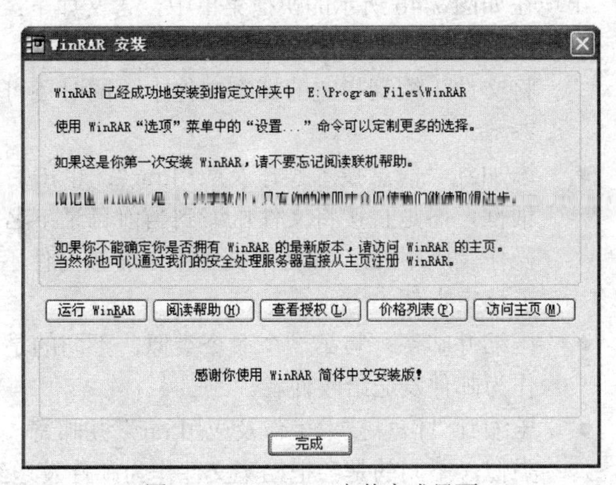

图 7-45　WinRAR 安装完成界面

（6）单击“完成”按钮，整个 WinRAR 的安装就完成了。

WinRAR 安装完成后，在资源管理器中右击任意文件，便可在弹出的快捷菜单中看到 WinRAR 压缩命令（四种），如图 7-46 所示。

2．将文件压缩到当前目录

步骤

（1）选定要压缩的文件。

（2）右击选定的文件，会出现如图 7-46 所示的快捷菜单。

（3）单击“添加到(T)‘信息技术操作及应用.rar’”选项，会出现如图 7-47 所示的对话框，开始压缩档案文件。

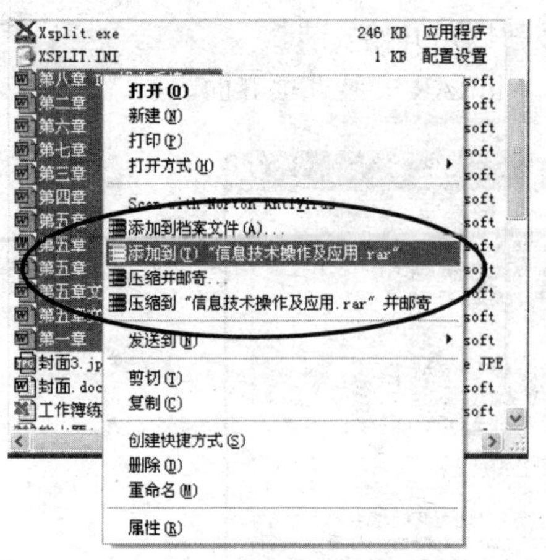

图 7-46　右键快捷菜单中的压缩文件命令

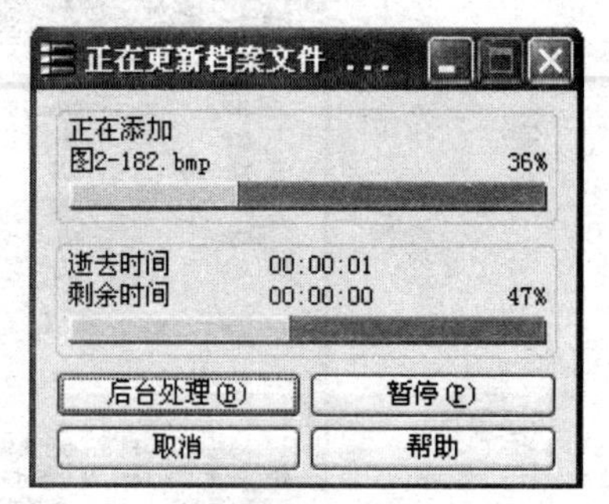

图 7-47　“正在更新档案文件”对话框

压缩完毕，可在当前目录中看到已压缩的档案文件“信息技术操作及应用”。

提示

当右击选定的文件时，WinRAR 压缩命令（四种方式）会出现在如图 7-46 所示的快捷菜单中，含义如下：

- 添加到档案文件：单击后，会出现对话框，用户可以选择将文件压缩到指定的档案文件中，同时还可以设置相关的参数。
- 添加到“信息技术操作及应用.rar”：单击后，不会出现对话框，而是直接将文件压缩到当前目录下名为“信息技术操作及应用.rar”的档案文件中，若该文件不存在，则新建该档案文件。
- 压缩并邮寄：与第一个命令类似，不同的是会把档案文件作为邮件发送给收件者。
- 压缩到“信息技术操作及应用.rar”并邮寄：与第二个命令类似，不同的是会把档案文件作为邮件发送给收件者。

3. 将文件压缩到指定目录

【实例】将选定的文件压缩到 D:\，并将压缩后的文件命名为“练习”。

步骤

（1）选定要压缩的文件。

（2）右击选定的文件，在弹出的快捷菜单中选择“添加到档案文件”选项，弹出如图 7-48 所示的对话框。

（3）在“档案文件名”文本框中输入“D:\练习.rar”，如果压缩包文件在磁盘上已存在，则会将要压缩的文件添加到该压缩包文件中；如果不存在，则会新建这个压缩包文件。也可以

单击“浏览”按钮，选择压缩包文件保存在磁盘上的具体位置和名称。

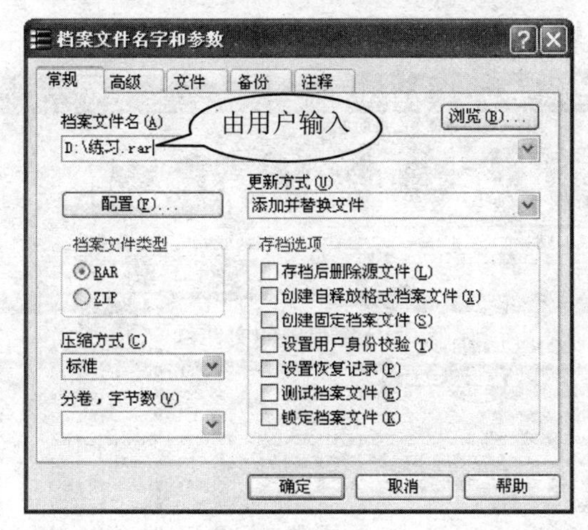

图 7-48　“压缩文件名字和参数”对话框

（4）单击“确定”按钮，在 D 盘根文件夹中可以查看到压缩包文件“练习”。

提示

在图 7-48 所示的对话框中，其他参数的含义如下：

- 配置：是指根据不同的压缩要求选择不同的压缩模式，不同的模式会提供不同的配置方式。
- 档案文件类型：选择生成的压缩文件是 RAR 格式（经 WinRAR 压缩形成的文件）还是 ZIP 格式（经 WinZip 压缩形成的文件）。
- 更新方式：一般用于以前曾压缩过的文件，现在由于更新等原因需要再压缩时进行的选项。
- 存档选项：最常用的是“存档后删除源文件”和“创建自释放格式档案文件”。前者是在建立压缩文件后删除原来的文件；后者是创建一个 EXE 可执行文件，以后解压缩时可以脱离 WinRAR 软件自行解压缩。
- 压缩方式：对压缩的比例和压缩的速度进行选择，由上到下选项的压缩比例越来越大，但速度越来越慢。
- 分卷，字节数：当压缩后的大文件需要用若干张盘存放时，可以选择压缩包分卷的大小。例如，要刻录到光盘上时，可以选择 650m-CD-650M、700m-CD-700M。

4．查看压缩包中的文件

步骤

（1）找到压缩包文件。

（2）双击压缩包文件的图标，会出现如图 7-49 所示的 WinRAR 的主界面，其中将显示该压缩包内的所有文件。

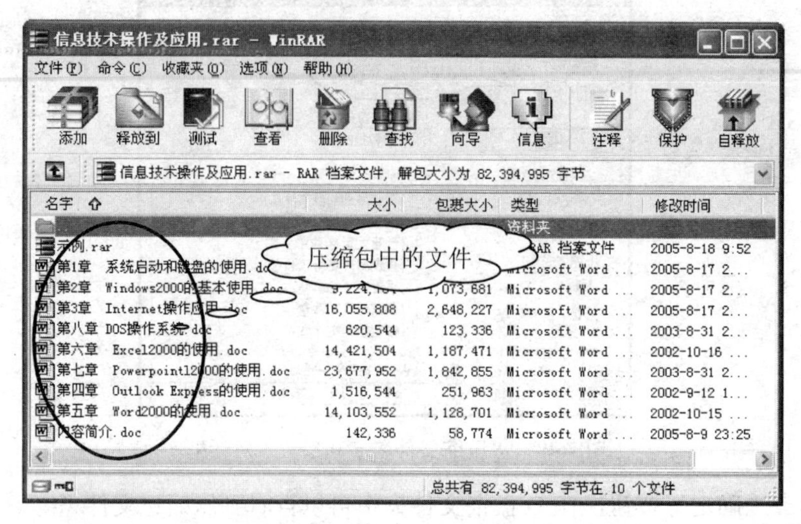

图 7-49　查看压缩包内的文件

（3）双击压缩包中的另一个压缩文件“示例.rar”，会打开另一个窗口显示其内容，如图 7-50 所示。

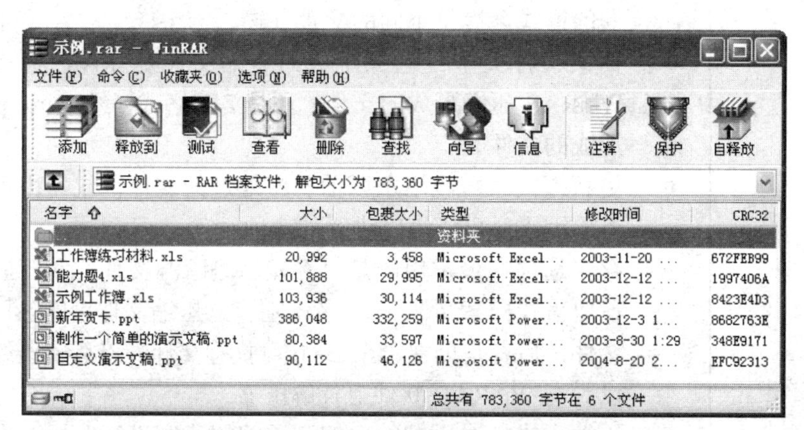

图 7-50　查看压缩包内的另一个压缩包内的文件

提示

WinRAR 会把压缩文件作为一个文件夹来管理，在它的文件列表中，如果双击一个 RAR 文件，可以像查看文件夹一样查看压缩包内部的文件，而且还可以选择这些文件进行解压缩。

如果压缩包内的文件是关联设置的文件（如 DOC、BMP、XLS 等类型），则无须解压，直接双击就可以打开该文件，但这时打开的文件是写保护状态的。若要保存修改的结果，则需要用“另存为”命令保存为其他相应的文件。

5. 分卷压缩

【实例】将若干个较大的文件（压缩后的文件大于软盘容量 1.44MB）分卷压缩到软盘中。

步骤

（1）选定要压缩的文件。

（2）右击选定的文件，在弹出的快捷菜单中选择“添加到档案文件”选项。

（3）在弹出的对话框中，在“分卷，字节数”下拉列表框中选择 1,457,664-3.5"选项。

（4）单击“确定”按钮，会在当前目录下保存分卷压缩后的档案文件，如图 7-51 所示。

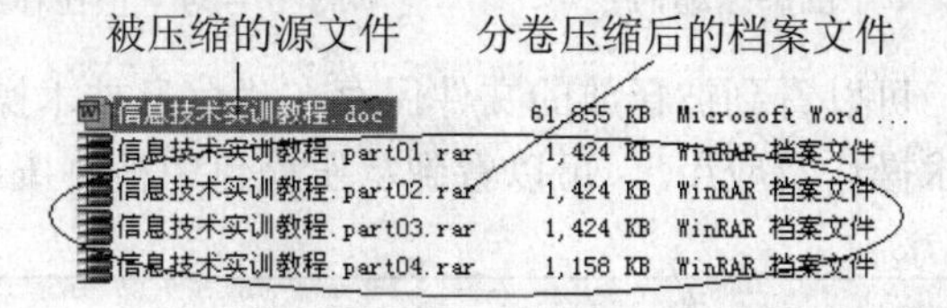

图 7-51　分卷压缩后的档案文件

6. 创建自解压文件

步骤

方法 1：

（1）选定要压缩的文件。

（2）右击选定的文件，在弹出的快捷菜单中选择“添加到档案文件”选项。

（3）在弹出对话框的“存档选项”区域中，勾选“创建自释放格式档案文件”复选项。

（4）单击“确定”按钮，会在当前目录下创建一个扩展名为 exe 的可执行应用程序“练习”。

方法 2：

（1）双击已压缩的档案文件，打开 WinRAR 的主界面。

（2）单击工具栏中的自释放按钮，会出现如图 7-52 所示的对话框。

（3）单击“确定”按钮。

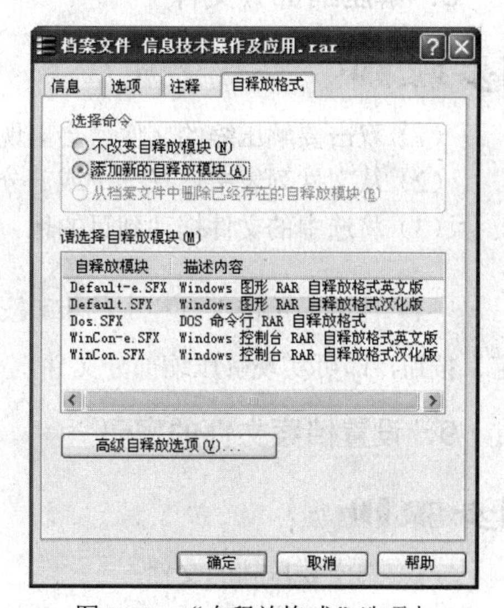

图 7-52　“自释放格式”选项卡

7. 解压缩文件

步骤

（1）右击要解压缩的档案文件，如“信息技术操作及应用”，弹出如图 7-53 所示的快捷菜单。

（2）单击“释放到(E)信息技术操作及应用\”选项，出现如图 7-54 所示的对话框，表示正在释放被压缩的档案文件。

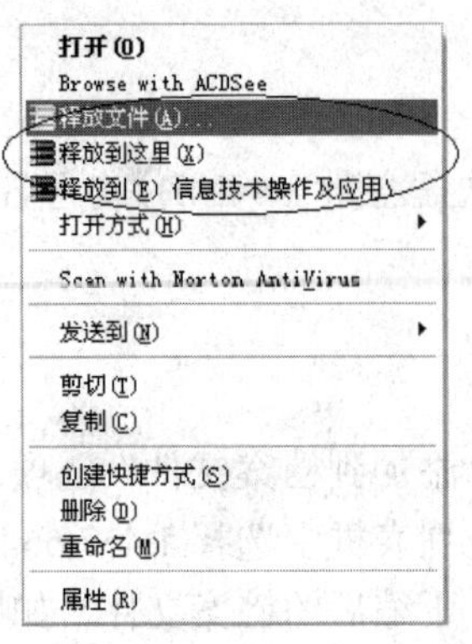

图 7-53　右键快捷菜单中的解压缩命令

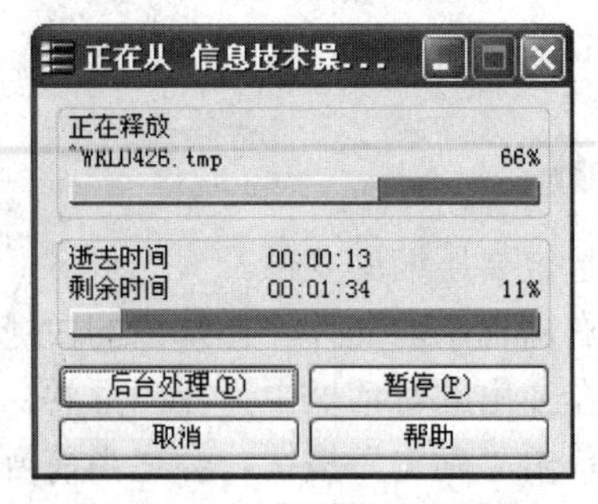

图 7-54　正在释放档案文件

（3）在当前目录中，可以看到被释放的文件保存在“信息技术操作及应用”文件夹中。

（4）双击“信息技术操作及应用”，可以看到从压缩包中被解压出的文件。

提示

当右击压缩包文件时，WinRAR 解压缩命令（三种方式）会出现在如图 7-53 所示的快捷菜单中，含义如下：

- 释放到这里：单击后，会将档案文件中的文件释放到当前目录下。
- 释放到(E)信息技术操作及应用\：单击后，会在当前目录下创建一个以档案文件名命名的文件夹，并将档案文件中的文件释放到该文件夹下。
- 释放文件：单击后，可以指定解压缩后的文件存放在磁盘上的位置等信息。

8．解压缩部分文件

步骤

（1）双击要解压缩的文件，会出现 WinRAR 的主界面。

（2）从文件列表中选择一个或部分文件。

（3）将选中的文件拖动到目的地。

（4）也可以单击工具栏中的“释放到”按钮，在弹出的对话框中指定目标路径，然后单击“确定”按钮，即可实现解压缩部分文件。

9．设置档案文件的密码

步骤

（1）选定要压缩的文件。

（2）右击选定的文件，在弹出的快捷菜单中选择“添加到档案文件”选项。

（3）在弹出的对话框中单击“高级”选项卡，如图 7-55 所示。

（4）单击“设置口令”按钮，会弹出如图 7-56 所示的对话框。

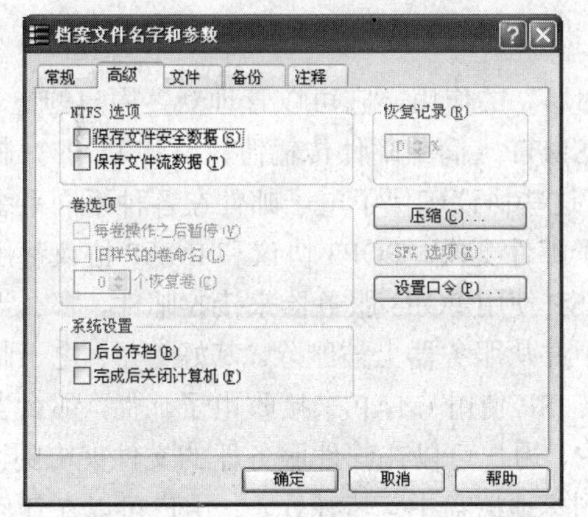

图 7-55 “档案文件名字和参数”对话框的“高级”选项卡

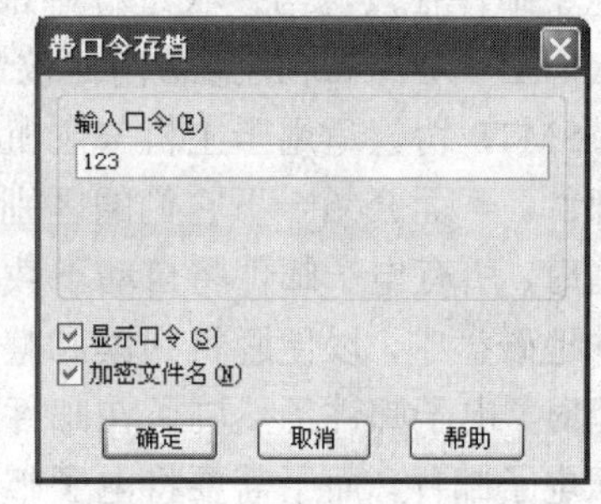

图 7-56 设置档案文件密码

（5）在“输入口令”文本框中输入密码，并勾选“加密文件名”复选项。

（6）单击“确定”按钮（进行密码设置后的压缩文件需要特定的密码才能解压缩）。

7.5 收发电子邮件

基础知识

7.5.1 什么是电子邮件

电子邮件（E-mail）是通过计算机网络发送和接收的信件。它具有发送速度快、发送信息多样化、收发方便高效等特点。

要收发电子邮件必须具备以下条件：

（1）接入网络。

（2）安装专门的收发电子邮件的软件，如 Outlook Express、Microsoft Outlook、Foxmail 等。

（3）申请一个电子邮件信箱。电子邮件信箱就是在服务器中开辟的一块硬盘空间，用以保存收到的邮件，以便用户以后阅读和处理。

7.5.2 收发电子邮件的基本原理

电子邮件的收发是通过电子邮件服务器来完成的。每个 ISP 都设有电子邮件服务器，用户可以向 ISP 申请一个电子信箱。当有用户的电子邮件到来时，ISP 服务器将电子邮件移到用户的电子信箱内并通知用户有新的电子邮件。电子邮件的收发过程如下：

（1）从用户计算机发送到ISP的邮件服务器。

（2）通过Internet。

（3）到收件人的ISP邮件服务器。

（4）到收件人的计算机。

在整个过程中，ISP邮件服务器起着“邮局”的作用，它可以管理众多用户的电子信箱。

电子邮件在发送与接收过程中都要遵循SMTP（简单邮件传输协议）和POP3（邮局协议3）或IMAP（Internet消息访问协议）协议，这些协议确保了电子邮件在各种不同系统之间的传输。SMTP协议适用于主机与主机间的电子邮件交换。POP3协议和IMAP协议都用于接收电子邮件。下面介绍一下它们的区别。如果ISP使用POP3服务器来接收邮件，那么当用户访问信箱时，所有电子邮件将自动下载到硬盘中并从服务器上被删除。其好处是：电子邮件被存储在本地磁盘中，以便脱机阅读和整理。如果ISP使用IMAP来接收电子邮件，那么当用户访问信箱时，电子邮件仍然驻留在邮件服务器中，用户可以在邮件服务器的文件夹中阅读、存储和组织电子邮件，而不需要将电子邮件下载到本地磁盘中。其好处是：用户可以在任何一台连接邮件服务器的计算机上查看电子邮件。

7.5.3 电子邮件地址的构成

与传统的收发邮件相似，要进行正常的电子邮件的接收和发送，需要一个全世界唯一的电子邮件地址。电子邮件地址的格式通常为“用户名@域名”，其中用户名是由用户自己取的名字，由英文字母开头的字母或数字及一些特定符号组成；域名是某ISP的主机地址；中间的符号@读作“at”，表示用户在某台主机上有一个信箱。例如lw.duan@163.com就是一个有效的电子邮件地址。

7.5.4 申请电子邮箱

要得到电子邮箱需要向网络管理部门申请。如果你是利用电话拨号入网的用户，在办理入网手续时，网络管理部门ISP会提供一个电子邮件地址；如果你是通过局域网登录Internet的用户，则可以向本地网络管理中心申请邮箱。还有一种最常用的申请方法是在Internet上申请邮箱。许多网站都提供免费和付费的电子邮件服务，如新浪、163、雅虎等网站。

7.5.5 收发邮件的方式

电子邮件的收发有两种方式：一是直接利用网站提供的邮箱收发电子邮件；二是利用专门的邮件软件来收发邮件，如Outlook Express、Microsoft Outlook、Foxmail等。本节主要讲述如何用Outlook Express（Windows自带的组件之一）来收发邮件。

两种邮件收发方式各有优缺点，下面进行一下比较。

第一种方法的优点是无论用户身在何处，只要有一台连接到Internet的计算机，就可以到自己的邮箱中查阅信件，所以不受地域的限制。但它也有许多缺点：

（1）网速会影响查阅信件的速度。当要阅读大量邮件时，因为是在网上阅读，所以速度

是非常慢的。

（2）不能一次查阅多个邮箱的信件。一般情况下，用户有不止一个邮箱，当要查阅每个邮箱中的信件时，必须分别登录到相应网站的邮箱，所以查阅信件非常费时且不方便。

（3）邮件数量受邮箱容量的限制。当邮箱已满时，就不能再接收新邮件，所以必须经常对邮箱进行清理，防止邮箱爆满。不过，随着超大容量邮箱的出现，这个问题已得到大大改善，所以它不再是主要问题了。

第二种方法的优缺点正好与第一种方法相反。其优点如下：

（1）查阅信件的速度快。因为邮件收发程序是将网站邮箱中的信件下载到本地磁盘中，阅读信件是在脱机下进行的，所以速度快。

（2）可以一次阅读多个网站邮箱中的信件。邮件收发程序可分别将各个网站邮箱中的信件下载到本地磁盘中，所以用户可在本地计算机中读到各邮箱中的邮件。

其缺点是：受地域的限制。因为邮件下载到了本地磁盘上，所以离开本机就不能再阅读这些邮件了。

实训 5　用 Outlook Express 收发电子邮件

一、实训目的

1．会申请电子邮箱。
2．会使用 Outlook Express 来收发和管理邮件。

二、实训内容及步骤

1．申请一个免费电子邮箱

【实例】本操作以申请一个 163 免费邮箱为例来说明邮箱申请过程，在申请其他免费邮箱时，其申请过程大同小异。

步骤

（1）启动 IE 浏览器。
（2）在地址栏中输入网址并回车，出现如图 7-57 所示的页面。
（3）单击“申请”按钮，进入如图 7-58 所示的页面。

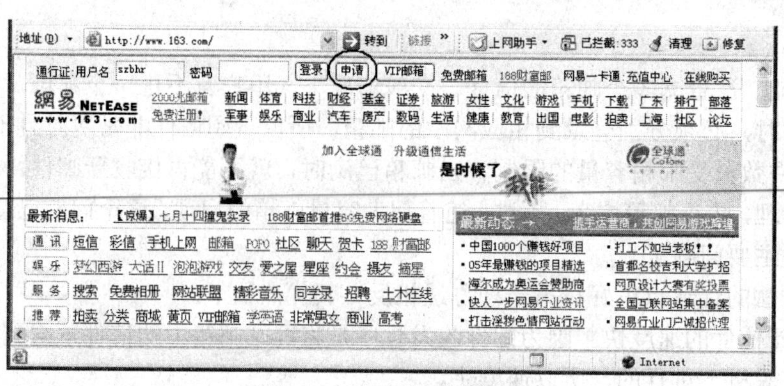

图 7-57　打开的网易主页

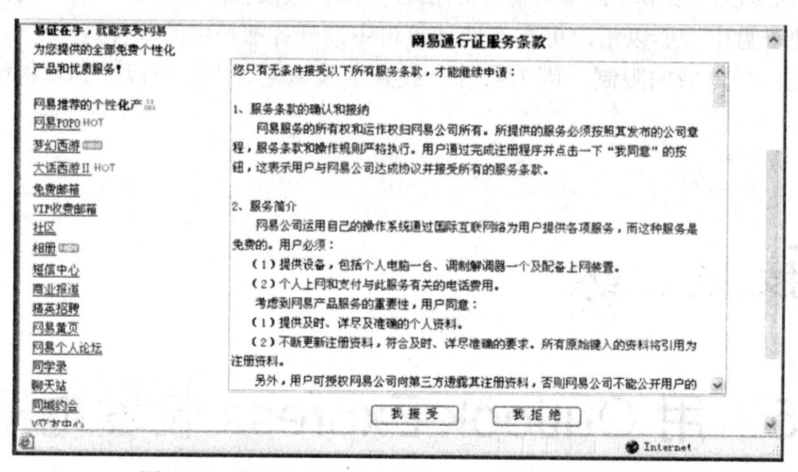

图 7-58　申请免费邮箱步骤之一（接受服务条款）

（4）单击“我接受”按钮，进入如图 7-59 所示的选择用户名页面。

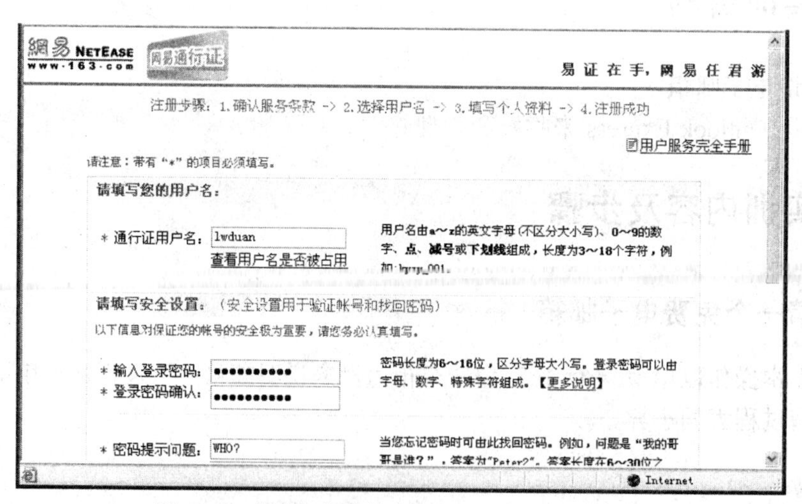

图 7-59　申请免费邮箱步骤之二（选择用户名）

（5）填写用户名、密码、密码提示等信息，单击“提交表单”按钮，进入如图 7-60 所示的填写个人资料页面，若有错，则会要求重新填写。

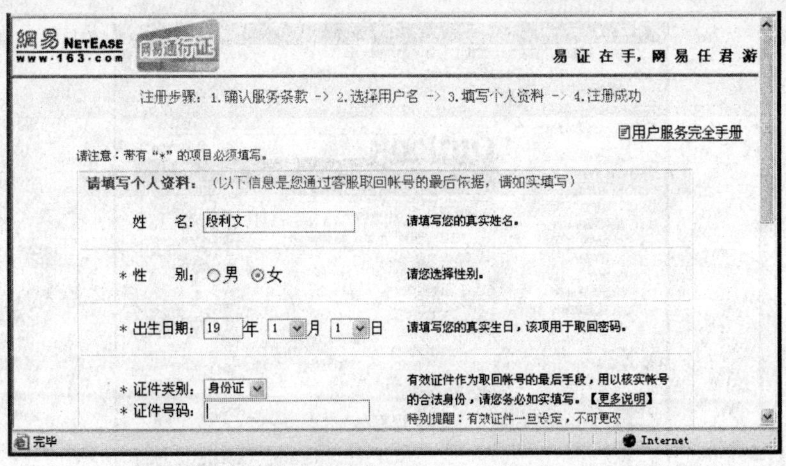

图 7-60 申请免费邮箱步骤之三（填写个人资料）

（6）填写好个人资料后单击“提交表单”按钮，进入如图 7-61 所示的注册成功页面。

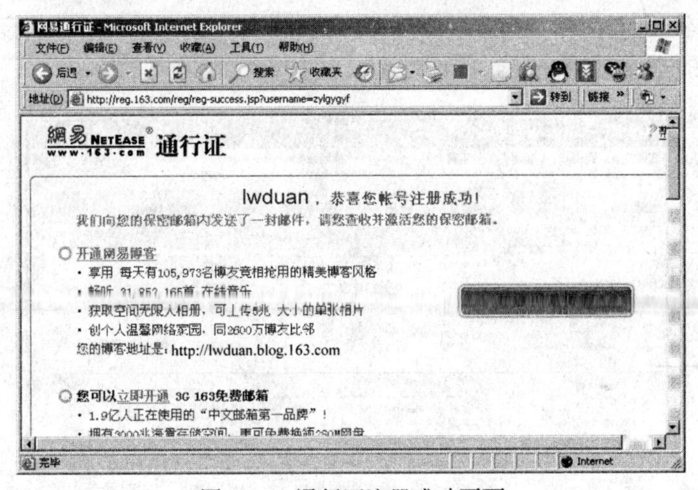

图 7-61 通行证注册成功页面

提示

在申请了一个免费电子信箱以后，记住一定要记录下你的电子邮件地址、会员代号、密码以及接收邮件服务器地址和发送邮件服务器地址等信息。

2．启动 Outlook Express

步骤

（1）单击“开始”→“所有程序”→Outlook Express 命令，或者双击桌面上的 Outlook Express 图标，会出现 Outlook Express 窗口，如图 7-62 所示。

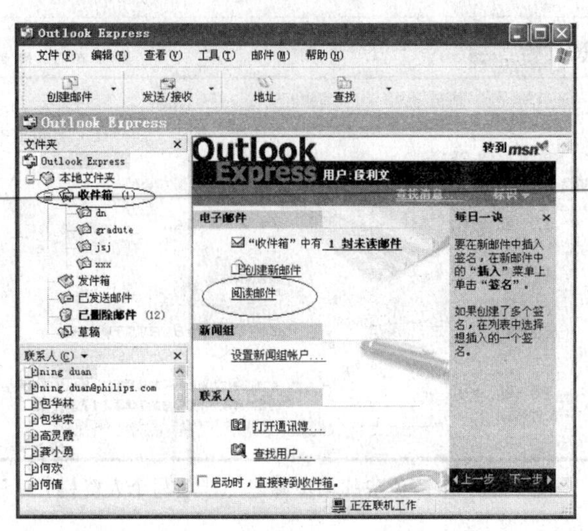

图 7-62　Outlook Express 窗口

（2）单击右侧窗格中的“阅读邮件”，单击左侧文件窗格中的“收件箱”文件夹，会显示如图 7-63 所示的 Outlook Express 的标准窗口。

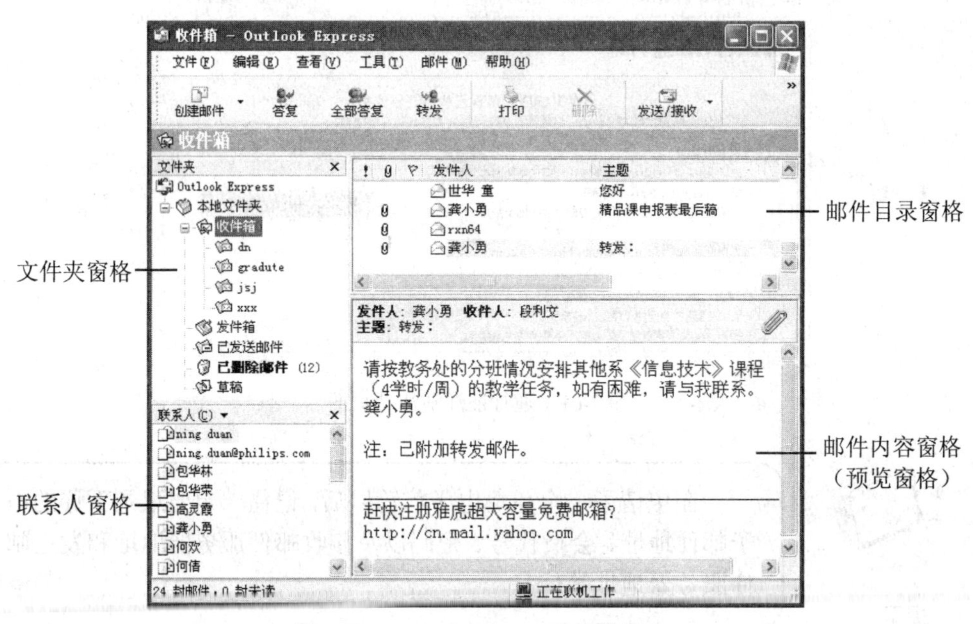

图 7-63　Outlook Express 的标准窗口

提示

文件夹窗格中，各文件夹的含义如下：

- 收件箱：存放用户收到的邮件。
- 发件箱：存放待发送的邮件。
- 已发送邮件：存放已经发送的邮件。
- 已删除邮件：存放被删除的邮件。
- 草稿：存放尚未发送的邮件。

3. 改变 Outlook Express 窗口的布局

【实例】将 Outlook Express 窗口工具栏上的图标设置为“右侧选择性文本”的小图标。

步骤

（1）单击“查看”→“布局”命令，弹出如图 7-64 所示的对话框。

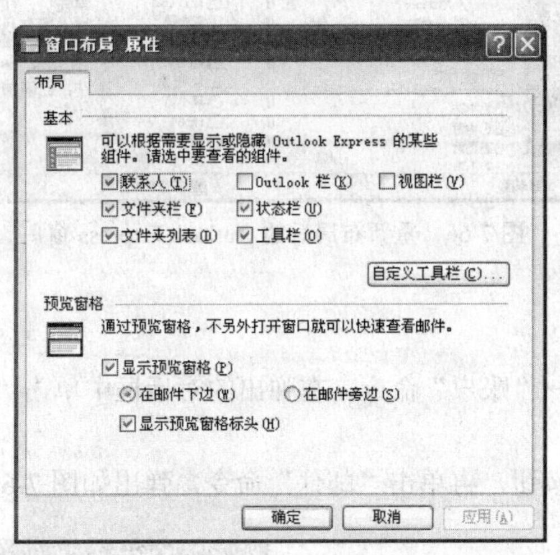

图 7-64 “窗口布局 属性”对话框

（2）在此对话框中，可以按自己的喜好设置选项。

（3）单击“自定义工具栏”按钮，会出现如图 7-65 所示的对话框。

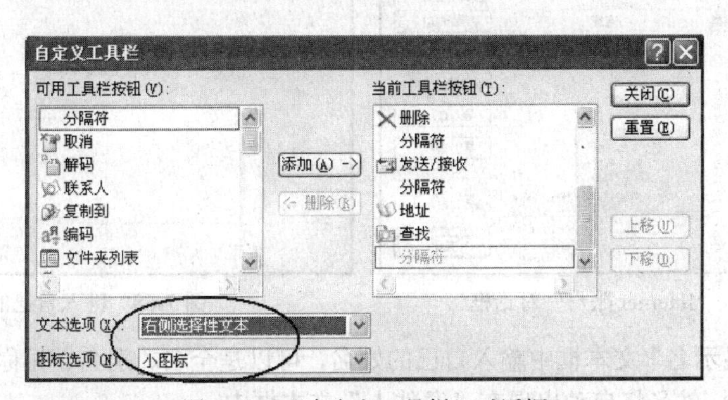

图 7-65 “自定义工具栏”对话框

（4）在“文本选项”下拉列表框中选择“右侧选择性文本”，在“图标选项”下拉列表框中选择“小图标”。

（5）单击“关闭”按钮，Outlook Express 窗口的布局如图 7-66 所示。

4. 设置邮件账户

【实例】当申请了一个邮件账户后，要用 Outlook Express 收发电子邮件，则必须在 Outlook Express 中添加电子邮件服务，即设置邮件账户。

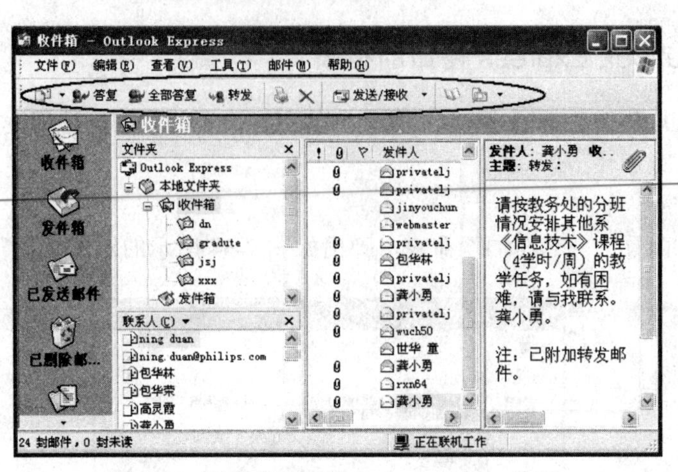

图 7-66　重新布局后的 Outlook Express 窗口

步骤

（1）单击“工具”→“账户”命令，在弹出的对话框中单击“邮件”选项卡，如图 7-67 所示。

（2）单击“添加”按钮，再单击“邮件”命令，弹出如图 7-68 所示的对话框。

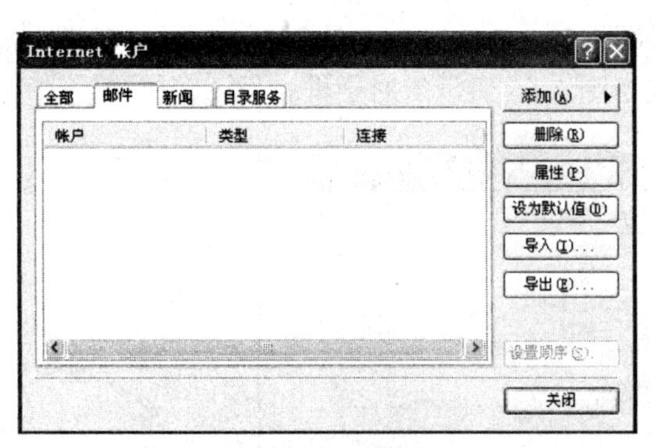

图 7-67　“Internet 账户”对话框

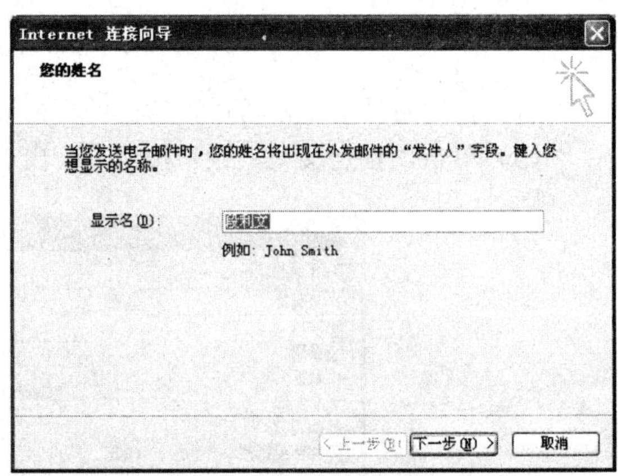

图 7-68　键入自己的姓名

（3）在“显示名”文本框中输入自己的姓名，可以是全名、别名、昵称或其他任何名称。发送电子邮件时，姓名将自动出现在“发件人”文本框中。

（4）单击“下一步”按钮，在弹出的对话框中输入电子邮件地址，如图 7-69 所示。

（5）单击“下一步”按钮，在弹出的对话框中输入邮件服务器的地址，如图 7-70 所示。

（6）单击“下一步”按钮，在弹出的对话框中输入“账户名”和“密码”，如图 7-71 所示。

（7）单击“下一步”按钮，弹出如图 7-72 所示的对话框。

（8）单击“完成”按钮，回到如图 7-67 所示的对话框。

（9）单击“属性”按钮，单击“服务器”选项卡，如图 7-73 所示。

（10）在此对话框中，勾选“我的服务器要求身份验证”复选项。

（11）单击“确定”按钮。

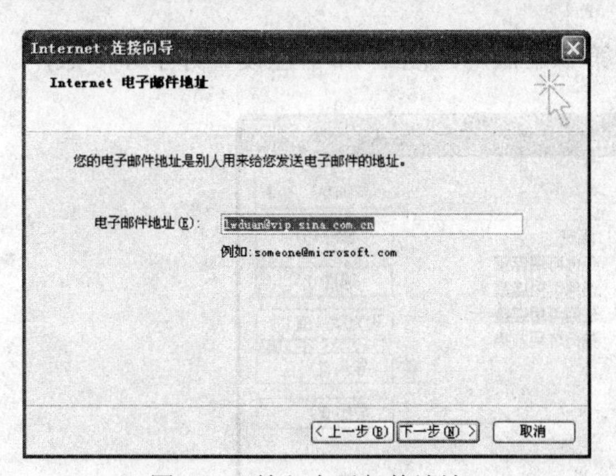

图 7-69 输入电子邮件地址

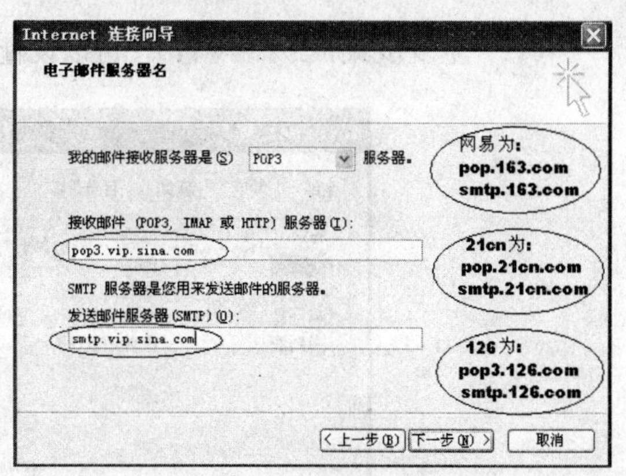

图 7-70 输入邮件服务器的地址

图 7-71 输入账户名和密码

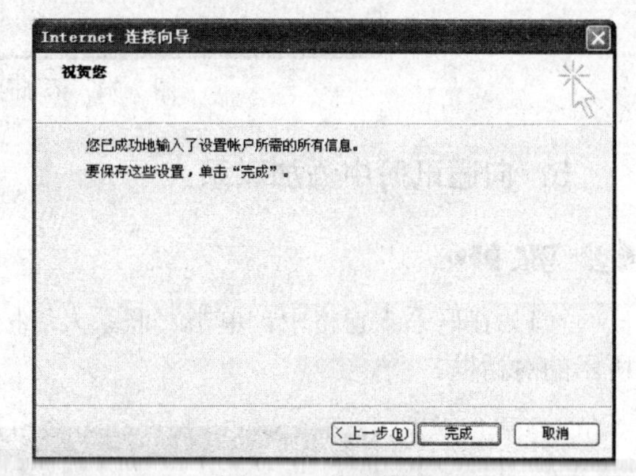

图 7-72 完成设置

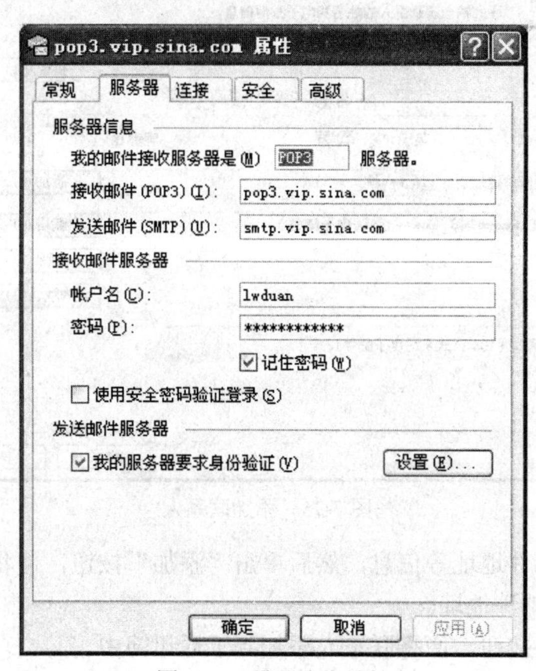

图 7-73 设置账户属性

（12）重复步骤（2）～（11），可以设置第二个账户，图 7-74 中已设置好了 4 个账户。

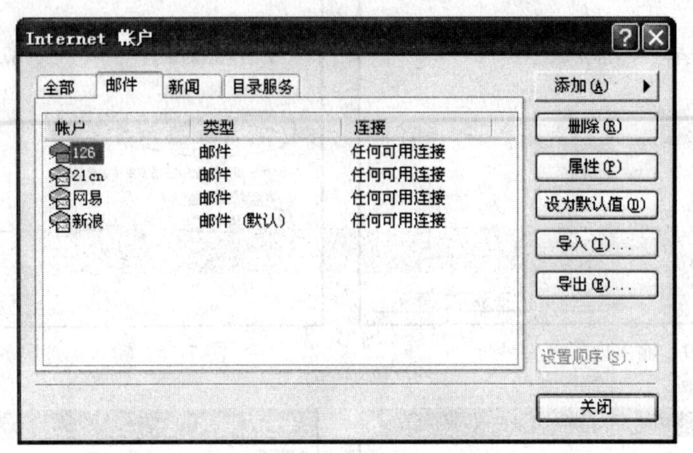

图 7-74　添加了多个邮件账户

5．向通讯簿中添加联系人

步骤

（1）在联系人窗格中，单击“联系人”按钮，选择“新建联系人”命令，出现如图 7-75 所示的对话框。

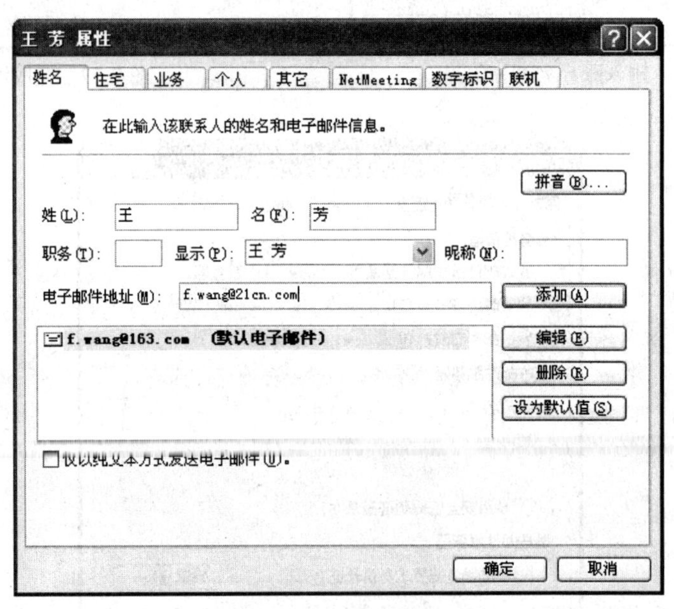

图 7-75　添加联系人

（2）填写姓名、邮件地址等信息，然后单击“添加”按钮，便将邮件地址添加到了列表中，可以同时添加多个邮件地址。

（3）单击“确定”按钮，便将联系人添加到了通讯簿中。

（4）如果要再添加联系人，可以重复步骤（1）～（3）。

6. 撰写邮件

步骤

（1）单击“文件”→“新建”→“邮件”命令，或者单击创建邮件按钮，打开如图 7-76 所示的窗口。

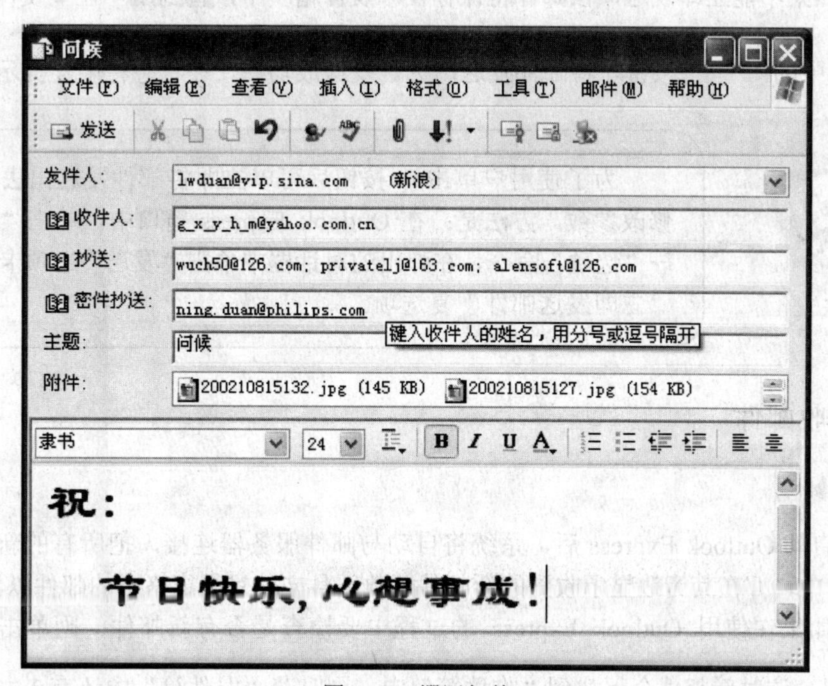

图 7-76　撰写邮件

（2）在“收件人”文本框中输入收件人地址，可以填写多个人的地址。

（3）在“抄送”文本框中输入抄送人地址（也可以不填写），抄送人的地址会自动加到每一封信的信头信息中。

（4）在“主题”文本框中输入邮件主题，也可以不指定。

（5）若要附加信纸，则单击“格式”→“应用信纸”命令。

（6）若要发送文件给其他用户，则单击“插入”→“文件附件”命令或单击附加按钮，弹出“插入附件”对话框，选择要发送的文件后再单击“附件”按钮。这样文件将作为附件与邮件一起发送。

提示

电子邮件地址也可以从通讯簿中添加，方法是：分别单击收件人、抄送、密件抄送，在对话框的姓名列表中选择所需的电子邮件地址，单击收件人(T): ->、抄送(C): ->或密件抄送(B): ->按钮，再单击“确定”按钮。

7．发送邮件

步骤

（1）单击工具栏中的发送按钮，可将邮件发送出去。

（2）如果不能立即发送，该邮件将保存在“发件箱”中，直到用户在“发件箱”窗口中单击工具栏中的发送/接收按钮才将邮件发送出去。发送成功后，在状态栏中会提示“完成”。

提示

为了使用户单击发送按钮后可以立即将邮件发送出去，必须修改参数，方法是：在 Outlook Express 窗口中，单击“工具”→“选项”命令，在弹出的对话框中单击“发送”选项卡，勾选“立即发送邮件”复选项。

8．接收邮件

步骤

（1）启动 Outlook Express 后，系统将自动与邮件服务器连接，把所有的新邮件下载到“收件箱”中，并在其旁边显示收到的新邮件总数，且文件目录窗格中的邮件以黑体显示。

（2）如果在使用 Outlook Express 的过程中要检查是否有新邮件，则单击工具栏中的发送/接收按钮，这时新邮件会下载到“收件箱”中，同时若“发件箱”中还有未发送的邮件，则会被立即发送出去。

9．阅读、保存、删除邮件

步骤

（1）单击“收件箱”图标。

（2）在“邮件目录窗格”中，若双击要查看的邮件，则可以在单独的窗口中显示该邮件内容；若单击要查看的邮件，则可以在预览窗格中显示该邮件的内容。

（3）若邮件前面有附件图标，表示该邮件中有附件，单击附件按钮，可以选择打开或保存附件。

（4）如果要保存邮件，则单击“文件”→“另存为”命令。

（5）如果要删除邮件，请在“邮件目录窗格”中单击该邮件，再单击删除按钮。

10．回复、转发邮件

步骤

（1）在“邮件目录窗格”中，单击要回复或转发的邮件。

（2）单击回复作者按钮（用此方法不必再输入对方的地址）或转发按钮。

11．信箱的维护

步骤

（1）整理文件夹。右击“收件箱”，在弹出的快捷菜单中选择“新建文件夹”选项，选择新建文件夹的位置，在“文件夹名”文本框中输入文件夹名，单击“确定”按钮。

（2）移动邮件。如果“收件箱”或文件夹未展开，则单击⊞图标，单击要移动的邮件，拖动到目的文件夹图标上。

（3）复制邮件。与移动邮件类似，在拖动邮件时按住 Ctrl 键，即可复制邮件。

（4）清除信箱中的邮件。执行邮件删除操作后，被删除的邮件只是从当前文件夹移到了“已删除邮件”文件夹中，并未真正从信箱中删除（这有点像 Windows 中的回收站）。要永久清除信箱中的邮件，必须单击“已删除邮件”文件夹，再单击“编辑”→“清空‘已删除邮件’文件夹”命令。

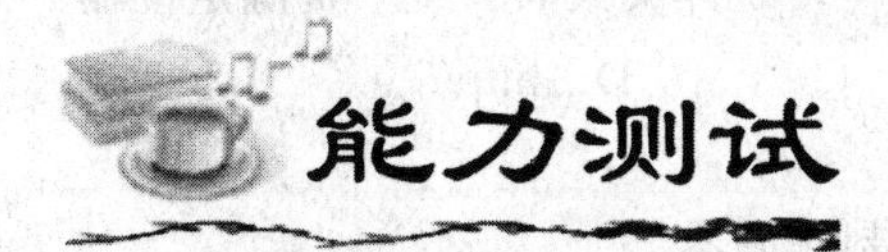

1．将重庆大学的网址（http://www.cqcet.com）设置为起始页。

2．在收藏夹中建立自己的文件夹，并将常用的网址添加到该文件夹中。

3．请搜索“BT 下载工具”软件，并下载它。

4．请搜索“DuDu 下载加速器”软件，并下载它。

5．在搜狐网站、新浪网站或其他网站申请一个免费邮箱。

6．分别用 Outlook Express 和网站提供的邮箱收发电子邮件，比较二者有何异同。

7．在 Outlook Express 的“收件箱”中，以自己的姓名代号建立一个文件夹，将自己的邮件移动到该文件夹中，并保存一份到 D:盘自己的文件夹中。

8. 将前面两章的作业答案以邮件方式发到指定邮箱中（注意，邮件的发件人姓名要清楚）。

9．写一份网上学习体会，将你在网上学习到的知识列举两三个，以邮件的形式发送到指定邮箱中（注意，邮件的发件人姓名要清楚）。

一、选择题

1．下面对 WWW 的描述不正确的是（　　）。

A．WWW 是 World Wide Web 的缩写，通常称为“万维网”

B．WWW 是 Internet 上最流行的信息检索系统

C．WWW 不能提供不同类型的信息检索

D．WWW 是 Internet 上发展最快的应用

2．TCP/IP 协议的含义是（　　）。

A．局域网的传输协议　　B．拨号入网的传输协议

C．传输控制协议和网际协议　　D．OSI 协议集

3．在局域网上，所谓资源是指（　　）。

A．软设备　　B．硬设备

C．操作系统和外围设备　　D．所有的软、硬设备

4．局域网的英文缩写为（　　）。

A．WAN　　B．LAN　　C．GSM　　D．MAN

5．Internet 属于（　　）。

A．局域网　　B．城域网　　C．广域网　　D．万维网

6．如果想要连接到一个安全的 WWW 站点，应当以（　　）开头来书写统一资源定位器。

A．http://　　B．https://　　C．http:://　　D．http//

7．为了连入 Internet，以下（　　）是不必要的。

A．一条电话线　　B．一个调制解调器

C．一个 Internet 账号　　D．一台打印机

8．统一资源定位器的英文缩写为（　　）。

A．http　　B．URL　　C．FTP　　D．USENET

9．主机的 IP 地址和主机的域名的关系是（　　）。

A．两者完全是一回事　　B．一一对应

C．一个 IP 地址对多个域名　　D．一个域名对多个 IP 地址

10．邮件服务器的邮件发送协议是（　　）。

A．SMTP　　B．FTP　　C．UDP　　D．POP

11．邮件服务器的邮件接收协议是（　　）。

A．SMTP　　B．FTP　　C．UDP　　D．POP

12．下列电子邮件地址中正确的是（　　）。

A．somebody:abc.edu.cn　　B．mail:somebody@abc.edu.cn

C．somebody@abc.edu.cn　　D．somebody@sina

13．一般情况下，从中国往美国发一个电子邮件大约多长时间内可以到达？（　　）

A．几分钟　　B．几天　　C．几星期　　D．几个月

14．以下不属于 Internet 基本功能的是（　　）。

A．电子邮件　　B．病毒检测　　C．远程登录　　D．文件传输

15．以下英文单词（　　）代表电子邮件。

A．E-mail　　B．Veronica　　C．USENET　　D．Telnet

16．一封完整的电子邮件至少应具备（　　）。

A．信头和信体　　B．信体和附件

C．主题和信体　　　　　　　　D．主题和附件

17．要在 IE 浏览器中访问一个网站，必须在 IE 的地址栏中输入（　　）。

A．只能是 IP 地址　　　　　　B．只能是域名

C．只能是网络实名　　　　　　D．IP 地址或域名或网络实名

二、填空题

1．当前使用的 IP 地址是________位。

2．域名服务器上存放着 Internet 主机的________和 IP 地址的对照表。

3．在 Internet 上常见的一些文件类型中，________文件类型一般代表 WWW 页面文件。

4．一个 4 段 IP 地址分为两部分：________地址和________地址。

5．每台主机在 Internet 上必须有一个唯一的标识，称为________。

6．URL 的基本形式是________://________。

7．http://www.sina.com.cn 称为“新浪”网站的________。

8．当鼠标移到某个“超链接”时，鼠标指针一般会变成________，此时单击左键，可以打开另一个网页。

9．在 Windows 操作系统中，文件的图标显示为▤，表示它是一个________文件。

10．搜索信息时，在搜索框中输入："DuDu 下载加速器软件"，表示进行________搜索。

11．利用 Outlook Express 收发邮件，必须设置________。

12．电子邮件的传送速度比传统邮件的传送速度________。

13．lw.duan@166.com 是一个合法的________地址。

14．IE 浏览器是一个________端的程序，它的主要功能是用户获取 Internet 上的各种资源。

15．如果没有勾选“立即发送邮件”复选框，则单击“发送”按钮后只是将邮件发送到________。

16．单击“删除”按钮后，被删除的邮件暂时存放到________。